职业教育数字化建设精品教材

湖南省自然科学基金资助项目(编号:2022JJ60

高 等 数 学

（第二版）

主 编	黄 振　黄玉兰　陈 珊
副主编	周 格　周 潜　龙辉平
	王友琼　汤西衡　蒋明霞
	康彩丽　代 飞
主 审	张良均　邓新春

北京大学出版社
PEKING UNIVERSITY PRESS

内 容 提 要

本书为湖南省自然科学基金资助项目"基于'金课'理念的高职科技人文课程体系建设研究"（编号：2022JJ60033）的阶段性成果.

本书打破传统高等数学教材以章节为架构的编写模式，以模块、项目为线索重构了高等数学教学内容，以移动互联网为载体，在高等数学教学中引入了程序语言——Wolfram 语言，同时结合专业及生产生活中的案例，强化学生对数学概念的理解和应用.

全书分为四大模块，共十三个项目，内容包括应用新语言求解初等数学问题、探索函数变化的趋势、探究变化率与变化量、求解变化率问题、走进积分世界、探访积分应用领域、探索微分方程、寻觅多维度世界、开启线性变换之旅、翻开无穷级数之旅、领略解析变换的数学之美、探访随机世界、漫游数据天地.本书配有相应的数字学习资源，包括虚拟仿真实验、微视频、交互式练习、思维导图、动态练习、动态演示等，能充分满足学生移动学习的需求，帮助学生打破数学抽象和直观想象的壁垒.学生可直接使用 Wolfram 语言求解大部分例题，仅通过手机浏览器或客户端即可完成相应习题.

本书可作为高职院校各专业"高等数学"课程的教材，也可供高等数学、Wolfram 语言爱好者阅读参考.

图书在版编目（CIP）数据

高等数学/黄振，黄玉兰，陈珊主编. -- 2 版.

北京：北京大学出版社，2024.7. -- ISBN 978-7-301
-35236-6

Ⅰ. O13

中国国家版本馆 CIP 数据核字第 2024AZ9429 号

书　　　名	高等数学（第二版）
	GAODENG SHUXUE (DI-ER BAN)
著作责任者	黄　振　黄玉兰　陈　珊　主编
责 任 编 辑	潘丽娜
标 准 书 号	ISBN 978-7-301-35236-6
出 版 发 行	北京大学出版社
地　　　址	北京市海淀区成府路 205 号　　100871
网　　　址	http://www.pup.cn
电 子 邮 箱	zpup@pup.cn
新 浪 微 博	@北京大学出版社
电　　　话	邮购部 010-62752015　发行部 010-62750672　编辑部 010-62752021
印 刷 者	湖南汇龙印务有限公司
经 销 者	新华书店
	787 毫米×1092 毫米　16 开本　17.5 印张　456 千字
	2022 年 8 月第 1 版
	2024 年 7 月第 2 版　2024 年 7 月第 1 次印刷
定　　　价	55.00 元

序　言

　　数学课程是高职院校的公共基础必修课,对学生专业课程的学习、逻辑思维能力的培养以及综合素养的提升具有不可替代的作用.随着教育数字化转型的持续推进,高职院校数学知识的传播途径和教学场域发生着深刻变化,数学课程建设面临着全新的挑战.数学教材如何适应教育数字化转型的全新要求,成为高职院校必须面对并切实解决的现实问题.湖南工业职业技术学院基础课教学部对此进行了有益探索,所主编的高等数学教材较好地解决了这个问题.

　　在高等数学教材的编撰过程中,编者坚持"以学习为中心,以学生为中心"的教学理念,力图落实"人人皆学、处处能学、时时可学"的"三学育人"目标,打破传统数学教材的知识体系和呈现方式,创造性地引入程序语言——Wolfram语言,构建多模态、多向链接的数字学习资源,为教育数字化背景下高职院校提高数学教学效率、增强数学育人功能进行了有益探索.

　　本书的优势主要表现在以下四个方面.

　　1.拓展了数学知识的来源.传统的数学教学中,学生的数学知识主要来源于书本和老师.引入 Wolfram 计算知识引擎后,老师和学生均可通过网页或手机客户端直接访问和使用海量的在线数据库.如此一来,老师和学生均可在任何有需要的时候迅速接入高效便捷的数学计算服务,这极大地拓展了师生获取数学知识的渠道.

　　2.丰富了数学的教学方法.本书引入 Wolfram 语言,建立多模态、多向链接的数字学习资源,包括虚拟仿真实验、微视频、交互式练习、思维导图、动态练习、动态演示等,全方位提升了教学互动的多样性、教学时间的灵活性和教学资源的多元性,有效地打破了传统的封闭教学模式,使得以学生为中心、运用多种互联网教学软件的探究式教学法的实施成为可能.

　　3.提高了数学的学习效率.Wolfram 语言的引入,使得数学教学更新颖、更直观、更高效,有利于在多模态感知、全链条分析、跨场域融通和人机协同等方面迎来新的教育技术突破,这些新技术将推动学习环境的变革与升级,为数学教育提供更好的支持和服务,让学生摆脱烦琐枯燥的数学计算,把重心放在对数学知识的运用和理解上,通过数学学习高效解决各类实际问题.

　　4.强化了学生的能力训练.Wolfram 语言的引入,还可以使学生借助互联网技术,并结合所学专业解决实际应用问题,加强学生数学逻辑思维、数学关联抽象思维和数学现实应用推理论证能力的培养,凸显了学生的数学课堂学习主体地位.同时有利于将互联网教学理念渗透给学生,激发提升学生信息化、时代化的思维意识和学习思路,为学生数学知识体系形成和创新思维能力提升开辟了路径.

　　作为一名长期从事数学教育研究工作的人,我相信,Wolfram 语言的引入,将帮助学生、老师和研究者更好地理解和应用高等数学知识,提高学习效率和分析能力.本书的问世,也将为高职数学教材编写提供一种新的思路,对高职数学课程改革大有裨益.

魏寒柏

第二版前言

党的二十大报告指出，要"推进教育数字化，建设全民终身学习的学习型社会、学习型大国".本书以"教育数字化"为驱动，以移动互联网为载体，在高等数学教学中引入程序语言——Wolfram 语言，打破传统的高等数学教学模式，坚持"以学习为中心，以学生为中心"的教学理念，力图落实"人人皆学、处处能学、时时可学"的"三学育人"目标，打造学习型"高等数学"课程建设，为发展职业教育新质生产力进行积极探索与创新实践.

本书的特色主要表现在以下八个方面.

1. 坚持守正创新，实现党的二十大精神向书本有机转化.例如，从中国优秀传统文化中挖掘历代优秀数学家(如刘徽、祖暅、李善兰、华罗庚等人)领先时代的数学成就；由极限引申出我国科学家为了追求极限，在精密测量领域取得多项"世界最好""精度最高"的成就；应用极值理论求解"碳达峰、碳中和"中的碳优化问题；在正项级数的学习中领悟到"千千万万普通人最伟大"；将拉普拉斯(Laplace)变换应用到中国探月工程；等等.

2. 内容简约有效.本书的编写遵循"以应用为目的""为专业服务"的原则，吸收先进的数字化教学思想，以简约、有效的方式，让学生掌握专业课程必需的数学知识并且得到数学思维的训练.

3. 校企深度合作开发建设.广东泰迪智能科技股份有限公司董事长张良均担任本书的主审之一，对本书的结构、内容、编排等方面提出了大量宝贵意见.编者还与孙学镂等企业专家集思广益，共同凝练出生产运营案例和场景.

4. 突出数学认识.为了减少重复学习和复杂计算演练内容，本书利用程序语言——Wolfram语言突破教学重点和难点.本书中例题和习题的选择设置梯度，适合不同层次的学生学习，同时结合专业实际进行选取，突出针对性.本书中还全方位地融入以 Wolfram 语言为载体的数字化实践环节，学生在学习过程中可以使用 Wolfram 语言，操作 WolframAlpha 应用和虚拟仿真实验进行自主演示和实践，突破数学中一些抽象概念、抽象理论的难点，解决一些以前较难解决的实际问题，培养学生的数学思维，强化学生的创新、创造能力.

5. 表现方式直观多样.例如，输入 plot sin x 这样简单的语句即可在手机上观察正弦曲线的图形，添加更多参数可以实现对正弦曲线图形的精准控制和更加深入的观察，帮助学生立体、形象、多维度地掌握正弦函数及其性质.

6. 数字化教学和学习.本书配有数字课堂、数字教材，以及基于课程知识图谱建设的微信智能问答系统.教师可以通过数字课堂开展数字化教学，与编者联系获得权限后，还可以修改数字课堂教学内容以适应自身教学需求.读者通过扫描书中、封底二维码即可随时随地便捷地进行移动学习，并通过微信智能问答系统迅速获得实时解答.

7. 富含多模态、多向链接的数字学习资源，包括虚拟仿真实验、微视频、交互式练习、思维导图、动态练习、动态演示等.这些数字学习资源可以实现知识的多向链接，提供高等数学问题的全面解析，能充分满足学生数字化学习和终身学习的需求，帮助学生打破数学抽象和直观想象的壁垒.

8. 适度把握严谨性与可读性.本书编写符合高等职业教育教学实际，表述深入浅出、通俗易懂，同时注意保持高等数学的严谨性和系统性.

　　本书由四大模块共十三个项目组成，各项目编写分工如下：项目 1、项目 2、项目 11 和项目 13 由黄振编写，项目 3 和项目 4 由黄玉兰编写，项目 5、项目 6 和项目 12 由周格编写，项目 7 和项目 8 由陈珊编写，项目 9 和项目 10 由周潜编写.全书由黄振统稿及定稿，由广东泰迪智能科技股份有限公司董事长张良均、湖南工业职业技术学院基础课教学部原部长邓新春主审.配套数字课堂由黄振建设完成.在本书编写过程中，龙辉平、王友琼、汤西衡、蒋明霞、康彩丽、代飞、邱闻哲等老师在教学案例及资料的收集整理等方面做了大量工作，广东泰迪智能科技股份有限公司孙学镂、施兴、雷泓健、翁梦婷等企业专家提供了生产运营案例和场景，赵子平、曾凌烟、邹杰、吴友成提供了版式和装帧设计方案.本书为湖南工业职业技术学院批准立项教材，其出版得到了湖南工业职业技术学院教务处、基础课教学部以及北京大学出版社的大力支持与协助，在此一并表示衷心感谢！

　　限于编者水平，加上时间仓促，书中难免有不当之处，敬请广大师生和其他读者批评指正.

编　者

2024 年 1 月

CONTENTS 目 录

模块一 应 知 应 会

模块二　机　械　信　息

模块三　电　气　电　路

模块一 应知应会

应用新语言求解初等数学问题

项目 1

1.1　数学与 Wolfram 语言的关系

数学在日常生活中经常被认为是神秘而又复杂的学问,很难被人理解.很多人甚至会问,数学有什么用,难道到菜市场买菜需要用到高等数学吗?我们知道,到菜市场买菜固然用不着高等数学,但在其他的生活和工作中,高等数学却发挥着极大的效用.

现在,计算机可视化和各种建模工具已经成为科学研究和教育的有机组成部分,在数学等抽象的学科中也是如此.它们的影响力日益剧增,不但有助于提出猜想,说明问题,避免烦琐和重复的计算,还可用于数学证明.

解题获取 WIFI 密码

通过使用各种计算机软件和手机小程序,读者可以自己理解和探索数学.Wolfram 语言就是其中的佼佼者,它是一门高度发达的基于知识的语言,统一了广泛的编程范例,可利用独特的符号编程,给编程的概念赋予全新的灵活性.简单来说,这是一种基于知识、符号编程、自然语言风格的超大型编程语言.从Wolfram 语言的角度来看,世界是可表示的,也是可计算的.Wolfram 语言可以用符号化的方式对现实世界进行数学建模,其结果显得异常的简单和自然.人们定义目标,Wolfram 语言理解其意思并执行.利用 Wolfram 语言,人们能够从烦琐的计算中解放出来,将更多的精力用于构建数学模型,解决实际问题.

Wolfram 语言的优点主要表现如下:

(1)内容丰富、功能齐全.能够进行几乎所有的数学计算和符号运算.

(2)语法简练、简洁高效.语法规则和表达方式与 Matlab,Python 等软件相比更接近于数学思维.

(3)操作简单、使用方便.既可以在计算机上使用基于 Wolfram 语言的软件包Mathematica,也可以在手机上使用基于 Wolfram 语言的搜索引擎 WolframAlpha.

了解 WolframAlpha

本书主要介绍如何使用建立在 Wolfram 语言基础上的搜索引擎WolframAlpha 学习数学,并通过数字课堂实现数字化交互式学习.WolframAlpha 是一种用自然语言进行提问和计算的搜索引擎,早在 2009年就实现了以"自然语言提问"代替"关键词搜索"、以"答案"代替"搜索结果",能够呈现完整的解题过程.

读者可以在手机上安装 WolframAlpha 或通过手机浏览器访问 www.wolframalpha.com(可将这个网址收藏在手机浏览器,便于访问),来使用这门先进的数学语言.

1.2 函数与初等函数

1.2.1 函数的定义

在 19 世纪初以前,人们对函数的各种定义都与几何、代数等紧密关联,直到 1837 年狄利克雷(Dirichlet)突破了认识的局限,拓宽了函数的概念,提出经典函数的定义,并沿用至今.我国数学家李善兰(1811 年—1882 年)在其译作《代数学》中将"function"翻译为"函数",他指出"凡此变数中函彼变数者,则此为彼之函数".

数学家李善兰先生

定义 1 设 D 为非空实数集.若对于任意的 $x \in D$,都有唯一确定的 $y \in \mathbf{R}$ 按照某种对应法则 f 与之对应,则称 y 是定义在 D 上的一个关于 x 的一元函数,简称为函数,记作
$$y = f(x), \quad x \in D,$$
其中 x 称为自变量,D 称为函数的定义域,y 称为因变量.

在函数 $y = f(x)$ 中,当 x 取定 $x_0(x_0 \in D)$ 时,称 $f(x_0)$ 为 $y = f(x)$ 在点 x_0 处的函数值.当 x 取遍 D 中的所有实数值时,与之对应的函数值的集合 M 称为函数的值域.

例 1 已知函数 $f(x) = \dfrac{1-x}{1+x}$,求 $f(2)$ 及 $f(x+1)$.

解 $f(2) = \dfrac{1-2}{1+2} = -\dfrac{1}{3}$,

$f(x+1) = \dfrac{1-(x+1)}{1+(x+1)} = \dfrac{-x}{2+x}$.

微视频:函数会跳舞

例 2 求函数 $y = \sqrt{4-x^2}$ 的定义域.

解 要使函数有定义,必须满足 $4-x^2 \geqslant 0$,解得 $-2 \leqslant x \leqslant 2$,所以该函数的定义域为 $[-2,2]$.

注 定义域与对应法则是函数的两个要素.如果两个函数的两个要素相同,那么它们一定是相同的函数,否则为不同的函数.例如,函数 $y = |x|$ 与 $y = \sqrt{x^2}$ 的两个要素相同,所以它们是相同的函数;而函数 $y = \lg x^2$ 与 $y = 2\lg x$ 的定义域不同,所以它们是不同的函数.

函数可以有很多种方法来表示,这里主要介绍解析法,即用具体数学式子来表达变量之间的函数关系.

例 3 小王骑自行车从家里出发去参加同学的宴会,一开始匀速前进,离家不久,他发现路边一人的自行车坏了,于是停下来帮忙把自行车修好,随后加快速度赶赴宴会.小王离家的时间 x(单位:min)和距离 y(单位:百米)的关系如图 1-1 所示,试将小王离家的距离关于时间的函数用解析式表示出来.

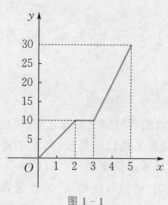

图 1 − 1

解 根据图形及坐标上的数据,分析可得解析式为

$$y = \begin{cases} 5x, & 0 \leqslant x \leqslant 2, \\ 10, & 2 < x \leqslant 3, \\ 10x - 20, & 3 < x \leqslant 5. \end{cases}$$

例 3 中函数的定义域为$[0,5]$,但是在定义域的不同范围内是用不同的解析式来表示的,这样的函数称为分段函数.

注 分段函数是一个函数,不要理解为多个函数.分段函数需要分段求值,分段作图.

1.2.2 函数的性质

1. 单调性

若函数 $f(x)$ 在区间 I 上随 x 的增大而增大,即对于任意的 $x_1, x_2 \in I$,当 $x_1 < x_2$ 时,有
$$f(x_1) < f(x_2),$$
则称函数 $f(x)$ 在区间 I 上单调增加,区间 I 称为单调增加区间;若函数 $f(x)$ 在区间 I 上随 x 的增大而减小,即对于任意的 $x_1, x_2 \in I$,当 $x_1 < x_2$ 时,有
$$f(x_1) > f(x_2),$$
则称函数 $f(x)$ 在区间 I 上单调减少,区间 I 称为单调减少区间.

例如,函数 $y = x^2$ 在区间 $(-\infty, 0]$ 上单调减少,在区间 $[0, +\infty)$ 上单调增加.$(-\infty, 0]$ 为函数 $y = x^2$ 的单调减少区间,$[0, +\infty)$ 为函数 $y = x^2$ 的单调增加区间.

2. 奇偶性

设函数 $f(x)$ 的定义域 D 关于原点对称.如果对于任意的 $x \in D$,都有
$$f(-x) = f(x),$$

虚拟仿真实验:
函数的奇偶性

则称 $f(x)$ 是 D 上的偶函数,其图形关于 y 轴对称;如果对于任意的 $x \in D$,都有
$$f(-x) = -f(x),$$
则称 $f(x)$ 是 D 上的奇函数,其图形关于原点对称.

例如,$y = \sin x$,$y = x^3 - x$ 在 $\mathbf{R}$ 上是奇函数,$y = \cos x$,$y = x^4 + x^2$ 在

$\mathbf{R}$ 上是偶函数, $y = 2^x$, $y = \arccos x$ 在 $\mathbf{R}$ 上既不是奇函数,也不是偶函数.

3. 有界性

设函数 $f(x)$ 在区间 I 上有定义. 若存在一个正数 M,使得对于任意的 $x \in I$,都有 $|f(x)| \leqslant M$ 成立,则称函数 $f(x)$ 在区间 I 上**有界**,否则称函数 $f(x)$ 在区间 I 上**无界**.

例如,函数 $y = \cos x$ 在其定义域 $(-\infty, +\infty)$ 上是有界的,这是因为对于任意的 $x \in (-\infty, +\infty)$,都有 $|\cos x| \leqslant 1$ 成立. 又如,函数 $y = \tan x$ 在 $\left(-\dfrac{\pi}{2}, \dfrac{\pi}{2}\right)$ 内无界.

1.2.3 反函数

定义 2 设 $y = f(x)$ 是定义在实数集 D 上关于 x 的函数,其值域为 M. 如果对于任意的 $y \in M$,都有唯一确定的且满足 $y = f(x)$ 的 x 与之对应,则得到一个定义在 M 上以 y 为自变量, x 为因变量的新函数 $x = \varphi(y)$,称为函数 $y = f(x)$ 的**反函数**,记作

$$x = f^{-1}(y),$$

其定义域为 M,值域为 D. $y = f(x)$ 称为**直接函数**.

当然我们也可以说 $y = f(x)$ 是 $x = f^{-1}(y)$ 的反函数,即它们互为反函数. 显然,由定义可知,单调函数一定有反函数.

习惯上,我们总是用字母 x 表示自变量,而用字母 y 表示因变量,所以通常把 $x = f^{-1}(y)$ 改写为 $y = f^{-1}(x)$.

若在同一平面直角坐标系上作出直接函数 $y = f(x)$ 和反函数 $y = f^{-1}(x)$ 的图形,则这两个图形关于直线 $y = x$ 对称. 例如,函数 $y = a^x$ 和其反函数 $y = \log_a x$ 的图形关于直线 $y = x$ 对称.

例 4 求函数 $y = \dfrac{1}{2}x + 3$ 的反函数.

解 函数 $y = \dfrac{1}{2}x + 3$ 在其定义域 $(-\infty, +\infty)$ 上是单调函数,因此它一定有反函数. 由 $y = \dfrac{1}{2}x + 3$ 解出 x,得

$$x = 2y - 6.$$

将其中的 x 换成 y, y 换成 x,便得 $y = \dfrac{1}{2}x + 3$ 的反函数为

$$y = 2x - 6, \quad -\infty < x < +\infty.$$

1.2.4 基本初等函数

在生活中,有一类函数显得尤为重要,高等数学研究的主要对象就是这一类函数,这就是所谓的初等函数,而初等函数是由基本初等函数组成的. 基本初等函数有以下六种.

1. 常值函数

常值函数 $y = C$,其中 C 为常数,定义域为 $(-\infty, +\infty)$. 对于任意的 $x \in (-\infty, +\infty)$,函数值 y 都恒等于常数 C,函数图形为平行于 x 轴的直线,如图 $1-2$ 所示.

微视频:常量的坚持

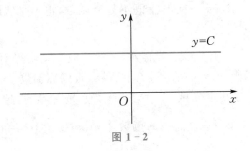

图 1-2

2. 幂函数

幂函数 $y=x^{\alpha}$(α 为任意常数),定义域和值域因 α 的不同而不同,但在 $(0,+\infty)$ 上幂函数 $y=x^{\alpha}$ 总有定义,且图形总经过点 $(1,1)$.

下面具体给出几种不同 α 值对应的图形,如图 1-3 所示.

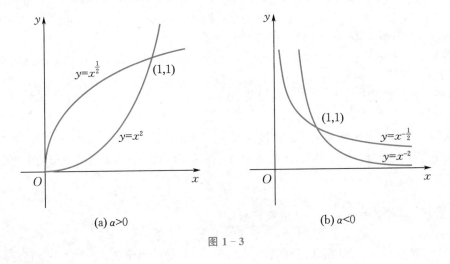

(a) $\alpha>0$ (b) $\alpha<0$

图 1-3

3. 指数函数

指数函数 $y=a^x$(a 为常数且 $a>0,a\neq 1$),定义域为 $(-\infty,+\infty)$,值域为 $(0,+\infty)$,图形总经过点 $(0,1)$.

当 $a>1$ 时,$y=a^x$ 在 $(-\infty,+\infty)$ 上单调增加;当 $0<a<1$ 时,$y=a^x$ 在 $(-\infty,+\infty)$ 上单调减少.指数函数的图形总在 x 轴上方,如图 1-4 所示.

虚拟仿真实验:指数变化

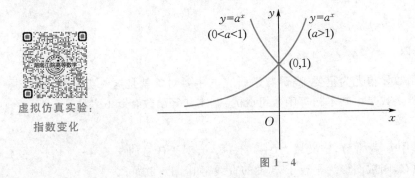

图 1-4

4. 对数函数

对数函数 $y = \log_a x$（a 为常数且 $a > 0$，$a \neq 1$）是指数函数 $y = a^x$ 的反函数. 由直接函数与反函数的关系可知，对数函数的定义域为 $(0, +\infty)$，值域为 $(-\infty, +\infty)$，图形总经过点 $(1, 0)$.

当 $a > 1$ 时，$y = \log_a x$ 单调增加；当 $0 < a < 1$ 时，$y = \log_a x$ 单调减少. 对数函数的图形总在 y 轴右侧，如图 $1-5$ 所示.

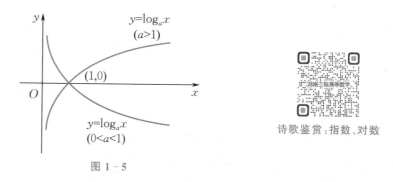

图 $1-5$

诗歌鉴赏：指数、对数

当 $a = e$ 时，$y = \log_a x$ 简记为 $y = \ln x$，它是最常见的对数函数，称为**自然对数函数**，其中无理数 $e = 2.718\,28\cdots$.

5. 三角函数

常用的三角函数有：

正弦函数 $y = \sin x$；

余弦函数 $y = \cos x$；

正切函数 $y = \tan x$；

余切函数 $y = \cot x = \dfrac{1}{\tan x}$.

函数 $y = \sin x$ 和 $y = \cos x$ 的定义域均为 $(-\infty, +\infty)$，值域均为 $[-1, 1]$，它们都是以 2π 为周期的周期函数. $y = \sin x$ 是奇函数，$y = \cos x$ 是偶函数，它们的图形如图 $1-6$ 所示.

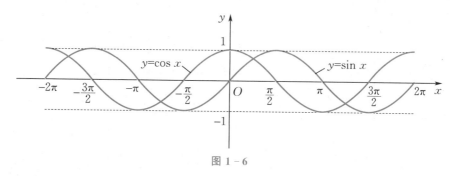

图 $1-6$

函数 $y = \tan x$ 的定义域为 $\left\{ x \,\middle|\, x \in \mathbf{R}, x \neq k\pi + \dfrac{\pi}{2}, k \in \mathbf{Z} \right\}$，函数 $y = \cot x$ 的定义域为 $\{ x \mid x \in \mathbf{R}, x \neq k\pi, k \in \mathbf{Z} \}$，它们都是以 π 为周期的周期函数，且都是奇函数，它们的图形如图 $1-7$ 所示.

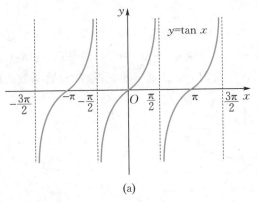

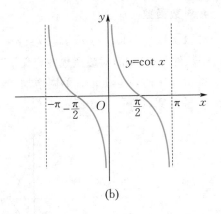

(a)   (b)

图 1-7

微视频：

小红线,向上攀

另外,常用的三角函数还有:

正割函数 $y = \sec x = \dfrac{1}{\cos x}$;

余割函数 $y = \csc x = \dfrac{1}{\sin x}$.

它们都是以 2π 为周期的周期函数.

6. 反三角函数

反三角函数是各三角函数在其特定的单调区间上的反函数.

反正弦函数 $y = \arcsin x$ 是正弦函数 $y = \sin x$ 在区间 $\left[-\dfrac{\pi}{2}, \dfrac{\pi}{2}\right]$ 上的反函数,其定义域为 $[-1,1]$,值域为 $\left[-\dfrac{\pi}{2}, \dfrac{\pi}{2}\right]$,图形如图 1-8 所示.

反余弦函数 $y = \arccos x$ 是余弦函数 $y = \cos x$ 在区间 $[0,\pi]$ 上的反函数,其定义域为 $[-1,1]$,值域为 $[0,\pi]$,图形如图 1-9 所示.

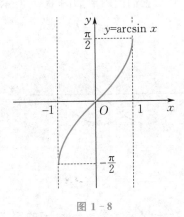

图 1-8

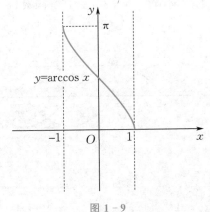

图 1-9

反正切函数 $y = \arctan x$ 是正切函数 $y = \tan x$ 在区间 $\left(-\dfrac{\pi}{2}, \dfrac{\pi}{2}\right)$ 上的反函数,其定义域为 $(-\infty, +\infty)$,值域为 $\left(-\dfrac{\pi}{2}, \dfrac{\pi}{2}\right)$,图形如图 1-10 所示.

反余切函数 $y = \text{arccot } x$ 是余切函数 $y = \cot x$ 在区间 $(0,\pi)$ 上的反函数,其定义域为

$(-\infty, +\infty)$，值域为 $(0,\pi)$，图形如图 $1-11$ 所示.

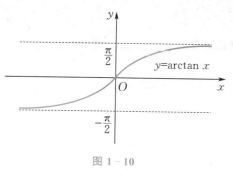

图 $1-10$

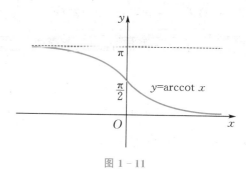

图 $1-11$

1.2.5　复合函数

在实际问题中,常会遇到由几个较简单的函数组合而成为较复杂的函数. 例如,由函数 $y=u^3$ 和 $u=\cos x$ 可以组合成 $y=(\cos x)^3$,简写为 $y=\cos^3 x$. 又如,由函数 $y=\ln u$ 和 $u=\sin x$ 可以组合成 $y=\ln \sin x$,这种组合称为函数的复合.

定义3　设函数 $y=f(u)$ 的定义域为 D,函数 $u=\varphi(x)$ 的值域为 M. 若 $D \bigcap M \neq \varnothing$,则 y 通过 u 构成 x 的函数,称为由函数 $y=f(u)$ 和 $u=\varphi(x)$ 复合而成的函数,简称为复合函数,记作

$$y=f[\varphi(x)],$$

其中 u 称为中间变量.

例如,函数 $y=\sqrt{u}$ 与 $u=1-x^2$ 可以复合成 $y=\sqrt{1-x^2}$;函数 $y=\arcsin u$ 与 $u=\ln x$ 可以复合成 $y=\arcsin \ln x$.

不是任何两个函数都可以复合成一个函数. 例如,函数 $y=\arcsin u$ 和 $u=2+x^2$ 就不能复合,因为对于 $u=2+x^2$ 中的任何 u,都不能使得 $y=\arcsin u$ 有意义.

另外,复合函数也可以由两个以上的函数复合而成,如 $y=\ln u, u=\sin v$ 及 $v=\sqrt{x}$ 可以复合成函数 $y=\ln \sin \sqrt{x}$.

例5　将下列函数表示成复合函数:

(1) $y=\sin u, u=2x$;　　　　　(2) $y=u^2, u=\mathrm{e}^x$.

解　(1) 将 $u=2x$ 代入 $y=\sin u$,则得 $y=\sin 2x$.

(2) 将 $u=\mathrm{e}^x$ 代入 $y=u^2$,则得 $y=\mathrm{e}^{2x}$.

虚拟仿真实验:
构造复合函数

例6　指出下列复合函数的复合过程:

(1) $y=(1+x)^5$;　　　　　　(2) $y=\tan\left(2x+\dfrac{\pi}{4}\right)$;

(3) $y=\dfrac{1}{(1-x^2)^3}$;　　　　(4) $y=3^{\cos^2 x}$.

解　(1) $y=(1+x)^5$ 是由函数 $y=u^5, u=1+x$ 复合而成的.

(2) $y=\tan\left(2x+\dfrac{\pi}{4}\right)$ 是由函数 $y=\tan u, u=2x+\dfrac{\pi}{4}$ 复合而成的.

(3) $y = \dfrac{1}{(1-x^2)^3}$ 是由函数 $y = \dfrac{1}{u^3}$, $u = 1 - x^2$ 复合而成的.

(4) $y = 3^{\cos^2 x}$ 是由函数 $y = 3^u$, $u = v^2$, $v = \cos x$ 复合而成的.

对复合函数分解的过程类似于对复合函数由外往内逐层"剥皮"的过程，并且要求每层都是基本初等函数或者基本初等函数的四则运算式，否则还须分解.

1.2.6 初等函数

定义 4 由基本初等函数经过有限次四则运算和有限次复合所构成且仅用一个解析式表示的函数称为**初等函数**，否则称为**非初等函数**.

例如，$y = \sqrt{x^2 + 3x - 8}$, $y = e^{\sin x^2}$, $y = \tan\left(3x + \dfrac{\pi}{5}\right)^2 + \sin^3 x$, $y = \ln \ln^2(1 + x^2 + \tan x)$ 等都是初等函数. 本书中，除分段函数外，所涉及的大部分函数都是初等函数.

例 7 $y = |x| = \begin{cases} x, & x \geqslant 0, \\ -x, & x < 0 \end{cases}$ 是一个分段函数，但是，由于 $y = |x| = \sqrt{x^2}$ ，因此 $y = |x|$ 是初等函数. 同理，$y = |\sin x|$, $y = \ln |x^2 - 1|$ 等既是分段函数，也是初等函数.

1.2.7 常见函数

1. 需求函数和价格函数

在经济学中，消费者对某种商品的需求这一概念的定义是，消费者既有购买商品的愿望，又有购买商品的能力. 也就是说，只有消费者同时具备了购买商品的愿望和能力两个条件，才称得上对该商品有需求. 影响需求的因素有很多，如人口、收入、财产、价格、其他相关商品的价格以及消费者的偏好等. 在所考虑的时间范围内，如果将除该商品价格外的上述因素都看作不变的因素，则可把该商品价格 P 看作自变量，需求量 Q 看作因变量，即需求量 Q 可视为该商品价格 P 的函数，称为**需求函数**，记作 $Q = Q(P)$.

人工智能里的
数学函数

一般说来，需求函数是单调减少函数. 最常见的需求函数有以下三种.

(1) 线性需求函数：$Q = b - aP$, $a > 0$, $b > 0$;

(2) 幂需求函数：$Q = \dfrac{K}{P^a}$, $K > 0$, $a > 0$, $P \neq 0$;

(3) 指数需求函数：$Q = a e^{-bP}$, $a > 0$, $b > 0$.

同样，也可把商品价格 P 表示成需求量 Q 的函数，记作
$$P = P(Q),$$
它是需求函数的反函数，也称为**价格函数**.

2. 总成本函数

商品的成本是衡量一个企业管理水平高低的重要指标. 根据成本核算知识，商品的总成本是指生产一定数量的商品所需要的成本总数，它由**固定成本**与**变动成本**构成. 固定成本不受产

量的影响,是与产量无关的常数,而变动成本是随产量的变化而变化的.

总成本函数 C 一般表示为

$$C = C(Q) = C_{变}(Q) + C_{固},$$

其中 Q 表示产量,$C_{变}(Q)$ 为变动成本,$C_{固}$ 为固定成本.

3. 平均成本函数

平均成本是指平均生产单位商品的成本,也是产量 Q 的函数. 平均成本函数 $\overline{C}$ 一般表示为

$$\overline{C} = \overline{C}(Q) = \frac{C(Q)}{Q}.$$

4. 总收益函数

总收益是指企业销售商品的总收入,与商品的价格 P、销量 Q 有关. 总收益函数 R 一般表示为

$$R = R(Q) = PQ. \tag{1-1}$$

注　① 由于商品在销售过程中,价格一般都是波动的,因此式(1-1)中的价格 P 一般指平均价格.

② 在实际生产中,产量、销量、需求量一般是不相等的. 但是为研究问题方便,我们一般假设

$$产量 = 销量 = 需求量.$$

虚拟仿真实验:
生产函数的关系

5. 总利润函数

总收益减去总成本,得到的差就是总利润 L. 总利润函数 L 一般表示为
$$L = L(Q) = R - C = R(Q) - C(Q).$$

例 8　设某工厂的总成本中,固定成本为 20 000 元,单位商品的变动成本为 3 000 元,单位商品价格为 5 000 元,求产量 Q 对总成本 C、平均成本 $\overline{C}$、总收益 R 及总利润 L 的影响.

解　根据经济函数的关系可知,总成本函数为
$$C = 20\ 000 + 3\ 000Q,$$

平均成本函数为

$$\overline{C} = \frac{20\ 000 + 3\ 000Q}{Q} = 3\ 000 + \frac{20\ 000}{Q},$$

总收益函数为

$$R = 5\ 000Q,$$

总利润函数为

$$L = R - C = 2\ 000Q - 20\ 000.$$

当 $L = 0$,即 $R = C$ 时的产量 Q 的取值 Q_0 称为损益分歧点. 当 $Q > Q_0$ 时,$L > 0$,这时工厂赢利;当 $Q < Q_0$ 时,$L < 0$,这时工厂亏损.

例 9 （**库存问题**）某工厂每年生产仪器 40 000 台,分批生产,每批生产的准备费为 1 000 元.设仪器均匀投放市场,即平均库存量为批量(每批生产仪器的数量)的一半,每台仪器每年库存费为 80 元,试求出每年库存费及生产准备费之和与批量的函数关系.

解 设每年库存费及生产准备费之和为 y 元,批量为 x 台.依题意,平均库存量为 $\frac{x}{2}$ 台,

所以总库存费为 $\frac{x}{2} \cdot 80$ 元.

因为该工厂每批生产 x 台,所以每年生产的批数为 $\frac{40\,000}{x}$ 批,从而总的生产准备费为

$\frac{40\,000}{x} \cdot 1\,000$ 元.于是,有

$$y = 总库存费 + 生产准备费$$
$$= \frac{x}{2} \cdot 80 + \frac{40\,000}{x} \cdot 1\,000$$
$$= 40x + \frac{4 \times 10^7}{x},$$

这里 x 只能取正整数,且小于等于 40 000.

1.3 通过 Wolfram 语言求解初等数学典型问题

利用 Wolfram 语言可以求解各种初等数学的典型问题,这充分体现了 Wolfram 语言的计算优势.

1. 数值计算

例 1 求 $\sin\frac{6}{7}\pi$ 的值.

解 输入
```
sin(6/7π)
```
求得 $\sin\frac{6}{7}\pi \approx 0.433\,9$.

也可以输入 sin(6/7pi),Wolfram 语言会将 pi 识别为 π.

2. 求反函数

例 2 求函数 $y = \frac{1}{2}x + 3$ 的反函数.

解 输入
```
inverse function(1/2)x+3
```
求得其反函数为 $y = 2x - 6$.

3. 求函数的定义域和值域

例 3   求函数 $y = \dfrac{\sqrt{x}}{x^2 - 1}$ 的定义域.

解　输入

```
domain x^(1/2)/(x^2-1)
```

求得该函数的定义域为 $[0,1) \bigcup (1, +\infty)$.

例 4   求函数 $y = \arctan x$ 的值域.

解　输入

```
range arctan x
```

求得该函数的值域为 $\left(-\dfrac{\pi}{2}, \dfrac{\pi}{2}\right)$.

4. 化简

例 5   化简函数 $\sin(7\pi - 7x)$.

解　输入

```
simplify sin(7pi-7x)
```

求得 $\sin(7\pi - 7x) = \sin 7x$.

5. 因式分解

例 6   将 $x^3 - x^2 - 4x + 4$ 进行因式分解.

解　输入

```
factor x^3-x^2-4x+4
```

求得 $x^3 - x^2 - 4x + 4 = (x - 1)(x - 2)(x + 2)$.

6. 解方程

例 7   解方程 $x^4 - 2x^3 - 5x^2 + 6x = 0$.

解　输入

```
solve x^4-2x^3-5x^2+6x=0
```

求得 $x_1 = -2, x_2 = 0, x_3 = 1, x_4 = 3$.

7. 分式分解

例 8   对分式 $\dfrac{x^2 - 4}{x^4 - x}$ 进行分解.

解　输入

```
partial fractions(x^2-4)/(x^4-x)
```

求得 $\dfrac{x^2-4}{x^4-x}=\dfrac{-3x-1}{x^2+x+1}-\dfrac{1}{x-1}+\dfrac{4}{x}$.

8. 绘制函数图形

例 9 画出函数 $y=\sin x$ 的图形.

解 输入

    plot sin x

结果如图 1-12 所示.

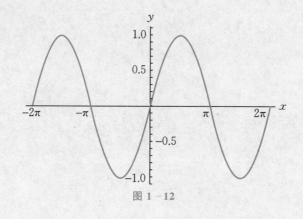

图 1-12

Wolfram 语言对画图还提供了更加丰富的控制语句. 例如:

诗歌鉴赏:
集合与函数

控制绘图区间:

    plot sin x from x=0 to 2pi

控制颜色:

    plot sin x with red

同时绘制多个函数图形:

    plot sin x with red and cos x with blue

绘制分段函数的图形:

    plot piecewise[{{x^2-2x+1,x>1},{1,x==1},{x^2-1,x<1}}]

从以上例题中可以看出,以 Wolfram 语言为基础的 WolframAlpha 求解数学问题最大的优势就是语言自然化、人机交互效率高、过程表述完整、呈现结果形式丰富多样.

习 题 1

1.求下列函数的定义域:

(1) $y=\dfrac{1}{x^2-4x+3}+\sqrt{2x+1}$;

(2) $y=\lg\left(\dfrac{1-x}{1+x}\right)$;

(3) $y=\dfrac{1}{\lg(x+3)}$;

(4) $y=\ln(2x+1)+\dfrac{1}{x^2-4}$.

2. 设函数 $f(x) = \dfrac{1}{\sqrt{1+x^2}}$，求 $f[f(x)]$．

3. 设函数 $f(x) = x^2 - 3x + 2$，求 $f(1)$ 及 $f(x-1)$．

4. 设函数 $f(x) = \begin{cases} x-1, & -2 \leqslant x < 0, \\ x+1, & 0 \leqslant x \leqslant 2, \end{cases}$ 求 $f(-1)$，$f(0)$ 及 $f(1)$．

5. 求下列函数的反函数，并求反函数的定义域：

(1) $y = 2\sin 3x$，$x \in \left[-\dfrac{\pi}{6}, \dfrac{\pi}{6}\right]$；　　　　　　(2) $y = \dfrac{2^x}{2^x+1}$，$x \in \mathbf{R}$．

6. 证明：函数 $y = \dfrac{x}{1-x}$ 在区间 $(1, +\infty)$ 上单调增加．

7. 已知函数 $f(x) = \begin{cases} 0, & -1 < x < 0, \\ x, & 0 \leqslant x \leqslant 1, \end{cases}$ 试画出函数的图形．

8. 判断下列各组函数是否相同，并说明理由：

(1) $f(x) = x$，$g(x) = \sqrt{x^2}$；　　　　　　(2) $f(x) = x$，$g(x) = (\sqrt{x})^2$；

(3) $f(x) = \lg x^2$，$g(x) = 2\lg |x|$；　　　　(4) $f(x) = \dfrac{x^2-1}{x+1}$，$g(x) = x-1$．

9. 设 $f(1+x) = 3x^2 + 2x + 1$，求函数 $f(x)$．

10. 设 $f\left(\dfrac{1-x}{1+x}\right) = x$，求函数 $f(x)$．

11. 设函数 $f(x) = \dfrac{1}{1-x}$，求 $f\left[\dfrac{1}{f(x)}\right]$．

12. 将函数 $f(x) = 3 - |x-1|$ 表示成分段函数．

13. 实际生活中哪些现象可以用函数来描述？试列举出来．

14. 将下列函数表示成复合函数：

(1) $y = (u-2)^2$，$u = \sin x$；　　　　　(2) $y = \log_a 2u$，$u = v^2$，$v = 3x-1$；

(3) $y = 3u^2 - 2u$，$u = \sqrt{v}$，$v = 2x$；　　(4) $y = \sin u$，$u = v^3 + 4$，$v = 2x-1$．

15. 指出下列函数的复合过程：

(1) $y = (2x-1)^2$；　　　　　　　　　(2) $y = e^{3x+8}$；

(3) $y = \sqrt{1 - \ln x^2}$；　　　　　　(4) $y = \arcsin^3(ax+b)$．

16. 求下列函数的定义域：

(1) $y = \arcsin \dfrac{x-1}{2}$；

(2) $y = \arcsin x + \sqrt{1-|x|}$；

(3) $y = \dfrac{1}{x^2-1} + \arccos x + \sqrt{x}$．

17. 设函数 $f(x) = \arccos \lg x$，求 $f\left(\dfrac{1}{10}\right)$，$f(1)$ 及 $f(10)$．

18. 利用 Wolfram 语言绘制并观察下列函数的图形：

(1) $y = \dfrac{x^2-4}{x+2}$；　　　　　　　　(2) $y = 1 - |x|$；

(3) $f(x) = \begin{cases} |x-1|, & 0 \leqslant x \leqslant 2, \\ 0, & \text{其他}; \end{cases}$　　(4) $f(x) = \begin{cases} x^2+1, & x < 0, \\ x, & x \geqslant 0. \end{cases}$

<table>
<tr><td>项目</td></tr>
</table>

探索函数变化的趋势

2

极限是研究微积分的重要工具,如导数、定积分等都需要用极限来定义;连续是研究微积分的基本条件.极限与连续是微积分中的基本概念,需要很好地掌握.本项目主要使用极限等数学工具探索函数变化的趋势.

2.1 极限的概念

庄子的极限思想

《庄子·杂篇·天下》一书中写到"一尺之棰,日取其半,万世不竭",意思是一尺长的木棍,每天截去前一天所剩下的一半,这样的过程可以无限制地进行下去.虽然截后所剩的部分越来越少,但截后所剩下的木棍的长度永远不为零,而又无限逼近零,我们称之为极限为零.极限的方法是人们从有限中认识无限,从近似中认识精确,从量变中认识质变的辩证思想和数学方法.

为了学习函数的极限,我们首先做如下规定:

当 x 取正值且无限增大时,记作 $x \to +\infty$;当 x 取负值且 $|x|$ 无限增大时,记作 $x \to -\infty$;当 $|x|$ 无限增大时,记作 $x \to \infty$(包含 $x \to -\infty$ 和 $x \to +\infty$).

当 x 从 x_0 左边无限接近于 x_0 时,记作 $x \to x_0^-$(或 $x \to x_0 - 0$);当 x 从 x_0 右边无限接近于 x_0 时,记作 $x \to x_0^+$(或 $x \to x_0 + 0$);当 x 从 x_0 左右两边无限接近于 x_0 时,记作 $x \to x_0$(包含 $x \to x_0^-$ 和 $x \to x_0^+$).

1. 当 $x \to \infty$ 时,函数 $f(x)$ 的极限

定义 1 如果当 $|x|$ 无限增大($x \to \infty$)时,函数 $f(x)$ 无限接近于一个确定的常数 A,则 A 称为**函数 $f(x)$ 当 $x \to \infty$ 时的极限**,记作

$$\lim_{x \to \infty} f(x) = A \quad \text{或} \quad f(x) \to A \quad (x \to \infty).$$

类似可定义当 $x \to +\infty$ 或 $x \to -\infty$ 时函数的极限.

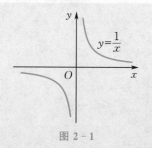

图 2-1

例 1 讨论当 $x \to \infty$ 时函数 $y = \dfrac{1}{x}$ 的极限.

解 如图 2-1 所示,当 x 的绝对值无限增大时,函数 $y = \dfrac{1}{x}$ 的图形无限接近于 x 轴,即

$$\lim_{x \to \infty} \frac{1}{x} = 0.$$

例 2　讨论当 $x \to \infty$ 时函数 $y = \arctan x$ 的极限.

解　由图 $2-2$ 可以看出,

$$\lim_{x \to +\infty} \arctan x = \frac{\pi}{2}, \quad \lim_{x \to -\infty} \arctan x = -\frac{\pi}{2}.$$

由于当 $x \to +\infty$ 和 $x \to -\infty$ 时,函数 $y = \arctan x$ 不是无限接近于同一个确定的常数,因此 $\lim\limits_{x \to \infty} \arctan x$ 不存在.

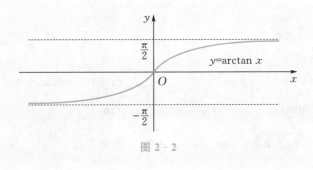

图 $2-2$

由此,可得出下面的定理.

定理 1　$\lim\limits_{x \to \infty} f(x) = A$ 的充要条件是

$$\lim_{x \to +\infty} f(x) = \lim_{x \to -\infty} f(x) = A.$$

证明略.

微视频：
勇于挑战极限

2. 当 $x \to x_0$ 时,函数 $f(x)$ 的极限

如图 $2-3$ 所示,观察函数 $y = \dfrac{x^2-1}{x-1}$ 的图形,分析当自变量 x 无限接近于 1(但 $x \neq 1$)时该函数的变化趋势.

可以发现,当 $x \to 1$ 时,函数 $y = \dfrac{x^2-1}{x-1}$ 无限接近于 2.

定义 2　设函数 $y = f(x)$ 在点 x_0 近旁(点 x_0 本身可以除外)有定义.如果当 x 无限接近于 x_0(但 $x \neq x_0$)时,函数 $f(x)$ 无限接近于一个确定的常数 A,那么 A 称为函数 $f(x)$ 当 $x \to x_0$ 时的极限,记作

$$\lim_{x \to x_0} f(x) = A \quad 或 \quad f(x) \to A \quad (x \to x_0).$$

图 $2-3$

注　函数 $f(x)$ 的极限与 $f(x)$ 在点 x_0 处是否有定义无关,极限讨论的是函数 $f(x)$ 随自变量 x 的变化趋势.

例 3　考察极限 $\lim\limits_{x \to x_0} C$($C$ 为常数)和 $\lim\limits_{x \to x_0} x$.

解　因为当 $x \to x_0$ 时,函数 $f(x) = C$ 的值恒为 C,所以 $\lim\limits_{x \to x_0} f(x) = \lim\limits_{x \to x_0} C = C$.

因为当 $x \to x_0$ 时,函数 $g(x) = x$ 的值无限接近于 x_0,所以 $\lim\limits_{x \to x_0} g(x) = \lim\limits_{x \to x_0} x = x_0$.

3. 当 $x \to x_0$ 时,函数 $f(x)$ 的左、右极限

因为 $x \to x_0$ 包含左、右两种趋势,而当 x 仅从某一侧无限接近于 x_0 时,只须讨论函数的单侧趋势,于是有下面的定义.

定义 3　如果当 $x \to x_0^-$ 时,函数 $f(x)$ 无限接近于一个确定的常数 A,则 A 称为函数 $f(x)$ 当 $x \to x_0$ 时的左极限,记作

$$\lim_{x \to x_0^-} f(x) = A \quad 或 \quad f(x_0 - 0) = A.$$

如果当 $x \to x_0^+$ 时,函数 $f(x)$ 无限接近于一个确定的常数 A,则 A 称为函数 $f(x)$ 当 $x \to x_0$ 时的右极限,记作

$$\lim_{x \to x_0^+} f(x) = A \quad 或 \quad f(x_0 + 0) = A.$$

根据定义 2 和定义 3 可得以下定理.

微视频:高铁交会,

挑战速度极限

定理 2　$\lim\limits_{x \to x_0} f(x) = A$ 的充要条件是

$$\lim_{x \to x_0^-} f(x) = \lim_{x \to x_0^+} f(x) = A.$$

证明略.

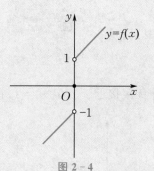

图 2-4

例 4　讨论当 $x \to 0$ 时函数

$$f(x) = \begin{cases} x - 1, & x < 0, \\ 0, & x = 0, \\ x + 1, & x > 0 \end{cases}$$

的极限.

解　该函数的图形如图 2-4 所示,由图形可知

$$\lim_{x \to 0^-} f(x) = \lim_{x \to 0^-} (x - 1) = -1,$$

$$\lim_{x \to 0^+} f(x) = \lim_{x \to 0^+} (x + 1) = 1.$$

因此,当 $x \to 0$ 时,函数 $f(x)$ 的左、右极限存在但不相等,则由定理 2 知,极限 $\lim\limits_{x \to 0} f(x)$ 不存在.

例 5　讨论当 $x \to 0$ 时函数 $f(x) = |x|$ 的极限.

解　函数 $f(x) = |x| = \begin{cases} -x, & x < 0, \\ x, & x \geqslant 0 \end{cases}$ 的图形如图 2-5 所示,由图形可知

$$\lim_{x \to 0^-} f(x) = \lim_{x \to 0^-} (-x) = 0,$$

$$\lim_{x \to 0^+} f(x) = \lim_{x \to 0^+} x = 0.$$

因此,当 $x \to 0$ 时,函数 $f(x)$ 的左、右极限都存在且相等,则由定理 2 可知,$\lim\limits_{x \to 0} f(x) = 0.$

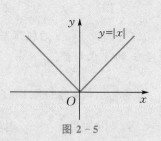

图 2-5

2.2 无穷小与无穷大

实际问题中,常有极限为零的变量(函数).例如,电容器放电时,其电压随着时间的增加而逐渐减小并无限接近于零.对于这样的函数,有下面的定义.

2.2.1 无穷小

定义 1 在某一极限过程中,极限为零的函数称为该极限过程中的无穷小.

如果 $\lim\limits_{x \to x_0} \alpha(x) = 0$,则 $\alpha(x)$ 是 $x \to x_0$ 时的无穷小.如果 $\lim\limits_{x \to \infty} \beta(x) = 0$,则 $\beta(x)$ 是 $x \to \infty$ 时的无穷小.类似地,还有 $x \to x_0^+$, $x \to x_0^-$, $x \to +\infty$, $x \to -\infty$ 情形下的无穷小.

例如,因为 $\lim\limits_{x \to \infty} \dfrac{1}{x^2} = 0$,所以 $\dfrac{1}{x^2}$ 是 $x \to \infty$ 时的无穷小;因为 $\lim\limits_{x \to 2}(x-2) = 0$,所以 $x - 2$ 是 $x \to 2$ 时的无穷小.

注 ① 称一个函数为无穷小必须指明自变量的变化趋势.例如,当 $x \to -2$ 时 $x^2 - 4$ 是无穷小,当 $x \to 0$ 时 $x^2 - 4$ 不是无穷小.

② 无穷小表达的是量的变化趋势,而不是量的大小.无穷小是以零为极限的函数,不是一个固定的很小的非零数.无穷小是有极限的函数中最简单且最重要的一类.

2.2.2 无穷小的性质

性质 1 有限个无穷小的代数和为无穷小.

证明略.

无限个无穷小之和未必是无穷小.例如,当 $x \to \infty$ 时,$\dfrac{1}{x^2}, \dfrac{2}{x^2}, \cdots, \dfrac{x}{x^2}$ 都是无穷小,但是 $\dfrac{1}{x^2} + \dfrac{2}{x^2} + \cdots + \dfrac{x}{x^2} = \dfrac{x(x+1)}{2x^2}$,当 $x \to \infty$ 时,$\dfrac{x(x+1)}{2x^2} \to \dfrac{1}{2}$ 不是无穷小.

性质 2 有限个无穷小的乘积为无穷小.

证明略.

性质 3 有界变量与无穷小的乘积为无穷小.

证明略.

例 1 求极限 $\lim\limits_{x \to 0} x^2 \sin \dfrac{1}{x}$.

解 因为 $\lim\limits_{x \to 0} x^2 = 0$,所以 x^2 是 $x \to 0$ 时的无穷小.而 $\left| \sin \dfrac{1}{x} \right| \leqslant 1$,可见 $\sin \dfrac{1}{x}$ 是有界变量.因此,$x^2 \sin \dfrac{1}{x}$ 是 $x \to 0$ 时的无穷小,即

$$\lim\limits_{x \to 0} x^2 \sin \dfrac{1}{x} = 0.$$

2.2.3 函数极限与无穷小的关系

设 $\lim\limits_{x \to x_0} f(x) = A$，即当 $x \to x_0$ 时函数 $f(x)$ 无限接近于常数 A，则 $f(x) - A$ 无限接近于零，故 $f(x) - A$ 是 $x \to x_0$ 时的无穷小.

定理 1 $\lim f(x) = A$ 的充要条件是
$$f(x) = A + \alpha(x),$$
其中 $\alpha(x)$ 是该极限过程中的无穷小.

证明略. 极限符号"$\lim$"表示任意一种极限过程.

例如，当 $x \to \infty$ 时 $\dfrac{x+1}{x} \to 1$，有 $\dfrac{x+1}{x} = 1 + \dfrac{1}{x}$，其中 $\dfrac{1}{x}$ 是 $x \to \infty$ 时的无穷小.

2.2.4 无穷大

定义 2 若在某一极限过程中，$|f(x)|$ 无限增大，则称函数 $f(x)$ 为该极限过程中的无穷大.

注 函数 $f(x)$ 当 $x \to x_0$（或 $x \to \infty$）时为无穷大，则它的极限是不存在的. 但为了便于描述函数的这种变化趋势，我们也说"函数的极限为无穷大"，并记作

虚拟仿真实验：
无穷大

$$\lim_{x \to x_0} f(x) = \infty \quad (或 \lim_{x \to \infty} f(x) = \infty).$$

例如，$\dfrac{1}{x}$ 是 $x \to 0$ 时的无穷大，e^x 是 $x \to +\infty$ 时的无穷大.

注 ① 称一个函数 $f(x)$ 为无穷大必须指明自变量 x 的变化趋势.
② 无穷大是一个函数，而不是一个绝对值很大的常数.

2.2.5 无穷大与无穷小的关系

我们知道，当 $x \to 2$ 时，$x - 2$ 是无穷小，$\dfrac{1}{x-2}$ 是无穷大；当 $x \to \infty$ 时，x 是无穷大，$\dfrac{1}{x}$ 是无穷小. 一般地，有如下定理.

定理 2 在同一极限过程中，如果 $f(x)$ 为无穷大，则 $\dfrac{1}{f(x)}$ 是无穷小；反之，如果 $f(x)$ 为无穷小，且 $f(x) \neq 0$，则 $\dfrac{1}{f(x)}$ 是无穷大.

证明略.

利用这个关系，可以求一些函数的极限.

例 2 求极限 $\lim\limits_{x \to 1} \dfrac{x+3}{x-1}$.

解 因为 $\lim\limits_{x \to 1} \dfrac{x-1}{x+3} = 0$，所以由无穷大与无穷小的关系得

$$\lim_{x \to 1} \frac{x+3}{x-1} = \infty.$$

2.3 极限的运算

2.3.1 极限的四则运算法则

精密测量：
无尽的追求

定理 1 设在自变量的同一趋势下，$\lim f(x) = A$，$\lim g(x) = B$，则

(1) $\lim[f(x) \pm g(x)] = \lim f(x) \pm \lim g(x) = A \pm B$；

(2) $\lim[f(x) \cdot g(x)] = \lim f(x) \cdot \lim g(x) = AB$；

(3) $\lim \dfrac{f(x)}{g(x)} = \dfrac{\lim f(x)}{\lim g(x)} = \dfrac{A}{B}$ $(B \neq 0)$.

特别地，

$$\lim Cf(x) = C\lim f(x) = CA \quad (C \text{ 为任意常数}),$$
$$\lim f^n(x) = [\lim f(x)]^n = A^n \quad (n \text{ 为正整数}).$$

证明略.

注 ① 上述法则可推广到有限个函数的代数和及有限个函数的乘积的情形.

② 上述法则要求参与运算的各个函数极限均存在，且法则(3)还必须满足分母的极限不为零；否则，不能直接使用法则.

例 1 求极限 $\lim\limits_{x \to 2}(2x^3 - 3x + 1)$.

解 $\lim\limits_{x \to 2}(2x^3 - 3x + 1) = 2\lim\limits_{x \to 2}x^3 - 3\lim\limits_{x \to 2}x + \lim\limits_{x \to 2}1 = 2 \times 2^3 - 3 \times 2 + 1 = 11$.

一般地，设多项式函数

$$f(x) = a_0 x^n + a_1 x^{n-1} + a_2 x^{n-2} + \cdots + a_{n-1}x + a_n,$$

则有

$$\lim\limits_{x \to x_0}f(x) = a_0 x_0^n + a_1 x_0^{n-1} + a_2 x_0^{n-2} + \cdots + a_{n-1}x_0 + a_n = f(x_0).$$

例 2 求极限 $\lim\limits_{x \to 2}\dfrac{x^2 - 1}{x^3 + 3x - 1}$.

解 $\lim\limits_{x \to 2}\dfrac{x^2 - 1}{x^3 + 3x - 1} = \dfrac{\lim\limits_{x \to 2}(x^2 - 1)}{\lim\limits_{x \to 2}(x^3 + 3x - 1)} = \dfrac{2^2 - 1}{2^3 + 3 \times 2 - 1} = \dfrac{3}{13}$.

一般地，若 $P(x)$，$Q(x)$ 都是多项式函数，且 $Q(x_0) \neq 0$，则有

$$\lim\limits_{x \to x_0}\dfrac{P(x)}{Q(x)} = \dfrac{P(x_0)}{Q(x_0)}.$$

例 3 求极限 $\lim\limits_{x \to 3}\dfrac{x - 3}{x^2 - 9}$.

解 当 $x \to 3$ 时，分子、分母的极限均为零，但它们有公因式 $x - 3$，则

$$\lim_{x \to 3} \frac{x-3}{x^2-9} = \lim_{x \to 3} \frac{x-3}{(x+3)(x-3)} = \lim_{x \to 3} \frac{1}{x+3} = \frac{1}{6}.$$

例 4 求极限 $\lim\limits_{x \to -1}\left(\dfrac{1}{x+1} - \dfrac{3}{x^3+1}\right)$.

解 当 $x \to -1$ 时, $\dfrac{1}{x+1} \to \infty$, $\dfrac{3}{x^3+1} \to \infty$, 故不能直接运用极限的四则运算法则. 而

$$\frac{1}{x+1} - \frac{3}{x^3+1} = \frac{x-2}{x^2-x+1},$$

所以

$$\lim_{x \to -1}\left(\frac{1}{x+1} - \frac{3}{x^3+1}\right) = \lim_{x \to -1} \frac{x-2}{x^2-x+1} = -1.$$

例 5 求极限 $\lim\limits_{x \to \infty} \dfrac{4x^3+2x^2-1}{3x^4+1}$.

解 当 $x \to \infty$ 时, 分子、分母的极限均不存在, 故不能直接运用极限的四则运算法则. 分子、分母同时除以 x^4, 则

$$\lim_{x \to \infty} \frac{4x^3+2x^2-1}{3x^4+1} = \lim_{x \to \infty} \frac{\dfrac{4}{x} + \dfrac{2}{x^2} - \dfrac{1}{x^4}}{3 + \dfrac{1}{x^4}} = 0.$$

一般地, 当 $a_0 \neq 0, b_0 \neq 0, m$ 和 n 为非负整数时, 有

$$\lim_{x \to \infty} \frac{a_0 x^n + a_1 x^{n-1} + a_2 x^{n-2} + \cdots + a_{n-1} x + a_n}{b_0 x^m + b_1 x^{m-1} + b_2 x^{m-2} + \cdots + b_{m-1} x + b_m} = \begin{cases} \dfrac{a_0}{b_0}, & m = n, \\ 0, & m > n, \\ \infty, & m < n. \end{cases}$$

例 6 求极限 $\lim\limits_{x \to 3} \dfrac{x^2-5x+6}{x^2-9}$.

解 $\lim\limits_{x \to 3} \dfrac{x^2-5x+6}{x^2-9} = \lim\limits_{x \to 3} \dfrac{(x-2)(x-3)}{(x+3)(x-3)} = \lim\limits_{x \to 3} \dfrac{x-2}{x+3} = \dfrac{1}{6}.$

例 7 求极限 $\lim\limits_{x \to -2} \dfrac{5+x}{x^2-4}$.

解 当 $x \to -2$ 时, 分母的极限为零, 不能运用极限的四则运算法则. 因为

$$\lim_{x \to -2} \frac{x^2-4}{5+x} = \frac{0}{3} = 0,$$

所以由无穷大与无穷小的关系得

$$\lim_{x \to -2} \frac{5+x}{x^2-4} = \infty.$$

例 8 求极限 $\lim\limits_{x \to 1}\left(\dfrac{1}{1-x} - \dfrac{3}{1-x^3}\right)$.

解 $\lim\limits_{x \to 1}\left(\dfrac{1}{1-x} - \dfrac{3}{1-x^3}\right) = \lim\limits_{x \to 1}\dfrac{1+x+x^2-3}{1-x^3} = \lim\limits_{x \to 1}\dfrac{(x-1)(x+2)}{(1-x)(1+x+x^2)}$

$\qquad\qquad\qquad\qquad\qquad\quad = \lim\limits_{x \to 1}\dfrac{-(x+2)}{1+x+x^2} = -1.$

2.3.2 两个重要极限

在计算函数极限时,有时需要利用 $\lim\limits_{x \to 0}\dfrac{\sin x}{x}$ 和 $\lim\limits_{x \to \infty}\left(1+\dfrac{1}{x}\right)^x$ 这两个重要极限.

1. 第一个重要极限 $\lim\limits_{x \to 0}\dfrac{\sin x}{x} = 1$

对于极限 $\lim\limits_{x \to 0}\dfrac{\sin x}{x}$ 的结果,观察函数 $y = \dfrac{\sin x}{x}$ 在点 $x=0$ 附近的图形(见图 2-6),可以看出在点 $x=0$ 附近,函数值无限接近于 1,即

$$\lim\limits_{x \to 0}\dfrac{\sin x}{x} = 1.$$

虚拟仿真实验:
第一个重要极限

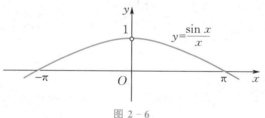

图 2-6

一般来说,在某一极限过程中,若 $\lim \varphi(x) = 0$,则在该极限过程中有

$$\lim \dfrac{\sin \varphi(x)}{\varphi(x)} = 1.$$

例 9 求极限 $\lim\limits_{x \to 0}\dfrac{\sin 2x}{x}$.

解 $\lim\limits_{x \to 0}\dfrac{\sin 2x}{x} = \lim\limits_{x \to 0}\left(2 \cdot \dfrac{\sin 2x}{2x}\right) = 2\lim\limits_{2x \to 0}\dfrac{\sin 2x}{2x} = 2 \times 1 = 2.$

例 10 求极限 $\lim\limits_{x \to 0}\dfrac{\tan x}{x}$.

解 $\lim\limits_{x \to 0}\dfrac{\tan x}{x} = \lim\limits_{x \to 0}\left(\dfrac{\sin x}{x} \cdot \dfrac{1}{\cos x}\right) = \lim\limits_{x \to 0}\dfrac{\sin x}{x} \cdot \lim\limits_{x \to 0}\dfrac{1}{\cos x} = 1 \times 1 = 1.$

例 11 求极限 $\lim\limits_{x \to 0}\dfrac{1-\cos x}{x^2}$.

解 $\lim\limits_{x \to 0}\dfrac{1-\cos x}{x^2} = \lim\limits_{x \to 0}\dfrac{2\sin^2\frac{x}{2}}{x^2} = \dfrac{1}{2}\lim\limits_{\frac{x}{2} \to 0}\left(\dfrac{\sin\frac{x}{2}}{\frac{x}{2}}\right)^2 = \dfrac{1}{2} \times 1^2 = \dfrac{1}{2}.$

2. 第二个重要极限 $\lim\limits_{x \to \infty}\left(1 + \dfrac{1}{x}\right)^x = \mathrm{e}$

对于极限 $\lim\limits_{x \to \infty}\left(1 + \dfrac{1}{x}\right)^x$ 的结果,观察函数 $y = \left(1 + \dfrac{1}{x}\right)^x$ 与直线 $y = \mathrm{e}$ 的图形(见图 2-7),

可以看出当 $x \to \infty$ 时,函数 $\left(1 + \dfrac{1}{x}\right)^x \to \mathrm{e}$,即

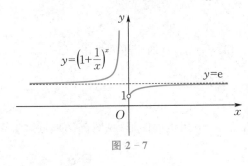

图 2-7

$$\lim_{x \to \infty}\left(1 + \frac{1}{x}\right)^x = \mathrm{e}.$$

利用代换 $y = \dfrac{1}{x}$,则当 $x \to \infty$ 时,$y \to 0$,从而有

$$\lim_{x \to \infty}\left(1 + \frac{1}{x}\right)^x = \lim_{y \to 0}(1 + y)^{\frac{1}{y}} = \mathrm{e}.$$

于是,得到该极限的另一种常用形式

$$\lim_{x \to 0}(1 + x)^{\frac{1}{x}} = \mathrm{e}.$$

上述公式可以推广为

$$\lim_{\varphi(x) \to 0}\left[1 + \varphi(x)\right]^{\frac{1}{\varphi(x)}} = \mathrm{e},$$

$$\lim_{\varphi(x) \to \infty}\left[1 + \frac{1}{\varphi(x)}\right]^{\varphi(x)} = \mathrm{e}.$$

例12 求极限 $\lim\limits_{x \to \infty}\left(1 - \dfrac{1}{x}\right)^x$.

解 $\lim\limits_{x \to \infty}\left(1 - \dfrac{1}{x}\right)^x = \lim\limits_{x \to \infty}\left(1 + \dfrac{1}{-x}\right)^{-(-x)} = \lim\limits_{x \to \infty}\left[\left(1 + \dfrac{1}{-x}\right)^{-x}\right]^{-1} = \mathrm{e}^{-1}$.

例13 求极限 $\lim\limits_{x \to \infty}\left(1 + \dfrac{2}{x}\right)^x$.

解 先将 $1 + \dfrac{2}{x}$ 改写成 $1 + \dfrac{1}{\dfrac{x}{2}}$,再令 $t = \dfrac{x}{2}$,则当 $x \to \infty$ 时,$t \to \infty$,所以

$$\lim_{x \to \infty}\left(1 + \frac{2}{x}\right)^x = \lim_{t \to \infty}\left[\left(1 + \frac{1}{t}\right)^t\right]^2 = \mathrm{e}^2.$$

例14 求极限 $\lim\limits_{x \to 0}(1 + 2x)^{\frac{1}{x}}$.

解 令 $t = 2x$,则当 $x \to 0$ 时,$t \to 0$,所以

$$\lim_{x \to 0}(1 + 2x)^{\frac{1}{x}} = \lim_{t \to 0}(1 + t)^{\frac{2}{t}} = \lim_{t \to 0}\left[(1 + t)^{\frac{1}{t}}\right]^2 = \mathrm{e}^2.$$

例15 求极限 $\lim\limits_{x \to \infty}\left(\dfrac{x}{1 + x}\right)^{2x}$.

解 $\lim\limits_{x \to \infty}\left(\dfrac{x}{1 + x}\right)^{2x} = \lim\limits_{x \to \infty}\left(\dfrac{1 + x}{x}\right)^{-2x} = \lim\limits_{x \to \infty}\left[\left(1 + \dfrac{1}{x}\right)^x\right]^{-2} = \mathrm{e}^{-2}$.

2.3.3　无穷小的比较

由无穷小的性质,我们知道两个无穷小的和、差及乘积仍是无穷小,但两个无穷小的商却会出现不同的情况.例如,当 $x \to 0$ 时, $x, x^2, \sin x$ 均为无穷小,而 $\lim\limits_{x \to 0} \dfrac{x^2}{x} = 0, \lim\limits_{x \to 0} \dfrac{x}{x^2} = \infty$, $\lim\limits_{x \to 0} \dfrac{\sin x}{x} = 1$.两个无穷小的商的极限的不同情况,反映了不同的无穷小无限接近于零的"快慢"程度.

一般地,对于两个无穷小的商,有如下定义.

定义 1　设 α 和 β 都是同一极限过程中的两个无穷小,即 $\lim \alpha = 0, \lim \beta = 0$,且 $\beta \neq 0$.

(1) 若 $\lim \dfrac{\alpha}{\beta} = 0$,则称 α 是 β 的高阶无穷小,记作 $\alpha = o(\beta)$,此时也称 β 是 α 的低阶无穷小.

(2) 若 $\lim \dfrac{\alpha}{\beta} = C \neq 0$,则称 α 与 β 是同阶无穷小.

特别地,若 $\lim \dfrac{\alpha}{\beta} = 1$,则称 α 与 β 是等价无穷小,记作 $\alpha \sim \beta$.

例 16　当 $x \to 1$ 时,比较无穷小 $1 - x$ 与 $1 - x^3$.

解　由于 $\lim\limits_{x \to 1} (1 - x) = 0, \lim\limits_{x \to 1} (1 - x^3) = 0$,且

$$\lim_{x \to 1} \frac{1-x}{1-x^3} = \lim_{x \to 1} \frac{1}{1+x+x^2} = \frac{1}{3},$$

因此当 $x \to 1$ 时, $1 - x$ 与 $1 - x^3$ 是同阶无穷小.

等价无穷小还可以化简部分极限的运算,具体见如下定理.

定理 2　(1) 在同一极限过程中,若 $f(x) \sim g(x)$,且 $\lim f(x) h(x) = A$,则
$$\lim g(x) h(x) = A.$$

(2) 在同一极限过程中,若 $f(x) \sim g(x)$,且 $\lim \dfrac{f(x)}{h(x)} = A$,则

$$\lim \frac{g(x)}{h(x)} = A.$$

证明略.

由定理 2 可知,在求两个函数乘积或商的极限时,往往可以用等价无穷小来代替,以简化计算.常用的等价无穷小有下列几种:当 $x \to 0$ 时,

$$\sin x \sim x, \quad \tan x \sim x, \quad \arcsin x \sim x,$$
$$\arctan x \sim x, \quad 1 - \cos x \sim \frac{1}{2} x^2,$$
$$e^x - 1 \sim x, \quad \ln(1+x) \sim x,$$
$$\sqrt{1+x} - 1 \sim \frac{x}{2}, \quad (1+x)^\alpha - 1 \sim \alpha x \quad (\alpha \in \mathbf{R}).$$

例 17 求极限 $\lim\limits_{x \to 0} \dfrac{\tan 4x}{\sin 6x}$.

解 $\lim\limits_{x \to 0} \dfrac{\tan 4x}{\sin 6x} = \lim\limits_{x \to 0} \dfrac{4x}{6x} = \dfrac{2}{3}$.

2.4 函数的连续性

自然界中有许多现象,如气温的变化、河水的流动、植物的生长等,都是连续变化着的. 这些现象抽象到数学上就是函数的连续性.

2.4.1 函数的增量

设函数 $y = f(x)$ 在点 x_0 及其附近有定义. 当自变量从 x_0 变到 $x_0 + \Delta x$ 时,函数值相应地从 $f(x_0)$ 变到 $f(x_0 + \Delta x)$,此时称 $f(x_0 + \Delta x)$ 与 $f(x_0)$ 的差为函数 $y = f(x)$ 的增量,记作 Δy,即

$$\Delta y = f(x_0 + \Delta x) - f(x_0).$$

例 1 设函数 $f(x) = x^2 + 2x - 3$,求函数当 x 由 2 变到 $2 + \Delta x$ 时的增量.

解 $\Delta y = f(2 + \Delta x) - f(2) = [(2 + \Delta x)^2 + 2(2 + \Delta x) - 3] - (2^2 + 2 \times 2 - 3)$
$\qquad = 6\Delta x + (\Delta x)^2$.

2.4.2 函数的连续性

1. 函数 $y = f(x)$ 在点 x_0 处的连续性

现在从函数 $y = f(x)$ 的图形来考察在给定点 x_0 处及其附近函数的变化情况. 如图 2-8 所示,曲线 $y = f(x)$ 在点 x_0 处没有断开,即当 x_0 保持不变,让 Δx 无限接近于零时,曲线上的点 N 沿曲线无限接近于 M,这时 Δy 无限接近于零. 下面我们给出函数 $y = f(x)$ 在点 x_0 处连续的定义.

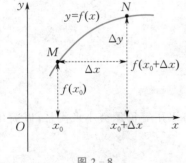

图 2-8

定义 1 设函数 $y = f(x)$ 在点 x_0 处及其附近有定义. 如果当自变量 x 在点 x_0 处的增量 $\Delta x = x - x_0$ 无限接近于零时,函数的增量 $\Delta y = f(x_0 + \Delta x) - f(x_0)$ 也无限接近于零,即

$$\lim\limits_{\Delta x \to 0} \Delta y = 0,$$

则称函数 $y = f(x)$ 在点 x_0 处连续.

例 2 证明:函数 $y = 2x^2 + 1$ 在点 $x = 2$ 处连续.

证 当自变量 x 在点 $x = 2$ 处取得增量 Δx 时,函数 $y = 2x^2 + 1$ 相应的增量为

$$\Delta y = [2(2+\Delta x)^2 + 1] - (2 \times 2^2 + 1) = 8\Delta x + 2(\Delta x)^2.$$

又

$$\lim_{\Delta x \to 0} [8\Delta x + 2(\Delta x)^2] = 0,$$

所以函数 $y = 2x^2 + 1$ 在点 $x = 2$ 处连续.

在定义 1 中,若把 Δx 改写为 $x - x_0$,则 $x = x_0 + \Delta x$,于是

$$\Delta y = f(x_0 + \Delta x) - f(x_0) = f(x) - f(x_0).$$

由于 $\Delta x \to 0$ 等价于 $x \to x_0$,而 $\Delta y \to 0$ 等价于 $f(x) \to f(x_0)$,因此函数 $y = f(x)$ 在点 x_0 处连续的定义又可以叙述如下.

定义 1′ 设函数 $y = f(x)$ 在点 x_0 处及其附近有定义.若

$$\lim_{x \to x_0} f(x) = f(x_0),$$

则称函数 $y = f(x)$ 在点 x_0 处连续.

虚拟仿真实验:连续性

定义 1′ 指出,函数在点 x_0 处连续应满足三个条件:有定义、有极限、极限等于函数值.

例 3 讨论函数 $f(x) = 2x^2 - x + 1$ 在点 $x = -1$ 处的连续性.

解 因为函数 $f(x)$ 的定义域为 $(-\infty, +\infty)$,且

$$\lim_{x \to -1} f(x) = \lim_{x \to -1} (2x^2 - x + 1) = 2(-1)^2 - (-1) + 1 = 4 = f(-1),$$

所以函数 $f(x) = 2x^2 - x + 1$ 在点 $x = -1$ 处连续.

2. 函数 $y = f(x)$ 在区间 $[a,b]$ 上的连续性

定义 2 若函数 $f(x)$ 在区间 (a,b) 内的每一点处都是连续的,则称函数 $f(x)$ 在区间 (a,b) 内连续,其中区间 (a,b) 称为函数 $f(x)$ 的连续区间.

下面先给出函数在某点处左连续与右连续的概念.

设函数 $f(x)$ 在区间 $(a,b]$ 上有定义.如果

$$\lim_{x \to b^-} f(x) = f(b),$$

那么称函数 $f(x)$ 在点 b 处左连续.

设函数 $f(x)$ 在区间 $[a,b)$ 上有定义.如果

$$\lim_{x \to a^+} f(x) = f(a),$$

那么称函数 $f(x)$ 在点 a 处右连续.

虚拟仿真实验:
连续的三个条件

定义 3 设函数 $f(x)$ 在区间 $[a,b]$ 上有定义,在区间 (a,b) 内连续.如果函数 $f(x)$ 在右端点 b 处左连续,在左端点 a 处右连续,即

$$\lim_{x \to b^-} f(x) = f(b), \quad \lim_{x \to a^+} f(x) = f(a),$$

那么称函数 $f(x)$ 在区间 $[a,b]$ 上连续.

在连续区间上,连续函数的图形是一条连绵不断的曲线.

例 4 讨论函数 $f(x) = \begin{cases} x^2, & x \leqslant 2 \\ x+2, & x > 2 \end{cases}$,在点 $x = 2$ 处的连续性.

解 因为函数 $f(x)$ 的定义域为 $(-\infty,+\infty)$，且
$$\lim_{x\to 2^+}f(x)=\lim_{x\to 2^+}(x+2)=4,\quad \lim_{x\to 2^-}f(x)=\lim_{x\to 2^-}x^2=4,$$
所以 $\lim_{x\to 2}f(x)=4=f(2)$，从而 $f(x)$ 在点 $x=2$ 处连续.

3. 函数的间断点

定义 4　如果函数 $f(x)$ 在点 x_0 处有下列三种情形之一：

(1) 在点 x_0 处没有定义，

(2) 在点 x_0 处有定义，但 $\lim_{x\to x_0}f(x)$ 不存在，

(3) 在点 x_0 处有定义，且 $\lim_{x\to x_0}f(x)$ 存在，但 $\lim_{x\to x_0}f(x)\neq f(x_0)$，

那么称函数 $f(x)$ 在点 x_0 处不连续，而点 x_0 称为函数 $f(x)$ 的不连续点或间断点.

例 5　求函数 $f(x)=\dfrac{x^2-1}{x-1}$ 的间断点.

解 因为函数 $f(x)$ 在点 $x=1$ 处没有定义，所以点 $x=1$ 是该函数的一个间断点，如图 2-9(a) 所示.

例 6　求函数 $f(x)=\begin{cases}x+1,&x>1,\\0,&x=1,\\x-1,&x<1\end{cases}$ 的间断点.

解 分段点 $x=1$ 虽然在函数的定义域内，但是
$$\lim_{x\to 1^+}f(x)=\lim_{x\to 1^+}(x+1)=2,\quad \lim_{x\to 1^-}f(x)=\lim_{x\to 1^-}(x-1)=0,$$
则极限 $\lim_{x\to 1}f(x)$ 不存在，故点 $x=1$ 是该函数的一个间断点，如图 2-9(b) 所示.

例 7　求函数 $f(x)=\begin{cases}x+1,&x\neq 1,\\0,&x=1\end{cases}$ 的间断点.

解 函数 $f(x)$ 虽然在点 $x=1$ 处有定义，且
$$\lim_{x\to 1}f(x)=\lim_{x\to 1}(x+1)=2,$$
但是 $f(1)=0$，即 $\lim_{x\to 1}f(x)\neq f(1)$，故点 $x=1$ 是该函数的一个间断点，如图 2-9(c) 所示.

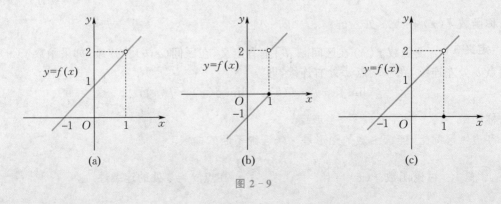

图 2-9

间断点通常可分为两类:如果点 x_0 是函数 $f(x)$ 的间断点,但左、右极限都存在,那么称点 x_0 为函数 $f(x)$ 的第一类间断点,如例5、例6、例7中的间断点都是第一类间断点.不是第一类间断点的任何间断点,称为第二类间断点,如点 $x=-1$ 是函数 $y=\dfrac{1}{x+1}$ 的第二类间断点,点 $x=0$ 是函数 $y=\cos^2\dfrac{1}{x}$ 的第二类间断点.

4. 初等函数的连续性

利用函数连续性的定义,可以得到如下定理.

定理 1　设函数 $f(x)$ 和 $g(x)$ 在点 x_0 处连续,则

$$f(x)\pm g(x),\quad f(x)\cdot g(x),\quad \frac{f(x)}{g(x)}\ (g(x_0)\neq 0)$$

在点 x_0 处连续.

证明略.

定理 2　设函数 $u=\varphi(x)$ 在点 x_0 处连续,且 $u_0=\varphi(x_0)$,又函数 $y=f(u)$ 在点 u_0 处连续,则复合函数 $y=f[\varphi(x)]$ 在点 x_0 处连续.

证明略.

一切基本初等函数在其定义域内都是连续的,由初等函数的定义和上面的定理可知,一切初等函数在其定义区间上都是连续的.

这个结论很重要,因为今后讨论的主要是初等函数,而初等函数的连续区间就是它有定义的区间.

若函数 $f(x)$ 是初等函数,且 x_0 为其定义区间上的点,则 $f(x)$ 在点 x_0 处连续,即有 $\lim\limits_{x\to x_0}f(x)=f(x_0)$.因此,求初等函数 $f(x)$ 当 $x\to x_0$ 的极限时,只须计算 $f(x_0)$ 的值.

若函数 $f(x)$ 在点 x_0 处连续,则有

$$\lim_{x\to x_0}f(x)=f(x_0)=f\left(\lim_{x\to x_0}x\right).$$

这说明在函数 $f(x)$ 在点 x_0 处连续的前提下,极限符号 "$\lim\limits_{x\to x_0}$" 与函数符号 "f" 可以交换运算顺序.这一结论给我们求函数的极限带来很大方便.

例 8　求下列极限:

(1) $\lim\limits_{x\to 0}\ln\cos x$;

(2) $\lim\limits_{x\to\frac{\pi}{2}}\dfrac{\ln(1+\cos x)}{\sin x}$.

解　(1) 因为 $y=\ln\cos x$ 是初等函数,其定义域为 $\left(2k\pi-\dfrac{\pi}{2},2k\pi+\dfrac{\pi}{2}\right),k\in\mathbf{Z}$,而 $0\in\left(-\dfrac{\pi}{2},\dfrac{\pi}{2}\right)$,所以

$$\lim_{x\to 0}\ln\cos x=\ln\cos 0=0.$$

(2) 因为 $f(x)=\dfrac{\ln(1+\cos x)}{\sin x}$ 是初等函数,其定义域为 $\{x\mid x\in\mathbf{R},x\neq k\pi,k\in\mathbf{Z}\}$,所以

$$\lim_{x \to \frac{\pi}{2}} \frac{\ln(1+\cos x)}{\sin x} = \frac{\ln\left(1+\cos\frac{\pi}{2}\right)}{\sin\frac{\pi}{2}} = 0.$$

5. 闭区间上连续函数的性质

下面介绍闭区间上连续函数的三个重要性质.

定理 3（最大值和最小值定理） 如果函数 $y = f(x)$ 在闭区间 $[a,b]$ 上连续,则它在这个区间上一定有最大值与最小值.

证明略.

这就是说,如果函数 $f(x)$ 在闭区间 $[a,b]$ 上连续,如图 2-10(a) 所示,那么在 $[a,b]$ 上至少有一点 ξ_1 $(a \leqslant \xi_1 \leqslant b)$,使得 $f(\xi_1)$ 为最大,即

$$f(\xi_1) \geqslant f(x) \quad (a \leqslant x \leqslant b);$$

又至少有一点 ξ_2 $(a \leqslant \xi_2 \leqslant b)$,使得 $f(\xi_2)$ 为最小,即

$$f(\xi_2) \leqslant f(x) \quad (a \leqslant x \leqslant b).$$

定理 4（介值定理） 如果函数 $f(x)$ 在闭区间 $[a,b]$ 上连续,且 M 和 m 分别是 $f(x)$ 在 $[a,b]$ 上的最大值和最小值,那么对于 M 和 m 之间的任意一个数 C,在开区间 (a,b) 内至少有一点 ξ,使得

$$f(\xi) = C.$$

如图 2-10(b) 所示,证明略.

定理 5（零点定理） 如果函数 $f(x)$ 在闭区间 $[a,b]$ 上连续,且 $f(a)$ 与 $f(b)$ 异号,那么在开区间 (a,b) 内至少存在一点 ξ,使得

$$f(\xi) = 0.$$

如图 2-10(c) 所示,证明略.

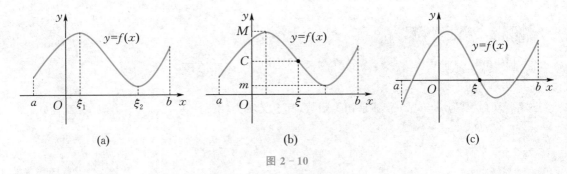

图 2-10

例 9 证明:方程 $x^3 + 3x^2 - 1 = 0$ 在 $(0,1)$ 内至少有一个根.

证 设函数 $f(x) = x^3 + 3x^2 - 1$,它在 $[0,1]$ 上是连续的,且在区间端点处的函数值为

$$f(0)=-1<0, \quad f(1)=3>0.$$

根据零点定理,可知在$(0,1)$内至少有一点ξ,使得

$$f(\xi)=\xi^3+3\xi^2-1=0.$$

这说明方程$x^3+3x^2-1=0$在$(0,1)$内至少有一个根ξ.

2.5 通过 Wolfram 语言求函数极限、讨论函数的连续性

1. 求函数极限

例 1 求极限$\lim\limits_{x\to 0}\dfrac{\sin 4x}{\sin 5x}$.

解 输入

```
limit sin 4x/sin 5x x→0
```

求得

$$\lim\limits_{x\to 0}\frac{\sin 4x}{\sin 5x}=\frac{4}{5}.$$

可将 limit 简写为 lim,将→简写为->,即输入 lim sin 4x/sin 5x x->0,结果一致.

例 2 求极限$\lim\limits_{x\to\infty}\left(1-\dfrac{3}{7x}\right)^{2x-3}$.

解 输入

```
lim(1-3/(7x))^(2x-3) x->∞
```

求得

$$\lim\limits_{x\to\infty}\left(1-\frac{3}{7x}\right)^{2x-3}=e^{-\frac{6}{7}}.$$

可将 ∞ 简写为 oo,即输入 lim(1-3/(7x))^(2x-3) x->oo,结果一致.

例 3 求极限$\lim\limits_{x\to 0^-}\dfrac{x}{|x|}$.

解 输入

```
lim x/abs(x) x->0-
```

求得

$$\lim\limits_{x\to 0^-}\frac{x}{|x|}=-1.$$

2. 讨论函数的连续性

例 4 讨论函数$y=\dfrac{\sin x}{x}$的连续性.

解 输入

```
is sin x/x continuous
```

求得间断点为 $x=0$,即函数 $y=\dfrac{\sin x}{x}$ 在区间 $(-\infty,0)$ 和 $(0,+\infty)$ 上连续. 此连续区间即为定义域.

例 5 讨论函数 $f(x)=\begin{cases}x^2-2x+1, & x>1,\\ 1, & x=1, \\ x^2-1, & x<1\end{cases}$ 在点 $x=1$ 处的连续性.

解 输入
```
discontinuities piecewise[{{x^2-2x+1,x>1},{1,x==1},{x^2-1,x<1}}]
```
求得间断点为 $x=1$,即该函数在点 $x=1$ 处不连续.

习题 2

1.利用函数图形观察变化趋势,并写出其极限:

(1) $\lim\limits_{x\to 2}(4x-5)$;

(2) $\lim\limits_{x\to \frac{\pi}{2}}\sin x$.

思维导图:
函数与极限

2.求下列极限:

(1) $\lim\limits_{x\to \infty}\dfrac{\sin x}{x}$;

(2) $\lim\limits_{x\to 0}x\cos \dfrac{1}{x}$;

(3) $\lim\limits_{x\to 1}\dfrac{x}{x-1}$;

(4) $\lim\limits_{x\to 2}\dfrac{x^3+2x^2}{(x-2)^2}$.

3.下列函数在自变量怎样变化时是无穷小?是无穷大?

(1) $y=\dfrac{1}{x^3}$;

(2) $y=3^x-1$;

(3) $y=\ln x$.

4.设函数 $f(x)=\begin{cases}x^2-1, & x\leqslant 0,\\ x-1, & x>0,\end{cases}$ 试画出 $f(x)$ 的图形,并求极限 $\lim\limits_{x\to 0}f(x)$.

5.设函数 $f(x)=\begin{cases}x^2, & x\geqslant -1,\\ 1, & x<-1,\end{cases}$ 试画出 $f(x)$ 的图形,求出当 $x\to -1$ 时,$f(x)$ 的左、右极限,并判断当 $x\to -1$ 时,$f(x)$ 的极限是否存在.

6.设函数 $f(x)=\dfrac{x^2-1}{1-x}$,求极限 $\lim\limits_{x\to 0}f(x)$ 及 $\lim\limits_{x\to 1}f(x)$.

7.已知函数 $f(x)=\begin{cases}x+1, & -5<x<0,\\ \dfrac{3}{x+3}, & 0\leqslant x<2, \\ 2, & 2\leqslant x<5,\end{cases}$ 求极限 $\lim\limits_{x\to 0}f(x),\lim\limits_{x\to 2}f(x)$ 及 $\lim\limits_{x\to 3}f(x)$.

8.讨论极限 $\lim\limits_{x\to 0}\dfrac{x}{|x|}$ 是否存在.

9.设函数 $f(x)=\begin{cases}x+k, & x\leqslant 1,\\ 5x-2, & x>1\end{cases}$ (k 为常数),求使得极限 $\lim\limits_{x\to 1}f(x)$ 存在的 k 的值.

10.设函数 $f(x)=\dfrac{|x-1|}{x-1}$,求 $f(1-0)$ 和 $f(1+0)$,并判断 $f(x)$ 当 $x\to 1$ 时的极限是否存在.

11.已知某产品的价格是时间 t 的函数 $P(t)=100-100\mathrm{e}^{-0.6t}$,试预测该产品的长期价格.

12. 一个球从 80 m 的高空掉下，每次弹回的高度为前一次高度的 $\frac{2}{3}$，一直这样运动下去. 试分析球的运动规律,写出球弹回的高度和弹回次数之间的函数关系,指出当弹回次数无限增大时,球弹回的高度的变化趋势.

13. 已知函数 $f(x)=\begin{cases}\dfrac{\sqrt{x+4}-2}{x}, & x\neq 0,\\ 2, & x=0,\end{cases}$ 试问: $f(x)$ 在点 $x=0$ 处是否有定义? $f(x)$ 在点 $x=0$ 处的极限是否存在? $f(x)$ 在点 $x=0$ 处是否连续? 为什么?

14. 求函数 $f(x)=\dfrac{3}{\sqrt{1-x^2}}$ 的连续区间.

15. 求下列函数的间断点:

(1) $f(x)=\dfrac{x^2-1}{x^2-3x+2}$;　　　　　(2) $f(x)=\begin{cases}x+1, & x\leqslant 0,\\ 2x-3, & x>0;\end{cases}$

(3) $f(x)=x\sin\dfrac{1}{x}$.

16. 设函数 $f(x)=\begin{cases}e^x, & x<0,\\ a+x, & x\geqslant 0,\end{cases}$ 问: 当 a 为何值时, $f(x)$ 在 $(-\infty,+\infty)$ 上连续?

17. 求下列极限:

(1) $\lim\limits_{x\to 2}\dfrac{2x}{x^2+x-2}$;　　　　　(2) $\lim\limits_{x\to 0}\sqrt{3+2x-x^2}$;

(3) $\lim\limits_{x\to 0}\dfrac{x^3-5x+4}{e^{x-1}-\ln(1+x)}$.

18. 证明: 方程 $x^4-2x-1=0$ 在 $(1,2)$ 内至少存在一个根.

19. 设函数 $y=3x^2-1$,在下列条件中求自变量 x 的增量、函数 y 的增量及函数的平均变化率 $\dfrac{\Delta y}{\Delta x}$:

(1) 当 x 从 1 变到 1.5 时;

(2) 当 x 从 10 变到 10.5 时;

(3) 当 x 从 x_0 变到 $x_0+\Delta x$ 时.

20. 画出函数 $f(x)=\begin{cases}x^2, & 0\leqslant x\leqslant 1,\\ 2-x, & 1<x\leqslant 2\end{cases}$ 的图形,并讨论它在点 $x=1$ 处的连续性.

21. 求下列极限:

(1) $\lim\limits_{x\to 0}\sqrt{x^2-2x+3}$;　　　　　(2) $\lim\limits_{x\to \frac{\pi}{4}}\sin^3 2x$;

(3) $\lim\limits_{x\to \frac{\pi}{4}}\ln(2\cos x)$;　　　　　(4) $\lim\limits_{x\to 0}\dfrac{\sqrt{x+1}-1}{x}$;

(5) $\lim\limits_{x\to 1}\dfrac{\sqrt{5x-4}-\sqrt{x}}{x-1}$;　　　　　(6) $\lim\limits_{x\to 0}\dfrac{\ln(1+x)}{x}$;

(7) $\lim\limits_{x\to \infty}\left(1+\dfrac{1}{x}\right)^{\frac{x}{2}}$;　　　　　(8) $\lim\limits_{x\to 0}\ln\dfrac{\sin x}{x}$.

交互式练习:
极限计算器

22. 讨论下列函数在指定点处的连续性,若为间断点,则求出其类型:

(1) $f(x)=\dfrac{1}{(x-2)^2}$,在点 $x=2$ 处;　　　(2) $f(x)=\dfrac{x^2-1}{x^2+3x+2}$,在点 $x=0$ 处;

(3) $f(x)=\begin{cases}x+1, & x\leqslant 0,\\ 3x, & x>0,\end{cases}$ 在点 $x=0$ 处.

23. 设函数 $f(x)=\begin{cases}\dfrac{x^2-9}{x-3}, & x\neq 3,\\ a, & x=3,\end{cases}$ 问: 当 a 为何值时, $f(x)$ 在 $(-\infty,+\infty)$ 上连续?

探究变化率与变化量

由导数与微分构成的一元函数微分学是高等数学的重要组成部分,在几何学、物理学、工程学、电学、管理科学等方面都有着广泛的应用. 导数研究函数相对于自变量变化的快慢程度,即研究函数的变化率问题;微分则研究当自变量有微小改变量时,函数相应的变化量问题.

3.1 导数的概念

3.1.1 引例

1. 自由落体运动的瞬时速度

物体在真空中自由下落时的运动方程为 $s = \frac{1}{2}gt^2$,其中 g 为重力加速度,t 为时间,s 为物体所经过的路程. 有了运动方程,求物体在 t_0 时刻的速度.

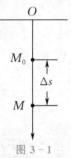

图 3-1

设物体从点 O 开始自由下落,如图 3-1 所示,经过时间 t_0 落到点 M_0,物体所经过的路程为

$$s(t_0) = \frac{1}{2}gt_0^2.$$

当时间由 t_0 变到 $t_0 + \Delta t$ 时,物体从点 M_0 落到点 M,则物体在时间 $t_0 + \Delta t$ 内所经过的路程为

$$s(t_0 + \Delta t) = \frac{1}{2}g(t_0 + \Delta t)^2.$$

于是,物体在时间 Δt 内所经过的路程为

$$\Delta s = s(t_0 + \Delta t) - s(t_0) = \frac{1}{2}g(t_0 + \Delta t)^2 - \frac{1}{2}gt_0^2,$$

即

$$\Delta s = s(t_0 + \Delta t) - s(t_0) = gt_0\Delta t + \frac{1}{2}g(\Delta t)^2.$$

上式两端同时除以 Δt,得到物体在时间 Δt 内的平均速度为

$$\bar{v} = \frac{\Delta s}{\Delta t} = \frac{s(t_0 + \Delta t) - s(t_0)}{\Delta t} = gt_0 + \frac{1}{2}g\Delta t.$$

通常速度在短时间内变化不会很大,因此当 Δt 很小时,这里的 $\bar{v}$ 可以作为在 t_0 时刻的瞬时速度 $v(t_0)$ 的近似值. 也就是说,Δt 越小,则 $\bar{v}$ 越接近于 $v(t_0)$,那么当 Δt 无限接近于零时,$\bar{v}$ 将无限接近于 $v(t_0)$,即

$$v(t_0) = \lim_{\Delta t \to 0} \overline{v} = \lim_{\Delta t \to 0} \frac{\Delta s}{\Delta t} = \lim_{\Delta t \to 0} \frac{s(t_0 + \Delta t) - s(t_0)}{\Delta t} = g t_0.$$

2. 曲线的切线斜率

已知连续曲线 $L: y = f(x)$ 及 L 上一点 M，在点 M 外任取一点 $N \in L$，作割线 MN，当点 N 沿曲线 L 接近于点 M 的瞬间，割线 MN 接近于它的极限位置 MT，则称直线 MT 为曲线 L 在点 M 处的切线，如图 $3-2$ 所示.

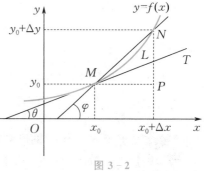

设点 M 的坐标为 (x_0, y_0)，点 N 的坐标为 $(x_0 + \Delta x, y_0 + \Delta y)$，割线 MN 的倾斜角为 φ，切线 MT 的倾斜角为 θ，则割线 MN 的斜率为

$$\overline{k} = \tan \varphi = \frac{NP}{MP} = \frac{\Delta y}{\Delta x}$$

$$= \frac{f(x_0 + \Delta x) - f(x_0)}{\Delta x}.$$

图 $3-2$

当 $\Delta x \to 0$ 时，点 N 沿曲线 L 无限接近于点 M，由切线的定义知割线 MN 无限接近于切线 MT，从而 $\varphi \to \theta$，有 $\tan \varphi \to \tan \theta$，即切线的斜率为

$$k = \tan \theta = \lim_{\Delta x \to 0} \tan \varphi = \lim_{\Delta x \to 0} \frac{\Delta y}{\Delta x} = \lim_{\Delta x \to 0} \frac{f(x_0 + \Delta x) - f(x_0)}{\Delta x}.$$

3.1.2　导数的定义

上述两个问题，尽管所代表的内容不同，但从数学结构上来看，其实质是相同的，都可以归结为计算函数增量与自变量增量比值的极限，我们把这种特殊的极限称为函数的导数.

定义 1　设函数 $y = f(x)$ 在点 x_0 及其附近有定义. 当自变量 x 在点 x_0 处有增量 Δx 时，函数 $y = f(x)$ 有相应的增量

$$\Delta y = f(x_0 + \Delta x) - f(x_0),$$

若当 $\Delta x \to 0$ 时，$\dfrac{\Delta y}{\Delta x}$ 的极限存在，即

$$\lim_{\Delta x \to 0} \frac{\Delta y}{\Delta x} = \lim_{\Delta x \to 0} \frac{f(x_0 + \Delta x) - f(x_0)}{\Delta x}$$

微视频：曲线的
切线斜率

存在，则称此极限值为函数 $y = f(x)$ 在点 x_0 处的导数，记作

$$f'(x_0), \quad y' \Big|_{x=x_0}, \quad \frac{\mathrm{d}y}{\mathrm{d}x} \Big|_{x=x_0} \quad \text{或} \quad \frac{\mathrm{d}f(x)}{\mathrm{d}x} \Big|_{x=x_0}.$$

常把函数的导数称为变化率. 若函数 $f(x)$ 在点 x_0 处有导数，则称函数 $f(x)$ 在点 x_0 处可导.

若函数 $y = f(x)$ 在区间 (a, b) 内每一点处都可导，则称 $y = f(x)$ 在区间 (a, b) 内可导. 此时，对于区间 (a, b) 内每一个确定的 x，都有一个导数的值与它对应，这就构成了一个新的函数，这个新的函数称为函数 $y = f(x)$ 的导函数. 在不致发生混淆的地方，导函数也简称为导数，记作

$$f'(x), \quad y', \quad \frac{\mathrm{d}y}{\mathrm{d}x} \quad \text{或} \quad \frac{\mathrm{d}f(x)}{\mathrm{d}x}.$$

导函数的计算公式为

$$f'(x) = \lim_{\Delta x \to 0} \frac{\Delta y}{\Delta x} = \lim_{\Delta x \to 0} \frac{f(x+\Delta x) - f(x)}{\Delta x}.$$

显然，函数 $y = f(x)$ 在点 x_0 处的导数 $f'(x_0)$，就是导函数 $f'(x)$ 在点 x_0 处的函数值，即

$$f'(x_0) = f'(x)\Big|_{x=x_0}.$$

注 $f'(x_0)$ 与 $[f(x_0)]'$ 的区别在于 $f'(x_0)$ 表示函数 $y = f(x)$ 在点 x_0 处的导数，即函数在一点处的导数；而 $[f(x_0)]'$ 表示点 x_0 处函数值 $f(x_0)$ 的导数，即一个常数的导数，结果为零.

例 1 求函数 $y = C$ 的导数.

解 $y' = \lim_{\Delta x \to 0} \frac{\Delta y}{\Delta x} = \lim_{\Delta x \to 0} \frac{C - C}{\Delta x} = 0.$

例 2 求函数 $y = x^2$ 的导数以及在点 $x = 1$ 处的导数.

解 给定自变量的增量为 Δx 时，函数相应的增量为

$$\Delta y = f(x+\Delta x) - f(x) = (x+\Delta x)^2 - x^2$$
$$= x^2 + 2x\Delta x + (\Delta x)^2 - x^2 = 2x\Delta x + (\Delta x)^2,$$

所以

$$y' = \lim_{\Delta x \to 0} \frac{\Delta y}{\Delta x} = \lim_{\Delta x \to 0}(2x + \Delta x) = 2x,$$

则

$$y'\Big|_{x=1} = 2x\Big|_{x=1} = 2.$$

一般地，对于任意实数 α，幂函数 $y = x^\alpha$ 的导数为

$$y' = (x^\alpha)' = \alpha x^{\alpha-1}.$$

例 3 求函数 $y = \sin x$ 的导数.

解 因为 $\Delta y = \sin(x+\Delta x) - \sin x = 2\cos\left(x + \frac{\Delta x}{2}\right)\sin\frac{\Delta x}{2}$，所以

虚拟仿真实验：
正弦函数的导数

$$y' = \lim_{\Delta x \to 0} \frac{\Delta y}{\Delta x} = \lim_{\Delta x \to 0}\cos\left(x+\frac{\Delta x}{2}\right)\frac{\sin\frac{\Delta x}{2}}{\frac{\Delta x}{2}} = \cos x,$$

即

$$(\sin x)' = \cos x.$$

类似地，可求得

$$(\cos x)' = -\sin x.$$

例 4 求函数 $y = \log_a x$（a 为常数且 $a > 0, a \neq 1$）的导数.

解 因为 $\Delta y = \log_a(x+\Delta x) - \log_a x = \log_a\left(1 + \frac{\Delta x}{x}\right)$，所以

$$y' = \lim_{\Delta x \to 0} \frac{\Delta y}{\Delta x} = \lim_{\Delta x \to 0} \frac{1}{\Delta x}\log_a\left(1+\frac{\Delta x}{x}\right) = \lim_{\Delta x \to 0} \frac{1}{x}\log_a\left(1+\frac{\Delta x}{x}\right)^{\frac{x}{\Delta x}}$$

$$= \frac{1}{x}\lim_{\Delta x \to 0}\log_a\left(1+\frac{\Delta x}{x}\right)^{\frac{x}{\Delta x}} = \frac{1}{x}\log_a \mathrm{e} = \frac{1}{x\ln a},$$

即

$$(\log_a x)' = \frac{1}{x\ln a}.$$

特别地,当 $a=\mathrm{e}$ 时,有

$$(\ln x)' = \frac{1}{x}.$$

虚拟仿真实验:
自然对数函数的导数

3.1.3 导数的实际意义

导数的物理意义

1. 导数的物理意义

变速直线运动的速度是路程 $s(t)$ 对时间 t 的导数,即

$$v(t) = \frac{\mathrm{d}s}{\mathrm{d}t} = s'(t).$$

加速度是速度 $v(t)$ 对时间 t 的导数,即

$$a = \frac{\mathrm{d}v}{\mathrm{d}t} = v'(t).$$

2. 导数的几何意义

函数 $y=f(x)$ 在点 x_0 处的导数 $f'(x_0)$ 是曲线 $y=f(x)$ 在点 $(x_0, f(x_0))$ 处的切线的斜率,即

$$k = f'(x_0) = \tan\alpha,$$

其中 α 是切线的倾斜角且 $\alpha \neq \frac{\pi}{2}$。

3. 导数的其他实际意义

在经济学中,总收益函数 $R(x)$ 对销量 x 的导数 $\frac{\mathrm{d}R(x)}{\mathrm{d}x}$ 称为边际收益,总利润函数 $L(x)$ 对产量 x 的导数 $\frac{\mathrm{d}L(x)}{\mathrm{d}x}$ 称为边际利润.

在电工学中,电量 $Q(t)$ 对时间 t 的导数 $\frac{\mathrm{d}Q(t)}{\mathrm{d}t}$ 称为电流.

在热学中,热量 $Q(T)$ 对温度 T 的导数 $\frac{\mathrm{d}Q}{\mathrm{d}T}$ 称为比热.

在化学中,物质 A 的浓度 $N_A(t)$ 对时间 t 的导数 $\frac{\mathrm{d}N_A(t)}{\mathrm{d}t}$ 称为反应速率. 一般反应速率取正值,若物质 A 是反应物,则反应速率为 $-\frac{\mathrm{d}N_A(t)}{\mathrm{d}t}$;若物质 A 是产物,则反应速率为 $\frac{\mathrm{d}N_A(t)}{\mathrm{d}t}$.

在干燥过程时,单位干燥面积上气化水分量 $W(t)$ 对时间 t 的导数 $\frac{\mathrm{d}W(t)}{\mathrm{d}t}$ 称为干燥速率.

在医学中,某种传染病传播的人数 $N(t)$ 对时间 t 的导数 $\frac{\mathrm{d}N(t)}{\mathrm{d}t}$ 称为传染病的传播速度.

3.1.4 左、右导数

定义 2 　设函数 $y = f(x)$ 在点 x_0 及其附近有定义. 若 $\lim\limits_{\Delta x \to 0^-} \dfrac{f(x_0 + \Delta x) - f(x_0)}{\Delta x}$ 存在,则称之为 $f(x)$ 在点 x_0 处的左导数,记作 $f'_-(x_0)$;若 $\lim\limits_{\Delta x \to 0^+} \dfrac{f(x_0 + \Delta x) - f(x_0)}{\Delta x}$ 存在,则称之为 $f(x)$ 在点 x_0 处的右导数,记作 $f'_+(x_0)$,即

$$f'_-(x_0) = \lim_{\Delta x \to 0^-} \frac{f(x_0 + \Delta x) - f(x_0)}{\Delta x}, \quad f'_+(x_0) = \lim_{\Delta x \to 0^+} \frac{f(x_0 + \Delta x) - f(x_0)}{\Delta x}.$$

定理 1 　函数 $f(x)$ 在点 x_0 处可导的充要条件是 $f(x)$ 在点 x_0 处的左、右导数存在且相等,即

$$f'(x_0) = f'_-(x_0) = f'_+(x_0).$$

证明略.

3.1.5 可导与连续的关系

定理 2 　如果函数 $y = f(x)$ 在点 x 处可导,则它在点 x 处一定连续.

证明略.

定理 2 的逆命题不成立,即如果函数 $y = f(x)$ 在点 x 处连续,但在点 x 处不一定可导. 例如,函数 $y = |x|$ 在区间 $(-\infty, +\infty)$ 上处处连续(见图 3-3),但它在点 $x = 0$ 处不可导. 因为在点 $x = 0$ 处有

$$\frac{\Delta y}{\Delta x} = \frac{|0 + \Delta x| - |0|}{\Delta x} = \frac{|\Delta x|}{\Delta x},$$

则

$$\lim_{\Delta x \to 0^-} \frac{\Delta y}{\Delta x} = \lim_{\Delta x \to 0^-} \frac{|\Delta x|}{\Delta x} = \lim_{\Delta x \to 0^-} \frac{-\Delta x}{\Delta x} = -1,$$

$$\lim_{\Delta x \to 0^+} \frac{\Delta y}{\Delta x} = \lim_{\Delta x \to 0^+} \frac{|\Delta x|}{\Delta x} = \lim_{\Delta x \to 0^+} \frac{\Delta x}{\Delta x} = 1,$$

即 $y = |x|$ 的左、右导数均存在但不相等,所以函数 $y = |x|$ 在点 $x = 0$ 处不可导.

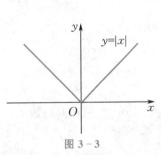

图 3-3

3.1.6 几个常用基本初等函数的导数

利用导数的定义,可以比较容易地求出下列函数的导数:

(1) $(C)' = 0$ 　(C 为常数);

(2) $(x^\alpha)' = \alpha x^{\alpha-1}$ 　(α 为任意实数);

(3) $(a^x)' = a^x \ln a$ 　(a 为常数且 $a > 0, a \neq 1$);

(4) $(e^x)' = e^x$;

(5) $(\log_a x)' = \dfrac{1}{x \ln a}$ 　(a 为常数且 $a > 0, a \neq 1$);

(6) $(\ln x)' = \dfrac{1}{x}$;

(7) $(\sin x)' = \cos x$;

(8) $(\cos x)' = -\sin x$.

以上式子可作为公式使用,可以比较方便地求得一些其他函数的导数.

3.2 函数的求导法则

3.2.1 函数的四则运算求导法则

上一节中,利用导数的定义求出了几个基本初等函数的导数,但很难利用定义求出所有函数的导数,因为这将包括繁杂且困难的运算,所以需要寻找一些运算法则和求导方法,使求导数的运算得以简化.

定理 1 设函数 $u = u(x)$,$v = v(x)$ 在点 x 处具有导数 $u' = u'(x)$,$v' = v'(x)$,则

(1) $(u \pm v)' = u' \pm v'$;

(2) $(uv)' = u'v + uv'$;

(3) $\left(\dfrac{u}{v}\right)' = \dfrac{u'v - uv'}{v^2}$ $(v \neq 0)$.

证明略.

特别地,有 $(cu)' = cu'$(c 为常数).

定理 1 中 (1) 和 (2) 可以推广到有限个函数的情形,例如,设函数 $u = u(x)$,$v = v(x)$,$w = w(x)$ 均可导,则有

$$(u + v + w)' = u' + v' + w', \quad (uvw)' = u'vw + uv'w + uvw'.$$

例 1 求函数 $y = x^2 - 2\ln x + 3^x + \sin \pi$ 的导数.

解 $y' = (x^2)' - 2(\ln x)' + (3^x)' + (\sin \pi)' = 2x - \dfrac{2}{x} + 3^x \ln 3$.

例 2 求函数 $y = x^2 \ln x$ 的导数.

解 $y' = (x^2)' \ln x + x^2 (\ln x)' = 2x \ln x + \dfrac{x^2}{x} = 2x \ln x + x$.

例 3 求函数 $y = \dfrac{x-1}{x+1}$ 的导数.

解 $y' = \dfrac{(x-1)'(x+1) - (x-1)(x+1)'}{(x+1)^2} = \dfrac{x+1-x+1}{(x+1)^2} = \dfrac{2}{(x+1)^2}$.

例 4 求函数 $y = \tan x$ 的导数.

解 因为 $\tan x = \dfrac{\sin x}{\cos x}$,所以

$$y' = \left(\frac{\sin x}{\cos x}\right)' = \frac{(\sin x)' \cos x - \sin x (\cos x)'}{\cos^2 x} = \frac{\cos^2 x + \sin^2 x}{\cos^2 x}$$

$$= \frac{1}{\cos^2 x} = \sec^2 x,$$

即

$$(\tan x)' = \sec^2 x.$$

同理

$$(\cot x)' = -\csc^2 x, \quad (\sec x)' = \sec x \tan x, \quad (\csc x)' = -\csc x \cot x.$$

例 5　电路中某点处的电流 I(单位:A)是通过该点处的电量 Q(单位:C)关于时间 t(单位:s)的瞬时变化率.如果一电路中通过某点处的电量 Q 与时间 t 的函数关系为 $Q(t) = t^3 - t$,试求在该点处当 $t = 3$ s 时的电流.

解　根据题意得

$$I(t) = Q'(t) = (t^3 - t)' = 3t^2 - 1,$$

则

$$I(3) = 3 \times 3^2 - 1 = 26(\text{A}).$$

因此当 $t = 3$ s 时,电路中在该点处的电流为 26 A.

3.2.2　反函数的导数

定理 2　设函数 $x = \varphi(y)$ 在区间 (a, b) 内单调、可导,且 $\varphi'(y) \neq 0$,则它的反函数 $y = f(x)$ 在对应的区间内也单调、可导,且

$$f'(x) = \frac{1}{\varphi'(y)} \quad \text{或} \quad \frac{\mathrm{d}y}{\mathrm{d}x} = \frac{1}{\dfrac{\mathrm{d}x}{\mathrm{d}y}}.$$

证明略.

例 6　求函数 $y = \arcsin x (-1 < x < 1)$ 的导数.

解　因为 $y = \arcsin x (-1 < x < 1)$ 的反函数是 $x = \sin y \left(-\dfrac{\pi}{2} < y < \dfrac{\pi}{2}\right)$,且 $\dfrac{\mathrm{d}x}{\mathrm{d}y} = \cos y > 0$,所以

$$\frac{\mathrm{d}y}{\mathrm{d}x} = \frac{1}{\dfrac{\mathrm{d}x}{\mathrm{d}y}} = \frac{1}{\cos y} = \frac{1}{\sqrt{1 - \sin^2 y}} = \frac{1}{\sqrt{1 - x^2}},$$

即

$$(\arcsin x)' = \frac{1}{\sqrt{1 - x^2}} \quad (-1 < x < 1).$$

同理

$$(\arccos x)' = -\frac{1}{\sqrt{1 - x^2}} \quad (-1 < x < 1),$$

$$(\arctan x)' = \frac{1}{1 + x^2} \quad (-\infty < x < +\infty),$$

$$(\text{arccot } x)' = -\frac{1}{1 + x^2} \quad (-\infty < x < +\infty).$$

3.2.3　基本导数公式

至此,我们已经求出了全部基本初等函数的导数.为了便于查阅,我们把这些导数公式整

理在一起,如表 3 - 1 所示.

表 3 - 1

$(C)' = 0$ (C 为常数)	$(x^\alpha)' = \alpha x^{\alpha-1}$ (α 为任意实数)
$(a^x)' = a^x \ln a$ (a 为常数且 $a > 0, a \neq 1$)	$(e^x)' = e^x$
$(\log_a x)' = \dfrac{1}{x \ln a}$ (a 为常数且 $a > 0, a \neq 1$)	$(\ln x)' = \dfrac{1}{x}$
$(\sin x)' = \cos x$	$(\cos x)' = -\sin x$
$(\tan x)' = \sec^2 x$	$(\cot x)' = -\csc^2 x$
$(\sec x)' = \sec x \tan x$	$(\csc x)' = -\csc x \cot x$
$(\arcsin x)' = \dfrac{1}{\sqrt{1-x^2}}$	$(\arccos x)' = -\dfrac{1}{\sqrt{1-x^2}}$
$(\arctan x)' = \dfrac{1}{1+x^2}$	$(\text{arccot}\ x)' = -\dfrac{1}{1+x^2}$

3.2.4 复合函数的导数

先来看一个问题.已知 $(\sin x)' = \cos x$,那么 $(\sin 2x)'$ 是不是等于 $\cos 2x$ 呢?结果并不是,为什么呢?因为 $\sin 2x = 2\sin x \cos x$,按函数的四则运算求导法则有

$$(\sin 2x)' = (2\sin x \cos x)' = 2\cos x \cos x - 2\sin x \sin x$$
$$= 2(\cos^2 x - \sin^2 x) = 2\cos 2x.$$

造成以上错误的原因是 $y = \sin x$ 是基本初等函数,而 $y = \sin 2x$ 是复合函数,对复合函数求导数不能直接用基本初等函数的求导公式.

定理3 设函数 $y = f(u), u = \varphi(x)$,即 y 是 x 的一个复合函数 $y = f[\varphi(x)]$.如果函数 $u = \varphi(x)$ 在点 x 处有导数 $\dfrac{du}{dx} = \varphi'(x)$,而函数 $y = f(u)$ 在对应点 $u = \varphi(x)$ 处有导数 $\dfrac{dy}{du} = f'(u)$,则复合函数 $y = f[\varphi(x)]$ 在点 x 处的导数也存在,且

$$\frac{dy}{dx} = \frac{dy}{du} \cdot \frac{du}{dx},$$

也可写成

$$y'(x) = f'(u) \cdot \varphi'(x) \quad \text{或} \quad y'_x = y'_u \cdot u'_x,$$

其中 y'_x 表示 y 对 x 的导数,y'_u 表示 y 对中间变量 u 的导数,而 u'_x 表示中间变量 u 对自变量 x 的导数.

虚拟仿真实验:
复合函数的导数

证明略.

复合函数的导数可以推广到有限次复合的函数情形.例如,设函数 $y = f(u), u = \varphi(v)$,$v = w(x)$,则 $y'_x = y'_u \cdot u'_v \cdot v'_x$.

复合函数的求导法则也称为**链式法则**.

例7 求函数 $y = (1-3x)^5$ 的导数.

解 设函数 $y = u^5, u = 1 - 3x$.因为 $y'_u = 5u^4, u'_x = -3$,所以

$$y'_x = y'_u \cdot u'_x = 5u^4 \cdot (-3) = -15(1-3x)^4.$$

例 8　求函数 $y = \sin^2 x$ 的导数.

解　设函数 $y = u^2, u = \sin x$. 因为 $y'_u = 2u, u'_x = \cos x$,所以

$$y'_x = y'_u \cdot u'_x = 2u \cdot \cos x = 2\sin x \cos x = \sin 2x.$$

当运算熟练后,求复合函数的导数时,就不必设中间变量,只要按照函数复合的次序由外及里逐层求导数,直到求出最后结果.

例 9　求函数 $y = \sin x^2$ 的导数.

解　$y'_x = \cos x^2 \cdot (x^2)' = 2x\cos x^2.$

可仔细对比例 8 与例 9,虽然都是幂函数与三角函数的复合,但由于复合次序的不同,求导数的结果就完全不同.

例 10　求函数 $y = \ln \sin(2x + 1)$ 的导数.

解　$y'_x = \dfrac{1}{\sin(2x+1)} \cdot [\sin(2x+1)]' = \dfrac{1}{\sin(2x+1)} \cdot \cos(2x+1) \cdot (2x+1)'$

$= 2\dfrac{\cos(2x+1)}{\sin(2x+1)} = 2\cot(2x+1).$

计算函数的导数时,有时须同时运用函数的四则运算求导法则和复合函数的求导法则.

例 11　求函数 $y = x^2 \sin \ln x$ 的导数.

解　$y'_x = (x^2)'\sin \ln x + x^2(\sin \ln x)' = 2x \cdot \sin \ln x + x^2 \cdot \cos \ln x \cdot (\ln x)'$

$= 2x\sin \ln x + x^2\cos \ln x \cdot \dfrac{1}{x} = 2x\sin \ln x + x\cos \ln x.$

例 12　已知每克放射性元素 ^{14}C 的衰减函数为 $Q(t) = e^{-0.000\,121t}, t \in [0, +\infty)$,其中 $Q(t)$ 是第 t 年后 ^{14}C 的余量(单位:g),求 ^{14}C 的衰减速度.

解　根据题意可知衰减速度为 $\dfrac{dQ(t)}{dt}$,由复合函数的求导法则,有

$$\frac{dQ(t)}{dt} = (e^{-0.000\,121t})' = -0.000\,121e^{-0.000\,121t} (g/年).$$

3.3　隐函数的导数

3.3.1　隐函数的导数

前面所研究的函数都是 $y = f(x)$ 的形式,如 $y = \sin 3x, y = \ln x + 2$ 等,其表达式的特点是函数的因变量、自变量分列在等号两边,用这种形式表达的函数称为 显函数.但有些函数的表达式却不是这样,如由方程 $x - y^2 - 1 = 0$ 可以确定 y 是关于 x 的函数,这种由含有 x 和 y

的方程 $F(x,y)=0$ 所确定的函数称为隐函数.

有些隐函数可以化成显函数,如方程 $x-y^2-1=0$ 可化为 $y=\pm\sqrt{x-1}$.但是有的隐函数化成显函数是很困难的,甚至是不可能的,如由方程 $x^2+xy+e^y=0$ 所确定的函数就无法化成显函数.在实际问题中,有时又需要计算隐函数的导数.因此,有必要掌握隐函数求导数的方法.

要求由方程 $F(x,y)=0$ 所确定的函数的导数,只要将方程中的 y 看成 x 的函数,把 $F(x,y)$ 看成 x 的复合函数,利用复合函数的求导法则,在方程两边同时对 x 求导数,得到一个关于 y' 的方程,然后解出 y' 即可.

例 1 求由方程 $x^2+y+y^2=3$ 所确定的函数的导数 y'.

解 方程两边同时对 x 求导数,得

$$\frac{\mathrm{d}}{\mathrm{d}x}(x^2)+\frac{\mathrm{d}}{\mathrm{d}x}(y)+\frac{\mathrm{d}}{\mathrm{d}x}(y^2)=0.$$

注意到 y 是 x 的函数,则 y^2 是 x 的复合函数,由复合函数的求导法则,得

$$2x+y'+2yy'=0,$$

解得

$$y'=-\frac{2x}{2y+1}.$$

例 2 求由方程 $e^y+xy-e^x=0$ 所确定的函数的导数 y'.

解 方程两边同时对 x 求导数,得

$$e^yy'+y+xy'-e^x=0,$$

解得

$$y'=\frac{e^x-y}{x+e^y}.$$

3.3.2 对数求导法

形如 $y=[u(x)]^{v(x)}$ 的函数,称为幂指函数.

对幂指函数求导数,通常先对函数两边同时取自然对数,然后按隐函数的求导法则进行运算.这种求导数的方法称为对数求导法.对数求导法不仅可用于幂指函数求导数,也可用于多个因子通过乘、除、乘方、开方等运算构成的结构复杂的函数的求导数.

例 3 求函数 $y=x^{\sin x}(x>0)$ 的导数.

解 函数两边同时取自然对数,得

$$\ln y=\sin x\ln x,$$

上式两边同时对 x 求导数,得

$$\frac{1}{y}y'=\cos x\ln x+\frac{\sin x}{x},$$

解得

$$y'=y\left(\cos x\ln x+\frac{\sin x}{x}\right)=x^{\sin x}\left(\cos x\ln x+\frac{\sin x}{x}\right).$$

例 4 求函数 $y = \sqrt{\dfrac{(x-1)(2x-1)}{(3x-1)(4x-1)}}$ $(x > 1)$ 的导数.

解 函数两边同时取自然对数,得

$$\ln y = \frac{1}{2}\left[\ln(x-1) + \ln(2x-1) - \ln(3x-1) - \ln(4x-1)\right],$$

上式两边同时对 x 求导数,得

$$\frac{1}{y}y' = \frac{1}{2}\left(\frac{1}{x-1} + \frac{2}{2x-1} - \frac{3}{3x-1} - \frac{4}{4x-1}\right),$$

解得

$$y' = \frac{y}{2}\left(\frac{1}{x-1} + \frac{2}{2x-1} - \frac{3}{3x-1} - \frac{4}{4x-1}\right)$$

$$= \frac{1}{2}\sqrt{\frac{(x-1)(2x-1)}{(3x-1)(4x-1)}}\left(\frac{1}{x-1} + \frac{2}{2x-1} - \frac{3}{3x-1} - \frac{4}{4x-1}\right).$$

3.4 高 阶 导 数

3.4.1 高阶导数的概念

定义 1 如果函数 $y = f(x)$ 的导数 $f'(x)$ 在点 x 处仍可导,则称 $y' = f'(x)$ 的导数 $(y')' = [f'(x)]'$ 为函数 $y = f(x)$ 在点 x 处的二阶导数,记作

$$f''(x), \quad y'', \quad \frac{\mathrm{d}^2 y}{\mathrm{d}x^2} \quad \text{或} \quad \frac{\mathrm{d}^2 f(x)}{\mathrm{d}x^2}.$$

类似地,如果函数 $f(x)$ 的二阶导数 $f''(x)$ 在点 x 处仍可导,则称 $f''(x)$ 的导数为函数 $f(x)$ 的三阶导数,记作

$$f'''(x), \quad y''', \quad \frac{\mathrm{d}^3 y}{\mathrm{d}x^3} \quad \text{或} \quad \frac{\mathrm{d}^3 f(x)}{\mathrm{d}x^3}.$$

一般地,如果函数 $f(x)$ 的 $(n-1)$ 阶导数在点 x 处仍可导,则称函数 $f(x)$ 的 $(n-1)$ 阶导数在点 x 处的导数为 $f(x)$ 的 n 阶导数,记作

$$f^{(n)}(x), \quad y^{(n)}, \quad \frac{\mathrm{d}^n y}{\mathrm{d}x^n} \quad \text{或} \quad \frac{\mathrm{d}^n f(x)}{\mathrm{d}x^n}.$$

二阶及二阶以上的导数统称为高阶导数.

例 1 求函数 $y = \mathrm{e}^{2x}\sin 3x$ 的二阶导数.

交互式练习：
导数计算器

解 $y' = 2\mathrm{e}^{2x}\sin 3x + 3\mathrm{e}^{2x}\cos 3x$,

$y'' = 4\mathrm{e}^{2x}\sin 3x + 6\mathrm{e}^{2x}\cos 3x + 6\mathrm{e}^{2x}\cos 3x - 9\mathrm{e}^{2x}\sin 3x$

$\quad = 12\mathrm{e}^{2x}\cos 3x - 5\mathrm{e}^{2x}\sin 3x.$

例 2 求函数 $y = a^x$ 的 n 阶导数.

解 因为

$$y' = a^x \ln a, \quad y'' = a^x (\ln a)^2, \quad y''' = a^x (\ln a)^3, \quad \cdots,$$

所以,以此类推得

$$(a^x)^{(n)} = a^x (\ln a)^n.$$

3.4.2　二阶导数的物理意义

若某物体做变速直线运动,其运动方程为 $s = s(t)$,则物体运动的速度 v 是路程 s 对时间 t 的导数,即

$$v = s'(t) = \frac{\mathrm{d}s}{\mathrm{d}t}.$$

此时,若速度 v 仍是时间 t 的函数,则可以求速度 v 对时间 t 的导数,用 a 表示,即

$$a = v'(t) = s''(t) = \frac{\mathrm{d}^2 s}{\mathrm{d}t^2}.$$

在物理学中,我们称 a 为加速度,即物体运动的加速度 a 是路程 s 对时间 t 的二阶导数.

例 3　在测试某汽车的刹车性能时发现,刹车后汽车行驶的距离 s(单位:m)与时间 t(单位:s)的函数关系为 $s = 18t - t^3$. 假设汽车做直线运动,试求汽车刹车后在 $t = 2$ s 时的速度和加速度.

解　汽车刹车后的速度为

$$v = \frac{\mathrm{d}s}{\mathrm{d}t} = (18t - t^3)' = 18 - 3t^2,$$

汽车刹车后的加速度为

$$a = \frac{\mathrm{d}v}{\mathrm{d}t} = (18 - 3t^2)' = -6t.$$

因此,汽车刹车后在 $t = 2$ s 时的速度为

$$v = (18 - 3t^2) \Big|_{t=2} = 6 \ (\mathrm{m/s}),$$

汽车刹车后在 $t = 2$ s 时的加速度为

$$a = -6t \Big|_{t=2} = -12 \ (\mathrm{m/s^2}).$$

3.5　函数的微分

在实际问题中,常常要计算当自变量有一微小改变量时,函数相应的变化量.一般来说,计算函数变化量的精确值比较麻烦,甚至很困难,但有时候,在精确度允许的范围内,往往只需要计算它的近似值即可.那么,如何求函数变化量的近似值呢?下面通过介绍微分的概念来解决此类问题.

3.5.1　微分的定义

先看下面这个引例.

一块正方形金属薄片受温度变化的影响,其边长由 x_0 变为 $x_0 + \Delta x$(见图 3-4),问:此薄片的面积改变了多少?

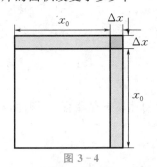

图 3-4

虚拟仿真实验:

面积改变量

设正方形边长为 x,面积为 y,则 $y = f(x) = x^2$. 而金属薄片受温度变化的影响时,面积的变化量可以看作当自变量 x 由 x_0 变为 $x_0 + \Delta x$ 时函数的增量

$$\Delta y = (x_0 + \Delta x)^2 - x_0^2 = 2x_0 \Delta x + (\Delta x)^2.$$

从上式可以看出,Δy 由两部分组成,第一部分 $2x_0 \Delta x$,它是 Δx 的线性函数,当 $\Delta x \to 0$ 时,它是 Δx 的同阶无穷小,是 Δy 的主要部分;第二部分 $(\Delta x)^2$,当 $\Delta x \to 0$ 时,它是 Δx 的高阶无穷小,显然,当 $|\Delta x|$ 很小时,$(\Delta x)^2$ 在 Δy 中所起的作用很小,可以忽略不计. 因此,如果要取 Δy 的近似值,那么 $2x_0 \Delta x$ 是 Δy 的一个很好的近似,即

$$\Delta y \approx 2x_0 \Delta x.$$

而 $2x_0 = f'(x_0)$,故上式可改写成

$$\Delta y \approx f'(x_0) \Delta x.$$

于是,我们给出微分的定义.

定义 1 如果函数 $y = f(x)$ 在点 x_0 处有导数 $f'(x_0)$,则称 $f'(x_0)\Delta x$ 为函数 $y = f(x)$ 在点 x_0 处的微分,记作 $\mathrm{d}y \big|_{x=x_0}$,即 $\mathrm{d}y \big|_{x=x_0} = f'(x_0)\Delta x$.

一般地,函数 $y = f(x)$ 在点 x 处的微分称为函数的微分,记作 $\mathrm{d}y$,即 $\mathrm{d}y = f'(x)\Delta x$.

如果 $y = x$,则有 $\mathrm{d}y = \mathrm{d}x = x'\Delta x = \Delta x$,即自变量的微分 $\mathrm{d}x$ 就是其增量 Δx. 于是,函数的微分可写成 $\mathrm{d}y = f'(x)\mathrm{d}x$.

由上式可以看出,函数的微分就是函数的导数与自变量的微分之积;也可以看出,函数的微分与自变量的微分之商等于函数的导数,所以导数也称为微商;还可以看出,对一元函数而言,函数可导与可微是等价的,即可导必可微,可微必可导.

例 1 求函数 $y = x^2$ 当 x 由 1 变为 1.01 时的 $\mathrm{d}y$ 和 Δy.

解 因为 $\mathrm{d}y = 2x\Delta x$,所以当 $x = 1, \Delta x = 0.01$ 时,有

$$\mathrm{d}y = 2 \times 1 \times 0.01 = 0.02,$$
$$\Delta y = (x + \Delta x)^2 - x^2 = 1.01^2 - 1^2 = 0.020\ 1.$$

例 2 求函数 $y = \ln(2x - 1)$ 的微分.

解 $\mathrm{d}y = [\ln(2x-1)]'\mathrm{d}x = \dfrac{2}{2x-1}\mathrm{d}x.$

3.5.2 微分的几何意义

为了更直观地了解微分,现来探究一下微分的几何意义.

如图 3-5 所示,在曲线 $y = f(x)$ 上取一点 $M(x_0, y_0)$,过点 M 作曲线 $y = f(x)$ 的切线 MT,它的倾斜角为 α. 当自变量 x 有增量 Δx 时,就得到曲线上另一点 $N(x_0 + \Delta x, y_0 + \Delta y)$. 于

是,有

$$MQ = \Delta x, \quad QN = \Delta y,$$
$$QP = MQ \cdot \tan \alpha = \Delta x \cdot f'(x_0) = \mathrm{d}y.$$

由上式可知,函数 $y = f(x)$ 在点 $M(x_0, y_0)$ 处的微分 $\mathrm{d}y$ 就是曲线 $y = f(x)$ 在该点处的切线 MT 的纵坐标对应于 Δx 的增量.这就是微分的几何意义.

虚拟仿真实验:
微分的几何意义

又因为 $PN = |QN - QP| = |\Delta y - \mathrm{d}y|$,当 $\Delta x \to 0$ 时,PN 比 $|\Delta y|$ 小得多,所以曲线弧 $\overset{\frown}{MN}$ 与切线段 MP 将十分接近.因此,在点 M 的附近,我们可以用切线段 MP 来近似代替曲线弧 $\overset{\frown}{MN}$.这就是"以直代曲"的极限思想方法.

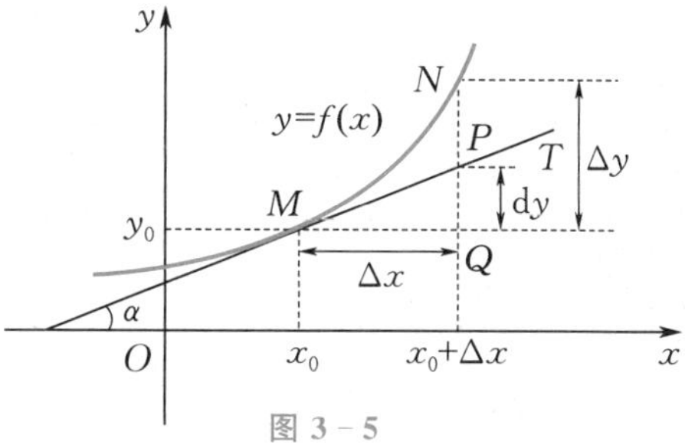

图 3 - 5

3.5.3　基本微分公式与微分运算法则

由微分的定义,利用已有基本初等函数的导数公式,可得出相应的微分公式和微分运算法则.

1. 基本微分公式

为了便于查阅,我们把基本初等函数的微分公式整理在一起,如表 3 - 2 所示.

表 3 - 2

$\mathrm{d}(C) = 0$　(C 为常数)	$\mathrm{d}(x^{\alpha}) = \alpha x^{\alpha-1}\mathrm{d}x$　(α 为任意实数)
$\mathrm{d}(a^x) = a^x \ln a\, \mathrm{d}x$　(a 为常数且 $a > 0, a \neq 1$)	$\mathrm{d}(\mathrm{e}^x) = \mathrm{e}^x \mathrm{d}x$
$\mathrm{d}(\log_a x) = \dfrac{1}{x \ln a}\mathrm{d}x$　(a 为常数且 $a > 0, a \neq 1$)	$\mathrm{d}(\ln x) = \dfrac{1}{x}\mathrm{d}x$
$\mathrm{d}(\sin x) = \cos x\, \mathrm{d}x$	$\mathrm{d}(\cos x) = -\sin x\, \mathrm{d}x$
$\mathrm{d}(\tan x) = \sec^2 x\, \mathrm{d}x$	$\mathrm{d}(\cot x) = -\csc^2 x\, \mathrm{d}x$
$\mathrm{d}(\sec x) = \sec x \tan x\, \mathrm{d}x$	$\mathrm{d}(\csc x) = -\csc x \cot x\, \mathrm{d}x$
$\mathrm{d}(\arcsin x) = \dfrac{1}{\sqrt{1-x^2}}\mathrm{d}x$	$\mathrm{d}(\arccos x) = -\dfrac{1}{\sqrt{1-x^2}}\mathrm{d}x$
$\mathrm{d}(\arctan x) = \dfrac{1}{1+x^2}\mathrm{d}x$	$\mathrm{d}(\text{arccot}\, x) = -\dfrac{1}{1+x^2}\mathrm{d}x$

2. 函数的四则运算微分法则

(1) $\mathrm{d}(u \pm v) = \mathrm{d}u \pm \mathrm{d}v$;

(2) $\mathrm{d}(uv) = v\mathrm{d}u + u\mathrm{d}v$;

(3) $\mathrm{d}(Cu) = C\mathrm{d}u$　(C 为常数);

(4) $\mathrm{d}\left(\dfrac{u}{v}\right) = \dfrac{v\mathrm{d}u - u\mathrm{d}v}{v^2}$　($v \neq 0$).

3. 复合函数的微分法则

设函数 $y = f(u)$,$u = \varphi(x)$ 均可微,则复合函数 $y = f[\varphi(x)]$ 也可微,且

$$\mathrm{d}y = \{f[\varphi(x)]\}'\mathrm{d}x = f'(u) \cdot \varphi'(x)\mathrm{d}x.$$

由于 $\mathrm{d}u = \varphi'(x)\mathrm{d}x$,因此 $y = f[\varphi(x)]$ 的微分公式也可写为

$$\mathrm{d}y = f'(u)\mathrm{d}u \quad 或 \quad \mathrm{d}y = y_u'\mathrm{d}u.$$

上式表明,无论 u 是自变量,还是中间变量,$y = f(u)$ 的微分形式总是 $\mathrm{d}y = f'(u)\mathrm{d}u$.这一

性质称为一阶微分形式的不变性.

例 3 求下列函数的微分：

(1) $y = \ln(3x^2 + 2)$；   (2) $y = e^{\sin(ax+b)}$.

解 (1) 方法一 由一阶微分形式的不变性，有

$$dy = \frac{1}{3x^2 + 2} d(3x^2 + 2) = \frac{6x}{3x^2 + 2} dx.$$

方法二 由

$$y' = \frac{1}{3x^2 + 2}(3x^2 + 2)' = \frac{6x}{3x^2 + 2},$$

得

$$dy = y' dx = \frac{6x}{3x^2 + 2} dx.$$

(2) 方法一 由一阶微分形式的不变性，有

$$dy = e^{\sin(ax+b)} d[\sin(ax + b)] = a e^{\sin(ax+b)} \cos(ax + b) dx.$$

方法二 由

$$y' = e^{\sin(ax+b)} [\sin(ax + b)]' = a e^{\sin(ax+b)} \cos(ax + b),$$

得

$$dy = y' dx = a e^{\sin(ax+b)} \cos(ax + b) dx.$$

3.5.4 微分在近似计算中的应用

由微分的定义可知，函数 $y = f(x)$ 在点 x_0 处当 $|\Delta x|$ 很小时，$\Delta y \approx dy$，即
$$\Delta y = f(x_0 + \Delta x) - f(x_0) \approx f'(x_0)\Delta x,$$
由此可得
$$f(x_0 + \Delta x) \approx f(x_0) + f'(x_0)\Delta x.$$
上式提供了求函数 $y = f(x)$ 在点 x_0 附近函数值的近似值的方法.

例 4 求 $e^{-0.03}$ 的近似值.

解 设函数 $f(x) = e^x$，则 $f'(x) = e^x$. 取 $x_0 = 0, \Delta x = -0.03$，则
$$e^{-0.03} \approx f(0) + f'(0) \cdot (-0.03) = e^0 + e^0 \times (-0.03) = 0.97.$$

例 5 求 $\sqrt{2}$ 的近似值.

解 设函数 $f(x) = \sqrt{x}$，则 $f'(x) = \frac{1}{2\sqrt{x}}$. 取 $x_0 = 1.96, \Delta x = 0.04$，则

$$\sqrt{2} \approx f(1.96) + f'(1.96) \cdot 0.04 = \sqrt{1.96} + \frac{1}{2 \times \sqrt{1.96}} \times 0.04 \approx 1.414\,29.$$

例 6 有一批半径为 10 cm 的小球，要镀上一层厚度为 0.005 cm 的铜，试求每个小球所用铜的体积的近似值.

解　设一个小球的体积为 V,半径为 r,则 $V = \dfrac{4}{3}\pi r^3$. 取 $r = 10$ cm,$\Delta r = 0.005$ cm,则

$$\Delta V \approx V'\Delta r \Big|_{\substack{r=10 \\ \Delta r=0.005}} = 4\pi r^2 \Delta r \Big|_{\substack{r=10 \\ \Delta r=0.005}} = 4\pi \times 10^2 \times 0.005 \approx 6.28 \ (\mathrm{cm}^3),$$

即每个小球大约需要用 6.28 cm^3 的铜.

3.6　通过 Wolfram 语言求函数的导数与微分

例 1　求函数 $f(x) = x^3 - 6x^2 + 9x - 3$ 的导数.

解　输入

```
d/dx x^3-6x^2+9x-3
```

求得 $f'(x) = 3x^2 - 12x + 9$.

例 2　求函数 $f(x) = x^3 - 6x^2 + 9x - 3$ 在点 $x = 1$ 处的导数.

解　输入

```
d/dx x^3-6x^2+9x-3 @ x=1
```

求得 $f'(1) = 0$.

例 3　求曲线 $f(x) = x^3 - 6x^2 + 9x - 3$ 在点 $x = 1$ 处的切线方程.

解　输入

```
tangent line x^3-6x^2+9x-3 @ x=1
```

求得切线方程为 $y = 1$.

习题 3

1.已知一质点做直线运动的方程为 $s = t^2 + 1$(单位:m),求该质点在 $t = 3$ s 时的瞬时速度.

2.利用基本导数公式 $x^\alpha = \alpha x^{\alpha - 1}$,求下列函数的导数:

(1) $y = x^5$;

(2) $y = \sqrt{x}$;

(3) $y = \dfrac{1}{\sqrt{x}}$;

(4) $y = \dfrac{\sqrt[3]{x}}{\sqrt{x}}$.

3.已知函数 $f(x)$ 在点 x_0 处的导数 $f'(x_0)$,求:

(1) $\lim\limits_{\Delta x \to 0} \dfrac{f(x_0 + 2\Delta x) - f(x_0)}{\Delta x}$;

(2) $\lim\limits_{\Delta x \to 0} \dfrac{f(x_0 - \Delta x) - f(x_0)}{2\Delta x}$.

4.设函数 $f(x) = \begin{cases} x + 2, & 0 \leqslant x < 1, \\ 3x - 1, & x \geqslant 1, \end{cases}$ 问:$f(x)$ 在点 $x = 1$ 处是否可导?为什么?

5.已知每千克铁由 0 ℃ 加热到 T ℃ 所吸收的热量 Q 满足

$$Q = 0.105\,3T + 0.000\,071\,2T^2 \quad (0 \leqslant T \leqslant 200),$$

求 T ℃ 时铁的比热 $\dfrac{\mathrm{d}Q}{\mathrm{d}T}$.

6.求下列函数的导数：

(1) $y = x^3 + 2\sin x + 3^x$；

(2) $y = \ln x - 3\cos x + \sin \dfrac{\pi}{2}$；

(3) $y = \sqrt{x} + 2\tan x + \sec x - 3$；

(4) $y = x\ln x + 3\log_a x$；

(5) $y = x\mathrm{e}^x \sin x$；

(6) $f(x) = \dfrac{1-x}{1+x}$.

7.求下列函数在给定点处的导数：

(1) $y = x^2 - 3\cos x$，点 $x = 0$ 及点 $x = \dfrac{\pi}{2}$；

(2) $y = 3x - x\sin x$，点 $x = -\pi$ 及点 $x = \pi$.

8.求下列函数的导数：

(1) $y = (2x+3)^4$；

(2) $y = 3\cos(2x+1)$；

(3) $y = \ln^2 x$；

(4) $y = \ln \ln x$；

(5) $y = \ln(1-2x)$；

(6) $y = \sin^3 x$；

(7) $y = \ln \sin(3x-1)$；

(8) $y = \sec^2 3x$；

(9) $y = 2^{\sin 2x} + \arctan^2 x$；

(10) $y = \sec^2(\ln x)$.

9.设曲线 $y = x^2 + 3x + 1$ 在点 P_0 处的切线方程为 $y = kx$，试求点 P_0 的坐标和 k 的值.

10.求由下列方程所确定的函数的导数：

(1) $x^2 - y^2 = 9$；

(2) $x^2 - xy + y^2 = 3$；

(3) $y = x + \ln y$；

(4) $y = 1 + x\mathrm{e}^y$.

11.用对数求导法求下列函数的导数：

(1) $y = (\sin x)^{\cos x}$；

(2) $y = \dfrac{\sqrt{x-2}(3-x)^4}{(x+5)^2}$；

(3) $y = x^{\frac{1}{x}}$；

(4) $y = x^{\ln x}$.

12.求曲线 $2x + xy^2 - y = 2$ 在点 $(1,1)$ 处的切线方程.

13.求下列函数的二阶导数：

(1) $y = (3x-2)^3$；

(2) $y = x\mathrm{e}^x$；

(3) $y = x\cos x$；

(4) $y = \ln(1-x^2)$.

14.求由下列方程所确定的函数的二阶导数：

(1) $y = \sin(x+y)$；

(2) $\mathrm{e}^y = xy$.

15.已知某汽车与某地的距离 s（单位：m）与时间 t（单位：s）的函数关系为 $s = 10t + 2t^3$，假设汽车做直线运动，试求汽车在 $t = 3\,\mathrm{s}$ 时的速度和加速度.

16.已知函数 $y = x^2 - x$，求在点 $x = 1$ 处当 $\Delta x = 0.01$ 时的 Δy 及 $\mathrm{d}y$.

17.求下列函数的微分：

(1) $y = x\ln x$；

(2) $y = \sin^2 x$；

(3) $y = x\sin 3x$；

(4) $y = \ln \tan x$；

(5) $y = \dfrac{\sin x}{x}$；

(6) $y = \ln^2(x-1)$.

18.求下列数的近似值：

(1) $\ln 0.9$；

(2) $\mathrm{e}^{0.01}$.

19.某一金属立方体的边长为 $10\,\mathrm{m}$，当金属因受热边长增加 $0.1\,\mathrm{m}$ 时，求此金属立方体体积增量的精确值和近似值.

项目 4

求解变化率问题

本项目将利用导数来研究函数在区间上的某些性态,如利用导数判断函数的单调性、求极值与最值,以及判断曲线的凹凸性、求拐点,并利用这些知识解决一些实际问题,如经济活动中的最大利润、工程制造中的合理下料等. 为此,先要介绍微分学的几个中值定理,它们是导数应用的理论基础.

4.1 微分中值定理

定理 1(罗尔(Rolle)中值定理)　如果函数 $f(x)$ 满足条件:

（1）在闭区间 $[a,b]$ 上连续,

（2）在开区间 (a,b) 内可导,

（3）$f(a)=f(b)$,

则在区间 (a,b) 内至少存在一点 ξ,使得 $f'(\xi)=0$.

虚拟仿真实验:
罗尔中值定理

罗尔中值定理的几何解释是:一条闭区间上的连续曲线 $y=f(x)$,如果除端点外处处都具有不垂直于 x 轴的切线(即曲线是光滑的),且两端点处的纵坐标相等,那么该曲线至少有一条平行于 x 轴的切线.

例 1　验证函数 $f(x)=x^3+3x^2$ 在区间 $[-3,0]$ 上满足罗尔中值定理的条件,并求出相应的 ξ.

证　函数 $f(x)$ 的定义域为 $(-\infty,+\infty)$,则 $f(x)$ 在 $[-3,0]$ 上连续;$f'(x)=3x^2+6x$,则 $f(x)$ 在 $(-3,0)$ 内可导;$f(-3)=f(0)=0$,所以 $f(x)$ 在区间 $[-3,0]$ 上满足罗尔中值定理的条件. 令

$$f'(\xi)=3\xi^2+6\xi=0,$$

解得 $\xi_1=0$(舍去),$\xi_2=-2$,所以 $\xi=-2\in(-3,0)$ 即为所求.

定理 2(拉格朗日(Lagrange)中值定理)　如果函数 $f(x)$ 满足条件:

（1）在闭区间 $[a,b]$ 上连续,

（2）在开区间 (a,b) 内可导,

则在区间 (a,b) 内至少存在一点 ξ,使得

$$f'(\xi)=\frac{f(b)-f(a)}{b-a}.$$

虚拟仿真实验:
拉格朗日中值定理

拉格朗日中值定理的几何解释是:一条闭区间上的连续曲线 $y=f(x)$,如果除端点外处处

处都具有不垂直于 x 轴的切线，那么该曲线上至少有这样一点，在该点处曲线的切线平行于连接两端点的直线.

例 2 验证函数 $f(x)=x^3-3x$ 在区间 $[0,2]$ 上满足拉格朗日中值定理的条件，并求出相应的 ξ.

证 函数 $f(x)$ 的定义域为 $(-\infty,+\infty)$，则 $f(x)$ 在 $[0,2]$ 上连续；$f'(x)=3x^2-3$，则 $f(x)$ 在 $(0,2)$ 内可导，所以 $f(x)$ 在区间 $[0,2]$ 上满足拉格朗日中值定理的条件. 令

$$f'(\xi)=\frac{f(2)-f(0)}{2-0},\quad 即\quad 3\xi^2-3=1,$$

解得 $\xi_1=\dfrac{2\sqrt{3}}{3}$，$\xi_2=-\dfrac{2\sqrt{3}}{3}$（舍去），所以 $\xi=\dfrac{2\sqrt{3}}{3}\in(0,2)$ 即为所求.

推论 1 如果函数 $f(x)$ 在区间 (a,b) 内的导数恒为零，则 $f(x)$ 在 (a,b) 内是一个常数，即 $f(x)=C$.

推论 2 如果在区间 (a,b) 内恒有 $f'(x)=g'(x)$，则在 (a,b) 内函数 $f(x)$ 与 $g(x)$ 相差一个常数，即 $f(x)=g(x)+C$.

4.2 利用导数求极限

虚拟仿真实验：
洛必达法则

前面介绍了利用极限的四则运算法则求函数的极限，但有时会遇到分子、分母的极限均为零（或 ∞）的情形. 这时，不能直接用商的极限法则进行计算，而分式的极限有可能存在，也有可能不存在. 我们把这类极限称为 $\dfrac{0}{0}$ 或 $\dfrac{\infty}{\infty}$ 型未定式. 对于这类极限，我们将学习一种简便且非常有效的求极限的方法，即洛必达（L'Hospital）法则.

4.2.1 $\dfrac{0}{0}$ 型未定式

定理 1 设函数 $f(x)$ 与 $g(x)$ 满足条件：
(1) $\lim\limits_{x\to x_0}f(x)=\lim\limits_{x\to x_0}g(x)=0$，
(2) $f(x)$ 与 $g(x)$ 在点 x_0 的某个近旁（点 x_0 本身可以除外）可导，且 $g'(x)\neq0$，
(3) $\lim\limits_{x\to x_0}\dfrac{f'(x)}{g'(x)}=A$（或 ∞），

则有

$$\lim_{x\to x_0}\frac{f(x)}{g(x)}=\lim_{x\to x_0}\frac{f'(x)}{g'(x)}=A（或\infty）.$$

证明略. 以上定理对 $x\to\infty$ 时同样成立.

例 1 求极限 $\lim\limits_{x\to0}\dfrac{\sin 2x}{x}$.

解　这是 $\dfrac{0}{0}$ 型未定式,由洛必达法则可得

$$\lim_{x\to 0}\frac{\sin 2x}{x}=\lim_{x\to 0}\frac{(2x)'\cos 2x}{1}=\lim_{x\to 0}2\cos 2x=2.$$

例 2　求极限 $\displaystyle\lim_{x\to 0}\frac{1-\cos x}{x^{2}}$.

解　$\displaystyle\lim_{x\to 0}\frac{1-\cos x}{x^{2}}=\lim_{x\to 0}\frac{\sin x}{2x}=\frac{1}{2}.$

例 3　求极限 $\displaystyle\lim_{x\to 0}\frac{(1+x)^{4}-1}{x}$.

解　$\displaystyle\lim_{x\to 0}\frac{(1+x)^{4}-1}{x}=\lim_{x\to 0}\frac{4(1+x)^{3}}{1}=4.$

例 4　求极限 $\displaystyle\lim_{x\to 0}\frac{\ln(1+x)}{x^{2}}$.

解　$\displaystyle\lim_{x\to 0}\frac{\ln(1+x)}{x^{2}}=\lim_{x\to 0}\frac{\dfrac{1}{1+x}}{2x}=\lim_{x\to 0}\frac{1}{2x(1+x)}=\infty.$

4.2.2　$\dfrac{\infty}{\infty}$ 型未定式

定理 2　设函数 $f(x)$ 与 $g(x)$ 满足条件:

(1) $\displaystyle\lim_{x\to x_0}f(x)=\lim_{x\to x_0}g(x)=\infty$,

(2) $f(x)$ 与 $g(x)$ 在点 x_0 的某个近旁(点 x_0 本身可以除外)可导,且 $g'(x)\neq 0$,

(3) $\displaystyle\lim_{x\to x_0}\frac{f'(x)}{g'(x)}=A$ (或 ∞).

则有

$$\lim_{x\to x_0}\frac{f(x)}{g(x)}=\lim_{x\to x_0}\frac{f'(x)}{g'(x)}=A(或\ \infty).$$

证明略.以上定理对 $x\to\infty$ 时同样成立.

例 5　求极限 $\displaystyle\lim_{x\to +\infty}\frac{\ln x^{2}}{x}$.

解　这是 $\dfrac{\infty}{\infty}$ 型未定式,由洛必达法则可得

$$\lim_{x\to +\infty}\frac{\ln x^{2}}{x}=\lim_{x\to +\infty}\frac{\dfrac{1}{x^{2}}\cdot 2x}{1}=\lim_{x\to +\infty}\frac{2}{x}=0.$$

例 6　求极限 $\displaystyle\lim_{x\to +\infty}\frac{e^{x}}{x^{2}}$.

解　$\displaystyle\lim_{x\to +\infty}\frac{e^{x}}{x^{2}}=\lim_{x\to +\infty}\frac{e^{x}}{2x}=\lim_{x\to +\infty}\frac{e^{x}}{2}=+\infty.$

若 $\lim\limits_{x \to x_0} \dfrac{f'(x)}{g'(x)}$ 仍为 $\dfrac{0}{0}$ 或 $\dfrac{\infty}{\infty}$ 型未定式,且仍然满足洛必达法则的条件,则可以多次运用洛必达法则进行计算,但每次用之前,务必要验证前提条件是否满足.

4.2.3 可化为 $\dfrac{0}{0}$ 或 $\dfrac{\infty}{\infty}$ 型未定式

未定式除 $\dfrac{0}{0}$ 或 $\dfrac{\infty}{\infty}$ 型外,还有 $0 \cdot \infty, \infty - \infty, 0^0, \infty^0, 1^\infty$ 等类型.这些类型的未定式可以通过对函数进行适当的变形,化为 $\dfrac{0}{0}$ 或 $\dfrac{\infty}{\infty}$ 型后利用洛必达法则求极限.

例 7 求极限 $\lim\limits_{x \to 0^+} x \ln x$.

解 这是 $0 \cdot \infty$ 型未定式,变形后用洛必达法则可得

$$\lim_{x \to 0^+} x \ln x = \lim_{x \to 0^+} \frac{\ln x}{\dfrac{1}{x}} = \lim_{x \to 0^+} \frac{\dfrac{1}{x}}{-\dfrac{1}{x^2}}$$
$$= \lim_{x \to 0^+} (-x) = 0.$$

思维导图:未定式
极限计算方法

例 8 求极限 $\lim\limits_{x \to 1} \left(\dfrac{2}{x^2 - 1} - \dfrac{1}{x - 1} \right)$.

解 这是 $\infty - \infty$ 型未定式,变形后用洛必达法则可得

$$\lim_{x \to 1} \left(\frac{2}{x^2 - 1} - \frac{1}{x - 1} \right) = \lim_{x \to 1} \frac{2 - (x + 1)}{x^2 - 1} = \lim_{x \to 1} \frac{1 - x}{x^2 - 1}$$
$$= \lim_{x \to 1} \frac{-1}{2x} = -\frac{1}{2}.$$

对于 0^0 型、∞^0 型、1^∞ 型这三种未定式,常用的解题方法为利用公式 $N = e^{\ln N}$ 将未定式转化为 $\dfrac{0}{0}$ 或 $\dfrac{\infty}{\infty}$ 型来求.

例 9 求极限 $\lim\limits_{x \to 0^+} x^x$.

解 这是 0^0 型未定式,变形后用洛必达法则可得

$$\lim_{x \to 0^+} x^x = \lim_{x \to 0^+} e^{\ln x^x} = \lim_{x \to 0^+} e^{x \ln x} = e^0 = 1.$$

求未定式的极限,当 $\lim\limits_{x \to x_0} \dfrac{f'(x)}{g'(x)}$ 不存在时,不能断定 $\lim\limits_{x \to x_0} \dfrac{f(x)}{g(x)}$ 不存在,只能说明此时不能用洛必达法则求解,可改用其他方法.由此,利用洛必达法则求极限时,有时也可以配合其他求极限的方法,这样会使运算更简单.

4.3　利用导数求单调性与极值

4.3.1　函数的单调性

单调性是函数的一个重要特性,在高中数学课程中,我们已经学习了函数单调性的判断方法,下面我们通过函数的导数来讨论其单调性.

如图 4-1 所示,函数 $f(x)$ 在某区间上单调增加,过曲线 $y=f(x)$ 上任意点处的切线的斜率都大于零;函数 $f(x)$ 在某区间上单调减少,过曲线 $y=f(x)$ 上任意点处的切线的斜率都小于零.由导数的几何意义可知,函数在该点处的导数等于过对应曲线上该点处切线的斜率,从而有若函数 $f(x)$ 在区间上单调增加,则 $f'(x)>0$;若函数 $f(x)$ 在区间上单调减少,则 $f'(x)<0$.反过来,我们可以利用导数的符号来判断函数的单调性.

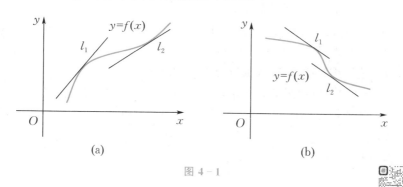

图 4-1

定理 1　设函数 $f(x)$ 在 $[a,b]$ 上连续,在 (a,b) 内可导.

(1) 若在 (a,b) 内 $f'(x)>0$,则函数 $f(x)$ 在 $[a,b]$ 上单调增加;

(2) 若在 (a,b) 内 $f'(x)<0$,则函数 $f(x)$ 在 $[a,b]$ 上单调减少.

证明略.

虚拟仿真实验:
函数的单调性

注　定理 1 中的 $f'(x)>0$(或 $f'(x)<0$) 若改为 $f'(x)\geqslant0$(或 $f'(x)\leqslant0$),结论仍然成立.

例 1　讨论函数 $f(x)=e^x-x-1$ 的单调性.

解　该函数的定义域为 $(-\infty,+\infty)$,求导数得

$$f'(x)=e^x-1.$$

当 $x=0$ 时,$f'(0)=0$;当 $x>0$ 时,$f'(x)>0$,则函数 $f(x)$ 在 $[0,+\infty)$ 上单调增加;当 $x<0$ 时,$f'(x)<0$,则函数 $f(x)$ 在 $(-\infty,0]$ 上单调减少.

例 2　求函数 $f(x)=2x^3-9x^2+12x-3$ 的单调区间.

解　该函数的定义域为 $(-\infty,+\infty)$,求导数得

$$f'(x)=6x^2-18x+12=6(x-1)(x-2).$$

令 $f'(x)=0$,得 $x_1=1,x_2=2$.这两个点把定义域划分成三个子区间,分别讨论各子区间上函数 $f(x)$ 的单调性,所得结果如表 4-1 所示.

表 4 - 1

x	$(-\infty,1)$	1	$(1,2)$	2	$(2,+\infty)$
$f'(x)$	+	0	−	0	+
$f(x)$	单调增加		单调减少		单调增加

由表 4 - 1 可得,函数 $f(x)$ 的单调增加区间为 $(-\infty,1]$ 与 $[2,+\infty)$,单调减少区间为 $[1,2]$.

4.3.2　函数的极值

定义 1　设函数 $f(x)$ 在点 x_0 及其附近有定义.

(1) 若对于点 x_0 附近的任何点 x(点 x_0 除外),均有 $f(x) < f(x_0)$ 成立,则称 $f(x_0)$ 是 $f(x)$ 的一个**极大值**,此时点 x_0 称为**极大值点**.

(2) 若对于点 x_0 附近的任何点 x(点 x_0 除外),均有 $f(x) > f(x_0)$ 成立,则称 $f(x_0)$ 是 $f(x)$ 的一个**极小值**,此时点 x_0 称为**极小值点**.

极大值与极小值统称为**极值**,极大值点与极小值点统称为**极值点**.

设函数 $y = f(x)$ 的图形如图 4 - 2 所示,c_1,c_4 为函数的极大值点,$f(c_1),f(c_4)$ 为函数的极大值;c_2,c_5 为函数的极小值点,$f(c_2),f(c_5)$ 为函数的极小值.

请读者思考,c_3 是否为函数 $f(x)$ 的极值点?为什么?

虚拟仿真实验:
函数的极值

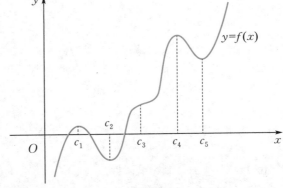

图 4 - 2

注　函数的极值只是局部的概念,并非整体的概念,因而可能会出现极大值小于极小值的情况,也会出现极值不唯一的情况.

极值点是函数由单调减少到单调增加或者由单调增加到单调减少的分界点,过曲线上这些点处的切线(如果存在的话)与 x 轴平行,因此极值点处切线的斜率为零.

定理 2　若函数 $f(x)$ 在点 x_0 处可导,且在点 x_0 处有极值,则必有 $f'(x_0) = 0$.

证明略.

导数为零的点称为函数的**驻点**.

注　① 极值点不一定为驻点,例如,函数 $y = |x|$ 在点 $x = 0$ 处不可导,但点 $x = 0$ 为极小

值点. 只有可导的极值点才为驻点.

②驻点也不一定为极值点, 例如, 函数 $y = x^3$ 在点 $x = 0$ 处导数为零, 但点 $x = 0$ 不是极值点. 只能说驻点有可能为极值点.

③导数不存在的点也有可能为极值点.

综上, 驻点与导数不存在的点有可能成为极值点.

下面讨论如何求函数的极值.

定理 3(极值的第一充分条件) 设函数 $f(x)$ 在点 x_0 及其附近连续, 在点 x_0 的附近 (不要求点 x_0) 可导.

(1) 若当 $x < x_0$ 时, $f'(x) > 0$, 当 $x > x_0$ 时, $f'(x) < 0$, 则函数 $f(x)$ 在点 x_0 处取得极大值;

(2) 若当 $x < x_0$ 时, $f'(x) < 0$, 当 $x > x_0$ 时, $f'(x) > 0$, 则函数 $f(x)$ 在点 x_0 处取得极小值;

(3) 若在点 x_0 两侧, $f'(x)$ 同号, 则 $f(x)$ 在点 x_0 处没有极值.

证明略.

例 3 求函数 $f(x) = x^3 - 3x^2 - 9x$ 的极值.

解 该函数的定义域为 $(-\infty, +\infty)$, 求导数得

$$f'(x) = 3x^2 - 6x - 9 = 3(x - 3)(x + 1).$$

令 $f'(x) = 0$, 得驻点为 $x_1 = -1$, $x_2 = 3$, 没有导数不存在的点. 这两个点把定义域划分成三个子区间, 分别讨论各子区间上函数 $f(x)$ 的性质, 所得结果如表 4 - 2 所示.

表 4 - 2

x	$(-\infty, -1)$	-1	$(-1, 3)$	3	$(3, +\infty)$
$f'(x)$	+	0	-	0	+
$f(x)$	单调增加	极大值	单调减少	极小值	单调增加

由表 4 - 2 可知, $f(-1) = 5$ 为极大值, $f(3) = -27$ 为极小值.

例 4 求函数 $f(x) = \dfrac{3}{5}x^{\frac{5}{3}} - \dfrac{3}{2}x^{\frac{2}{3}}$ 的极值.

解 该函数的定义域为 $(-\infty, +\infty)$, 求导数得

$$f'(x) = x^{\frac{2}{3}} - x^{-\frac{1}{3}} = \frac{x - 1}{\sqrt[3]{x}}.$$

令 $f'(x) = 0$, 可得驻点 $x = 1$, 且当 $x = 0$ 时, $f'(x)$ 不存在. 以这两个点对定义域进行划分, 分别讨论各子区间上函数 $f(x)$ 的性质, 所得结果如表 4 - 3 所示.

表 4 - 3

x	$(-\infty, 0)$	0	$(0, 1)$	1	$(1, +\infty)$
$f'(x)$	+	不存在	-	0	+
$f(x)$	单调增加	极大值	单调减少	极小值	单调增加

由表 4 - 3 可知, $f(0) = 0$ 为极大值, $f(1) = -\dfrac{9}{10}$ 为极小值.

定理 4（极值的第二充分条件） 设函数 $f(x)$ 在点 x_0 处一阶、二阶导数存在，且 $f'(x_0)=0, f''(x_0)\neq 0$，则

(1) 当 $f''(x_0)>0$ 时，函数 $f(x)$ 在点 x_0 处取得极小值；

(2) 当 $f''(x_0)<0$ 时，函数 $f(x)$ 在点 x_0 处取得极大值.

证明略.

例 5 求函数 $f(x)=\dfrac{1}{3}x^3-x$ 的极值.

解 该函数的定义域为 $(-\infty,+\infty)$，求导数得
$$f'(x)=x^2-1.$$

令 $f'(x)=0$，可得驻点 $x=\pm 1$. 又 $f''(x)=2x$，且
$$f''(1)=2>0, \quad f''(-1)=-2<0,$$

所以 $f(1)=-\dfrac{2}{3}$ 为极小值，$f(-1)=\dfrac{2}{3}$ 为极大值.

一般地，求函数极值的步骤可归纳如下：

(1) 求出函数的定义域；

(2) 对函数求导数，求出驻点和导数不存在的点；

(3) 利用极值的第一充分条件或第二充分条件确定函数的极值点并求出极值.

用极值优化"双碳"

4.4 利用导数求最值

4.4.1 最值的求法

在实际应用中，经常会遇到怎样才能使"用料最省""成本最低""时间最少""利润最大"等优化问题，这类问题在数学中本质上就是最值问题.

怎样求函数的最大值与最小值呢？前面已经知道，函数的极值是对局部而言的，极值点不一定是最值点. 要求函数 $f(x)$ 在闭区间 $[a,b]$ 上的最大值与最小值，可先求出开区间 (a,b) 内全部的极值点，而极值点的来源为驻点和导数不存在的点，所以只须求出驻点、导数不存在的点以及区间端点处的函数值，再比较大小，即可求得函数的最大值与最小值.

例 1 求函数 $f(x)=x^3-3x+3$ 在区间 $\left[-3,\dfrac{3}{2}\right]$ 上的最大值与最小值.

解 该函数在此区间上处处可导，求导数得
$$f'(x)=3x^2-3.$$

令 $f'(x)=0$，可得驻点 $x=\pm 1$，没有导数不存在的点. 求出驻点与区间端点处的函数值，即
$$f(1)=1, \quad f(-1)=5, \quad f\left(\dfrac{3}{2}\right)=\dfrac{15}{8}, \quad f(-3)=-15,$$

故该函数的最大值为 5，最小值为 -15.

特别地，在实际问题中，若函数在一个区间内只有唯一的驻点，则该驻点很可能就是所要

求的最值点.

4.4.2 实际应用

例2 （用料最省）某人欲修建围墙,围成面积为 216 m² 的一块矩形土地,并在正中用一堵墙将其隔成两个矩形块.问:这块土地的长和宽各为多少时,才能使所用建筑材料最省(不考虑围墙高度)?

解 设矩形土地的长为 x(单位:m),建筑围墙的总长度为 y(单位:m),则宽为 $\dfrac{216}{x}$. 根据题意可得

$$y = 2x + 3 \cdot \frac{216}{x},$$

求导数得

$$y' = 2 - \frac{648}{x^2}.$$

令 $y'=0$,可得驻点 $x=18$,此时 $y'' = \dfrac{1\,296}{x^3} > 0$,故点 $x=18$ 是唯一的极小值点,即为最小值点.因此,当这块土地的长为 18 m、宽为 12 m 时,所用建筑材料最省.

例3 （收入最大）一房地产公司有 50 套公寓可出租,当每套月租金为 2 000 元时,公寓能全部租出去;当每套月租金每增加 100 元时,就会多一套租不出去.已知租出去的公寓平均每月每套花费 200 元的维修费,试问:每套月租金定为多少时,可使房地产公司获得的收入最大?最大收入为多少?

解 设每套公寓月租金定价为 x(单位:元),房地产公司收入为 y(单位:元),则根据题意可得

$$y = \left(50 - \frac{x-2\,000}{100}\right)(x-200)$$

$$= \frac{1}{100}(-x^2 + 7\,200x - 1\,400\,000),$$

求导数得

$$y' = \frac{1}{100}(-2x + 7\,200).$$

令 $y'=0$,可得唯一驻点 $x=3\,600$,而 $y'' = -\dfrac{1}{50} < 0$,所以当 $x=3\,600$(元)时,$y = 115\,600$(元)为最大值.因此,当每套月租金定为 3 600 元时,房地产公司获得的收入最大,最大收入为 115 600 元.

4.5 利用导数求凹凸性与拐点

4.5.1 曲线的凹凸性

通过前面的学习,我们知道由函数一阶导数的正负,可以判断出函数的单调区间与极值,

但还不能进一步研究函数图形的性态.凹凸性是函数图形的又一个重要性态,本节将利用函数的二阶导数来研究函数图形的凹凸性.

定义 1 设函数 $y = f(x)$ 在区间 (a,b) 内可导.若对于任意的 $x_0 \in (a,b)$,曲线 $y = f(x)$ 在点 $(x_0, f(x_0))$ 处的切线总位于曲线弧 L 的下(上)方(见图 4-3),则称曲线 $y = f(x)$ 在 (a,b) 内是凹(凸)曲线,也称曲线为凹(凸)的,对应的区间称为曲线的凹(凸)区间.

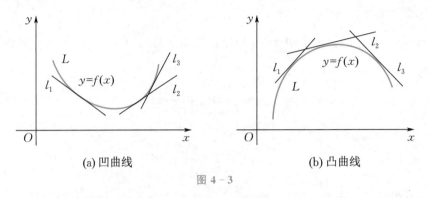

(a) 凹曲线   (b) 凸曲线

图 4-3

如何判断曲线的凹凸性呢? 如图 4-4(a) 所示,$y = f(x)$ 在定义区间上是凹曲线,其上每一点处切线的斜率随着 x 的增加而增大,即导数 $f'(x)$ 是单调增加函数;同理,如图 4-4(b) 所示,$y = f(x)$ 在定义区间上是凸曲线,其上每一点处切线的斜率随着 x 的增加而减小,即导数 $f'(x)$ 是单调减少函数.

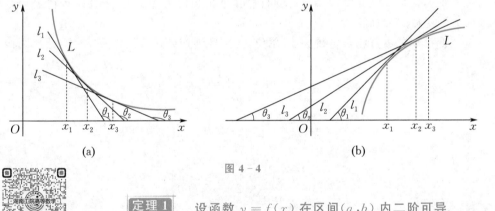

(a)   (b)

图 4-4

虚拟仿真实验:
曲线的凹凸性

定理 1 设函数 $y = f(x)$ 在区间 (a,b) 内二阶可导.
(1) 若在 (a,b) 内 $f''(x) > 0$,则曲线 $y = f(x)$ 在 (a,b) 内是凹的;
(2) 若在 (a,b) 内 $f''(x) < 0$,则曲线 $y = f(x)$ 在 (a,b) 内是凸的.
证明略.

上述定理中的区间改为闭区间、半开半闭区间以及无穷区间都是成立的.

例 1 判断曲线 $y = \ln x$ 的凹凸性.

解 根据定理 1,因为

$$y' = \frac{1}{x}, \quad y'' = -\frac{1}{x^2} < 0,$$

所以曲线 $y = \ln x$ 在定义域 $(0, +\infty)$ 上是凸的.

4.5.2　曲线的拐点

定义 2　连续曲线上凹与凸的分界点,称为曲线的**拐点**.

通过定理 1 和定义 2 可知,对于曲线 $y=f(x)$,$f''(x)=0$ 与使 $f''(x)$ 不存在的点有可能成为拐点.

注　拐点的坐标须写成 $(x_0,f(x_0))$ 的形式.

例 2　求函数 $f(x)=e^{-\frac{x^2}{2}}$ 的单调区间和极值及对应曲线的凹凸区间和拐点.

解　该函数的定义域为 $(-\infty,+\infty)$,求导数得

$$f'(x)=-xe^{-\frac{x^2}{2}},\quad f''(x)=e^{-\frac{x^2}{2}}(x^2-1).$$

令 $f'(x)=0$,可得驻点为 $x=0$;令 $f''(x)=0$,可得 $x=\pm1$.这些点把定义域划分成若干个子区间,分析如表 4-4 所示.

表 4-4

x	$(-\infty,-1)$	-1	$(-1,0)$	0	$(0,1)$	1	$(1,+\infty)$
$f'(x)$	$+$	$+$	$+$	0	$-$	$-$	$-$
$f''(x)$	$+$	0	$-$	$-$	$-$	0	$+$
$y=f(x)$	单调增加、凹	拐点	单调增加、凸	极大值	单调减少、凸	拐点	单调减少、凹

由表 4-4 可知,函数的单调增加区间为 $(-\infty,0]$,单调减少区间为 $[0,+\infty)$,极大值为 $f(0)=1$,没有极小值;曲线的凹区间为 $(-\infty,-1),(1,+\infty)$,凸区间为 $(-1,1)$,拐点为点 $\left(-1,e^{-\frac{1}{2}}\right)$ 和点 $\left(1,e^{-\frac{1}{2}}\right)$.

一般地,求函数 $y=f(x)$ 的单调性和极值点及对应曲线的凹凸性和拐点的步骤可归纳如下:

(1) 求出函数 $y=f(x)$ 的定义域和 $f'(x),f''(x)$;

(2) 求出驻点与使 $f'(x)$ 不存在的点,以及 $f''(x)=0$ 与使 $f''(x)$ 不存在的点;

(3) 以(2)中求出的点对定义域进行划分,再判断每个子区间上 $f'(x),f''(x)$ 的符号,从而依次判断函数 $y=f(x)$ 的单调性和曲线 $y=f(x)$ 的凹凸性,进而求出极值点与拐点.

4.6　导数在经济学和工程学中的应用

导数在许多领域都有着广泛的应用,下面简要介绍导数在经济学和工程学中的应用.

4.6.1　导数在经济学中的应用

1.边际分析

定义 1　设函数 $y=f(x)$ 可导,则称导数 $f'(x)$ 为 $f(x)$ 的**边际函数**,$f'(x)$ 在点 x_0

处的值 $f'(x_0)$ 称为**边际函数值**.

边际函数值的经济意义：当 $x = x_0$ 时,自变量改变 1 单位,函数近似改变 $f'(x_0)$ 单位.例如,当总成本 $C(Q)$ 可导时,边际成本 $C'(Q)$ 是总成本 $C(Q)$ 关于产量 Q 的导数,$C'(Q)$ 表示当产量为 Q 时,再生产 1 单位产品时总成本的增加量;当总收益 $R(Q)$ 可导时,边际收益 $R'(Q)$ 是总收益 $R(Q)$ 关于销量 Q 的导数,$R'(Q)$ 表示当销量为 Q 时,再销售 1 单位产品时总收益的增加量;当总利润 $L(Q)$ 可导时,边际利润 $L'(Q)$ 是总利润 $L(Q)$ 关于产量(销量)Q 的导数,$L'(Q)$ 表示当产量(销量)为 Q 时,再生产(销售)1 单位产品时总利润的增加量.

例 1 设某产品的需求函数为 $Q = 100 - 5p$,其中 p 为单位产品的价格,Q 为需求量,求总收益函数以及当 $Q = 20, 50, 70$ 单位时的边际收益,并说明所得结果的经济意义.

解 依题意可得 $p = \dfrac{100 - Q}{5}$,则总收益函数为

$$R(Q) = \frac{100 - Q}{5} \cdot Q = \frac{1}{5}Q(100 - Q),$$

边际收益函数为

$$R'(Q) = \frac{1}{5}(100 - 2Q).$$

当 $Q = 20, 50, 70$ 单位时的边际收益分别为 $12, 0, -8$,其经济意义：当需求量为 20 单位时,再销售 1 单位产品,总收益将增加 12 单位;当需求量为 50 单位时,总收益达到最大;当需求量为 70 单位时,再销售 1 单位产品,总收益将减少 8 单位.

2. 函数的弹性

边际分析中,函数的改变量与函数的变化率均属于绝对范围内的讨论,并不能深刻地分析相关经济问题.例如,商品 A 原价 3 元,涨价 1 元,商品 B 原价 50 元,涨价 1 元,同样都是涨价 1 元,很显然 A 的涨幅比 B 的涨幅要大得多.因此,有必要研究函数的相对改变量和相对变化率.

定义 2 设函数 $y = f(x)$ 在点 x 处可导,函数的相对改变量 $\dfrac{\Delta y}{y}$ 与自变量的相对改变量 $\dfrac{\Delta x}{x}$ 之比 $\dfrac{\frac{\Delta y}{y}}{\frac{\Delta x}{x}}$,称为 $y = f(x)$ 从点 x 到点 $x + \Delta x$ 之间的弹性.当 $\Delta x \to 0$ 时,若 $\dfrac{\frac{\Delta y}{y}}{\frac{\Delta x}{x}}$ 的极限存在,则称该极限为函数 $y = f(x)$ 在点 x 处的**弹性**,记作 η,即

$$\eta = \lim_{\Delta x \to 0} \frac{\frac{\Delta y}{y}}{\frac{\Delta x}{x}} = \frac{x}{y} \cdot y' = \frac{x}{f(x)} \cdot f'(x),$$

其中 η 称为 $y = f(x)$ 的**弹性函数**.

微视频:增产不增收

设某商品的需求量为 Q,价格为 p,需求函数 $Q(p)$ 可导,则称 $\dfrac{p}{Q(p)} \cdot Q'(p)$ 为该商品的**需求价格弹性函数**,也可称为**需求弹性函数**,记作 $\eta = \dfrac{p}{Q(p)} \cdot Q'(p)$.由于需求函数为价格的单调减少函数,因此需求弹性 η 一般为负值.在经济学中,比较商品需求弹性的大小是比较需

求弹性的绝对值.

当 $|\eta| > 1$ 时,称为富有弹性,即价格的变动对需求量的影响较大.

当 $|\eta| = 1$ 时,称为单位弹性,即价格的变动与需求量变动的幅度相同.

当 $|\eta| < 1$ 时,称为弱有弹性,即价格的变动对需求量的影响不大.

例 2 设某商品的需求函数为 $Q = 5 - \dfrac{p}{4}$,求价格 $p = 3$ 时的需求弹性 η,并说明其经济意义.

解 依题意可得 $Q'(p) = -\dfrac{1}{4}$,则

$$\eta = \frac{p}{Q(p)} \cdot Q'(p) = \frac{p}{5 - \dfrac{p}{4}} \cdot \left(-\frac{1}{4}\right) = \frac{p}{p - 20}.$$

当 $p = 3$ 时,$\eta = -\dfrac{3}{17}$,$|\eta| < 1$,即价格的变动对需求量的影响不大.

其经济意义为在商品价格为 3 的水平下,价格上升(下降)1%,需求量减少(增加)约 0.176%.

4.6.2 导数在工程学中的应用

在很多的工程技术问题中,经常要考虑到曲线的弯曲程度,如修铁路要考虑路线的弯曲程度,用车铣加工曲面要考虑曲面的弯曲程度.曲线的弯曲程度在数学中用"曲率"来刻画.

1. 弧微分

如图 4-5 所示,在连续光滑的曲线 $y = f(x)$ 上取一定点 $M_0(x_0, y_0)$ 作为度量弧长的基点,$M(x, y)$ 为曲线弧上任意一点,用 s 表示曲线弧 $\overparen{M_0 M}$ 的长度,即 $s = s(x) = |\overparen{M_0 M}|$.

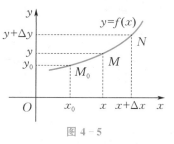

图 4-5

当自变量 x 取得增量 Δx 时,弧长的增量为 $\Delta s = |\overparen{M_0 N}| - |\overparen{M_0 M}| = |\overparen{MN}|$,于是

$$\frac{\Delta s}{\Delta x} = \frac{|\overparen{MN}|}{\Delta x} = \frac{|\overparen{MN}|}{|MN|} \cdot \frac{|MN|}{\Delta x} = \frac{|\overparen{MN}|}{|MN|} \cdot \frac{\sqrt{(\Delta x)^2 + (\Delta y)^2}}{\Delta x} = \frac{|\overparen{MN}|}{|MN|} \cdot \sqrt{1 + \left(\frac{\Delta y}{\Delta x}\right)^2},$$

其中 $|MN|$ 为线段 MN 的长度.

设函数 $y = f(x)$ 具有一阶连续导数,当 $\Delta x \to 0$ 时,N 沿曲线弧接近于 M,有 $\lim\limits_{\Delta x \to 0} \dfrac{|\overparen{MN}|}{|MN|} = 1$.

因此,

$$\frac{\mathrm{d}s}{\mathrm{d}x} = \lim_{\Delta x \to 0} \frac{\Delta s}{\Delta x} = \lim_{\Delta x \to 0} \frac{|\overparen{MN}|}{|MN|} \cdot \lim_{\Delta x \to 0} \sqrt{1 + \left(\frac{\Delta y}{\Delta x}\right)^2} = \sqrt{1 + (y')^2},$$

从而

$$\mathrm{d}s = \sqrt{1 + (y')^2}\, \mathrm{d}x$$

或

$$(\mathrm{d}s)^2 = (\mathrm{d}x)^2 + (\mathrm{d}y)^2,$$

其中 $\mathrm{d}s$ 称为曲线 $y=f(x)$ 的弧微分.

例 3 求曲线 $y=\ln(1+x^2)$ 的弧微分.

解 函数 $y=\ln(1+x^2)$ 的定义域为 $(-\infty,+\infty)$，求导数得

$$y'=\frac{2x}{1+x^2}, \quad (y')^2=\frac{4x^2}{(1+x^2)^2}.$$

因此，所求弧微分为

$$\mathrm{d}s=\sqrt{1+(y')^2}\,\mathrm{d}x=\sqrt{1+\frac{4x^2}{(1+x^2)^2}}\,\mathrm{d}x=\frac{\sqrt{x^4+6x^2+1}}{1+x^2}\,\mathrm{d}x.$$

2. 曲率

如图 $4-6$(a)，(b)所示，α，β 为弧 $\overset{\frown}{AB}$ 切线转角的大小，弧长一定，转角越大，曲线的弯曲程度越大. 如图 $4-6$(c)所示，在转角一定的情况下，弧长越短，曲线的弯曲程度越大. 综上所述，曲线的弯曲程度与转角和弧长是有关的.

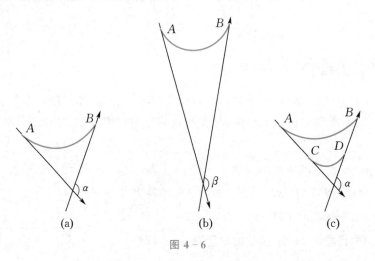

图 $4-6$

我们用曲率来描述曲线的弯曲程度.

定义 3 设某曲线弧 $\overset{\frown}{MN}$ 的长为 Δs，曲线弧 $\overset{\frown}{MN}$ 的切线转角为 $\Delta\alpha$，则称 $\left|\dfrac{\Delta\alpha}{\Delta s}\right|$ 为曲线弧 $\overset{\frown}{MN}$ 的平均曲率.

平均曲率表示曲线弧的平均弯曲程度.

定义 4 称 $K=\lim\limits_{\Delta s\to 0}\left|\dfrac{\Delta\alpha}{\Delta s}\right|=\left|\dfrac{\mathrm{d}\alpha}{\mathrm{d}s}\right|$ 为曲线弧 $\overset{\frown}{MN}$ 在点 M 处的曲率.

曲线 $y=f(x)$ 在一点处的曲率为

$$K=\left|\frac{\mathrm{d}\alpha}{\mathrm{d}s}\right|=\frac{|y''|}{\left[1+(y')^2\right]^{\frac{3}{2}}}.$$

例 4 求曲线 $y = \sqrt{x}$ 在点 $\left(\dfrac{1}{4}, \dfrac{1}{2}\right)$ 处的曲率.

解 由于

$$y' = \frac{1}{2}x^{-\frac{1}{2}}, \quad y'' = -\frac{1}{4}x^{-\frac{3}{2}}, \quad y'\Big|_{x=\frac{1}{4}} = 1, \quad y''\Big|_{x=\frac{1}{4}} = -2,$$

因此曲线 $y = \sqrt{x}$ 在点 $\left(\dfrac{1}{4}, \dfrac{1}{2}\right)$ 处的曲率为

$$K = \frac{|y''|}{[1 + (y')^2]^{\frac{3}{2}}} = \frac{|-2|}{2^{\frac{3}{2}}} = \frac{\sqrt{2}}{2}.$$

3. 曲率圆

飞船发射后需要变轨,在变轨的节点处,就涉及曲率圆的问题.
如图 4-7 所示,若曲线 $y = f(x)$ 在点 $N(x, y)$ 处的曲率 $K \neq 0$,则
称曲率 K 的倒数为曲线 $y = f(x)$ 在点 N 处的曲率半径,记作 R,即

$$R = \frac{1}{K} = \frac{[1 + (y')^2]^{\frac{3}{2}}}{|y''|}.$$

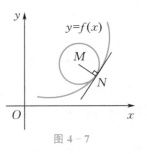

图 4-7

当 $K \neq 0$ 时,过曲线 $y = f(x)$ 上点 $N(x, y)$ 作曲线的法线 MN,其
点 M 在法线上沿曲线凹侧,使得 $|NM| = \dfrac{1}{K} = R$.以 M 为圆心,R
为半径作圆,则称此圆为曲线 $y = f(x)$ 在点 N 处的曲率圆,圆心 M 称为曲线 $y = f(x)$ 在点
N 处的曲率中心.

对曲率圆应有如下认识:
(1) 在点 N 处,曲率圆与曲线 $y = f(x)$ 相切.
(2) 在点 N 处,曲率圆与曲线 $y = f(x)$ 有相同的曲率.
(3) 在点 N 处,曲率圆与曲线 $y = f(x)$ 凹向同侧.

例 5 设某工件内表面的截线为抛物线 $y = 0.4x^2$(见图 4-8),现需要用砂轮磨削其
内表面,问:用多大半径的砂轮比较合适?

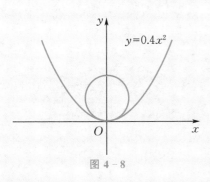

图 4-8

解 依题意可得,选择砂轮的半径应小于或等于
内表面截线上各点处的曲率半径的最小值,不然会因
为半径过大而造成磨掉不该磨掉的部分,所以要求曲
率半径的最小值.

对 x 求导数得

$$y' = 0.8x, \quad y'' = 0.8,$$

则工件内表面截线上任意点处的曲率半径为

$$R = \frac{[1 + (0.8x)^2]^{\frac{3}{2}}}{0.8}.$$

易知,当 $x = 0$ 时,R 取最小值,且最小值为 1.25,所以选择砂轮的半径不得超过 1.25 单
位长.

4.7 通过 Wolfram 语言求解导数的应用问题

1. 极值问题

例 **1** 求函数 $f(x) = x^3 - 6x^2 + 9x - 3$ 的极值.

解 输入

```
local max x^3-6x^2+9x-3
```

求得极大值为 $f(1) = 1$.

输入

```
local min x^3-6x^2+9x-3
```

求得极小值为 $f(3) = -3$.

2. 最值问题

例 **2** 求函数 $f(x) = 2x^3 - 18x^2 + 30x + 4$ 在 $[0,3]$ 上的最值.

解 输入

```
global max 2x^3-18x^2+30x+4 from x=0 to 3
```

求得最大值为 $f(1) = 18$.

输入

```
global min 2x^3-18x^2+30x+4 from x=0 to 3
```

求得最小值为 $f(3) = -14$.

3. 拐点问题

例 **3** 求曲线 $f(x) = x^3 - 6x^2 + 9x - 3$ 的拐点.

解 输入

```
inflection point x^3-6x^2+9x-3
```

求得拐点为 $(2, -1)$.

习 题 4

1. 判断下列极限的计算是否正确:

(1) $\lim\limits_{x \to 0} \dfrac{x^2 + 2}{x^2} = \lim\limits_{x \to 0} \dfrac{2x}{2x} = 1$;

(2) $\lim\limits_{x \to 2} \dfrac{x^2 - 3x + 2}{(x-2)^2} = \lim\limits_{x \to 2} \dfrac{2x - 3}{2(x-2)} = \lim\limits_{x \to 2} \dfrac{2}{2} = 1$.

2. 用洛必达法则求下列极限:

(1) $\lim\limits_{x \to 0} \dfrac{\sin 3x}{x}$;

(2) $\lim\limits_{x \to 0} \dfrac{\sin ax}{\sin bx}$;

(3) $\lim\limits_{x \to 1} \dfrac{2x^2 - 2}{x^2 + x - 2}$;

(4) $\lim\limits_{x \to 0} \dfrac{x - \sin x}{x^3}$;

(5) $\lim\limits_{x \to +\infty} \dfrac{x^3}{e^x}$;

(6) $\lim\limits_{x \to +\infty} \dfrac{\ln x}{x}$;

(7) $\lim\limits_{x \to 0} \left(\dfrac{1}{x} - \dfrac{1}{\sin x} \right)$;

(8) $\lim\limits_{x \to 0^+} \dfrac{\ln x}{\ln \sin x}$;

(9) $\lim\limits_{x \to 0^+} (\sin x)^x$;

(10) $\lim\limits_{x \to 0^+} \dfrac{\ln \tan 3x}{\ln \tan 2x}$.

3. 判断下列说法是否正确:

(1) 驻点一定为极值点;

(2) 可导的极值点一定为驻点;

(3) 极值点有可能是导数不存在的点;

(4) 极值点一定是驻点;

(5) 驻点与导数不存在的点构成极值点的来源.

4. 求下列函数的单调区间与极值:

(1) $f(x) = x^3 - 3x + 1$;

(2) $f(x) = x^3 + \dfrac{3}{x}$;

(3) $f(x) = x^4 - 2x^2 + 3$;

(4) $f(x) = \dfrac{x^3}{3} - \dfrac{x^2}{2} - 2x + \dfrac{1}{3}$;

(5) $f(x) = 2x^2 - \ln x$;

(6) $f(x) = 2x + \dfrac{8}{x}$.

5. 求下列函数在给定区间上的最值:

(1) $f(x) = e^x - x, x \in [-1, 1]$;

(2) $f(x) = x^4 - 2x^2 + 5, x \in [-2, 2]$.

6. 要造一个长方体无盖蓄水池,其容积为 500 m³,底为正方形. 设底与四壁的单位造价相同,问:底和高各为多少,才能使总造价最少?

7. 某厂生产某种产品,其固定成本为 100 元,每多生产一件产品成本增加 6 元. 已知该产品的需求函数为 $Q = 1\,000 - 100p$(单位:件). 问:当产量为多少时,可使利润最大?

8. 某个体户以 10 元/条的价格购进一批裤子,设此裤子的需求函数为 $Q = 40 - p$(单位:条),问:该个体户如何定价,才能使利润最大?

9. 讨论下列曲线的凹凸性,并求出拐点:

(1) $y = x \ln x$;

(2) $y = x^3 - 5x^2 + 3x - 5$;

(3) $y = 2x^2 - x^3$;

(4) $y = \ln(1 + x^2)$.

10. 求下列函数的单调区间和极值以及对应曲线的凹凸区间和拐点:

(1) $y = (x + 1)(x - 2)^2$;

(2) $y = x - \ln(1 + x)$.

11. 某产品的总成本函数为 $C(Q) = 300 + 2Q + 3\sqrt{Q}$,试求:

(1) 当产量从 169 增加到 400 时,总成本的平均变化率;

(2) 当产量为 400 时的边际成本.

12. 某产品的销量 Q 与价格 p 之间的关系式为 $Q(p) = \dfrac{1 - p}{p}$,求需求弹性函数 η,并求当价格为 0.5 时,η 的值.

13. 求下列曲线的弧微分:

(1) $y = x^2 - x$;

(2) $y = \sin 2x$.

14. 求下列曲线在给定点处的曲率和曲率半径:

(1) $y = \cos x$,在点 $(\pi, -1)$ 处;

(2) $y = e^x$,在点 $(0, 1)$ 处.

走进积分世界

5.1　原函数与不定积分

5.1.1　引例

1. 流过导线横截面的电量

在电工学中,若电量 $Q(t)$ 是时间 t 的函数,则电量对时间的导数为电流 $I(t)$. 设已知电流 $I(t) = 2\cos \omega t$,求 t 时间内流过导线横截面的电量 $Q(t)$.

积分思想的启蒙:
祖暅原理

因为电流函数 $I(t)$ 是电量函数 $Q(t)$ 对时间 t 的导数,所以 $Q'(t) = I(t)$. 又因为

$$\left(\frac{2}{\omega}\sin \omega t\right)' = 2\cos \omega t,$$

且 $t = 0$ s 时,$Q = 0$ C,所以所求横截面的电量为

$$Q(t) = \frac{2}{\omega}\sin \omega t.$$

2. 变速直线运动的运动规律

某物体做直线运动的速度为 $v(t) = 3t^2 + 2t$,当 $t = 2$ s 时,物体所经过的路程为 $s = 10$ m,求该物体的运动规律.

因为速度函数 $v(t)$ 是路程函数 $s(t)$ 对时间 t 的导数,所以 $s'(t) = v(t)$. 又因为

$$(t^3 + t^2)' = 3t^2 + 2t,$$

且 $t = 2$ s 时,$s = 10$ m,所以所求运动规律,即路程函数为

$$s(t) = t^3 + t^2 - 2.$$

以上两个引例都有一个共同的特点:已知函数的导数,求这个函数的表达式,即已知函数 $F'(x) = f(x)$,求函数 $F(x)$.

5.1.2　原函数与不定积分的定义

定义 1　设函数 $F(x)$ 与 $f(x)$ 定义在某区间上,且在该区间上的任一点 x 都有

$$F'(x) = f(x) \quad \text{或} \quad \mathrm{d}F(x) = f(x)\mathrm{d}x,$$

则称 $F(x)$ 为函数 $f(x)$ 在该区间上的一个原函数.

例如,因为 $(\sin x)' = \cos x$,所以 $\sin x$ 是 $\cos x$ 的一个原函数;因为 $(x^2)' = 2x$,所以 x^2 是 $2x$ 的一个原函数;因为 $(x^2 + 1)' = 2x$,$(x^2 + 2)' = 2x$,$(x^2 + C)' = 2x$(C 为任意常数),所以 $x^2 + 1$,$x^2 + 2$,$x^2 + C$ 都是 $2x$ 的原函数.

下面我们不予证明地给出几个定理.

定理 1　若函数 $f(x)$ 在区间 I 上连续,则 $f(x)$ 在 I 上一定有原函数.

定理 2　如果函数 $f(x)$ 有原函数,那么它有无限多个原函数,且其中任意两个原函数的差是常数.

定理 3　如果 $F'(x) = f(x)$,则函数 $f(x)$ 的全体原函数可表示为 $F(x) + C$.

定义 2　设函数 $F(x)$ 是 $f(x)$ 在某区间上的一个原函数,则全体原函数称为 $f(x)$ 在该区间上的不定积分,记作

$$\int f(x)\mathrm{d}x = F(x) + C,$$

其中符号"$\int$"称为积分号,$f(x)$ 称为被积函数,$f(x)\mathrm{d}x$ 称为被积表达式,x 称为积分变量,C 称为积分常数.

由定理 3 可知,要想求出 $\int f(x)\mathrm{d}x$,只须求出 $f(x)$ 的一个原函数 $F(x)$,再加上任意常数 C 即可.

例 1　求不定积分 $\int \mathrm{e}^x \mathrm{d}x$.

解　因为 $(\mathrm{e}^x)' = \mathrm{e}^x$,所以 e^x 是 e^x 的一个原函数,则

$$\int \mathrm{e}^x \mathrm{d}x = \mathrm{e}^x + C.$$

例 2　求不定积分 $\int \dfrac{\mathrm{d}x}{1+x^2}$.

解　因为 $(\arctan x)' = \dfrac{1}{1+x^2}$,所以 $\arctan x$ 是 $\dfrac{1}{1+x^2}$ 的一个原函数,则

$$\int \frac{\mathrm{d}x}{1+x^2} = \arctan x + C.$$

例 3　求不定积分 $\int \cos x\, \mathrm{d}x$.

解　因为 $(\sin x)' = \cos x$,所以 $\sin x$ 是 $\cos x$ 的一个原函数,则

$$\int \cos x\, \mathrm{d}x = \sin x + C.$$

例 4　求不定积分 $\int \dfrac{\mathrm{d}x}{x}$.

解　被积函数 $\dfrac{1}{x}$ 的定义域为 $(-\infty, 0) \cup (0, +\infty)$.

当 $x > 0$ 时,因为 $(\ln x)' = \dfrac{1}{x}$,所以

$$\int \frac{\mathrm{d}x}{x} = \ln x + C;$$

当 $x < 0$ 时,因为 $[\ln(-x)]' = \dfrac{1}{x}$,所以

$$\int \frac{\mathrm{d}x}{x} = \ln(-x) + C.$$

综上所述,当 $x \in (-\infty, 0) \bigcup (0, +\infty)$ 时,有 $\int \frac{\mathrm{d}x}{x} = \ln|x| + C$.

5.1.3 不定积分的几何意义

函数 $f(x)$ 的任一原函数 $y = F(x)$ 的图形称为 $f(x)$ 的一条积分曲线,这条曲线上任一点 $(x, F(x))$ 处的切线斜率等于 $f(x)$. 当曲线 $y = F(x)$ 沿 y 轴方向平移时,就可得到 $y = $

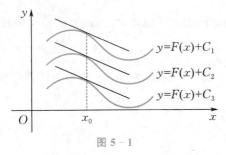

图 5-1

$F(x) + C$ 中任一条曲线的图形. 因此,不定积分 $\int f(x)\mathrm{d}x$ 的几何意义是一族积分曲线,它的特点是在横坐标相同的点 x_0 处,各积分曲线的切线的斜率相等(均为 $f(x_0)$),即各切线相互平行(见图 5-1).

在求 $f(x)$ 的原函数时,有时需要确定一个满足条件 $y_0 = f(x_0)$ 的原函数,即求通过点 (x_0, y_0) 的积分曲线. 这个条件一般称为初始条件,它可以唯一确定积分常数 C 的值.

5.1.4 不定积分的性质

根据不定积分的定义,可不予证明地给出如下性质.

性质 1 微分运算与积分运算互为逆运算,即

(1) $\frac{\mathrm{d}}{\mathrm{d}x}\left[\int f(x)\mathrm{d}x\right] = f(x)$ 或 $\mathrm{d}\left[\int f(x)\mathrm{d}x\right] = f(x)\mathrm{d}x$;

(2) $\int F'(x)\mathrm{d}x = F(x) + C$ 或 $\int \mathrm{d}F(x) = F(x) + C$.

性质 2 两个函数的和的不定积分等于各个函数的不定积分的和,即

$$\int [f_1(x) + f_2(x)]\,\mathrm{d}x = \int f_1(x)\mathrm{d}x + \int f_2(x)\mathrm{d}x.$$

性质 2 可推广到有限个函数的情形.

性质 3 求不定积分时被积函数中不为零的常数因子可以提到积分号外面,即

$$\int kf(x)\mathrm{d}x = k\int f(x)\mathrm{d}x \quad (k \text{ 为常数且 } k \neq 0).$$

5.1.5 基本积分公式

由不定积分的定义可知,求不定积分与求导数(或微分)互为逆运算,因此由基本导数公式,可得到以下基本积分公式:

(1) $\int k\,\mathrm{d}x = kx + C$ （k 为常数）;

(2) $\int x^a \mathrm{d}x = \dfrac{1}{a+1}x^{a+1} + C$ （a 为常数且 $a \neq -1$）；

(3) $\int \dfrac{\mathrm{d}x}{x} = \ln|x| + C$；

(4) $\int \mathrm{e}^x \mathrm{d}x = \mathrm{e}^x + C$；

(5) $\int a^x \mathrm{d}x = \dfrac{a^x}{\ln a} + C$ （a 为常数且 $a > 0, a \neq 1$）；

(6) $\int \cos x \, \mathrm{d}x = \sin x + C$；

(7) $\int \sin x \, \mathrm{d}x = -\cos x + C$；

(8) $\int \sec^2 x \, \mathrm{d}x = \tan x + C$；

(9) $\int \csc^2 x \, \mathrm{d}x = -\cot x + C$；

(10) $\int \dfrac{\mathrm{d}x}{1+x^2} = \arctan x + C$；

(11) $\int \dfrac{\mathrm{d}x}{\sqrt{1-x^2}} = \arcsin x + C$；

(12) $\int \sec x \tan x \, \mathrm{d}x = \sec x + C$；

(13) $\int \csc x \cot x \, \mathrm{d}x = -\csc x + C$.

以上基本积分公式及前面的不定积分的性质是求不定积分的基础，必须熟记.

求不定积分，有时需要做适当的变形和简化. 对某些分式或根式函数求不定积分，可以先把它们化成 x^a 的形式，再求不定积分.

例 5 求下列不定积分：

(1) $\int x\sqrt{x} \, \mathrm{d}x$；

(2) $\int \dfrac{\mathrm{d}x}{x^3}$.

解 (1) $\int x\sqrt{x} \, \mathrm{d}x = \int x^{\frac{3}{2}} \mathrm{d}x = \dfrac{2}{5}x^{\frac{5}{2}} + C$.

(2) $\int \dfrac{\mathrm{d}x}{x^3} = \int x^{-3} \mathrm{d}x = -\dfrac{1}{2}x^{-2} + C$.

对于某些复杂的被积函数，可以先把它们化成代数和的形式，再分别求不定积分.

例 6 求下列不定积分：

(1) $\int (x^3 + 2x + 1) \, \mathrm{d}x$；

(2) $\int (3 - x^2)^2 \mathrm{d}x$.

解 (1) $\int (x^3 + 2x + 1) \, \mathrm{d}x = \int x^3 \mathrm{d}x + \int 2x \, \mathrm{d}x + \int 1 \mathrm{d}x = \dfrac{1}{4}x^4 + x^2 + x + C$.

(2) $\displaystyle\int(3-x^2)^2\,\mathrm{d}x=\int(9-6x^2+x^4)\,\mathrm{d}x=\int9\mathrm{d}x-\int6x^2\mathrm{d}x+\int x^4\mathrm{d}x$

$$=9x-2x^3+\frac{1}{5}x^5+C.$$

例 7　求不定积分 $\displaystyle\int\frac{x^4}{1+x^2}\mathrm{d}x$.

解　$\displaystyle\int\frac{x^4}{1+x^2}\mathrm{d}x=\int\frac{x^4-1+1}{1+x^2}\mathrm{d}x=\int\frac{(x^2+1)(x^2-1)+1}{1+x^2}\mathrm{d}x$

$$=\int\left(x^2-1+\frac{1}{1+x^2}\right)\mathrm{d}x=\int x^2\mathrm{d}x-\int1\mathrm{d}x+\int\frac{\mathrm{d}x}{1+x^2}$$

$$=\frac{1}{3}x^3-x+\arctan x+C.$$

例 8　求不定积分 $\displaystyle\int\frac{\mathrm{d}x}{x^2(1+x^2)}$.

解　$\displaystyle\int\frac{\mathrm{d}x}{x^2(1+x^2)}=\int\left(\frac{1}{x^2}-\frac{1}{1+x^2}\right)\mathrm{d}x=\int\frac{\mathrm{d}x}{x^2}-\int\frac{\mathrm{d}x}{1+x^2}$

$$=-\frac{1}{x}-\arctan x+C.$$

例 9　求不定积分 $\displaystyle\int\sin^2\frac{x}{2}\mathrm{d}x$.

解　$\displaystyle\int\sin^2\frac{x}{2}\mathrm{d}x=\int\frac{1-\cos x}{2}\mathrm{d}x=\frac{1}{2}\int(1-\cos x)\mathrm{d}x=\frac{1}{2}(x-\sin x)+C.$

例 10　求不定积分 $\displaystyle\int\tan^2x\,\mathrm{d}x$.

解　$\displaystyle\int\tan^2x\,\mathrm{d}x=\int\frac{1-\cos^2x}{\cos^2x}\mathrm{d}x=\int\frac{\mathrm{d}x}{\cos^2x}-\int1\mathrm{d}x=\tan x-x+C.$

例 11　一小球以速度 $v(t)=3t^2+4t$（单位：m/s）做直线运动，当 $t=1$ s 时，小球所经过的路程为 3 m，求路程 s 与时间 t 的函数关系.

解　设路程函数为 $s=s(t)$，则 $s'(t)=v(t)=3t^2+4t$，于是

$$s(t)=\int(3t^2+4t)\,\mathrm{d}t=t^3+2t^2+C.$$

当 $t=1$ s 时，$s=3$ m，代入上式得 $C=0$. 因此，路程 s 与时间 t 的函数关系为

$$s(t)=t^3+2t^2.$$

5.2　不定积分的基本积分法

利用基本积分公式以及不定积分的性质能求出的不定积分是有限的，因此我们还须建立一些不定积分的基本积分法.

5.2.1 第一类换元积分法

先看下例.

例 **1** 求下列不定积分:

(1) $\int (x+1)\mathrm{d}x$; (2) $\int (x+1)^2\mathrm{d}x$; (3) $\int (x+1)^{99}\mathrm{d}x$.

解 (1) 用积分性质进行拆分,得

$$\int (x+1)\mathrm{d}x = \int x\mathrm{d}x + \int 1\mathrm{d}x = \frac{1}{2}x^2 + x + C.$$

(2) 用积分性质进行拆分,得

$$\int (x+1)^2\mathrm{d}x = \int (x^2+2x+1)\mathrm{d}x = \frac{1}{3}x^3 + x^2 + x + C.$$

(3) 由于 $(x+1)^{99}$ 拆分会很麻烦,对比基本积分公式,发现该表达式跟 $\int x^a\mathrm{d}x$ 比较接近,唯一不同之处在于所求表达式中的积分变量是 $x+1$,不妨把 $x+1$ 看成一个整体,然后套入 $\int x^a\mathrm{d}x$ 积分公式进行积分,得

$$\int (x+1)^{99}\mathrm{d}x = \int (x+1)^{99}\mathrm{d}(x+1) \xrightarrow{\text{令 } x+1=u} \int u^{99}\mathrm{d}u$$

$$= \frac{1}{100}u^{100} + C \xrightarrow{\text{回代 } u=x+1} \frac{1}{100}(x+1)^{100} + C.$$

上述解法的特点是引入了新的变量 $u=x+1$,从而把原不定积分化为积分变量为 u 的不定积分,再利用基本积分公式进行求解. 进一步提问,对一般的不定积分 $\int f(x)\mathrm{d}x$,能否引入新的积分变量再求不定积分呢?

定理 **1**(第一类换元积分法) 设不定积分 $\int f(x)\mathrm{d}x = F(x) + C$,$u=\varphi(x)$ 为可微函数,则

$$\int f[\varphi(x)]\varphi'(x)\mathrm{d}x = \int f[\varphi(x)]\mathrm{d}\varphi(x) \xrightarrow{\text{令 } \varphi(x)=u} \int f(u)\mathrm{d}u = F(u) + C$$

$$\xrightarrow{\text{回代 } u=\varphi(x)} F[\varphi(x)] + C.$$

证明略.

例 **2** 求不定积分 $\int \dfrac{\mathrm{d}x}{2x-3}$.

解 因为 $\mathrm{d}x = \dfrac{1}{2}\mathrm{d}(2x-3)$,所以

$$\int \frac{\mathrm{d}x}{2x-3} = \frac{1}{2}\int \frac{\mathrm{d}(2x-3)}{2x-3} \xrightarrow{\text{令 } 2x-3=u} \frac{1}{2}\int \frac{\mathrm{d}u}{u}$$

$$= \frac{1}{2}\ln|u| + C \xrightarrow{\text{回代 } u=2x-3} \frac{1}{2}\ln|2x-3| + C.$$

例 **3**　求不定积分 $\int \cos 4x \, \mathrm{d}x$.

解　因为 $\mathrm{d}x = \dfrac{1}{4}\mathrm{d}(4x)$,所以

$$\int \cos 4x \, \mathrm{d}x = \frac{1}{4}\int \cos 4x \, \mathrm{d}(4x) \xrightarrow{\text{令}\,4x=u} \frac{1}{4}\int \cos u \, \mathrm{d}u$$

$$= \frac{1}{4}\sin u + C \xrightarrow{\text{回代}\,u=4x} \frac{1}{4}\sin 4x + C.$$

例 **4**　求不定积分 $\int \dfrac{\mathrm{d}x}{4+x^2}$.

解　因为 $\mathrm{d}x = 2\mathrm{d}\left(\dfrac{x}{2}\right)$,所以

$$\int \frac{\mathrm{d}x}{4+x^2} = \frac{1}{4}\int \frac{\mathrm{d}x}{1+\left(\frac{x}{2}\right)^2} = \frac{1}{2}\int \frac{\mathrm{d}\left(\frac{x}{2}\right)}{1+\left(\frac{x}{2}\right)^2}$$

$$\xrightarrow{\text{令}\,\frac{x}{2}=u} \frac{1}{2}\int \frac{\mathrm{d}u}{1+u^2} = \frac{1}{2}\arctan u + C$$

$$\xrightarrow{\text{回代}\,u=\frac{x}{2}} \frac{1}{2}\arctan \frac{x}{2} + C.$$

利用第一类换元积分法计算不定积分 $\int f[\varphi(x)]\varphi'(x)\mathrm{d}x$ 的关键在于"换元",做变量代换 $u=\varphi(x)$,凑出微分 $\mathrm{d}u$,而且 $\int f(u)\mathrm{d}u$ 容易求得积分结果.因此,第一类换元积分法又称为"凑微分法".

例 **5**　求不定积分 $\int \dfrac{\mathrm{d}x}{x \ln x}$.

解　被积表达式中有 $\dfrac{1}{x}\mathrm{d}x$,将它凑微分为 $\dfrac{1}{x}\mathrm{d}x = \mathrm{d}(\ln x)$,所以

$$\int \frac{\mathrm{d}x}{x \ln x} = \int \frac{\mathrm{d}(\ln x)}{\ln x} \xrightarrow{\text{令}\,\ln x=u} \int \frac{\mathrm{d}u}{u} = \ln|u| + C \xrightarrow{\text{回代}\,u=\ln x} \ln|\ln x| + C.$$

例 **6**　求不定积分 $\int \sin^2 x \cos x \, \mathrm{d}x$.

解　被积表达式中有 $\cos x \, \mathrm{d}x$,将它凑微分为 $\cos x \, \mathrm{d}x = \mathrm{d}(\sin x)$,所以

$$\int \sin^2 x \cos x \, \mathrm{d}x = \int \sin^2 x \, \mathrm{d}(\sin x) \xrightarrow{\text{令}\,\sin x=u} \int u^2 \, \mathrm{d}u = \frac{1}{3}u^3 + C \xrightarrow{\text{回代}\,u=\sin x} \frac{1}{3}\sin^3 x + C.$$

例 **7**　求不定积分 $\int x \mathrm{e}^{x^2} \mathrm{d}x$.

解　被积表达式中有 $x\mathrm{d}x$,将它凑微分为 $x\mathrm{d}x = \dfrac{1}{2}\mathrm{d}(x^2)$,所以

$$\int x \, \mathrm{e}^{x^2} \, \mathrm{d}x = \frac{1}{2} \int \mathrm{e}^{x^2} \, \mathrm{d}(x^2) \xrightarrow{\diamondsuit \, x^2 = u} \frac{1}{2} \int \mathrm{e}^u \, \mathrm{d}u = \frac{1}{2} \mathrm{e}^u + C \xrightarrow{\text{回代} \, u = x^2} \frac{1}{2} \mathrm{e}^{x^2} + C.$$

例 8　求不定积分 $\int \sin^2 x \, \mathrm{d}x$.

解　利用三角函数公式 $\sin^2 x = \dfrac{1 - \cos 2x}{2}$，则

$$\int \sin^2 x \, \mathrm{d}x = \frac{1}{2} \int (1 - \cos 2x) \, \mathrm{d}x = \frac{1}{2} \int 1 \, \mathrm{d}x - \frac{1}{2} \int \cos 2x \, \mathrm{d}x$$

$$= \frac{1}{2} x - \frac{1}{4} \sin 2x + C.$$

例 9　求不定积分 $\int \csc x \, \mathrm{d}x$.

解　利用三角函数公式 $\csc x = \dfrac{1}{\sin x}$，则

$$\int \csc x \, \mathrm{d}x = \int \frac{\mathrm{d}x}{\sin x} = \int \frac{\sin x}{\sin^2 x} \, \mathrm{d}x = -\int \frac{\mathrm{d}(\cos x)}{1 - \cos^2 x}$$

$$\xrightarrow{\diamondsuit \, \cos x = u} -\int \frac{\mathrm{d}u}{1 - u^2} = -\frac{1}{2} \int \left(\frac{1}{1-u} + \frac{1}{1+u} \right) \mathrm{d}u$$

$$= \frac{1}{2} (\ln |1 - u| - \ln |1 + u|) + C$$

$$\xrightarrow{\text{回代} \, u = \cos x} \frac{1}{2} \ln \left| \frac{1 - \cos x}{1 + \cos x} \right| + C = \ln |\csc x - \cot x| + C.$$

类似可推出

$$\int \sec x \, \mathrm{d}x = \ln |\sec x + \tan x| + C.$$

例 10　求不定积分 $\int \tan x \, \mathrm{d}x$.

解　利用三角函数公式 $\tan x = \dfrac{\sin x}{\cos x}$，则

$$\int \tan x \, \mathrm{d}x = \int \frac{\sin x}{\cos x} \, \mathrm{d}x = -\int \frac{\mathrm{d}(\cos x)}{\cos x} \xrightarrow{\diamondsuit \, \cos x = u} -\int \frac{\mathrm{d}u}{u}$$

$$= -\ln |u| + C \xrightarrow{\text{回代} \, u = \cos x} -\ln |\cos x| + C.$$

类似可推出

$$\int \cot x \, \mathrm{d}x = \ln |\sin x| + C.$$

例 11　求不定积分 $\int \dfrac{x}{1+x} \, \mathrm{d}x$.

解　$\int \dfrac{x}{1+x} \, \mathrm{d}x = \int \dfrac{x+1-1}{1+x} \, \mathrm{d}x = \int \left(1 - \dfrac{1}{1+x}\right) \mathrm{d}x = x - \ln |1 + x| + C.$

例 12　求不定积分 $\int \dfrac{\mathrm{d}x}{x(1+x)}$.

解　$\int \dfrac{\mathrm{d}x}{x(1+x)} = \int \left(\dfrac{1}{x} - \dfrac{1}{x+1} \right) \mathrm{d}x = \ln |x| - \ln |x+1| + C = \ln \left| \dfrac{x}{x+1} \right| + C.$

例 13　求不定积分 $\displaystyle\int \frac{\mathrm{d}x}{x^2-5x+4}$.

解　$\displaystyle\int \frac{\mathrm{d}x}{x^2-5x+4} = \frac{1}{3}\int\left(\frac{1}{x-4}-\frac{1}{x-1}\right)\mathrm{d}x = \frac{1}{3}(\ln\mid x-4\mid-\ln\mid x-1\mid)+C$

$$= \frac{1}{3}\ln\left|\frac{x-4}{x-1}\right|+C.$$

通过上述例题我们发现,利用第一类换元积分法(凑微分法)计算不定积分时需要较灵活的技巧,对于不同的不定积分,往往采用不同的凑法,关键在于将不定积分 $\displaystyle\int f(x)\mathrm{d}x$ 化为 $\displaystyle\int g(u)\mathrm{d}u$ 的形式,再应用基本积分公式求得不定积分.

5.2.2　第二类换元积分法

第一类换元积分法先是凑微分,令 $\varphi(x)=u$,求出不定积分后再回代 $u=\varphi(x)$.虽然第一类换元积分法可以解决很多不定积分问题,但第一类换元积分法对有些被积函数未必有效,所以我们将探索一种新的换元积分法.

例 14　求不定积分 $\displaystyle\int \frac{\mathrm{d}x}{1+\sqrt{2x}}$.

解　被积函数含有根号,为了去掉根号,不妨令 $\sqrt{2x}=t$,则 $x=\dfrac{t^2}{2}$,$\mathrm{d}x=t\,\mathrm{d}t$,于是

$$\int \frac{\mathrm{d}x}{1+\sqrt{2x}} = \int \frac{t}{1+t}\mathrm{d}t = \int \frac{(t+1)-1}{1+t}\mathrm{d}t$$
$$= t - \ln\mid 1+t\mid+C$$
$$= \sqrt{2x}-\ln\mid 1+\sqrt{2x}\mid+C.$$

例 14 中通过换元表达式 $x=\dfrac{t^2}{2}$,使新变量 t 处于自变量的地位,求出不定积分后再回代,此方法即为第二类换元积分法.

定理 2（第二类换元积分法）　设函数 $f(x)$ 连续,函数 $x=\varphi(t)$ 单调可微,且 $\varphi'(t)\neq 0$,则

$$\int f(x)\mathrm{d}x = \int f[\varphi(t)]\varphi'(t)\mathrm{d}t.$$

第二类换元积分法有以下几种常见的类型.
类型一:简单的根式替换.

例 15　求不定积分 $\displaystyle\int x\sqrt{3x+2}\,\mathrm{d}x$.

解　不妨令 $\sqrt{3x+2}=t$,则 $x=\dfrac{t^2-2}{3}$,$\mathrm{d}x=\dfrac{2}{3}t\,\mathrm{d}t$,于是

$$\int x\sqrt{3x+2}\,\mathrm{d}x = \int \frac{1}{3}(t^2-2)\cdot t\cdot\frac{2}{3}t\,\mathrm{d}t = \frac{2}{9}\int(t^4-2t^2)\,\mathrm{d}t = \frac{2}{9}\left(\frac{t^5}{5}-\frac{2}{3}t^3\right)+C.$$

回代变量 $t = \sqrt{3x+2}$,则

$$\int x\sqrt{3x+2}\,dx = \frac{2}{45}(3x+2)^{\frac{5}{2}} - \frac{4}{27}(3x+2)^{\frac{3}{2}} + C.$$

例 16 求不定积分 $\displaystyle\int \frac{dx}{\sqrt{e^x-1}}$.

解 不妨令 $\sqrt{e^x-1}=t$,则 $x = \ln(t^2+1)$, $dx = \dfrac{2t}{t^2+1}\,dt$,于是

$$\int \frac{dx}{\sqrt{e^x-1}} = \int \frac{1}{t} \cdot \frac{2t}{t^2+1}\,dt = 2\int \frac{dt}{t^2+1} = 2\arctan t + C.$$

回代变量 $t = \sqrt{e^x-1}$,则

$$\int \frac{dx}{\sqrt{e^x-1}} = 2\arctan\sqrt{e^x-1} + C.$$

例 17 求不定积分 $\displaystyle\int \frac{dx}{\sqrt[3]{x}+\sqrt[6]{x}}$.

解 不妨令 $\sqrt[6]{x}=t$,则 $x=t^6$, $dx=6t^5\,dt$,于是

$$\int \frac{dx}{\sqrt[3]{x}+\sqrt[6]{x}} = 6\int \frac{t^5}{t^2+t}\,dt = 6\int \frac{t^4}{t+1}\,dt = 6\int \frac{(t^4-1)+1}{t+1}\,dt$$

$$= 6\int \left[(t-1)(t^2+1) + \frac{1}{t+1} \right] dt$$

$$= \frac{3}{2}t^4 - 2t^3 + 3t^2 - 6t + 6\ln|t+1| + C.$$

回代变量 $t=\sqrt[6]{x}$,则

$$\int \frac{dx}{\sqrt[3]{x}+\sqrt[6]{x}} = \frac{3}{2}\sqrt[3]{x^2} - 2\sqrt{x} + 3\sqrt[3]{x} - 6\sqrt[6]{x} + 6\ln|\sqrt[6]{x}+1| + C.$$

类型二:三角代换.

先介绍两个重要的三角函数公式:

(1) $\sin^2\alpha + \cos^2\alpha = 1$;

(2) $\tan^2\alpha + 1 = \sec^2\alpha$.

诗歌鉴赏:解三角形

例 18 求不定积分 $\displaystyle\int \sqrt{a^2-x^2}\,dx\,(a>0)$.

解 被积函数中含有根号,若直接令 $t=\sqrt{a^2-x^2}$,不能使之有理化.这时,不妨利用三角函数公式(1)来消去根号.令 $x=a\sin t, t\in \left[-\dfrac{\pi}{2}, \dfrac{\pi}{2}\right]$,则 $\sqrt{a^2-x^2}=a\cos t$, $dx=a\cos t\,dt$,于是

$$\int \sqrt{a^2-x^2}\,dx = \int a\cos t \cdot a\cos t\,dt = a^2\int \cos^2 t\,dt$$

$$= a^2\int \frac{1+\cos 2t}{2}\,dt = \frac{a^2}{2}\left(t + \frac{1}{2}\sin 2t\right) + C.$$

因为 $x = a\sin t, \sin 2t = 2\sin t\cos t$，所以 $t = \arcsin\dfrac{x}{a}, \cos t = \sqrt{1 - \left(\dfrac{x}{a}\right)^2} = \dfrac{\sqrt{a^2 - x^2}}{a}$，则

$$\int \sqrt{a^2 - x^2}\, dx = \dfrac{a^2}{2}\arcsin\dfrac{x}{a} + \dfrac{1}{2}x\sqrt{a^2 - x^2} + C.$$

例19 求不定积分 $\displaystyle\int \dfrac{dx}{\sqrt{4 + x^2}}$.

解 被积函数中含有 $\sqrt{4 + x^2}$，要想去掉根号，使之有理化，不妨令 $x = 2\tan t, t \in \left(-\dfrac{\pi}{2}, \dfrac{\pi}{2}\right)$，则 $\sqrt{4 + x^2} = 2\sec t, dx = 2\sec^2 t\, dt$，于是

$$\int \dfrac{dx}{\sqrt{4 + x^2}} = \int \dfrac{1}{2\sec t} \cdot 2\sec^2 t\, dt = \int \sec t\, dt = \ln|\sec t + \tan t| + C_1.$$

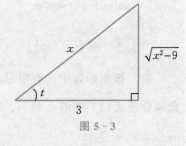

图 5-2

因为 $x = 2\tan t$，作辅助三角形（见图 5-2），则 $\sec t = \dfrac{\sqrt{x^2 + 4}}{2}$，所以

$$\int \dfrac{dx}{\sqrt{4 + x^2}} = \ln\left|\dfrac{\sqrt{x^2 + 4}}{2} + \dfrac{x}{2}\right| + C_1 = \ln|\sqrt{x^2 + 4} + x| + C,$$

其中 $C = -\ln 2 + C_1$.

一般地，

$$\int \dfrac{dx}{\sqrt{a^2 + x^2}} = \ln|\sqrt{x^2 + a^2} + x| + C \quad (a > 0).$$

例20 求不定积分 $\displaystyle\int \dfrac{dx}{\sqrt{x^2 - 9}}$.

解 被积函数中含有 $\sqrt{x^2 - 9}$，要想去掉根号，使之有理化，不妨令 $x = 3\sec t, t \in \left(0, \dfrac{\pi}{2}\right)$，则 $\sqrt{x^2 - 9} = 3\tan t, dx = 3\sec t\tan t\, dt$，于是

$$\int \dfrac{dx}{\sqrt{x^2 - 9}} = \int \dfrac{3\sec t\tan t}{3\tan t}\, dt = \int \sec t\, dt$$

$$= \ln|\sec t + \tan t| + C_1.$$

因为 $x = 3\sec t$，作辅助三角形（见图 5-3），则 $\sec t = \dfrac{x}{3}$，

$\tan t = \dfrac{\sqrt{x^2 - 9}}{3}$，所以

$$\int \dfrac{dx}{\sqrt{x^2 - 9}} = \ln\left|\dfrac{x}{3} + \dfrac{\sqrt{x^2 - 9}}{3}\right| + C_1$$

$$= \ln|x + \sqrt{x^2 - 9}| + C,$$

图 5-3

其中 $C = -\ln 3 + C_1$.

一般地，

$$\int \dfrac{dx}{\sqrt{x^2 - a^2}} = \ln|x + \sqrt{x^2 - a^2}| + C \quad (a > 0).$$

从上述例题采用的第二类换元积分法可以看出：

(1) 当被积函数中含有 $\sqrt{a^2-x^2}$ 时，可令 $x=a\sin t, t\in\left(-\dfrac{\pi}{2},\dfrac{\pi}{2}\right)$ 或 $x=a\cos t, t\in(0,\pi)$；

(2) 当被积函数中含有 $\sqrt{a^2+x^2}$ 时，可令 $x=a\tan t, t\in\left(-\dfrac{\pi}{2},\dfrac{\pi}{2}\right)$；

(3) 当被积函数中含有 $\sqrt{x^2-a^2}$ 时，可令 $x=a\sec t, t\in\left(0,\dfrac{\pi}{2}\right)$.

这类变换称为三角代换. 应用换元积分法时，应该根据被积函数的具体情况进行分析，上述变量代换只是一个参考，并不是绝对方法.

5.2.3　分部积分法

设函数 $u=u(x), v=v(x)$ 均具有连续导数，则
$$(uv)'=u'v+uv'.$$
移项，得
$$uv'=(uv)'-u'v,$$
两边同时积分，有
$$\int uv'\mathrm{d}x=\int(uv)'\mathrm{d}x-\int u'v\mathrm{d}x,$$
化简，得
$$\int u\,\mathrm{d}v=uv-\int v\,\mathrm{d}u. \tag{5-1}$$

式(5-1)称为**分部积分公式**. 从公式特征易见，此公式用于解决两种不同类型函数乘积的积分，形如 $\int x^a\cos x\mathrm{d}x$，$\int x\mathrm{e}^x\mathrm{d}x$. 分部积分法的关键在于 $\int v\,\mathrm{d}u$ 比 $\int u\,\mathrm{d}v$ 计算简单，所以要找到正确的 u 与 $\mathrm{d}v$.

例21　求不定积分 $\int x\sin x\mathrm{d}x$.

解　被积函数是幂函数与三角函数两种不同类型函数的乘积，用分部积分法.

令 $u=x, v'=\sin x$，则 $v=-\cos x, \mathrm{d}v=-\mathrm{d}(\cos x)$，于是
$$\int x\sin x\mathrm{d}x=-\int x\mathrm{d}(\cos x)=-x\cos x+\int\cos x\mathrm{d}x=-x\cos x+\sin x+C.$$

例22　求不定积分 $\int x^2\mathrm{e}^x\mathrm{d}x$.

解　被积函数是幂函数与指数函数两种不同类型函数的乘积，用分部积分法.

令 $u=x^2, v'=\mathrm{e}^x$，则 $v=\mathrm{e}^x, \mathrm{d}v=\mathrm{d}(\mathrm{e}^x)$，于是
$$\int x^2\mathrm{e}^x\mathrm{d}x=\int x^2\mathrm{d}(\mathrm{e}^x)=x^2\mathrm{e}^x-2\int x\mathrm{e}^x\mathrm{d}x.$$

对上式右边的新积分 $\int x\mathrm{e}^x\mathrm{d}x$ 再用一次分部积分法，得
$$\int x\mathrm{e}^x\mathrm{d}x=\int x\mathrm{d}(\mathrm{e}^x)=x\mathrm{e}^x-\int\mathrm{e}^x\mathrm{d}x=x\mathrm{e}^x-\mathrm{e}^x+C_1,$$
故
$$\int x^2\mathrm{e}^x\mathrm{d}x=x^2\mathrm{e}^x-2(x\mathrm{e}^x-\mathrm{e}^x)-2C_1=\mathrm{e}^x(x^2-2x+2)+C.$$

例 23　求不定积分 $\displaystyle\int x^3 \ln x \, \mathrm{d}x$.

解　被积函数是幂函数与对数函数两种不同类型函数的乘积，用分部积分法.

令 $u = \ln x, v' = x^3$，则 $v = \dfrac{1}{4}x^4, \mathrm{d}v = \dfrac{1}{4}\mathrm{d}(x^4)$，于是

$$\int x^3 \ln x \, \mathrm{d}x = \frac{1}{4}\int \ln x \, \mathrm{d}(x^4) = \frac{1}{4}x^4 \ln x - \frac{1}{4}\int x^4 \mathrm{d}(\ln x)$$

$$= \frac{1}{4}x^4 \ln x - \frac{1}{4}\int x^3 \mathrm{d}x = \frac{1}{4}x^4 \ln x - \frac{1}{16}x^4 + C.$$

例 24　求不定积分 $\displaystyle\int \arctan x \, \mathrm{d}x$.

解　被积函数是幂函数与反三角函数两种不同类型函数的乘积，用分部积分法.

令 $u = \arctan x, v' = 1$，则 $v = x, \mathrm{d}v = \mathrm{d}x$，于是

$$\int \arctan x \, \mathrm{d}x = x \arctan x - \int x \, \mathrm{d}(\arctan x)$$

$$= x \arctan x - \int \frac{x}{1+x^2} \mathrm{d}x$$

$$= x \arctan x - \frac{1}{2}\ln(1+x^2) + C.$$

当被积函数是两种不同类型函数的乘积时，可以考虑使用分部积分法求解，u 与 v' 的选择可归纳如下：

（1）当被积函数是幂函数与三角函数或指数函数的乘积时，可设幂函数为 u，三角函数或指数函数为 v'.

（2）当被积函数是幂函数与对数函数或反三角函数的乘积时，可设对数函数或反三角函数为 u，幂函数为 v'.

例 25　求不定积分 $\displaystyle\int \mathrm{e}^x \cos x \, \mathrm{d}x$.

解　被积函数是指数函数与三角函数两种不同类型函数的乘积，用分部积分法.

令 $u = \mathrm{e}^x, v' = \cos x$，则 $v = \sin x, \mathrm{d}v = \mathrm{d}(\sin x)$，于是

$$\int \mathrm{e}^x \cos x \, \mathrm{d}x = \int \mathrm{e}^x \mathrm{d}(\sin x) = \mathrm{e}^x \sin x - \int \sin x \, \mathrm{d}(\mathrm{e}^x) = \mathrm{e}^x \sin x - \int \mathrm{e}^x \sin x \, \mathrm{d}x$$

$$= \mathrm{e}^x \sin x + \int \mathrm{e}^x \mathrm{d}(\cos x) = \mathrm{e}^x \sin x + \mathrm{e}^x \cos x - \int \mathrm{e}^x \cos x \, \mathrm{d}x.$$

上式移项，有

$$2\int \mathrm{e}^x \cos x \, \mathrm{d}x = \mathrm{e}^x \sin x + \mathrm{e}^x \cos x + C_1,$$

所以

$$\int \mathrm{e}^x \cos x \, \mathrm{d}x = \frac{1}{2}\mathrm{e}^x(\sin x + \cos x) + C,$$

其中 $C = \dfrac{1}{2}C_1$.

例26 求不定积分 $\int e^{\sqrt{x}}\,\mathrm{d}x$.

解 先用第二类换元积分法,再用分部积分法. 令 $\sqrt{x}=t$,则 $x=t^2$,$\mathrm{d}x=2t\,\mathrm{d}t$,于是

$$\int e^{\sqrt{x}}\,\mathrm{d}x=2\int te^{t}\,\mathrm{d}t=2\int t\,\mathrm{d}(e^{t})=2te^{t}-2\int e^{t}\,\mathrm{d}t$$

$$=2te^{t}-2e^{t}+C=2\sqrt{x}\,e^{\sqrt{x}}-2e^{\sqrt{x}}+C.$$

例27 求不定积分 $\int \dfrac{x\arcsin x}{\sqrt{1-x^2}}\,\mathrm{d}x$.

解 先用第一类换元积分法,再用分部积分法,即

$$\int \frac{x\arcsin x}{\sqrt{1-x^2}}\,\mathrm{d}x=-\frac{1}{2}\int \frac{\arcsin x}{\sqrt{1-x^2}}\,\mathrm{d}(1-x^2)=-\int \arcsin x\,\mathrm{d}(\sqrt{1-x^2})$$

$$=-\sqrt{1-x^2}\arcsin x+\int \sqrt{1-x^2}\,\mathrm{d}(\arcsin x)$$

$$=-\sqrt{1-x^2}\arcsin x+\int \sqrt{1-x^2}\cdot \frac{1}{\sqrt{1-x^2}}\,\mathrm{d}x$$

$$=-\sqrt{1-x^2}\arcsin x+x+C.$$

5.3　定积分的概念与性质

5.3.1　引例

1. 曲边梯形的面积

现有一块土地将要出售,需要测量土地的面积. 已知土地平面如图 5-4(a) 所示,问:如何通过平面图计算出这块土地的面积?

建立平面直角坐标系如图 5-4(b) 所示,土地平面图是由曲线 $y=f(x)$,直线 $x=a$,$x=b$,$y=0$ 所围成的,我们把此类图形叫作曲边梯形.

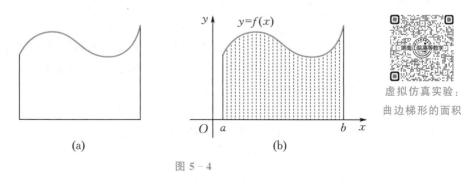

图 5-4

我们会计算矩形的面积,因此如果曲边梯形的一条曲边可用一条直线来代替,则矩形的面积就可近似代替曲边梯形的面积. 但这样直接代替会导致误差比较大. 为了计算更为精确,现将曲边梯形进行分割,分成很多个小曲边梯形,每个小曲边梯形的曲边用直线代替,那么每个

小矩形的面积就可近似代替每个小曲边梯形的面积. 再由面积的可加性, 小矩形的面积之和近似代替了整个曲边梯形的面积. 如果分割得越细, 误差就越小, 矩形的总面积就越接近曲边梯形的面积.

根据以上分析, 可按以下四个步骤来求图 5 - 4 中曲边梯形的面积.

第一步: 分割. 在区间 $[a,b]$ 内任意插入 $n-1$ 个分点, 即
$$a = x_0 < x_1 < x_2 < \cdots < x_{n-1} < x_n = b,$$
这 $n-1$ 个分点把区间 $[a,b]$ 分成 n 个小区间 $[x_0, x_1], [x_1, x_2], \cdots, [x_{n-1}, x_n]$, 记第 i 个小区间 $[x_{i-1}, x_i]$ 的长度为
$$\Delta x_i = x_i - x_{i-1} \quad (i = 1, 2, \cdots, n).$$

第二步: 近似. 任取一点 $\xi_i \in [x_{i-1}, x_i]$, 以 $f(\xi_i)$ 为高、Δx_i 为底作小矩形, 将小矩形的面积作为相应的小曲边梯形面积 ΔA_i 的近似值, 即
$$\Delta A_i \approx f(\xi_i) \Delta x_i \quad (i = 1, 2, \cdots, n).$$

第三步: 求和. 这 n 个小矩形面积之和就可作为该曲边梯形面积 A 的近似值, 即
$$A = \sum_{i=1}^{n} \Delta A_i \approx \sum_{i=1}^{n} f(\xi_i) \Delta x_i.$$

第四步: 取极限. 记 $\lambda = \max_{1 \leqslant i \leqslant n} \{\Delta x_i\}$, 当 $\lambda \to 0$ 时, 小区间的数目无限增大, 即 $n \to \infty$, 若此时和式 $\sum_{i=1}^{n} f(\xi_i) \Delta x_i$ 的极限存在, 则此极限值就是该曲边梯形的面积, 即
$$A = \lim_{\lambda \to 0} \sum_{i=1}^{n} f(\xi_i) \Delta x_i.$$

2. 变速直线运动的路程

高铁在平直的轨道上行驶时, 可以把它看作一个质点, 已知高铁行驶时的速度函数 $v(t)$ 是时间 t 的非负连续函数, 求高铁在时间区间 $[T_1, T_2]$ 上所经过的路程.

同样可按以下四个步骤来求高铁经过的路程.

第一步: 分割. 在时间区间 $[T_1, T_2]$ 内任意插入 $n-1$ 个分点, 即
$$T_1 = t_0 < t_1 < t_2 < \cdots < t_{n-1} < t_n = T_2,$$
这 $n-1$ 个分点把区间 $[T_1, T_2]$ 分成 n 个小的时间区间 $[t_0, t_1], [t_1, t_2], \cdots, [t_{n-1}, t_n]$, 记第 i 个小的时间区间 $[t_{i-1}, t_i]$ 的长度为
$$\Delta t_i = t_i - t_{i-1} \quad (i = 1, 2, \cdots, n).$$

第二步: 近似. 在每个小的时间间隔 Δt_i 内, 高铁可近似看成做匀速直线运动. 因此, 任取一个时刻 $\tau_i \in [t_{i-1}, t_i]$, 以 τ_i 时刻的速度 $v(\tau_i)$ 来代替高铁在时间区间 $[t_{i-1}, t_i]$ 上的速度, 则高铁在 $[t_{i-1}, t_i]$ 内所经过的路程为
$$\Delta s_i \approx v(\tau_i) \Delta t_i \quad (i = 1, 2, \cdots, n).$$

第三步: 求和. 高铁在各个小的时间间隔 $\Delta t_i (i = 1, 2, \cdots, n)$ 内所经过的路程的近似值之和就可以作为高铁在整个时间区间 $[T_1, T_2]$ 上所经过的路程的近似值, 即
$$s = \sum_{i=1}^{n} \Delta s_i \approx \sum_{i=1}^{n} v(\tau_i) \Delta t_i.$$

第四步: 取极限. 记 $\lambda = \max_{1 \leqslant i \leqslant n} \{\Delta t_i\}$, 当 $\lambda \to 0$ 时, 若和式 $\sum_{i=1}^{n} v(\tau_i) \Delta t_i$ 的极限存在, 则此极限值就是高铁在整个时间区间 $[T_1, T_2]$ 上所经过的路程的精确值, 即

$$s = \lim_{\lambda \to 0} \sum_{i=1}^{n} v(\tau_i) \Delta t_i.$$

上述两引例最后所得结果都可归纳为特定和式的极限,事实上,许多实际问题也可归纳为这类和式极限,如旋转体的体积、变力做功等.抛开实际问题的具体意义,数学上从这类和式极限中抽象出定积分的概念.

5.3.2　定积分的定义

定义 1　设函数 $f(x)$ 在区间 $[a,b]$ 上有界,在 $[a,b]$ 内任意插入 $n-1$ 个分点,即
$$a = x_0 < x_1 < x_2 < \cdots < x_{n-1} < x_n = b,$$
这 $n-1$ 个分点把区间 $[a,b]$ 分割成 n 个小区间 $[x_{i-1},x_i]$,$i=1,2,\cdots,n$,每个小区间的长度记作 $\Delta x_i = x_i - x_{i-1}$,任取一点 $\xi_i \in [x_{i-1},x_i]$,得到相应的函数值 $f(\xi_i)$,做乘积 $f(\xi_i)\Delta x_i$,再做和式 $\sum_{i=1}^{n} f(\xi_i)\Delta x_i$. 记 $\lambda = \max_{1 \leqslant i \leqslant n}\{\Delta x_i\}$,当 $\lambda \to 0$ 时,如果和式 $\sum_{i=1}^{n} f(\xi_i)\Delta x_i$ 的极限存在,那么称此极限值为函数 $f(x)$ 在区间 $[a,b]$ 上的定积分,记作 $\int_a^b f(x)\mathrm{d}x$,即

$$\int_a^b f(x)\mathrm{d}x = \lim_{\lambda \to 0} \sum_{i=1}^{n} f(\xi_i)\Delta x_i,$$

其中 $f(x)$ 称为被积函数,$f(x)\mathrm{d}x$ 称为被积表达式,x 称为积分变量,区间 $[a,b]$ 称为积分区间,a 与 b 分别称为积分下限与积分上限.

符号 $\int_a^b f(x)\mathrm{d}x$ 读作函数 $f(x)$ 从 a 到 b 的定积分.

注　定积分作为和式的极限,其值是一个实数,它的值仅与被积函数 $f(x)$ 和积分区间 $[a,b]$ 有关,与积分变量所用符号无关,即

$$\int_a^b f(x)\mathrm{d}x = \int_a^b f(t)\mathrm{d}t = \int_a^b f(\xi)\mathrm{d}\xi.$$

5.3.3　定积分的几何意义

设 $f(x)$ 是区间 $[a,b]$ 上的连续函数.

(1) 当 $f(x) \geqslant 0$,$x \in [a,b]$ 时,曲线 $y = f(x)$ 在 x 轴上方,如图 5-5(a) 所示,则曲边梯形的面积 $A = \int_a^b f(x)\mathrm{d}x$. 此时,曲边梯形的面积 A 等于函数 $y = f(x)$ 在 $[a,b]$ 上的定积分.

(2) 当 $f(x) \leqslant 0$,$x \in [a,b]$ 时,曲线 $y = f(x)$ 在 x 轴下方,如图 5-5(b) 所示,和式的极限小于零,它的几何意义表示在 x 轴下方的曲边梯形的面积取负值,即 $A = -\int_a^b f(x)\mathrm{d}x$. 此时,曲边梯形的面积 A 等于函数 $y = f(x)$ 在 $[a,b]$ 上的定积分的负值.

(3) 当在区间 $[a,b]$ 上 $f(x)$ 既取正值又取负值时,曲线 $y = f(x)$ 一部分位于 x 轴的上方,一部分位于 x 轴的下方,如图 5-5(c) 所示. 定积分 $\int_a^b f(x)\mathrm{d}x$ 的几何意义表示介于曲线 $y = f(x)$,直线 $x = a$,$x = b$ 及 x 轴之间的各部分图形面积的代数和,其中位于 x 轴上方的图形的面积取值为正,位于 x 轴下方的图形的面积取值为负,即

$$\int_a^b f(x)\mathrm{d}x = -A_1 + A_2 - A_3.$$

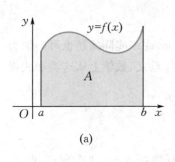
(a)

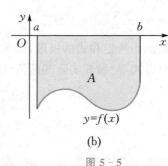
(b)

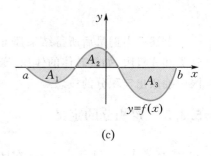
(c)

图 5 - 5

例 1   利用定积分的几何意义,证明下列等式:

(1) $\displaystyle\int_{-1}^{1} x \, \mathrm{d}x = 0$;   (2) $\displaystyle\int_{-1}^{1} \sqrt{1-x^2} \, \mathrm{d}x = \dfrac{\pi}{2}$.

证   (1) $\displaystyle\int_{-1}^{1} x \, \mathrm{d}x$ 表示由直线 $y = x, x = -1, x = 1, y = 0$ 所围成的图形的面积,如图 5 - 6(a) 所示,阴影部分为两个等腰直角三角形,且其面积相等,故由定积分的几何意义,有

$$\int_{-1}^{1} x \, \mathrm{d}x = 0.$$

(2) $\displaystyle\int_{-1}^{1} \sqrt{1-x^2} \, \mathrm{d}x$ 表示由曲线 $y = \sqrt{1-x^2}$,直线 $x = -1, x = 1, y = 0$ 所围成的图形的面积($y = \sqrt{1-x^2}$ 表示圆 $x^2 + y^2 = 1$ 在 x 轴上方的半圆),如图 5 - 6(b) 所示,阴影部分为半圆,其面积为 $S = \dfrac{1}{2} \pi \times 1^2 = \dfrac{\pi}{2}$,故

$$\int_{-1}^{1} \sqrt{1-x^2} \, \mathrm{d}x = \dfrac{\pi}{2}.$$

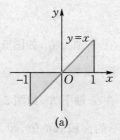
(a)

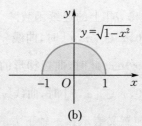
(b)

图 5 - 6

通过观察例 1 可以发现,定积分 $\displaystyle\int_{-1}^{1} x \, \mathrm{d}x$ 中的被积函数 x 为奇函数,函数图形关于原点对称,在对称区间上定积分的值为 0;定积分 $\displaystyle\int_{-1}^{1} \sqrt{1-x^2} \, \mathrm{d}x$ 中的被积函数 $\sqrt{1-x^2}$ 为偶函数,函数图形关于 y 轴对称,在对称区间上定积分可以表示为 $\displaystyle\int_{-1}^{1} \sqrt{1-x^2} \, \mathrm{d}x = 2\int_{0}^{1} \sqrt{1-x^2} \, \mathrm{d}x$. 由此

得到以下定理.

定理1　设函数 $f(x)$ 在对称区间 $[-a,a](a>0)$ 上可积,

(1) 当 $f(x)$ 为奇函数时,有 $\int_{-a}^{a} f(x)\mathrm{d}x=0$;

(2) 当 $f(x)$ 为偶函数时,有 $\int_{-a}^{a} f(x)\mathrm{d}x=2\int_{0}^{a} f(x)\mathrm{d}x$.

定理1可以用定积分的几何意义加以理解,证明由有兴趣的读者自己给出.在计算对称区间上的定积分时,被积函数的奇偶性判断对某些问题很有帮助.

5.3.4　定积分的性质

定积分 $\int_{a}^{b} f(x)\mathrm{d}x$ 中要求 $a<b$,但是为了计算与应用的方便,有如下规定:

(1) 当 $a>b$ 时, $\int_{a}^{b} f(x)\mathrm{d}x=-\int_{b}^{a} f(x)\mathrm{d}x$;

(2) 当 $a=b$ 时, $\int_{a}^{b} f(x)\mathrm{d}x=0$.

虚拟仿真实验:
积分区间的可加性

下面我们不予证明地给出定积分的性质.

性质1　设函数 $f(x)$ 在 $[a,b]$ 上可积,则 $kf(x)$ 在 $[a,b]$ 上也可积,且
$$\int_{a}^{b} kf(x)\mathrm{d}x=k\int_{a}^{b} f(x)\mathrm{d}x.$$

性质2　设函数 $f_1(x),f_2(x)$ 在 $[a,b]$ 上可积,则 $f_1(x)\pm f_2(x)$ 在 $[a,b]$ 上也可积,且

$$\int_{a}^{b} [f_1(x)\pm f_2(x)]\mathrm{d}x=\int_{a}^{b} f_1(x)\mathrm{d}x\pm\int_{a}^{b} f_2(x)\mathrm{d}x.$$

性质2可推广到有限个函数.

性质3　设函数 $f(x)$ 在 $[a,b]$ 上可积,任取 $c\in[a,b]$,则 $f(x)$ 在 $[a,c],[c,b]$ 上也可积,且

$$\int_{a}^{b} f(x)\mathrm{d}x=\int_{a}^{c} f(x)\mathrm{d}x+\int_{c}^{b} f(x)\mathrm{d}x.$$

注　性质3对于任意 c 都成立,即任取 $c<a<b$(或 $a<b<c$),若函数 $f(x)$ 在区间 $[c,a]$(或 $[b,c]$)上可积,则仍有

$$\int_{a}^{b} f(x)\mathrm{d}x=\int_{a}^{c} f(x)\mathrm{d}x+\int_{c}^{b} f(x)\mathrm{d}x.$$

例2　已知函数 $f(x)=\begin{cases} x^2-1, & x<-1, \\ \sqrt{1-x^2}, & -1\leqslant x\leqslant 1, \\ x-1, & x>1, \end{cases}$ 求定积分 $\int_{-1}^{4} f(x)\mathrm{d}x$.

解　因为被积函数是分段函数,所以计算其定积分时,可根据积分区间的可加性分段积分,于是

$$\int_{-1}^{4} f(x)\mathrm{d}x=\int_{-1}^{1} f(x)\mathrm{d}x+\int_{1}^{4} f(x)\mathrm{d}x=\int_{-1}^{1} \sqrt{1-x^2}\,\mathrm{d}x+\int_{1}^{4}(x-1)\mathrm{d}x.$$

利用定积分的几何意义,分别求得

$$\int_{-1}^{1}\sqrt{1-x^2}\,\mathrm{d}x=\frac{\pi}{2},\quad \int_{1}^{4}(x-1)\,\mathrm{d}x=\frac{9}{2},$$

因此

$$\int_{-1}^{4}f(x)\,\mathrm{d}x=\frac{\pi}{2}+\frac{9}{2}.$$

性质 4 设函数 $f(x)$ 在 $[a,b]$ 上可积. 若 $f(x)\geqslant 0,x\in[a,b]$，则

$$\int_{a}^{b}f(x)\,\mathrm{d}x\geqslant 0.$$

推论 1 设函数 $f_1(x),f_2(x)$ 在 $[a,b]$ 上可积. 若 $f_1(x)\leqslant f_2(x),x\in[a,b]$，则

$$\int_{a}^{b}f_1(x)\,\mathrm{d}x\leqslant \int_{a}^{b}f_2(x)\,\mathrm{d}x.$$

例 3 比较定积分 $\int_{1}^{2}\mathrm{e}^{x}\,\mathrm{d}x$ 与 $\int_{1}^{2}x\,\mathrm{d}x$ 的大小.

解 令函数 $f(x)=\mathrm{e}^{x}-x,x\in[1,2]$，则 $f'(x)=\mathrm{e}^{x}-1>0$，所以当 $x\in[1,2]$ 时，$f(x)$ 单调增加. 又 $f(1)=\mathrm{e}-1>0$，故 $f(x)>0,x\in[1,2]$，从而 $\mathrm{e}^{x}>x$. 因此

$$\int_{1}^{2}\mathrm{e}^{x}\,\mathrm{d}x>\int_{1}^{2}x\,\mathrm{d}x.$$

性质 5（积分中值定理） 设函数 $f(x)$ 在区间 $[a,b]$ 上连续，则在 $[a,b]$ 上至少存在一个点 ξ，使得

$$\int_{a}^{b}f(x)\,\mathrm{d}x=f(\xi)(b-a).$$

虚拟仿真实验：
积分中值定理

5.4 微积分基本公式

曲边梯形的面积可以通过"分割、近似、求和、取极限"四个步骤求得. 实际上，直接利用定义求定积分的计算量较大、技巧性强，能解决的问题也非常有限，即使被积函数是基本初等函数，如定积分 $\int_{0}^{\pi}\sin x\,\mathrm{d}x$，若用定积分的定义来计算，过程也会相当烦琐. 因此，我们需要寻找一种简便而有效的计算方法，下面通过一个例子来探索计算定积分的新方法.

引例 1 设一个质点做直线运动，其运动的速度函数 $v(t)$ 和路程函数 $s(t)$ 均是时间 t 的非负连续函数，求该质点在时间区间 $[t_1,t_2]$ 内所经过的路程 s.

解 方法一 根据定积分的定义可知，质点在时间区间 $[t_1,t_2]$ 内所经过的路程 s 就等于速度函数 $v(t)$ 在 $[t_1,t_2]$ 上的定积分，即

$$s=\int_{t_1}^{t_2}v(t)\,\mathrm{d}t.$$

方法二　由物理学知识可知,所经过路程表示路程函数在时间区间 $[t_1,t_2]$ 内的增量,即

$$s = s(t_2) - s(t_1).$$

通过上述两种方法计算出的路程显然是相等的,这样就等到了一个等式

$$\int_{t_1}^{t_2} v(t)\mathrm{d}t = s(t_2) - s(t_1).$$

已知路程函数 $s(t)$ 是速度函数 $v(t)$ 的原函数,即 $s'(t) = v(t)$,由此式可得,速度函数在一段时间内的定积分就等于路程函数在这段时间内的增量. 这个结论可推广到一般的函数中去,也就是说,对于某个一般的函数,如果它在区间 $[a,b]$ 上可积,那么它在该区间上的定积分就等于它的一个原函数在该区间上的增量.

5.4.1　牛顿-莱布尼茨公式

定理1　若函数 $f(x)$ 在 $[a,b]$ 上连续,且存在一个原函数 $F(x)$,则 $f(x)$ 在 $[a,b]$ 上可积,且

$$\int_a^b f(x)\mathrm{d}x = F(b) - F(a). \tag{5-2}$$

式(5-2)称为**微积分基本公式**,由牛顿(Newton)与莱布尼茨(Leibniz)发现,也称为**牛顿-莱布尼茨公式**. 为了方便起见,式(5-2)通常也写成

$$\int_a^b f(x)\mathrm{d}x = F(x)\Big|_a^b = F(b) - F(a). \tag{5-3}$$

牛顿-莱布尼茨公式揭示了定积分与不定积分的关系,把定积分的计算转化为原函数的计算. 该公式的重要作用不仅仅体现在能用其快速求解定积分的值,还体现在能帮我们很好地认识其他领域中最终变化与累积过程的关系.

例1　求定积分 $\int_0^{\frac{\pi}{2}} \sin x\,\mathrm{d}x$.

解　因为 $(-\cos x)' = \sin x$,所以 $-\cos x$ 是 $\sin x$ 的一个原函数. 式(5-3)得

$$\int_0^{\frac{\pi}{2}} \sin x\,\mathrm{d}x = -\cos x\Big|_0^{\frac{\pi}{2}} = -\cos\frac{\pi}{2} - (-\cos 0) = 1.$$

例2　求定积分 $\int_2^5 \dfrac{\mathrm{d}x}{x^2}$.

解　因为 $\left(-\dfrac{1}{x}\right)' = \dfrac{1}{x^2}$,所以 $-\dfrac{1}{x}$ 是 $\dfrac{1}{x^2}$ 的一个原函数. 由式(5-3)得

$$\int_2^5 \frac{\mathrm{d}x}{x^2} = -\frac{1}{x}\Big|_2^5 = -\frac{1}{5} + \frac{1}{2} = \frac{3}{10}.$$

例3　求定积分 $\int_2^4 \left(\sqrt{x} + \dfrac{1}{\sqrt{x}}\right)^2 \mathrm{d}x$.

解
$$\int_2^4 \left(\sqrt{x} + \frac{1}{\sqrt{x}}\right)^2 \mathrm{d}x = \int_2^4 \left(x + 2 + \frac{1}{x}\right)\mathrm{d}x = \int_2^4 x\,\mathrm{d}x + \int_2^4 2\,\mathrm{d}x + \int_2^4 \frac{1}{x}\,\mathrm{d}x$$

$$= \frac{1}{2}x^2\Big|_2^4 + 2x\Big|_2^4 + \ln x\Big|_2^4 = 10 + \ln 2.$$

例 4 求定积分 $\int_0^4 |x-2|\,dx$.

解 因为当 $0 \leqslant x \leqslant 2$ 时，$|x-2|=2-x$；当 $2 \leqslant x \leqslant 4$ 时，$|x-2|=x-2$，所以

$$\int_0^4 |x-2|\,dx = \int_0^2 (2-x)\,dx + \int_2^4 (x-2)\,dx$$

$$= \left(2x - \frac{1}{2}x^2\right)\Big|_0^2 + \left(\frac{1}{2}x^2 - 2x\right)\Big|_2^4 = 4.$$

5.4.2 定积分的换元积分法与分部积分法

正确认识了牛顿-莱布尼茨公式，下面就能顺利地把不定积分的换元积分法与分部积分法运用到定积分中.

1. 换元积分法

利用定积分的换元积分法求定积分时应注意以下几点：(1) 换元必换限，即变换成新的积分变量后，积分限变为新积分变量的积分限；(2) 换元之后，直接根据新的积分变量的积分限计算定积分的值，无须回代.

例 5 求定积分 $\int_0^{\sqrt{2}} x\,e^{x^2}\,dx$.

解 令 $t=x^2$，则 $dt=2x\,dx$，且当 $x=0$ 时，$t=0$；当 $x=\sqrt{2}$ 时，$t=2$. 于是

$$\int_0^{\sqrt{2}} x\,e^{x^2}\,dx = \frac{1}{2}\int_0^{\sqrt{2}} e^{x^2}\,d(x^2) = \frac{1}{2}\int_0^2 e^t\,dt$$

$$= \frac{1}{2}e^t\Big|_0^2 = \frac{1}{2}(e^2-1).$$

例 6 求定积分 $\int_e^{e^2} \frac{dx}{x\ln x}$.

解 令 $t=\ln x$，则 $dt=\frac{1}{x}dx$，且当 $x=e$ 时，$t=1$；当 $x=e^2$ 时，$t=2$. 于是

$$\int_e^{e^2} \frac{dx}{x\ln x} = \int_e^{e^2} \frac{d(\ln x)}{\ln x} = \int_1^2 \frac{dt}{t} = \ln t\Big|_1^2 = \ln 2.$$

例 7 求定积分 $\int_0^{\frac{\pi}{2}} \cos^2 x \sin x\,dx$.

解 令 $t=\cos x$，则 $dt=-\sin x\,dx$，且当 $x=0$ 时，$t=1$；当 $x=\frac{\pi}{2}$ 时，$t=0$. 于是

$$\int_0^{\frac{\pi}{2}} \cos^2 x \sin x\,dx = -\int_0^{\frac{\pi}{2}} \cos^2 x\,d(\cos x) = -\int_1^0 t^2\,dt = -\frac{1}{3}t^3\Big|_1^0 = \frac{1}{3}.$$

例 8 求定积分 $\int_0^4 x\sqrt{1+x}\,dx$.

解 令 $t=\sqrt{1+x}$，则 $x=t^2-1$，$dx=2t\,dt$，且当 $x=0$ 时，$t=1$；当 $x=4$ 时，$t=\sqrt{5}$. 于是

$$\int_0^4 x\sqrt{1+x}\,\mathrm{d}x = \int_1^{\sqrt{5}} (t^2-1)\cdot t\cdot 2t\,\mathrm{d}t = 2\int_1^{\sqrt{5}} (t^4-t^2)\,\mathrm{d}t$$

$$= \left(\frac{2}{5}t^5 - \frac{2}{3}t^3\right)\bigg|_1^{\sqrt{5}} = \frac{20\sqrt{5}}{3} + \frac{4}{15}.$$

例 9　求定积分 $\displaystyle\int_0^2 \sqrt{4-x^2}\,\mathrm{d}x$.

解　令 $x = 2\sin t$,则 $\mathrm{d}x = 2\cos t\,\mathrm{d}t$,且当 $x=0$ 时,$t=0$;当 $x=2$ 时,$t=\dfrac{\pi}{2}$. 于是

$$\int_0^2 \sqrt{4-x^2}\,\mathrm{d}x = \int_0^{\frac{\pi}{2}} 2\cos t\cdot 2\cos t\,\mathrm{d}t = 4\int_0^{\frac{\pi}{2}} \cos^2 t\,\mathrm{d}t$$

$$= 2\int_0^{\frac{\pi}{2}} (1+\cos 2t)\,\mathrm{d}t = 2\left(t + \frac{1}{2}\sin 2t\right)\bigg|_0^{\frac{\pi}{2}} = \pi.$$

2. 分部积分法

例 10　求定积分 $\displaystyle\int_0^{\pi} x\cos x\,\mathrm{d}x$.

解　$\displaystyle\int_0^{\pi} x\cos x\,\mathrm{d}x = \int_0^{\pi} x\,\mathrm{d}(\sin x) = x\sin x\bigg|_0^{\pi} - \int_0^{\pi} \sin x\,\mathrm{d}x$

$$= \cos x\bigg|_0^{\pi} = -2.$$

例 11　求定积分 $\displaystyle\int_0^{\sqrt{3}} x\arctan x\,\mathrm{d}x$.

解　$\displaystyle\int_0^{\sqrt{3}} x\arctan x\,\mathrm{d}x = \frac{1}{2}\int_0^{\sqrt{3}} \arctan x\,\mathrm{d}(x^2) = \frac{1}{2}x^2\arctan x\bigg|_0^{\sqrt{3}} - \frac{1}{2}\int_0^{\sqrt{3}} x^2\,\mathrm{d}(\arctan x)$

$$= \frac{\pi}{2} - \frac{1}{2}\int_0^{\sqrt{3}} \frac{x^2}{1+x^2}\,\mathrm{d}x = \frac{\pi}{2} - \frac{1}{2}\int_0^{\sqrt{3}} \left(1 - \frac{1}{1+x^2}\right)\mathrm{d}x$$

$$= \frac{\pi}{2} - \frac{1}{2}(x - \arctan x)\bigg|_0^{\sqrt{3}} = \frac{2\pi}{3} - \frac{\sqrt{3}}{2}.$$

例 12　求定积分 $\displaystyle\int_0^4 \mathrm{e}^{\sqrt{x}}\,\mathrm{d}x$.

解　令 $t = \sqrt{x}$,则 $x = t^2$,$\mathrm{d}x = 2t\,\mathrm{d}t$,且当 $x=0$ 时,$t=0$;当 $x=4$ 时,$t=2$. 于是

$$\int_0^4 \mathrm{e}^{\sqrt{x}}\,\mathrm{d}x = \int_0^2 \mathrm{e}^t\cdot 2t\,\mathrm{d}t = 2\int_0^2 t\,\mathrm{d}(\mathrm{e}^t)$$

$$= 2t\mathrm{e}^t\bigg|_0^2 - 2\int_0^2 \mathrm{e}^t\,\mathrm{d}t = 4\mathrm{e}^2 - 2\mathrm{e}^t\bigg|_0^2$$

$$= 2\mathrm{e}^2 + 2.$$

5.5　广　义　积　分

前面讨论的定积分 $\displaystyle\int_a^b f(x)\mathrm{d}x$ 都是假设积分区间 $[a,b]$ 有限,被积函数 $f(x)$ 在积分区

间上有界.但在实际应用中,还会遇到积分区间无穷或者被积函数在积分区间上无界的情况,这就需要将定积分概念推广.积分区间无穷的定积分称为无穷区间上的广义积分,被积函数无界的定积分称为无界函数的广义积分,两者统称为广义积分.

5.5.1 引例

引例 **1** 求曲线 $f(x)=\dfrac{1}{1+x^2}$ 和 x 轴,y 轴所围成区域的面积.

解 按照定积分的几何意义可知,所求面积为

$$A=\int_0^{+\infty} f(x)\mathrm{d}x=\int_0^{+\infty}\frac{\mathrm{d}x}{1+x^2}.$$

现在这个定积分不同于一般的形式,它的积分区间是无穷的,那么如何求此类积分呢?不妨先构建一个闭口的曲边梯形,在区间 $[0,+\infty)$ 上任取一点 b,如图 5-7 所示,则阴影部分的面积用定积分表示为

$$\int_0^b\frac{\mathrm{d}x}{1+x^2}=\arctan x\ \Big|_0^b=\arctan b.$$

虚拟仿真实验:

无穷区间上的有限面积

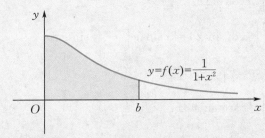

图 5-7

阴影部分的面积与所求面积存在着误差,b 取值越大,误差就会越小.不妨借助极限的思想,当 $b\rightarrow+\infty$ 时,求这个定积分的极限,此时的极限值就是这个所求面积的精确值,即

$$A=\lim_{b\rightarrow+\infty}\int_0^b\frac{\mathrm{d}x}{1+x^2}=\lim_{b\rightarrow+\infty}\arctan b=\frac{\pi}{2}.$$

引例 **2** 求曲线 $f(x)=\dfrac{1}{\sqrt{x}}$ 和 x 轴,y 轴以及直线 $x=1$ 所围成区域的面积.

解 按照定积分的几何意义可知,所求面积为

$$B=\int_0^1 f(x)\mathrm{d}x=\int_0^1\frac{\mathrm{d}x}{\sqrt{x}}.$$

由于 $x\rightarrow 0^+$ 时,$\dfrac{1}{\sqrt{x}}\rightarrow+\infty$,故函数 $f(x)=\dfrac{1}{\sqrt{x}}$ 在点 $x=0$ 处无界,那么如何求此类积分呢?不妨先构建一个闭口的曲边梯形,在区间 $(0,1]$ 上任取一点 ε,如图 5-8 所示,则阴影部分的面积用定积分表示为

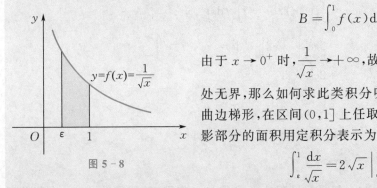

图 5-8

$$\int_\varepsilon^1\frac{\mathrm{d}x}{\sqrt{x}}=2\sqrt{x}\ \Big|_\varepsilon^1=2-2\sqrt{\varepsilon}.$$

显然, ε 越接近于零, 误差就会越小. 借助极限的思想, 当 $\varepsilon \to 0^+$ 时, 此定积分的极限值就是所求面积的精确值, 即

$$B = \lim_{\varepsilon \to 0^+} \int_{\varepsilon}^{1} \frac{\mathrm{d}x}{\sqrt{x}} = \lim_{\varepsilon \to 0^+} (2 - 2\sqrt{\varepsilon}) = 2.$$

上述两个引例对应着两种广义积分, 下面分别来讨论无穷区间上的广义积分和无界函数的广义积分.

5.5.2　无穷区间上的广义积分

定义 1　设函数 $f(x)$ 在无穷区间 $[a, +\infty)$ 上连续. 取任意 $b > a$, 记

$$\int_{a}^{+\infty} f(x)\mathrm{d}x = \lim_{b \to +\infty} \int_{a}^{b} f(x)\mathrm{d}x,$$

称 $\int_{a}^{+\infty} f(x)\mathrm{d}x$ 为函数 $f(x)$ 在无穷区间上的广义积分. 若极限 $\lim\limits_{b \to +\infty} \int_{a}^{b} f(x)\mathrm{d}x$ 存在, 则称广义积分收敛, 否则称广义积分发散.

类似地, 可以定义函数 $f(x)$ 在无穷区间 $(-\infty, b]$ 上的广义积分

$$\int_{-\infty}^{b} f(x)\mathrm{d}x = \lim_{a \to -\infty} \int_{a}^{b} f(x)\mathrm{d}x.$$

函数 $f(x)$ 在无穷区间 $(-\infty, +\infty)$ 上的广义积分, 可用前面两种广义积分来定义, 即

$$\int_{-\infty}^{+\infty} f(x)\mathrm{d}x = \int_{-\infty}^{c} f(x)\mathrm{d}x + \int_{c}^{+\infty} f(x)\mathrm{d}x$$

$$= \lim_{a \to -\infty} \int_{a}^{c} f(x)\mathrm{d}x + \lim_{b \to +\infty} \int_{c}^{b} f(x)\mathrm{d}x,$$

其中 c 为任一实数. 当且仅当右边两个广义积分都收敛时, $\int_{-\infty}^{+\infty} f(x)\mathrm{d}x$ 才收敛, 否则发散.

例 1　求广义积分 $\int_{0}^{+\infty} \mathrm{e}^{-x}\mathrm{d}x$.

解　$\int_{0}^{+\infty} \mathrm{e}^{-x}\mathrm{d}x = \lim\limits_{b \to +\infty} \int_{0}^{b} \mathrm{e}^{-x}\mathrm{d}x = \lim\limits_{b \to +\infty} \left(-\mathrm{e}^{-x} \Big|_{0}^{b} \right) = \lim\limits_{b \to +\infty} (1 - \mathrm{e}^{-b}) = 1.$

例 2　求广义积分 $\int_{2}^{+\infty} \frac{\mathrm{d}x}{x\ln^2 x}$.

解　$\int_{2}^{+\infty} \frac{\mathrm{d}x}{x\ln^2 x} = \int_{2}^{+\infty} \frac{\mathrm{d}(\ln x)}{\ln^2 x} \xlongequal{\text{令}\ln x = t} \int_{\ln 2}^{+\infty} \frac{\mathrm{d}t}{t^2}$

$$= \lim_{b \to +\infty} \int_{\ln 2}^{b} \frac{\mathrm{d}t}{t^2} = \lim_{b \to +\infty} \left(-\frac{1}{t} \Big|_{\ln 2}^{b} \right)$$

$$= \lim_{b \to +\infty} \left(-\frac{1}{b} + \frac{1}{\ln 2} \right) = \frac{1}{\ln 2}.$$

例 3　讨论广义积分 $\int_{-\infty}^{+\infty} \frac{\mathrm{d}x}{1+x^2}$ 的敛散性.

解　任取实数 c, 讨论广义积分 $\int_{-\infty}^{c} \frac{\mathrm{d}x}{1+x^2}$ 和 $\int_{c}^{+\infty} \frac{\mathrm{d}x}{1+x^2}$ 的敛散性.

因为

$$\int_{-\infty}^{c}\frac{\mathrm{d}x}{1+x^2}=\lim_{a\to-\infty}\int_a^c\frac{\mathrm{d}x}{1+x^2}=\lim_{a\to-\infty}\left(\arctan x\,\Big|_a^c\right)$$

$$=\lim_{a\to-\infty}(\arctan c-\arctan a)=\arctan c+\frac{\pi}{2},$$

$$\int_c^{+\infty}\frac{\mathrm{d}x}{1+x^2}=\lim_{b\to+\infty}\int_c^b\frac{\mathrm{d}x}{1+x^2}=\lim_{b\to+\infty}\left(\arctan x\,\Big|_c^b\right)$$

$$=\lim_{b\to+\infty}(\arctan b-\arctan c)=\frac{\pi}{2}-\arctan c,$$

所以两个广义积分都收敛. 因此, $\int_{-\infty}^{+\infty}\frac{\mathrm{d}x}{1+x^2}$ 收敛, 且 $\int_{-\infty}^{+\infty}\frac{\mathrm{d}x}{1+x^2}=\pi$.

5.5.3 无界函数的广义积分

定义 2 设函数 $f(x)$ 在区间 $(a,b]$ 上连续, 而 $\lim\limits_{x\to a^+}f(x)=\infty$. 取任意 $\varepsilon>0$, 记

$$\int_a^b f(x)\mathrm{d}x=\lim_{\varepsilon\to 0^+}\int_{a+\varepsilon}^b f(x)\mathrm{d}x,$$

称 $\int_a^b f(x)\mathrm{d}x$ 为无界函数 $f(x)$ 在区间 $(a,b]$ 上的广义积分. 若极限 $\lim\limits_{\varepsilon\to 0^+}\int_{a+\varepsilon}^b f(x)\mathrm{d}x$ 存在, 则称广义积分收敛, 否则称广义积分发散.

类似地, 设函数 $f(x)$ 在区间 $[a,b)$ 上连续, 而 $\lim\limits_{x\to b^-}f(x)=\infty$, 可以定义 $f(x)$ 在区间 $[a,b)$ 上的广义积分, 即

$$\int_a^b f(x)\mathrm{d}x=\lim_{\varepsilon\to 0^+}\int_a^{b-\varepsilon} f(x)\mathrm{d}x.$$

设函数 $f(x)$ 在区间 $[a,b]$ 上除点 $x=c(a<c<b)$ 外均连续, 而 $\lim\limits_{x\to c}f(x)=\infty$, 则可以定义 $f(x)$ 在区间 $[a,b]$ 上的广义积分, 即

$$\int_a^b f(x)\mathrm{d}x=\int_a^c f(x)\mathrm{d}x+\int_c^b f(x)\mathrm{d}x=\lim_{\varepsilon\to 0^+}\int_a^{c-\varepsilon} f(x)\mathrm{d}x+\lim_{\delta\to 0^+}\int_{c+\delta}^b f(x)\mathrm{d}x.$$

当且仅当上式右边两个广义积分都收敛时, 广义积分 $\int_a^b f(x)\mathrm{d}x$ 才收敛, 否则发散.

例 4 求广义积分 $\int_2^3\frac{\mathrm{d}x}{\sqrt{x-2}}$.

解 函数 $f(x)=\frac{1}{\sqrt{x-2}}$ 在区间 $(2,3]$ 上连续, 且 $\lim\limits_{x\to 2^+}\frac{1}{\sqrt{x-2}}=\infty$. 任取 $\varepsilon>0$, 有

$$\int_2^3\frac{\mathrm{d}x}{\sqrt{x-2}}=\lim_{\varepsilon\to 0^+}\int_{2+\varepsilon}^3\frac{\mathrm{d}x}{\sqrt{x-2}}=\lim_{\varepsilon\to 0^+}2\sqrt{x-2}\,\Big|_{2+\varepsilon}^3=2.$$

例 5 讨论广义积分 $\int_a^b\frac{\mathrm{d}x}{(x-a)^q}(q>0)$ 的敛散性.

解　函数 $\dfrac{1}{(x-a)^q}$ 在区间 $(a,b]$ 上连续,且 $\lim\limits_{x\to a^+}\dfrac{1}{(x-a)^q}=\infty$. 利用定义,当 $q=1$ 时,

$$\int_a^b\frac{\mathrm{d}x}{(x-a)^q}=\int_a^b\frac{\mathrm{d}x}{x-a}=\ln(x-a)\Big|_a^b=\ln(b-a)-\lim_{x\to a^+}\ln(x-a)=+\infty;$$

当 $q\neq 1$ 时,

$$\int_a^b\frac{\mathrm{d}x}{(x-a)^q}=\frac{(x-a)^{1-q}}{1-q}\Big|_a^b=\begin{cases}\dfrac{(b-a)^{1-q}}{1-q}, & 0<q<1,\\ +\infty, & q>1.\end{cases}$$

因此,当 $0<q<1$ 时,此广义积分收敛,其值为 $\dfrac{(b-a)^{1-q}}{1-q}$;当 $q\geqslant 1$ 时,此广义积分发散.

5.6　通过 Wolfram 语言求积分

例1　求不定积分 $\int x\arcsin x\,\mathrm{d}x$.

解　输入

```
int xarcsin x
```

求得

$$\int x\arcsin x\,\mathrm{d}x=\frac{1}{4}x\sqrt{1-x^2}+\frac{1}{4}(2x^2-1)\arcsin x+C.$$

例2　求定积分 $\int_0^1\dfrac{x^4}{1+x^2}\mathrm{d}x$.

解　输入

```
int x^4/(1+x^2) x=0..1
```

求得

思维导图:积分

$$\int_0^1\frac{x^4}{1+x^2}\mathrm{d}x=\frac{\pi}{4}-\frac{2}{3}.$$

例3　求由直线 $y=x$ 和曲线 $y=x^2$ 所围成图形的面积.

解　输入

```
area between x and x^2
```

求得面积为 $\dfrac{1}{6}$.

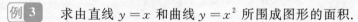
习题 5

1.写出下列函数的全体原函数:

(1) $y=\sin x$;　　(2) $y=\dfrac{1}{\sqrt{x}}$;

(3) $y = e^x - e^{-x}$;

(4) $y = 2^x e^x$.

2. 求下列不定积分:

(1) $\int 6x \, dx$;

(2) $\int x^6 \, dx$;

(3) $\int (3 - x^2)^2 \, dx$;

(4) $\int 2^x \, dx$;

(5) $\int x^2 \sqrt[3]{x} \, dx$;

(6) $\int \dfrac{(1+x)^2}{\sqrt{x}} \, dx$;

(7) $\int (2 - \sqrt{x}) x \, dx$;

(8) $\int \left(e^x + \dfrac{1}{2} \cos x \right) dx$.

3. 求下列不定积分:

(1) $\int \dfrac{dx}{x^3 \sqrt{x}}$;

(2) $\int (2^x + x^2) \, dx$;

(3) $\int \dfrac{e^{2x} - 1}{e^x + 1} \, dx$;

(4) $\int \dfrac{dx}{x^2 - 4}$;

(5) $\int \left(\dfrac{1}{1 + x^2} - \dfrac{3}{\sqrt{1 - x^2}} \right) dx$;

(6) $\int \dfrac{x^2 + x - 1}{x^3 - 2x^2 + x - 2} \, dx$;

(7) $\int 3^x e^x \, dx$;

(8) $\int \dfrac{\cos 2x}{\cos x - \sin x} \, dx$;

(9) $\int \dfrac{2 \cdot 3^x - 5 \cdot 2^x}{3^x} \, dx$;

(10) $\int \dfrac{3x^2 - x\sqrt{x} - 4}{\sqrt[3]{x}} \, dx$.

4. 已知一曲线过点 $(0,2)$,且曲线上任一点处的切线斜率等于该点横坐标的 $\dfrac{2}{3}$,求该曲线方程.

5. 已知某函数的导数为 $\sin x + x$,且当 $x = \pi$ 时,函数值为 0,求此函数表达式.

6. 已知 $\int x f(x) \, dx = \arctan x + C$,求函数 $f(x)$.

7. 问: $\dfrac{d}{dx} \left[\int f(x) \, dx \right]$ 与 $\int f'(x) \, dx$ 一定相等吗?

8. 求下列不定积分:

(1) $\int \cos(3x + 1) \, dx$;

(2) $\int \dfrac{1}{x^2} e^{\frac{1}{x}} \, dx$;

(3) $\int \dfrac{dx}{e^x + e^{-x}}$;

(4) $\int \dfrac{\ln x}{x(2\ln x + 1)} \, dx$;

(5) $\int \dfrac{dx}{(2x + 1)(3x + 2)}$;

(6) $\int \dfrac{dx}{x \sqrt{x^2 - 1}}$;

(7) $\int \dfrac{dx}{1 + e^x}$;

(8) $\int \dfrac{x}{4 + x^4} \, dx$;

(9) $\int \dfrac{dx}{\sqrt{x}(1 + \sqrt[3]{x})}$;

(10) $\int \dfrac{dx}{1 + \sqrt[3]{x + 2}}$;

(11) $\int x \sqrt{x^2 - 3} \, dx$;

(12) $\int \tan^3 x \, dx$;

(13) $\int \dfrac{dx}{1 + \cos x}$;

(14) $\int \dfrac{dx}{\sqrt{4x^2 + 9}}$;

(15) $\int \dfrac{2x - 1}{\sqrt{9x^2 - 4}} \, dx$;

(16) $\int \dfrac{dx}{x^2 \sqrt{a^2 + x^2}}$;

(17) $\int \tan^3 x \sec x \, dx$；

(18) $\int \cos x \, e^{3\sin x - 1} \, dx$；

(19) $\int \dfrac{\sin^2 (2\sqrt{x})}{\sqrt{x}} \, dx$；

(20) $\int \dfrac{\sqrt{x+1} - 1}{\sqrt{x+1} + 1} \, dx$；

(21) $\int \dfrac{x^2}{(x+1)^{10}} \, dx$；

(22) $\int \dfrac{\sqrt{9 - x^2}}{x} \, dx$.

9. 求下列不定积分：

(1) $\int x \cos x \, dx$；

(2) $\int e^x \sin x \, dx$；

(3) $\int x^2 e^{3x} \, dx$；

(4) $\int (2x - 1) \ln x \, dx$；

(5) $\int (2x - 1) \cos 3x \, dx$；

(6) $\int \dfrac{\ln x}{\sqrt{x}} \, dx$；

(7) $\int (2x - 1) \ln^2 x \, dx$；

(8) $\int \dfrac{\sin \sqrt{x}}{\sqrt{x}} \, dx$；

(9) $\int \dfrac{x^3}{\sqrt{x^2 - 4}} \, dx$；

(10) $\int (x^2 - 1) \arctan x \, dx$；

(11) $\int x \tan^2 x \, dx$；

(12) $\int \sqrt{x} \ln(\sqrt{x} + 1) \, dx$；

(13) $\int e^{ax} \cos bx \, dx$；

(14) $\int \sin \ln x \, dx$.

10. 若函数 $f(x)$ 的一个原函数为 $\ln^2 x$，求不定积分 $\int x f'(x) \, dx$.

11. 已知 $\int f(x) \, dx = (x - 1) e^x + C$，求函数 $f(x)$.

12. 利用定积分表示图 5-9 中阴影部分的面积.

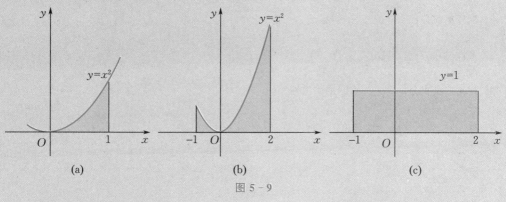

图 5-9

13. 比较下列定积分的大小：

(1) $\displaystyle\int_0^1 x \, dx$ 与 $\displaystyle\int_0^1 x^2 \, dx$；

(2) $\displaystyle\int_0^{\frac{\pi}{2}} \sin x \, dx$ 与 $\displaystyle\int_0^{\frac{\pi}{2}} \cos x \, dx$.

14. 用图形表示下列函数的定积分，并求出定积分的值：

(1) $\displaystyle\int_0^1 x \, dx$；

(2) $\displaystyle\int_1^2 (x + 1) \, dx$.

15. 用定积分表示由曲线 $y = \ln x$，直线 $x = 3$ 及 x 轴所围成曲边梯形的面积.

16. 一质点做圆周运动，在 t 时刻的角速度为 $\omega = \omega(t)$，用定积分表示该质点在时间 $[t_1, t_2]$ 内所转过的角度 θ.

17. 求下列定积分：

(1) $\int_{\frac{\pi}{3}}^{\pi} \sin\left(x + \frac{\pi}{3}\right) dx$；

(2) $\int_{-2}^{1} \frac{dx}{(11 + 5x)^3}$；

(3) $\int_{1}^{\sqrt{3}} \frac{dx}{x^2 \sqrt{1 + x^2}}$；

(4) $\int_{0}^{\sqrt{2}} \sqrt{2 - x^2}\, dx$；

(5) $\int_{\frac{1}{\sqrt{2}}}^{1} \frac{\sqrt{1 - x^2}}{x^2} dx$；

(6) $\int_{0}^{a} x^2 \sqrt{a^2 - x^2}\, dx \ (a > 0)$；

(7) $\int_{1}^{2} \frac{e^{\frac{1}{x}}}{x^2} dx$；

(8) $\int_{1}^{e^2} \frac{dx}{x \sqrt{1 + \ln x}}$.

18. 求下列定积分：

(1) $\int_{-\pi}^{\pi} x^4 \sin x\, dx$；

(2) $\int_{0}^{1} x e^{-x}\, dx$；

(3) $\int_{1}^{e} x \ln x\, dx$；

(4) $\int_{0}^{\frac{\pi}{2}} x \sin 2x\, dx$；

(5) $\int_{0}^{\frac{\pi}{2}} e^{2x} \cos x\, dx$；

(6) $\int_{1}^{4} \frac{\ln x}{\sqrt{x}} dx$；

(7) $\int_{0}^{2\pi} x \cos^2 x\, dx$；

(8) $\int_{0}^{\frac{\pi}{4}} \sec^3 x\, dx$.

19. 设函数 $f(x) = \int_{1}^{x^2} \frac{\sin t}{t} dt$，求 $\int_{0}^{1} x f(x) dx$.

20. 设函数 $f(x)$ 在区间 $[-a, a]$ 上连续，证明：

(1) 若 $f(x)$ 为奇函数，则 $\int_{-a}^{a} f(x) dx = 0$；

(2) 若 $f(x)$ 为偶函数，则 $\int_{-a}^{a} f(x) dx = 2 \int_{0}^{a} f(x) dx$.

21. 求广义积分 $\int_{1}^{+\infty} \frac{dx}{x \sqrt{x - 1}}$.

22. 求广义积分 $\int_{1}^{+\infty} \frac{\ln x}{x^2} dx$.

23. 讨论广义积分 $\int_{-\infty}^{+\infty} \frac{x}{1 + x^2} dx$ 的敛散性.

24. 证明：广义积分 $\int_{a}^{+\infty} \frac{dx}{x^p}$ 当 $p > 1$ 时收敛，当 $p \leqslant 1$ 时发散.

探访积分应用领域

6.1 不定积分的应用

6.1.1 不定积分在经济学中的应用

已知某经济函数,对其求导数可得其边际函数;反之,若已知边际函数,对其积分可得其经济函数.这便是不定积分的经济应用问题.

例 1 设某商品的需求量 Q 是价格 p 的函数,该商品的最大需求量为 $2\,000$(当 $p=0$ 时,$Q=2\,000$).已知需求量的变化率(边际需求)函数为 $Q'(p)=-2\,000\ln 5 \cdot \left(\dfrac{1}{5}\right)^p$,求需求量 Q 与价格 p 的函数关系.

解 因为 $Q'(p)=-2\,000\ln 5 \cdot \left(\dfrac{1}{5}\right)^p$,所以

$$Q(p)=\int Q'(p)\mathrm{d}p=\int -2\,000\ln 5 \cdot \left(\frac{1}{5}\right)^p \mathrm{d}p$$

$$=-2\,000\ln 5 \cdot \frac{\left(\dfrac{1}{5}\right)^p}{\ln \dfrac{1}{5}}+C=2\,000\left(\frac{1}{5}\right)^p+C.$$

将 $p=0$ 时,$Q=2\,000$ 代入上式,得 $C=0$.因此,需求量 Q 与价格 p 的函数关系为

$$Q=2\,000\left(\frac{1}{5}\right)^p.$$

例 2 设生产某产品的总成本 C 是产量 x 的函数 $C(x)$,固定成本 C_0 为 25,边际成本函数为 $C'(x)=4x+24$.

(1) 求总成本函数 $C(x)$.

(2) 求产量从 150 增至 200 时,总成本的增量.

(3) 若总收益函数为 $R(x)=90x-\dfrac{x^2}{2}$,求总利润函数 $L(x)$.

解 (1) 因为 $C(x)=\int C'(x)\mathrm{d}x$,所以

$$C(x)=\int(4x+24)\mathrm{d}x=2x^2+24x+C_1.$$

由固定成本为 25,将 $x=0$ 时,$C=25$ 代入上式,得 $C_1=25$. 故总成本函数为

$$C(x)=2x^2+24x+25.$$

(2) 总成本的增量为

$$C(200)-C(150)=(2\times200^2+24\times200+25)-(2\times150^2+24\times150+25)=36\ 200.$$

(3) 因为总利润=总收益-总成本,即 $L(x)=R(x)-C(x)$,所以总利润函数为

$$L(x)=\left(90x-\frac{x^2}{2}\right)-(2x^2+24x+25)=-\frac{5}{2}x^2+66x-25.$$

6.1.2 不定积分在生活中的应用

例 3　近年来,世界范围内每年的石油消耗率呈指数增长,增长指数大约为 0.07. 2000 年初,消耗率大约为 161 亿桶/年. 设 $R(t)$ 表示从 2000 年起第 t 年的石油消耗率,即 $R(t)=161\mathrm{e}^{0.07t}$(单位:亿桶/年). 试用此式计算从 2000 年到 2018 年间石油消耗的总量.

解　设从 2000 年起($t=0$)直到第 t 年的石油消耗总量为 $T(t)$,则 $T'(t)=R(t)$,即 $T(t)$ 是 $R(t)$ 的一个原函数,于是

$$T(t)=\int R(t)\mathrm{d}t=\int161\mathrm{e}^{0.07t}\mathrm{d}t=\frac{161}{0.07}\mathrm{e}^{0.07t}+C=2\ 300\mathrm{e}^{0.07t}+C.$$

又当 $t=0$ 时,$T=0$,得 $C=-2\ 300$,所以

$$T(t)=2\ 300\mathrm{e}^{0.07t}-2\ 300=2\ 300(\mathrm{e}^{0.07t}-1).$$

因此,从 2000 年到 2018 年间石油消耗总量为

$$T(18)=2\ 300(\mathrm{e}^{0.07\times18}-1)\approx5\ 808(亿桶).$$

在十字路口的交通管理中,亮红灯之前,要亮一段时间的黄灯,这是为了让那些正行驶在十字路口的驾驶员注意,红灯即将亮起,如果你能停住,应当马上刹车,以免闯红灯违反交通规则. 驶近十字路口的驾驶员在看到黄灯亮起时,须做出决定:是停车还是通过路口. 如果决定停车,则必须有足够的距离让驾驶员能停得住. 为了保证安全,交通管理部门需要确定停车线的位置,停车线的位置须考虑两点:(1) 驾驶员看到黄灯并决定停车需要一段反应时间,在此段时间内,驾驶员尚未刹车;(2) 驾驶员刹车后,车还须继续向前行驶一段距离(刹车距离).

例 4　已知从停车线到十字路口的距离与此道路的限定速度有关,限定速度越大,距离越长. 一般驾驶员的反应时间根据经验或由统计数据确定为 t_1. 设道路的限定速度为 v_0,汽车质量为 m,汽车刹车时与地面的摩擦系数为 k,重力加速度为 g,问:停车线到十字路口的距离应为多少?

解　设刹车后在 t 时刻汽车向前行驶的距离为 $x(t)$. 根据刹车规律,刹车的制动力为 kmg,从而由牛顿第二定律得到刹车后汽车的运动方程为

$$m\frac{\mathrm{d}^2x}{\mathrm{d}t^2}=-kmg.$$

上式两边同时约去 m,并积分一次得

$$v=\frac{\mathrm{d}x}{\mathrm{d}t}=\int-kg\mathrm{d}t=-kgt+C_1.$$

因为 $\dfrac{\mathrm{d}x}{\mathrm{d}t}\bigg|_{t=0}=v_0$，代入上式得 $C_1=v_0$，所以

$$v=\frac{\mathrm{d}x}{\mathrm{d}t}=-kgt+v_0.$$

对上式两边同时再积分一次得

$$x=\int(-kgt+v_0)\,\mathrm{d}t=-\frac{1}{2}kgt^2+v_0 t+C_2.$$

又因为 $x(0)=0$，代入上式得 $C_2=0$，所以刹车后在 t 时刻汽车向前行驶的距离为

$$x(t)=-\frac{1}{2}kgt^2+v_0 t.$$

当汽车停止时，$v=0$，由 $v=-kgt+v_0$ 知汽车从开始刹车到停止时所用的时间为 $t_2=\dfrac{v_0}{kg}$，代入上式，得到从刹车到汽车停止共行驶的距离为

$$x(t_2)=\frac{v_0^2}{2kg}.$$

因为停车线到十字路口的距离＝反应时间 t_1 内所行驶的距离＋刹车到汽车停止时间 t_2 内所行驶的距离，所以停车线到十字路口的距离为 $v_0 t_1+\dfrac{v_0^2}{2kg}$.

6.2　定积分的应用

应用定积分可以分析和解决如平面图形的面积、空间立体的体积等几何问题，以及变力沿直线所做的功、液体的侧压力等物理问题.为此,本节将介绍一种有效的方法 —— 微元法.

6.2.1　微元法

前面我们采用"分割、近似、求和、取极限"的思想方法介绍了定积分的概念，给出了定积分的表达式 $\displaystyle\int_a^b f(x)\mathrm{d}x$，那么如何利用定积分 $\displaystyle\int_a^b f(x)\mathrm{d}x$ 来表示某一个量 A 呢？下面介绍一种思想方法,即微元法.

把不易直接计算的所求量 A 按某种适当的方式分成一小块一小块的微量，具体步骤如下:

(1)把 A 看成由曲线 $y=f(x)\geqslant 0$ 及直线 $y=0$，$x=a$，$x=b$ 所围成的曲边梯形的面积，把 $[a,b]$ 分成长度为 $\Delta x_i(i=1,2,\cdots,n)$ 的 n 个小区间，相应地把曲边梯形分成 n 个很小的曲边梯形.

(2)用 ΔA_i 表示相应小区间上的小曲边梯形的面积，取 ΔA_i 的近似值:

$$\Delta A_i\approx f(\xi_i)\Delta x_i\quad(i=1,2,\cdots,n).$$

(3)所有的小曲边梯形面积相加求和就是大曲边梯形的面积，即

$$A=\sum_{i=1}^{n}\Delta A_i\approx\sum_{i=1}^{n}f(\xi_i)\Delta x_i,$$

且当 $\lambda=\max\limits_{1\leqslant i\leqslant n}\{\Delta x_i\}\to 0$ 时，A 与 $\displaystyle\sum_{i=1}^{n}f(\xi_i)\Delta x_i$ 的相对误差无限接近于零，则

$$A = \lim_{\lambda \to 0} \sum_{i=1}^{n} f(\xi_i) \Delta x_i = \int_a^b f(x) \, dx.$$

在实际应用中,为了简便起见,省略下标 i,用 ΔA 表示任一小区间 $[x, x+dx]$ 上相应小曲边梯形的面积.取 $[x, x+dx]$ 的左端点 x 为 ξ,以点 x 处的函数值 $f(x)$ 为高,则得 ΔA 的近似值:

$$\Delta A \approx f(x) \, dx.$$

上式右端 $f(x) \, dx$ 叫作**面积微元**,记为 dA,即 $dA = f(x) \, dx$,于是

$$A \approx \sum f(x) \, dx,$$

从而

$$A = \lim_{\lambda \to 0} \sum f(x) \, dx = \int_a^b f(x) \, dx.$$

上述方法称为**微元法**,采用微元法需要注意以下两点:

(1) 若一个量 A 能用定积分表示,那么这个量的最基本特征是具有可加性.

(2) 当 $dx \to 0$ 时,用 $f(x) \, dx$ 近似代替 ΔA,要严格检验 $\Delta A - f(x) \, dx$ 是否为 dx 的高阶无穷小,保证对应积分和的极限相等.

6.2.2 平面图形的面积

设函数 $y = f_1(x)$,$y = f_2(x)$($f_1(x) \geqslant f_2(x)$) 在区间 $[a, b]$ 上连续,求由曲线 $y = f_1(x)$,$y = f_2(x)$ 及直线 $x = a$,$x = b(a < b)$ 所围成的平面图形的面积(见图 6-1).

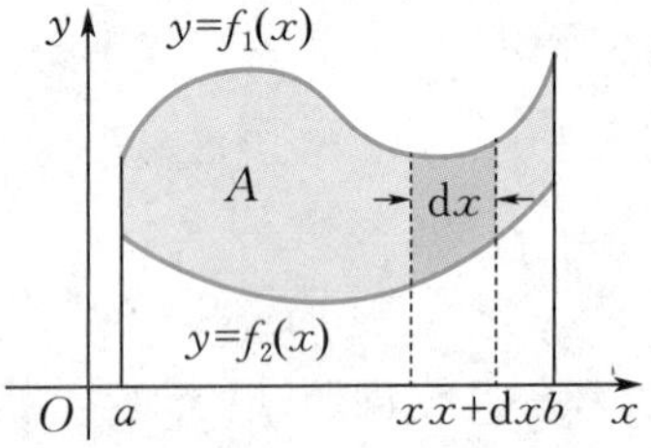

由定积分的几何意义可知,由曲线 $y = f(x)$($f(x) \geqslant 0$),直线 $x = a$,$x = b$ 及 x 轴所围成的平面图形的面积为 $\int_a^b f(x) \, dx$.对于图 6-1 所示的平面图形,也可以采用相同的思想方法来进行处理.

图 6-1

(1) 选变量,定区间.选取 x 为积分变量,积分区间为 $[a, b]$.在区间 $[a, b]$ 内任取一小区间 $[x, x+dx]$,过 x 与 $x+dx$ 作两条平行于 y 轴的直线,记在这两条直线之间的阴影面积为 ΔA.

(2) 近似代替,得微元.当 dx 很小时,此时的面积 ΔA 近似为小矩形的面积,即 $\Delta A \approx [f_1(x) - f_2(x)] \, dx$,则面积微元

$$dA = [f_1(x) - f_2(x)] \, dx.$$

(3) 积微元,得面积.所求平面图形的面积 A 等于所有面积微元的无限和,即

$$A = \int_a^b dA = \int_a^b [f_1(x) - f_2(x)] \, dx. \tag{6-1}$$

注 公式(6-1)不考虑曲线 $y = f_1(x)$ 与 $y = f_2(x)$ 在 x 轴上方还是下方,只要 $y = f_1(x)$ 在 $y = f_2(x)$ 上方($f_1(x) \geqslant f_2(x)$)即可.

类似地,可以得到由曲线 $x = g_1(y)$,$x = g_2(y)$($g_1(y) \geqslant g_2(y)$) 及直线 $y = c$,$y = d(c < d)$ 所围成的平面图形的面积 B.如图 6-2 所示,选取 y 为积分变量,积分区间为 $[c, d]$,面积微元

$$dB = [g_1(y) - g_2(y)] \, dy,$$

得面积

$$B = \int_c^d [g_1(y) - g_2(y)] \, dy.$$

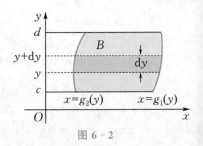

图 6-2

例 1　计算由直线 $y = x + 6$ 及抛物线 $y = x^2$ 所围成的平面图形的面积.

解　所给直线与抛物线相交于两点 $(-2, 4)$，$(3, 9)$. 选取 x 为积分变量，积分区间为 $[-2, 3]$，如图 6-3 所示，面积微元 $\mathrm{d}A = (x + 6 - x^2)\mathrm{d}x$. 于是，所求面积为

$$A = \int_{-2}^{3} (x + 6 - x^2)\, \mathrm{d}x = \frac{125}{6}.$$

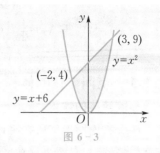

图 6-3

例 2　计算由曲线 $y = \sqrt{2x}$、直线 $y = x - 4$ 及 x 轴所围成的平面图形的面积.

解　**方法一**　所给曲线与直线之间的交点为 $(0, 0)$，$(4, 0)$，$(8, 4)$. 选取 x 为积分变量，积分区间分为两段 $[0, 4]$，$[4, 8]$，如图 6-4(a) 所示，面积微元 $\mathrm{d}A_1 = \sqrt{2x}\,\mathrm{d}x$，$\mathrm{d}A_2 = (\sqrt{2x} - x + 4)\mathrm{d}x$. 于是，所求面积为

$$A = A_1 + A_2 = \int_0^4 \sqrt{2x}\,\mathrm{d}x + \int_4^8 (\sqrt{2x} - x + 4)\,\mathrm{d}x = \frac{40}{3}.$$

方法二　选取 y 为积分变量，积分区间为 $[0, 4]$，如图 6-4(b) 所示，面积微元 $\mathrm{d}A = \left(4 + y - \dfrac{1}{2}y^2\right)\mathrm{d}y$. 于是，所求面积为

$$A = \int_0^4 \left(4 + y - \frac{1}{2}y^2\right)\mathrm{d}y = \frac{40}{3}.$$

方法三　选取 x 为积分变量，所求面积可以看作由曲线 $y = \sqrt{2x}$，直线 $x = 8$ 及 x 轴所围成的平面图形的面积减去三角形的面积，如图 6-4(c) 所示. 于是，所求面积为

$$A = A_1 - A_2 = \int_0^8 \sqrt{2x}\,\mathrm{d}x - \frac{1}{2} \times 4 \times 4 = \frac{40}{3}.$$

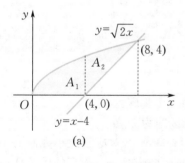
(a)
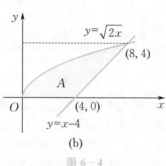
(b)
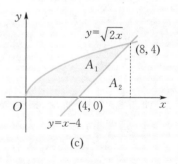
(c)

图 6-4

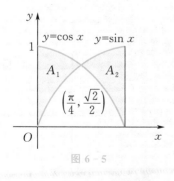

图 6-5

例 3　计算由曲线 $y = \sin x$，$y = \cos x$ 及直线 $x = 0$，$x = \dfrac{\pi}{2}$ 所围成的平面图形的面积.

解　两曲线的交点为 $\left(\dfrac{\pi}{4}, \dfrac{\sqrt{2}}{2}\right)$. 选取 x 为积分变量，积分区间分为两段 $\left[0, \dfrac{\pi}{4}\right]$，$\left[\dfrac{\pi}{4}, \dfrac{\pi}{2}\right]$，如图 6-5 所示，面积微元 $\mathrm{d}A_1 = (\cos x - \sin x)\mathrm{d}x$，$\mathrm{d}A_2 = (\sin x - \cos x)\mathrm{d}x$. 于是，所求面积为

$$A = A_1 + A_2 = \int_0^{\frac{\pi}{4}} (\cos x - \sin x)\mathrm{d}x + \int_{\frac{\pi}{4}}^{\frac{\pi}{2}} (\sin x - \cos x)\mathrm{d}x = 2(\sqrt{2} - 1).$$

6.2.3 空间立体的体积

1. 旋转体的体积

一个平面图形绕所在平面内一条定直线旋转一周所得的几何体叫作旋转体,该定直线叫作旋转体的轴.自然界存在多种多样的旋转体,如长方形绕其一边旋转一周得到圆柱,直角三角形绕其直角边旋转一周得到圆锥,直角梯形绕其直角边旋转一周得到圆台.根据定义,我们该如何求得自然界中旋转体的体积呢?

现有一个葡萄酒桶,如图 6-6(a) 所示,如何求得它的体积? 可将其进行切片,如图 6-6(b) 所示,只要知道每个薄片的半径与厚度(将每个薄片近似看作圆柱体),求出每个薄片的体积,随着分割得越来越细,每个薄片的体积越来越接近精确值,再将其累加,就是整个葡萄酒桶的体积.

(a)　　(b)

图 6-6

为了方便讨论,旋转体一般可以看作由平面图形绕 x 轴或者 y 轴旋转一周所得.

由连续曲线 $y = f(x)$,直线 $x = a$,$x = b$ 及 x 轴所围成的平面图形如图 6-7(a) 所示,求其绕 x 轴旋转一周所得的旋转体的体积.

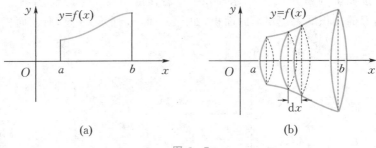

(a)　　　　　　　　(b)

图 6-7

如图 6-7(b) 所示,根据微元法求上述旋转体的体积分为三个步骤:

(1) 选变量,定区间.选取 x 为积分变量,并确定它的积分区间为 $[a, b]$.

(2) 近似代替,得微元.在区间 $[a, b]$ 上任取一小区间 $[x, x + \mathrm{d}x]$,对应于此小区间的小平面图形绕 x 轴旋转一周所得旋转体体积近似为以 $f(x)$ 为底面圆半径、$\mathrm{d}x$ 为高的圆柱体体积,则体积微元为

$$\mathrm{d}V = \pi f^2(x)\mathrm{d}x.$$

(3) 积微元,得体积.所求旋转体体积等于所有体积微元的无限和,即

$$V_x = \int_a^b \pi f^2(x)\mathrm{d}x.$$

同理,由连续曲线 $x = \varphi(y)$,直线 $y = c$,$y = d$ 及 y 轴所围成的平面图形(见图 6-8)绕 y 轴旋转一周所得的旋转体的体积为

$$V_y = \int_c^d \pi \varphi^2(y)\mathrm{d}y.$$

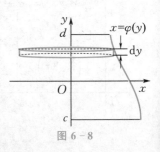

图 6-8

例 4 求由曲线 $y=\sqrt{x}$，直线 $x=1$ 以及 x 轴所围成的平面图形绕 x 轴旋转一周所得旋转体的体积.

解 平面图形绕 x 轴旋转一周，则选取 x 为积分变量，积分区间为 $[0,1]$，体积微元 $dV=\pi(\sqrt{x})^2dx$. 于是，所求旋转体的体积为

$$V=\int_0^1\pi(\sqrt{x})^2dx=\pi\int_0^1 x\,dx=\frac{\pi}{2}.$$

例 5 求椭圆 $\dfrac{x^2}{4}+\dfrac{y^2}{9}=1$ 分别绕 x 轴、y 轴旋转一周所得椭球体的体积.

解 若椭圆绕 x 轴旋转一周，所求椭球体可以看作由曲线 $y=\dfrac{3}{2}\sqrt{4-x^2}$ 与 x 轴所围成的平面图形绕 x 轴旋转一周所得的旋转体. 这时，选取 x 为积分变量，积分区间为 $[-2,2]$，体积微元 $dV=\pi\left(\dfrac{3}{2}\sqrt{4-x^2}\right)^2dx$. 于是，椭圆绕 x 轴旋转一周所得椭球体的体积为

$$V_x=\pi\int_{-2}^2\left(\frac{3}{2}\sqrt{4-x^2}\right)^2dx=\frac{9\pi}{4}\int_{-2}^2(4-x^2)dx=24\pi.$$

若椭圆绕 y 轴旋转一周，所求椭球体可以看作由曲线 $x=\dfrac{2}{3}\sqrt{9-y^2}$ 与 y 轴所围成的平面图形绕 y 轴旋转一周所得的旋转体. 这时，选取 y 为积分变量，积分区间为 $[-3,3]$，体积微元 $dV=\pi\left(\dfrac{2}{3}\sqrt{9-y^2}\right)^2dy$. 于是，椭圆绕 y 轴旋转一周所得椭球体的体积为

$$V_y=\pi\int_{-3}^3\left(\frac{2}{3}\sqrt{9-y^2}\right)^2dy=\frac{4\pi}{9}\int_{-3}^3(9-y^2)dy=16\pi.$$

由例 5 可以看出，同一个平面图形绕不同轴旋转一周所得旋转体的体积可能会不同.

例 6 求由曲线 $y=x^2$ 与直线 $y=2x+3$ 所围成的平面图形绕 x 轴旋转一周所得旋转体的体积.

解 如图 $6-9$ 所示，所求旋转体的体积可看作由直线 $y=2x+3$，$x=-1$，$x=3$ 及 x 轴所围成的平面图形绕 x 轴旋转一周所得旋转体的体积（设为 V_1）减去由曲线 $y=x^2$ 与直线 $x=-1$，$x=3$ 及 x 轴所围成的平面图形绕 x 轴旋转一周所得旋转体的体积（设为 V_2），且体积微元 $dV_1=\pi(2x+3)^2dx$，$dV_2=\pi x^4dx$. 于是，所求旋转体的体积为

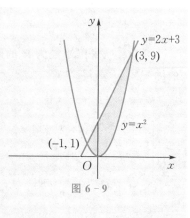

图 $6-9$

$$V=V_1-V_2=\int_{-1}^3\pi(2x+3)^2dx-\int_{-1}^3\pi x^4dx=\frac{364\pi}{3}-\frac{244\pi}{5}=\frac{1\,088\pi}{15}.$$

例 6 所用的方法可以推广到一般的情形.

由曲线 $y = f_1(x), y = f_2(x)(f_1(x) \geqslant f_2(x))$ 及直线 $x = a, x = b(a < b)$ 所围成的平

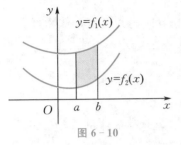

图 6-10

面图形(见图 6-10)绕 x 轴旋转一周所得旋转体的体积为

$$V = \int_a^b \pi \left[f_1^2(x) - f_2^2(x) \right] \mathrm{d}x.$$

类似地,由曲线 $x = g_1(y), x = g_2(y)(g_1(y) \geqslant g_2(y))$ 及直线 $y = c, y = d(c < d)$ 所围成的平面图形绕 y 轴旋转一周所得旋转体的体积为

$$V = \int_c^d \pi \left[g_1^2(y) - g_2^2(y) \right] \mathrm{d}y.$$

2. 平行截面面积为已知的立体的体积

通过前面的学习,我们能够求得旋转体的体积,下面我们用类似的方法计算平行截面面积为已知的立体的体积.

如图 6-11 所示,设某立体图形在 x 轴上的投影区间为 $[a, b]$,用过点 x 且垂直于 x 轴的平面与立体图形相截,记截面面积为 $S(x)$,函数 $S(x)$ 在区间 $[a, b]$ 上连续,求此立体的体积.

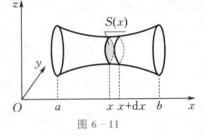

图 6-11

对于平行截面面积为已知的立体,我们可以采取以下步骤求得其体积:

(1)选变量,定区间.选取 x 为积分变量,积分区间为 $[a, b]$.

(2)近似代替,得微元.在 $[a, b]$ 内任取一小区间 $[x, x + \mathrm{d}x]$,对应于此小区间的体积近似为以 $S(x)$ 为底、$\mathrm{d}x$ 为高的柱体体积,则体积微元为

$$\mathrm{d}V = S(x)\mathrm{d}x.$$

(3)积微元,得体积.所求立体体积等于所有体积微元的无限和,即

$$V = \int_a^b S(x)\mathrm{d}x.$$

例 7 求以半径为 R 的圆为底、平行且等于底圆直径的线段为顶、高为 h 的正劈锥体的体积.

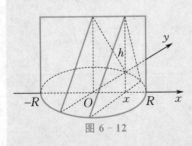

图 6-12

解 如图 6-12 所示,取底圆所在的平面为 xOy 面,圆心 O 为原点,并使 x 轴与正劈锥体的顶平行,底圆的方程为 $x^2 + y^2 = R^2$.

在 x 轴上任取一点 $x \in (-R, R)$,过该点作垂直于 x 轴的平面与正劈锥体相截,截面为等腰三角形,截面面积为

$$S(x) = \frac{1}{2}(2\sqrt{R^2 - x^2}) \cdot h = h\sqrt{R^2 - x^2}.$$

于是,所求正劈锥体的体积为

$$V = \int_{-R}^R S(x)\mathrm{d}x = \int_{-R}^R h\sqrt{R^2 - x^2}\,\mathrm{d}x = \frac{1}{2}\pi R^2 h.$$

6.2.4 变力沿直线所做的功

在物理学中,若有一恒力 F 作用在物体上,使物体沿力的方向移动了距离 s,则力 F 对物体所做的功为 $W=Fs$. 如果作用在物体上的力 F 不是恒力,或力 F 是恒力但物体移动的方向是变动的,则求力 F 对物体做的功就需要采用微元法,利用定积分来计算.

例 8 现有一家健身器材工厂,设计出一款脚蹬拉伸器,为保证安全并达到最好的健身效果,需要做相关的测试,其中有一项是测试拉长器材需要做多少功. 已知该拉伸器在大小为1的拉力的作用下伸长0.01(国际单位制下的取值),问:要使拉伸器伸长0.1,需要做多少功?

解 拉伸器可看作一个弹簧,由胡克(Hooke)定律可知,弹力的大小与弹簧拉伸长度成正比,即

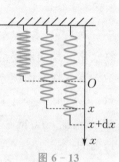

$$F=kx \quad (k \text{ 为弹性系数}).$$

由题设知当 $F=1$ 时,$x=0.01$,则得 $k=100$. 由于在弹簧拉伸过程中力是变化的,现要求变力做的功,需用微元法.

建立坐标系如图 6-13 所示,其中弹簧不受拉力时的末端为原点. 选取 x 为积分变量,在区间 $[0,0.1]$ 上任取一小区间 $[x,x+\mathrm{d}x]$,当 $\mathrm{d}x$ 很小时,弹力 F 变化很小,在这一小区间段可以近似看作恒力做功,则功微元为 $\mathrm{d}W=F(x)\mathrm{d}x=100x\mathrm{d}x$. 于是,所做功为

图 6-13

$$W=\int_0^{0.1} 100x\,\mathrm{d}x=0.5.$$

例 9 有一家奶茶店开发出一种新的奶茶杯,在进入市场前,需要测试人在吸奶茶时是否费劲. 已知该奶茶杯为圆柱形,高 0.12、底面半径 0.03(国际单位制下的取值). 设奶茶杯内盛满了奶茶,奶茶密度为 ρ,重力加速度为 g. 问:要把杯中的奶茶全部吸出,需要做多少功?

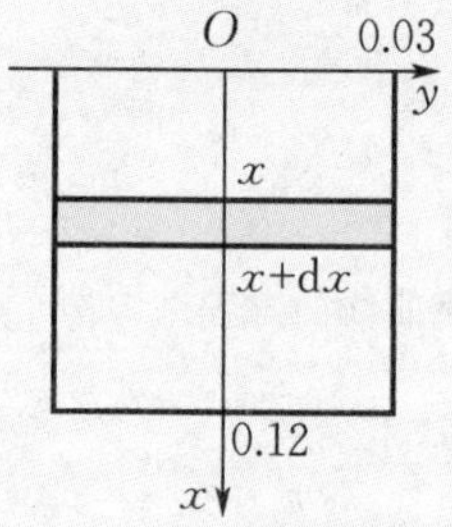

解 建立坐标系如图 6-14 所示,选取 x 为积分变量,在区间 $[0,0.12]$ 上任取一小区间 $[x,x+\mathrm{d}x]$,这一薄层奶茶的重力为 $0.000\,9\pi\rho g\,\mathrm{d}x$,则将奶茶吸出至杯口的功微元为 $\mathrm{d}W=0.000\,9\pi\rho gx\,\mathrm{d}x$. 于是,所做功为

图 6-14

$$W=\int_0^{0.12} 0.000\,9\pi\rho gx\,\mathrm{d}x=0.648\times10^{-5}\pi\rho g.$$

6.2.5 液体的侧压力

在物理学中,一水平放置在液体中的薄板面积为 A,距离液面深度为 h,则该薄板的一侧所受的压力为 $F=\rho ghA$(ρ 为液体的密度,g 为重力加速度,ρgh 为液面深度为 h 处的压强). 如果薄板竖直放置,由于在不同深度处的压强不同,因而不能直接用上述公式计算,需要采用微元法,利用定积分来计算.

例10 设一节密封沉管长180、宽35、高10(国际单位制下的取值),在对沉管灌水使

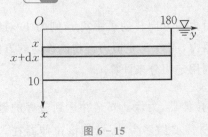

图 6-15

其下沉过程中,其表面受到海水的压强将不断变大. 问:当沉管上表面刚好水平浸没在海水中时,这节沉管正侧面(一面)所受海水的压力为多少?已知海水的密度为 ρ,重力加速度为 g.

解 建立坐标系如图6-15所示. 选取 x 为积分变量,在区间 $[0,10]$ 上任取一小区间 $[x,x+\mathrm{d}x]$,这一薄层海水对沉管正侧面造成的压力微元为 $\mathrm{d}F = \rho g x \cdot 180\mathrm{d}x$. 于是,沉管正侧面(一面)所受到海水的压力为

$$F = \int_0^{10} \rho g x \cdot 180\mathrm{d}x = 9\,000\rho g.$$

例11 洒水车的水箱是一个横放着的圆柱体,侧面圆半径为 R,当水箱装满水时,计算水箱一端面所受的水压力.

解 在端面建立坐标系如图6-16所示. 选取 x 为积分变量,在区间 $[0,2R]$ 上任取一小区间 $[x,x+\mathrm{d}x]$,则压力微元为 $\mathrm{d}F = \rho g x \cdot 2\sqrt{R^2-(x-R)^2}\mathrm{d}x$. 于是,水箱一端面所受的水压力为

$$F = \int_0^{2R} \rho g x \cdot 2\sqrt{R^2-(x-R)^2}\mathrm{d}x$$

$$\xrightarrow{\text{令}\,t=x-R} 2\rho g \int_{-R}^{R} (t+R)\sqrt{R^2-t^2}\,\mathrm{d}t$$

$$= 4\rho g R \int_0^R \sqrt{R^2-t^2}\,\mathrm{d}t = \rho g \pi R^3.$$

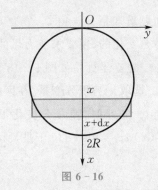

图 6-16

习题 6

1.设一曲线在任意点 (x,y) 处的切线斜率为 $\dfrac{x}{\sqrt{x^2+1}}$,且曲线通过点 $(0,5)$,求该曲线的方程.

2.如果某产品的边际成本函数为 $C'(x) = 30 - 0.05x$,固定成本为 $2\,000$,求总成本函数.

3.已知某公司产品的边际成本函数为 $C'(x) = 3x\sqrt{x^2+1}$,边际收益函数为 $R'(x) = \dfrac{7}{2}x(x^2+1)^{\frac{3}{4}}$. 设固定成本为 $10\,000$,试求此公司的总成本函数和总收益函数.

4.美丽的冰城常年积雪,滑冰场完全靠自然结冰,设结冰的速度由 $\dfrac{\mathrm{d}y}{\mathrm{d}t} = k\sqrt{t}(k>0$ 为常数)所确定,其中 y 是从结冰起到 t 时刻冰的厚度,求结冰厚度 y 与 t 的函数关系.

5.一电路中电流关于时间的变化率为 $\dfrac{\mathrm{d}I}{\mathrm{d}t} = 4t - 0.06t^2$. 当 $t=0$ 时,$I=2$,求电流 I 与时间 t 的函数关系.

6.求由下列曲线所围成平面图形的面积:

(1) $y = x^2, x = y^2$;

(2) $y = \ln x$, $y = 0$, $y = 1$ 及 y 轴;

(3) $y = 3x + 5$, $y = x^2 + 1$;

(4) $y = x$, $y = \dfrac{1}{\sqrt{x}}$, $x = 4$.

7. 求由抛物线 $y = -x^2 + 4x - 3$ 及其在点 $(0, -3)$ 和点 $(3, 0)$ 处的切线所围成的平面图形的面积.

8. 如图 6-17 所示,一桥拱的形状为抛物线,已知该桥拱的高为 h,宽为 b,求桥拱所围成平面图形的面积.

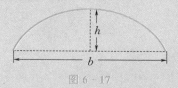

图 6-17

9. 求由曲线 $y = x^2 + 1$ 和直线 $y = -x + 3$ 所围成平面图形绕 x 轴旋转一周所得旋转体的体积.

10. 求曲线 $x^2 + (y - 5)^2 = 16$ 绕 x 轴旋转一周所得旋转体的体积.

11. 为了响应国家环境保护政策,一工厂决定对其发电烟囱进行改造,如图 6-18 所示,它是由双曲线绕其虚轴旋转一周所得的几何体.已知烟囱最细处的直径为 6,最下端的直径为 10,最细处离地面 3,烟囱高 12(国际单位制下的取值),试求该烟囱占有空间的大小(精确到 0.1).

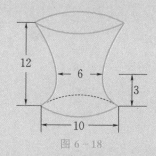

图 6-18

12. 设有一长为 L、质量为 M 的均匀细直杆,另有一质量为 m 的质点和杆在一条直线上,质点到杆的近端距离为 a,求细杆对质点的引力.

13. 把一个带 $+q$ 电量的点电荷放在 r 轴原点处,它产生一个电场,这个电场对周围的电荷有作用力.由物理学知识,如果一个单位正电荷放在这个电场中距离原点为 r 的地方,那么电场对它的作用力的大小为 $F = k\dfrac{q}{r^2}$(k 是常数).当这个单位正电荷在电场中从 $r = a$ 处沿 r 轴移动到 $r = b(a < b)$ 处时,计算电场力 F 对该电荷所做的功.

14. 有一底为 a、高为 h 的等腰三角形片倒立垂直浸没在比重为 ρ 的液体中,设底边与水平面平行且底边与水平面的距离为 b,求此三角形片的一面所受的压力 F.

模块二 机械信息

项目 **7**

探索微分方程

7.1　微分方程的基本概念

在许多科技领域里,我们会发现所研究的变量之间的某个函数较难直接得到,但可以建立这些变量和它们的导数或微分之间的关系. 这种关于自变量、未知函数及其导数或微分的方程,数学上称为微分方程.

7.1.1　引例

1. 几何问题

一条曲线通过点$(1,0)$,且在该曲线上任一点(x,y)处的切线的斜率为$2x$,求这条曲线的方程.

设平面曲线方程为$y=f(x)$,由题意知

$$\frac{\mathrm{d}y}{\mathrm{d}x}=2x.$$

悬链线

对上式两边同时积分,得

$$y=\int 2x\,\mathrm{d}x=x^2+C,$$

其中C是待定常数. 因曲线通过点$(1,0)$,故有$y\Big|_{x=1}=0$,代入上式得$C=-1$. 于是,所求曲线方程为

$$y=x^2-1.$$

2. 路程问题

一列车以$20\ \mathrm{m/s}$的速度沿直线行驶,制动时列车获得加速度$-0.4\ \mathrm{m/s^2}$. 问:开始制动后多长时间列车才能完全停止,以及列车在这段时间里行驶了多少路程?

设列车开始制动后$t\ \mathrm{s}$完全停止,并行驶了$s\ \mathrm{m}$,由路程函数二阶导数的物理意义,反映制动阶段列车运动规律的函数$s=s(t)$满足

$$\frac{\mathrm{d}^2 s}{\mathrm{d}t^2}=-0.4.$$

对上式两边同时积分一次,得

$$v=\frac{\mathrm{d}s}{\mathrm{d}t}=-0.4t+C_1,$$

对上式两边同时再积分一次,得

• 109 •

$$s = -0.2t^2 + C_1 t + C_2,$$

其中 C_1, C_2 都是待定常数. 因列车在开始制动时的初速度为 20 m/s, 路程为 0 m, 故有 $\dfrac{\mathrm{d}s}{\mathrm{d}t}\Big|_{t=0} =$ 20 和 $s\Big|_{t=0} = 0$, 分别代入上两式, 得 $C_1 = 20, C_2 = 0$. 于是, 得到列车的运动方程为

$$v = -0.4t + 20, \tag{7-1}$$
$$s = -0.2t^2 + 20t. \tag{7-2}$$

在式(7-1)中令 $v = 0$, 得到列车从开始制动到完全停止所需的时间为

$$t_0 = \frac{20}{0.4} = 50 \ (\mathrm{s}).$$

再把 $t_0 = 50$ 代入式(7-2), 得到列车在制动阶段行驶的路程为

$$s_0 = -0.2 \times 50^2 + 20 \times 50 = 500 \ (\mathrm{m}).$$

7.1.2　微分方程的基本概念

上述两个例子中的关系式 $\dfrac{\mathrm{d}y}{\mathrm{d}x} = 2x$ 和 $\dfrac{\mathrm{d}^2 s}{\mathrm{d}t^2} = -0.4$ 都含有未知函数的导数, 它们都是微分方程. 一般地, 有如下概念.

定义 1　含有未知函数及其导数或微分的方程称为微分方程. 未知函数是一元函数的微分方程称为常微分方程, 简称微分方程.

微分方程中出现的未知函数的导数的最高阶数称为微分方程的阶. 例如, 方程 $\dfrac{\mathrm{d}y}{\mathrm{d}x} = 2x$ 是一阶微分方程, 方程 $\dfrac{\mathrm{d}^2 s}{\mathrm{d}t^2} = -0.4$ 是二阶微分方程, 方程 $y''' + (y'')^7 - 2y' + y^4 = \cos 5x$ 是三阶微分方程.

n 阶微分方程的一般形式为

$$F(x, y, y', \cdots, y^{(n)}) = 0.$$

注　在这个 n 阶微分方程中, x 是自变量, $y = f(x)$ 是未知函数, $y^{(n)}$ 的系数不能为零, 而 $x, y, y', \cdots, y^{(n-1)}$ 的系数可以为零. 例如, $y^{(n)} + 1 = 0$ 是 n 阶微分方程, 其中 $x, y, y', \cdots, y^{(n-1)}$ 的系数全为零, $y^{(n)}$ 的系数不为零.

n 阶微分方程也可以表示为

$$y^{(n)} = f(x, y, y', \cdots, y^{(n-1)}).$$

在 n 阶微分方程 $F(x, y, y', \cdots, y^{(n)}) = 0$ 中, 若 $y, y', \cdots, y^{(n)}$ 都是以一次幂形式出现, 且不含它们的乘积项, 这样的微分方程叫作线性微分方程.

n 阶线性微分方程的一般形式为

$$y^{(n)} + P_1(x) y^{(n-1)} + \cdots + P_{n-1}(x) y' + P_n(x) y = Q(x), \tag{7-3}$$

其特点是未知函数及其各阶导数都是一次有理整式, 其中 $P_i(x)(i = 1, 2, \cdots, n)$, $Q(x)$ 均为自变量 x 的已知函数. 若 $Q(x) \neq 0$, 则方程(7-3)称为 n 阶非齐次线性微分方程; 若 $Q(x) \equiv 0$, 则方程(7-3)称为 n 阶齐次线性微分方程.

若将一个函数 $y = f(x)$ 代入微分方程后能使方程成为恒等式, 则称函数 $y = f(x)$ 为该微分方程的解. 求微分方程解的过程, 称为解微分方程.

不难验证, 函数 $y = x^2 + C$ 和 $y = x^2 - 1$ 都是微分方程 $\dfrac{\mathrm{d}y}{\mathrm{d}x} = 2x$ 的解, 函数 $s = -0.2t^2 +$

$C_1 t + C_2$ 和 $s = -0.2t^2 + 20t$ 都是微分方程 $\dfrac{\mathrm{d}^2 s}{\mathrm{d}t^2} = -0.4$ 的解.

如果微分方程的解中所含相互独立的任意常数的个数与微分方程的阶数相同,则称这样的解为微分方程的通解.

例如,函数 $y = x^2 + C$(C 为任意常数)就是一阶微分方程 $\dfrac{\mathrm{d}y}{\mathrm{d}x} = 2x$ 的通解,函数 $s = -0.2t^2 + C_1 t + C_2$($C_1, C_2$ 为相互独立的任意常数)就是二阶微分方程 $\dfrac{\mathrm{d}^2 s}{\mathrm{d}t^2} = -0.4$ 的通解.

因为通解中含有任意常数,所以它还不能完全确定地反映某一客观事物的规律.为此,要根据问题的实际情况提出确定这些常数的条件.确定了通解中的任意常数后所得到的解称为微分方程的特解.

例如,函数 $y = x^2 - 1$ 是微分方程 $\dfrac{\mathrm{d}y}{\mathrm{d}x} = 2x$ 的特解,函数 $s = -0.2t^2 + 20t$ 是微分方程 $\dfrac{\mathrm{d}^2 s}{\mathrm{d}t^2} = -0.4$ 的特解.

用于确定通解中的任意常数而得到特解的条件称为初始条件.

例如,$y \Big|_{x=1} = 0$ 是微分方程 $\dfrac{\mathrm{d}y}{\mathrm{d}x} = 2x$ 的初始条件,$\dfrac{\mathrm{d}s}{\mathrm{d}t}\Big|_{t=0} = 20, s\Big|_{t=0} = 0$ 是微分方程 $\dfrac{\mathrm{d}^2 s}{\mathrm{d}t^2} = -0.4$ 的初始条件.

设微分方程中的未知函数为 $y = f(x)$.如果微分方程是一阶的,通常用来确定任意常数的初始条件是

$$y \Big|_{x=x_0} = y_0,$$

其中 x_0, y_0 都是给定的值;如果微分方程是二阶的,通常用来确定任意常数的初始条件是

$$y \Big|_{x=x_0} = y_0, \quad y' \Big|_{x=x_0} = y_1,$$

其中 x_0, y_0 和 y_1 都是给定的值.

一个微分方程与其初始条件构成的问题,称为初值问题.求解某初值问题,就是求微分方程的特解.

例 1 验证函数 $x = C_1 \cos kt + C_2 \sin kt$ 是微分方程 $\dfrac{\mathrm{d}^2 x}{\mathrm{d}t^2} + k^2 x = 0$ 的解.

证 对所给函数连续求两次导数,得

$$\frac{\mathrm{d}x}{\mathrm{d}t} = -kC_1 \sin kt + kC_2 \cos kt,$$

$$\frac{\mathrm{d}^2 x}{\mathrm{d}t^2} = -k^2 C_1 \cos kt - k^2 C_2 \sin kt = -k^2(C_1 \cos kt + C_2 \sin kt).$$

把 $\dfrac{\mathrm{d}^2 x}{\mathrm{d}t^2}$ 及 x 的表达式代入微分方程得

$$-k^2(C_1 \cos kt + C_2 \sin kt) + k^2(C_1 \cos kt + C_2 \sin kt) \equiv 0.$$

代入后微分方程成为一个恒等式,因此函数 $x = C_1 \cos kt + C_2 \sin kt$ 是微分方程的解.

7.2　典型问题建立微分方程

例 1　（衰变问题）放射性元素铀由于不断地有原子放射出微粒子而变成其他元素，铀的含量就不断减少，这种现象称为衰变.由原子物理学知道，铀的衰变速度与当时未衰变的原子的含量 M 成正比，已知 $t=0$ 时，铀的含量为 M_0.试建立在衰变过程中铀的含量 $M(t)$ 与时间 t 的微分方程.

解　根据题意，微分方程为

$$\frac{dM}{dt} = -\lambda M \quad (\lambda > 0 \text{ 为常数}),\tag{7-4}$$

初始条件为 $M\Big|_{t=0} = M_0$.

注　式(7-4)中的 λ 称为衰变系数，λ 前的负号是当 t 增加时 M 单调减少，即 $\dfrac{dM}{dt}<0$ 的缘故.

例 2　（经济问题）设某公司 t 年后净资产有 $W(t)$（单位：百万元），且资产本身以每年 5% 的速度连续增长，同时该公司每年要以 3 千万元的数额连续支付职工工资.已知公司初始净资产为 W_0，试建立公司净资产 $W(t)$ 与时间 t 的微分方程.

解　根据题意，微分方程为

$$\frac{dW}{dt} = 0.05W - 30,$$

初始条件为 $W\Big|_{t=0} = W_0$.

例 3　（动力学问题）设降落伞从跳伞塔下落后，所受空气阻力与速度成正比，并设降落伞离开跳伞塔时速度为零.试建立降落伞下落速度 $v(t)$ 与时间 t 的微分方程.

解　根据题意与牛顿第二定律，微分方程为

$$m\frac{dv}{dt} = mg - kv \quad (k > 0 \text{ 为常数}),$$

初始条件为 $v\Big|_{t=0} = 0$.

注　动力学问题的根据是牛顿第二定律 $F = ma$，其中加速度 $a = \dfrac{dv}{dt}$.

从上述例子可以看出，微分方程在物理学、经济学等领域中有着广泛的应用.在分析问题时，要注意其背景，根据已知定律、公式以及某些等量关系列出微分方程和相应的初始条件.

7.3　微分方程的解法

列出微分方程后，应如何求解呢？下面介绍微分方程的一些基本理论、常见的微分方程类型及其解法.

7.3.1　一阶微分方程及其解法

一阶微分方程的一般形式为
$$F(x,y,y')=0 \quad 或 \quad y'=f(x,y).$$

1. 可分离变量的微分方程

形如
$$\frac{\mathrm{d}y}{\mathrm{d}x}=f(x)g(y)$$

的一阶微分方程称为可分离变量的微分方程. 当 $g(y)\neq 0$ 时,它可变形为
$$\frac{\mathrm{d}y}{g(y)}=f(x)\mathrm{d}x,$$

即微分方程的一边只含 y 的函数和 $\mathrm{d}y$,另一边只含 x 的函数和 $\mathrm{d}x$.

可分离变量的微分方程的求解步骤如下:

(1) 分离变量,将方程化为 $\dfrac{\mathrm{d}y}{g(y)}=f(x)\mathrm{d}x$ 的形式;

(2) 两边同时积分,即 $\displaystyle\int \frac{\mathrm{d}y}{g(y)}=\int f(x)\mathrm{d}x$;

(3) 求出通解 $G(y)=F(x)+C$,其中 $G(y)$, $F(x)$ 分别为 $\dfrac{1}{g(y)}$, $f(x)$ 的某一个原函数,C 为任意常数.

这种求解可分离变量的微分方程的方法称为分离变量法.

注　若存在 y_0,使得 $g(y_0)=0$,则 $y=y_0$ 也是微分方程的解. 若它不包含在通解中,则在解微分方程时须补上特解 $y=y_0$.

例1　求微分方程 $\dfrac{\mathrm{d}y}{\mathrm{d}x}=\dfrac{y}{x}$ 的通解.

解　显然 $y=0$ 为微分方程的解. 当 $y\neq 0$ 时,将微分方程分离变量,得
$$\frac{\mathrm{d}y}{y}=\frac{\mathrm{d}x}{x}.$$

两边同时积分,得
$$\ln|y|=\ln|x|+C_1, \quad 即 \quad \frac{y}{x}=\pm\mathrm{e}^{C_1}.$$

记 $C=\pm\mathrm{e}^{C_1}$,便得到微分方程的通解为
$$y=Cx \quad (C \text{ 为任意常数}).$$

例2　求微分方程 $\dfrac{\mathrm{d}y}{\mathrm{d}x}=2xy^2$ 的通解.

解　显然 $y=0$ 为微分方程的解. 当 $y\neq 0$ 时,将微分方程分离变量,得
$$\frac{\mathrm{d}y}{y^2}=2x\mathrm{d}x.$$

两边同时积分,得

$$-\frac{1}{y} = x^2 + C.$$

于是，微分方程的通解为

$$y = -\frac{1}{x^2 + C} \quad （C \text{ 为任意常数}）.$$

注　C 为任意常数不再特殊说明.

例 3　求微分方程 $\dfrac{\mathrm{d}y}{\mathrm{d}x} = y^2 \sin x$ 满足初始条件 $y\Big|_{x=0} = -\dfrac{1}{2}$ 的特解.

解　将微分方程分离变量，得

$$\frac{\mathrm{d}y}{y^2} = \sin x \, \mathrm{d}x.$$

两边同时积分，得

$$-\frac{1}{y} = -\cos x + C, \quad 即 \quad y = \frac{1}{\cos x - C}.$$

将初始条件 $y\Big|_{x=0} = -\dfrac{1}{2}$ 代入上式，可得 $C = 3$，从而原微分方程的特解为

$$y = \frac{1}{\cos x - 3}.$$

例 4　求微分方程 $\mathrm{e}^x \cos y \, \mathrm{d}x + (\mathrm{e}^x + 1)\sin y \, \mathrm{d}y = 0$ 满足初始条件 $y\Big|_{x=0} = \dfrac{\pi}{4}$ 的特解.

解　将微分方程分离变量，得

$$\tan y \, \mathrm{d}y = \frac{-\mathrm{e}^x}{\mathrm{e}^x + 1} \, \mathrm{d}x.$$

两边同时积分，得

$$-\int \frac{\mathrm{d}(\cos y)}{\cos y} = -\int \frac{\mathrm{d}(\mathrm{e}^x + 1)}{\mathrm{e}^x + 1}, \quad 即 \quad -\ln|\cos y| = -\ln(\mathrm{e}^x + 1) + C.$$

将初始条件 $y\Big|_{x=0} = \dfrac{\pi}{4}$ 代入上式，可得 $C = \ln 2\sqrt{2}$，从而原微分方程的特解为

$$-\ln|\cos y| = -\ln(\mathrm{e}^x + 1) + \ln 2\sqrt{2}, \quad 即 \quad (\mathrm{e}^x + 1)\sec y = 2\sqrt{2}.$$

例 5　求解 7.2 节例 1 衰变问题的初值问题.

解　初值问题为

$$\begin{cases} \dfrac{\mathrm{d}M}{\mathrm{d}t} = -\lambda M, \\[2mm] M\Big|_{t=0} = M_0. \end{cases}$$

分离变量，得

$$\frac{\mathrm{d}M}{M} = -\lambda \, \mathrm{d}t.$$

两边同时积分，得

$$\ln M = -\lambda t + \ln C, \quad 即 \quad M = C\mathrm{e}^{-\lambda t}.$$

将初始条件 $M\big|_{t=0}=M_0$ 代入上式,可得 $C=M_0$,从而初值问题的解为

$$M=M_0\mathrm{e}^{-\lambda t}.$$

由此可见,铀的含量随时间的增加而按指数规律衰减.

例 6 求解 7.2 节例 2 经济问题的初值问题.

解 初值问题为

$$\begin{cases}\dfrac{\mathrm{d}W}{\mathrm{d}t}=0.05W-30,\\[2mm] W\big|_{t=0}=W_0.\end{cases}$$

分离变量,得

$$\frac{\mathrm{d}W}{W-600}=0.05\mathrm{d}t.$$

两边同时积分,得

$$\ln|W-600|=0.05t+\ln C_1,\quad 即\quad W-600=C\mathrm{e}^{0.05t}\quad(C=\pm C_1).$$

将初始条件 $W\big|_{t=0}=W_0$ 代入上式,可得 $C=W_0-600$,从而初值问题的解为

$$W=600+(W_0-600)\mathrm{e}^{0.05t}.$$

例 7 求解 7.2 节例 3 动力学问题的初值问题.

解 初值问题为

$$\begin{cases}m\dfrac{\mathrm{d}v}{\mathrm{d}t}=mg-kv,\\[2mm] v\big|_{t=0}=0.\end{cases}$$

分离变量,得

$$\frac{\mathrm{d}v}{mg-kv}=\frac{\mathrm{d}t}{m}.$$

两边同时积分,得

$$-\frac{1}{k}\ln(mg-kv)=\frac{t}{m}+C_1,\quad 即\quad v=\frac{mg}{k}+C\mathrm{e}^{-\frac{k}{m}t}\quad\left(C=-\frac{\mathrm{e}^{-kC_1}}{k}\right).$$

将初始条件 $v\big|_{t=0}=0$ 代入上式,可得 $C=-\dfrac{mg}{k}$,从而初值问题的解为

$$v=\frac{mg}{k}(1-\mathrm{e}^{-\frac{k}{m}t}).$$

2. 齐次方程

形如

$$\frac{\mathrm{d}y}{\mathrm{d}x}=f\left(\frac{y}{x}\right)$$

的一阶微分方程称为 齐次方程.

齐次方程的一般求解方法为,令 $u=\dfrac{y}{x}$,则 $\dfrac{\mathrm{d}y}{\mathrm{d}x}=u+x\dfrac{\mathrm{d}u}{\mathrm{d}x}$,于是原微分方程可化为

$$u + x\,\frac{\mathrm{d}u}{\mathrm{d}x} = f(u), \quad 即 \quad \frac{\mathrm{d}u}{\mathrm{d}x} = \frac{f(u) - u}{x}.$$

这就化成了可分离变量的微分方程,按前面介绍的方法便可求出其通解.

例 8 求微分方程 $\dfrac{\mathrm{d}y}{\mathrm{d}x} = \dfrac{xy}{x^2 - y^2}$ 满足初始条件 $y\Big|_{x=0} = 1$ 的特解.

解 这是一个齐次方程.令 $u = \dfrac{y}{x}$,则 $\dfrac{\mathrm{d}y}{\mathrm{d}x} = u + x\,\dfrac{\mathrm{d}u}{\mathrm{d}x}$,代入原微分方程,得

$$u + x\,\frac{\mathrm{d}u}{\mathrm{d}x} = \frac{u}{1 - u^2}.$$

分离变量,得

$$\frac{1 - u^2}{u^3}\mathrm{d}u = \frac{\mathrm{d}x}{x}.$$

两边同时积分,得

$$-\frac{1}{2u^2} - \ln|u| = \ln|x| + C_1, \quad 即 \quad ux = C\mathrm{e}^{-\frac{1}{2u^2}} \quad (C = \pm\mathrm{e}^{-C_1}).$$

回代 $u = \dfrac{y}{x}$,得原微分方程的通解为

$$y - C\mathrm{e}^{-\frac{x^2}{2y^2}} = 0.$$

将初始条件 $y\Big|_{x=0} = 1$ 代入上式,可得 $C = 1$,从而原微分方程的特解为

$$y = \mathrm{e}^{-\frac{x^2}{2y^2}}.$$

例 9 静脉输入葡萄糖是一种重要的医疗技术.为了研究这一过程,设 $G(t)$ 是 t 时刻血液中的葡萄糖含量,$G(0)$ 是初始时刻血液中的葡萄糖含量,且设葡萄糖以固定速率 k 输入血液中,与此同时,血液中的葡萄糖还会转化为其他物质或转移到其他地方,其转化速率与血液中的葡萄糖含量成正比.

(1) 列出描述这一情形的微分方程,并求此微分方程的解.

(2) 确定血液中葡萄糖的平衡含量.

解 (1) 设 $a(a > 0)$ 为转化速率与血液中葡萄糖含量的比例常数,根据题意得

$$\frac{\mathrm{d}G}{\mathrm{d}t} = k - aG.$$

解此微分方程,得

$$G(t) = \frac{k}{a} + C\mathrm{e}^{-at}.$$

将初始条件 $G\Big|_{t=0} = G(0)$ 代入上式,可得 $C = G(0) - \dfrac{k}{a}$,从而微分方程的解为

$$G(t) = \frac{k}{a} + \left[G(0) - \frac{k}{a}\right]\mathrm{e}^{-at}.$$

(2) 当 $t \to +\infty$ 时,$\mathrm{e}^{-at} \to 0$,则 $G(t) \to \dfrac{k}{a}$,所以血液中葡萄糖的平衡含量为 $\dfrac{k}{a}$.

例 10　（电容器的充电和放电问题）RC 电路如图 7-1 所示,开始时电容 C 上没有电荷,电容两边的电压为零,把开关 K 合上后,电池 E 就对电容 C 充电,电容 C 两边的电压 u_C 逐渐升高,经过一段时间后,电容充电完毕.再把开关 K 打开,这时电容就开始放电过程.求充、放电过程中,电容 C 两边的电压 u_C 随时间 t 的变化规律.

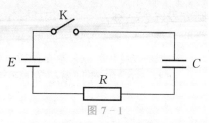

图 7-1

解　对于充电过程,由闭合回路的基尔霍夫(Kirchhoff)电压定律,得

$$u_C + RI = E,$$

其中 I 为电路中的电流.电容 C 充电时,电容上的电量 Q 逐渐增多,根据 $Q = Cu_C$,得

$$I = \frac{\mathrm{d}Q}{\mathrm{d}t} = \frac{\mathrm{d}}{\mathrm{d}t}(Cu_C) = C\frac{\mathrm{d}u_C}{\mathrm{d}t}.$$

于是,得到 u_C 满足的微分方程

$$RC\frac{\mathrm{d}u_C}{\mathrm{d}t} + u_C = E,$$

其中 R,C,E 都是常数.将微分方程分离变量,得

$$\frac{\mathrm{d}u_C}{u_C - E} = -\frac{\mathrm{d}t}{RC}.$$

两边同时积分,得

$$\ln|u_C - E| = -\frac{1}{RC}t + C_1,$$

即

$$u_C = C_2\mathrm{e}^{-\frac{1}{RC}t} + E \quad (C_2 = \pm\mathrm{e}^{C_1}).$$

将初始条件 $u_C\big|_{t=0} = 0$ 代入上式,可得 $C_2 = -E$,从而

$$u_C = E(1 - \mathrm{e}^{-\frac{1}{RC}t}). \tag{7-5}$$

注　这就是 RC 电路充电过程中电容 C 两边的电压随时间的变化规律.由式(7-5)可知,电压 u_C 从零开始逐渐增大,且当 $t \to +\infty$ 时,$u_C \to E$.在电工学中,通常称 $\tau = RC$ 为时间常数,当 $t = 3\tau$ 时,$u_C \approx 0.95E$.也就是说,经过 3τ 的时间后,电容 C 上的电压已达到外加电压的 95%.事实上,通常认为这时电容 C 的充电过程已基本结束.

对放电过程的讨论,可以类似地进行.

3. 一阶线性微分方程

形如

$$\frac{\mathrm{d}y}{\mathrm{d}x} + P(x)y = Q(x) \tag{7-6}$$

的微分方程称为一阶线性微分方程,其中 $P(x),Q(x)$ 是已知连续函数.一阶线性微分方程的特点是未知函数 y 及其导数 y' 都是一次的.

若 $Q(x) \equiv 0$,即

$$\frac{dy}{dx} + P(x)y = 0, \tag{7-7}$$

则方程(7-7)称为一阶齐次线性微分方程;若 $Q(x) \neq 0$,则方程(7-6)称为一阶非齐次线性微分方程.

一般称方程(7-7)为方程(7-6)对应的一阶齐次线性微分方程.

对于一阶齐次线性微分方程

$$\frac{dy}{dx} + P(x)y = 0,$$

它是可分离变量的微分方程.分离变量,得

$$\frac{dy}{y} = -P(x)dx.$$

两边同时积分,得

$$\ln|y| = -\int P(x)dx + C_1,$$

即

$$y = Ce^{-\int P(x)dx} \quad (C = \pm e^{C_1}). \tag{7-8}$$

式(7-8)称为一阶齐次线性微分方程的通解公式.

对于一阶非齐次线性微分方程

$$\frac{dy}{dx} + P(x)y = Q(x),$$

应该如何求解呢?

比较一阶齐次与非齐次线性微分方程的结构,我们猜想,把一阶非齐次线性微分方程对应的一阶齐次线性微分方程的通解中的任意常数 C 改为 x 的函数 $C(x)$,代入一阶非齐次线性微分方程后,若能求出 $C(x)$,便可得到一阶非齐次线性微分方程的通解.

在一阶非齐次线性微分方程对应的一阶齐次线性微分方程的通解

$$y = Ce^{-\int P(x)dx}$$

中,将任意常数 C 换成待定函数 $C(x)$,即设一阶非齐次线性微分方程有如下形式的解:

$$y = C(x)e^{-\int P(x)dx}. \tag{7-9}$$

为了确定 $C(x)$,把 $y = C(x)e^{-\int P(x)dx}$ 及其导数

$$\frac{dy}{dx} = C'(x)e^{-\int P(x)dx} - P(x)C(x)e^{-\int P(x)dx}$$

代入原一阶非齐次线性微分方程,并化简得

$$C'(x)e^{-\int P(x)dx} = Q(x), \quad 即 \quad C'(x) = Q(x)e^{\int P(x)dx}.$$

两边同时积分,得

$$C(x) = \int Q(x)e^{\int P(x)dx}dx + C.$$

将上式代入式(7-9),得一阶非齐次线性微分方程的通解公式

$$y = e^{-\int P(x)dx}\left[\int Q(x)e^{\int P(x)dx}dx + C\right]. \tag{7-10}$$

上述将常数 C 换成 x 的函数 $C(x)$ 再求解微分方程的方法称为常数变易法.

例11　求微分方程 $y' - \dfrac{2y}{x+1} = (x+1)^{\frac{5}{2}}$ 的通解.

解　这是一个一阶非齐次线性微分方程.先求对应的一阶齐次线性微分方程 $y' - \dfrac{2y}{x+1} = 0$ 的通解为

$$y = C(x+1)^2.$$

再用常数变易法,把 C 换成 $C(x)$,即令

$$y = C(x)(x+1)^2$$

是原微分方程的解,则有

$$y' = C'(x)(x+1)^2 + 2C(x)(x+1).$$

把上两式代入原微分方程,化简得

$$C'(x) = (x+1)^{\frac{1}{2}}.$$

两边同时积分,得

$$C(x) = \frac{2}{3}(x+1)^{\frac{3}{2}} + C.$$

于是,原微分方程的通解为

$$y = (x+1)^2 \left[\frac{2}{3}(x+1)^{\frac{3}{2}} + C \right].$$

一般地,利用常数变易法求一阶非齐次线性微分方程 $\dfrac{\mathrm{d}y}{\mathrm{d}x} + P(x)y = Q(x)$ 通解的步骤如下:

(1) 求出对应的一阶齐次线性微分方程 $\dfrac{\mathrm{d}y}{\mathrm{d}x} + P(x)y = 0$ 的通解 $y = C\mathrm{e}^{-\int P(x)\mathrm{d}x}$;

(2) 把 C 换成 x 的函数 $C(x)$,即设 $y = C(x)\mathrm{e}^{-\int P(x)\mathrm{d}x}$ 是一阶非齐次线性微分方程 $\dfrac{\mathrm{d}y}{\mathrm{d}x} + P(x)y = Q(x)$ 的解,求出 $\dfrac{\mathrm{d}y}{\mathrm{d}x}$ 并将 y 和 $\dfrac{\mathrm{d}y}{\mathrm{d}x}$ 代入一阶非齐次线性微分方程中,确定 $C(x)$ 为 $C(x) = \int Q(x)\mathrm{e}^{\int P(x)\mathrm{d}x}\mathrm{d}x + C$,即得一阶非齐次线性微分方程 $\dfrac{\mathrm{d}y}{\mathrm{d}x} + P(x)y = Q(x)$ 的通解为

$$y = \mathrm{e}^{-\int P(x)\mathrm{d}x}\left[\int Q(x)\mathrm{e}^{\int P(x)\mathrm{d}x}\mathrm{d}x + C\right] = C\mathrm{e}^{-\int P(x)\mathrm{d}x} + \mathrm{e}^{-\int P(x)\mathrm{d}x}\int Q(x)\mathrm{e}^{\int P(x)\mathrm{d}x}\mathrm{d}x.$$

上式右边 $C\mathrm{e}^{-\int P(x)\mathrm{d}x}$ 是对应的一阶齐次线性微分方程 $\dfrac{\mathrm{d}y}{\mathrm{d}x} + P(x)y = 0$ 的通解,易验证 $\mathrm{e}^{-\int P(x)\mathrm{d}x}\int Q(x)\mathrm{e}^{\int P(x)\mathrm{d}x}\mathrm{d}x$ 是一阶非齐次线性微分方程 $\dfrac{\mathrm{d}y}{\mathrm{d}x} + P(x)y = Q(x)$ 的一个特解.这就表明一阶非齐次线性微分方程的通解等于对应的一阶齐次线性微分方程的通解与一阶非齐次线性微分方程的一个特解之和.以后还可以看到,这个结论对高阶非齐次线性微分方程亦成立.

例12　求微分方程 $x^2\mathrm{d}y + (2xy - x + 1)\mathrm{d}x = 0$ 满足初始条件 $y\Big|_{x=1} = 0$ 的特解.

解　方法一(常数变易法)　原微分方程可化为

$$\frac{\mathrm{d}y}{\mathrm{d}x} + \frac{2}{x}y = \frac{x-1}{x^2},$$

这是一个一阶非齐次线性微分方程. 先求对应的一阶齐次线性微分方程 $\dfrac{\mathrm{d}y}{\mathrm{d}x}+\dfrac{2}{x}y=0$ 的通解为

$$y=Cx^{-2}.$$

再用常数变易法, 令 $C=C(x)$, 即设 $y=C(x)x^{-2}$ 是一阶非齐次线性微分方程 $\dfrac{\mathrm{d}y}{\mathrm{d}x}+\dfrac{2}{x}y=$

$\dfrac{x-1}{x^{2}}$ 的解, 则

$$\dfrac{\mathrm{d}y}{\mathrm{d}x}=C'(x)x^{-2}-2C(x)x^{-3}.$$

将 $y,\dfrac{\mathrm{d}y}{\mathrm{d}x}$ 代入该一阶非齐次线性微分方程, 化简得

$$C'(x)=x-1.$$

两边同时积分, 得

$$C(x)=\dfrac{1}{2}x^{2}-x+C,$$

即原微分方程的通解为

$$y=\left(\dfrac{1}{2}x^{2}-x+C\right)x^{-2}.$$

将初始条件 $y\Big|_{x=1}=0$ 代入上式, 可得 $C=\dfrac{1}{2}$. 于是, 所求特解为

$$y=\dfrac{1}{2}-\dfrac{1}{x}+\dfrac{1}{2x^{2}}.$$

方法二（公式法） 原微分方程可化为

$$\dfrac{\mathrm{d}y}{\mathrm{d}x}+\dfrac{2}{x}y=\dfrac{x-1}{x^{2}},$$

这是一个一阶非齐次线性微分方程, 其中

$$P(x)=\dfrac{2}{x},\quad Q(x)=\dfrac{x-1}{x^{2}}.$$

将 $P(x),Q(x)$ 代入通解公式, 得原微分方程的通解为

$$y=\mathrm{e}^{-\int\frac{2}{x}\mathrm{d}x}\left(\int\dfrac{x-1}{x^{2}}\mathrm{e}^{\int\frac{2}{x}\mathrm{d}x}\mathrm{d}x+C\right)=\dfrac{1}{x^{2}}\left[\int(x-1)\mathrm{d}x+C\right]=\dfrac{1}{2}-\dfrac{1}{x}+\dfrac{C}{x^{2}}.$$

将初始条件 $y\Big|_{x=1}=0$ 代入上式, 可得 $C=\dfrac{1}{2}$. 于是, 所求特解为

$$y=\dfrac{1}{2}-\dfrac{1}{x}+\dfrac{1}{2x^{2}}.$$

例13 求微分方程 $(y^{2}-6x)y'+2y=0$ 的通解.

解 原微分方程可化为

$$\dfrac{\mathrm{d}y}{\mathrm{d}x}=\dfrac{2y}{6x-y^{2}}$$

或

$$\dfrac{\mathrm{d}x}{\mathrm{d}y}=\dfrac{6x-y^{2}}{2y},$$

即

$$\frac{\mathrm{d}x}{\mathrm{d}y} - \frac{3}{y}x = -\frac{1}{2}y.$$

这是将 y 看作自变量, x 看作因变量的一阶非齐次线性微分方程. 先求对应的一阶齐次线性

微分方程 $\frac{\mathrm{d}x}{\mathrm{d}y} - \frac{3}{y}x = 0$ 的通解为

$$x = Cy^3.$$

再用常数变易法, 设一阶非齐次线性微分方程 $\frac{\mathrm{d}x}{\mathrm{d}y} - \frac{3}{y}x = -\frac{1}{2}y$ 的通解为

$$x = C(y)y^3,$$

则有

$$\frac{\mathrm{d}x}{\mathrm{d}y} = C'(y)y^3 + 3C(y)y^2.$$

把 $x, \frac{\mathrm{d}x}{\mathrm{d}y}$ 代入该一阶非齐次线性微分方程, 化简得

$$C'(y) = -\frac{1}{2y^2}.$$

交互式练习:
一阶微分方程计算器

两边同时积分, 得

$$C(y) = \frac{1}{2y} + C,$$

即原微分方程的通解为

$$x = \left(\frac{1}{2y} + C\right)y^3 = \frac{1}{2}y^2 + Cy^3.$$

7.3.2 二阶微分方程及其解法

二阶微分方程的一般形式为
$$F(x, y, y', y'') = 0 \quad \text{或} \quad y'' = f(x, y, y').$$

1. 可降阶的二阶微分方程

形如

$$y'' = \frac{\mathrm{d}^2 y}{\mathrm{d}x^2} = f(x)$$

的微分方程称为可降阶的二阶微分方程. 方程特点为一边是 y 的二阶导数, 一边是仅含有自变量 x 的函数. 可降阶的二阶微分方程可通过连续积分两次求得通解.

例14 求微分方程 $y'' = \mathrm{e}^{ax} + \sin bx (ab \neq 0)$ 的通解.

解 对原微分方程两边连续积分两次, 得

$$y' = \frac{1}{a}\mathrm{e}^{ax} - \frac{1}{b}\cos bx + C_1,$$

$$y = \frac{1}{a^2}\mathrm{e}^{ax} - \frac{1}{b^2}\sin bx + C_1 x + C_2,$$

其中 C_1, C_2 为任意常数, 上式即为原微分方程的通解.

一般地,形如

$$y^{(n)} = \frac{\mathrm{d}^n y}{\mathrm{d}x^n} = f(x)$$

的 n 阶微分方程也可以通过降阶来求通解,方法是对原微分方程两边连续积分 n 次.

例 15 求微分方程 $y^{(5)} = 0$ 的通解.

解 对原微分方程两边连续积分 5 次,得

$$y^{(4)} = C_1,$$
$$y''' = C_1 x + C_2,$$
$$y'' = \frac{1}{2}C_1 x^2 + C_2 x + C_3,$$
$$y' = \frac{1}{6}C_1 x^3 + \frac{1}{2}C_2 x^2 + C_3 x + C_4,$$
$$y = \frac{1}{24}C_1 x^4 + \frac{1}{6}C_2 x^3 + \frac{1}{2}C_3 x^2 + C_4 x + C_5,$$

其中 C_1, C_2, C_3, C_4, C_5 为任意常数,上式即为原微分方程的通解.

2. 二阶常系数线性微分方程

形如

$$y'' + P(x)y' + Q(x)y = f(x)$$

的微分方程称为二阶线性微分方程,其中 $P(x), Q(x), f(x)$ 为 x 的连续函数. 当 $P(x)$, $Q(x)$ 分别为常数 $p, q, f(x) \equiv 0$ 时,称微分方程

$$y'' + py' + qy = 0$$

为二阶常系数齐次线性微分方程;当 $P(x), Q(x)$ 分别为常数 $p, q, f(x) \neq 0$ 时,称微分方程

$$y'' + py' + qy = f(x)$$

为二阶常系数非齐次线性微分方程.

为了讨论二阶常系数线性微分方程的通解,下面先讨论二阶常系数齐次线性微分方程的通解.

1) 二阶常系数齐次线性微分方程

定义 1 设 $y_1(x), y_2(x)$ 是两个函数. 如果 $\frac{y_1(x)}{y_2(x)} \neq k$($k$ 为常数),则称函数 $y_1(x)$ 与 $y_2(x)$ 线性无关;否则,称函数 $y_1(x)$ 与 $y_2(x)$ 线性相关.

例如:

(1) 因为 $\frac{\sin 2x}{\cos 2x} = \tan 2x$,所以 $\sin 2x$ 与 $\cos 2x$ 线性无关;

(2) 因为 $\frac{2\sin x \cos x}{3\sin 2x} = \frac{1}{3}$,所以 $2\sin x \cos x$ 与 $3\sin 2x$ 线性相关;

(3) 因为 $\frac{\mathrm{e}^{-x}}{\mathrm{e}^{2x}} = \mathrm{e}^{-3x}$,所以 e^{-x} 与 e^{2x} 线性无关;

(4) 因为 $\frac{\mathrm{e}^{-x}}{2\mathrm{e}^{-x}} = \frac{1}{2}$,所以 e^{-x} 与 $2\mathrm{e}^{-x}$ 线性相关.

易验证 $y_1 = \sin 2x, y_2 = \cos 2x$ 是二阶常系数齐次线性微分方程 $y'' + 4y = 0$ 的两个线性

无关的特解,那么 $y = C_1 y_1 + C_2 y_2 = C_1 \sin 2x + C_2 \cos 2x$ 为该二阶常系数齐次线性微分方程的通解.

事实上,关于二阶齐次线性微分方程解的结构,有如下定理.

定理 1 如果 $y_1 = y_1(x)$,$y_2 = y_2(x)$ 是二阶齐次线性微分方程 $y'' + P(x)y' + Q(x)y = 0$ 的两个线性无关的特解,则 $y = C_1 y_1 + C_2 y_2$ 就是该微分方程的通解,其中 C_1,C_2 为任意常数.

证 先证 $y = C_1 y_1 + C_2 y_2$ 是原微分方程的解.因为 y_1,y_2 是原微分方程的特解,所以有

$$y_1'' + P(x)y_1' + Q(x)y_1 = 0, \tag{7-11}$$

$$y_2'' + P(x)y_2' + Q(x)y_2 = 0. \tag{7-12}$$

设 $y = C_1 y_1 + C_2 y_2$,从而

$$y' = C_1 y_1' + C_2 y_2', \quad y'' = C_1 y_1'' + C_2 y_2''.$$

将 y'',y',y 一起代入原微分方程,并结合式(7-11)和式(7-12)可知

$$C_1 y_1'' + C_2 y_2'' + P(x)(C_1 y_1' + C_2 y_2') + Q(x)(C_1 y_1 + C_2 y_2)$$
$$= C_1 [y_1'' + P(x)y_1' + Q(x)y_1] + C_2 [y_2'' + P(x)y_2' + Q(x)y_2] = 0,$$

于是 $y = C_1 y_1 + C_2 y_2$ 是原微分方程的解.

再证 $y = C_1 y_1 + C_2 y_2$ 是原微分方程的通解.因为

$$C_1 y_1 + C_2 y_2 = \left(C_1 \frac{y_1}{y_2} + C_2\right) y_2,$$

且 y_1,y_2 线性无关,所以 C_1,C_2 不能合并成为一个任意常数,这说明 $y = C_1 y_1 + C_2 y_2$ 含有两个独立的任意常数,即它是原微分方程的通解.

推论 1 如果 $y_1 = y_1(x)$,$y_2 = y_2(x)$ 是二阶常系数齐次线性微分方程 $y'' + py' + qy = 0$ 的两个线性无关的特解,则 $y = C_1 y_1 + C_2 y_2$ 就是该微分方程的通解,其中 C_1,C_2 为任意常数.

上述推论表明了二阶常系数齐次线性微分方程的解具有叠加性.

例如,容易验证 $y_1 = e^{-x}$,$y_2 = e^{2x}$ 是二阶常系数齐次线性微分方程 $y'' - y' - 2y = 0$ 的两个线性无关的解,那么 $y = C_1 e^{-x} + C_2 e^{2x}$ 为该微分方程的通解.

那么,如何寻找二阶常系数齐次线性微分方程 $y'' + py' + qy = 0$ 的两个线性无关的特解呢?

观察二阶常系数齐次线性微分方程 $y'' + py' + qy = 0$,其中 p,q 为常数,想一想什么样的函数与它的各阶导数之间只相差一个常数因子呢?自然联想到指数函数 $y = e^{rx}$,则 $y' = re^{rx} = ry$,$y'' = r^2 e^{rx} = r^2 y$.因此,设二阶常系数齐次线性微分方程 $y'' + py' + qy = 0$ 的特解为 $y = e^{rx}$,其中 r 是待定系数.把 y'',y',y 一起代入原微分方程,整理得

$$(r^2 + pr + q) e^{rx} = 0.$$

由于 $e^{rx} \neq 0$,于是得到待定系数 r 满足的方程

$$r^2 + pr + q = 0.$$

也就是说,只要 r 满足方程 $r^2 + pr + q = 0$,函数 $y = e^{rx}$ 就是原微分方程的解.于是,二阶常系数齐次线性微分方程的求解问题,就转化为求代数方程 $r^2 + pr + q = 0$ 的根的问题.

方程 $r^2 + pr + q = 0$ 称为微分方程 $y'' + py' + qy = 0$ 的特征方程,特征方程的根称为微分方程 $y'' + py' + qy = 0$ 的特征根.

根据一元二次方程 $r^2 + pr + q = 0$ 的求根公式 $r_{1,2} = \dfrac{-p \pm \sqrt{p^2 - 4q}}{2}$,特征根有以下三

种情形：

(1) 当 $p^2 - 4q > 0$ 时,特征方程有两个不相等的实根 $r_1 \neq r_2$. 于是, $y_1 = e^{r_1 x}$ 及 $y_2 = e^{r_2 x}$ 是微分方程 $y'' + py' + qy = 0$ 的两个特解,且 $\frac{y_1}{y_2} = e^{(r_1 - r_2)x} \neq$ 常数,因此该微分方程的通解为

$$y = C_1 e^{r_1 x} + C_2 e^{r_2 x} \quad (C_1, C_2 \text{ 为任意常数}).$$

(2) 当 $p^2 - 4q = 0$ 时,特征方程有两个相等的实根 $r_1 = r_2 = r$. 于是,只得到微分方程 $y'' + py' + qy = 0$ 的一个特解 $y_1 = e^{rx}$,为求该微分方程的另一个特解 y_2,可设 $\frac{y_2}{y_1} = u(x)$,其中 $u(x) \neq$ 常数,从而有

$$y_2 = u(x)e^{rx},$$
$$y_2' = e^{rx}[u'(x) + ru(x)],$$
$$y_2'' = e^{rx}[u''(x) + 2ru'(x) + r^2 u(x)].$$

将 y_2, y_2', y_2'' 代入原微分方程,得

$$e^{rx}\{[u''(x) + 2ru'(x) + r^2 u(x)] + p[u'(x) + ru(x)] + qu(x)\} = 0,$$

即

$$e^{rx}[u''(x) + (2r + p)u'(x) + (r^2 + pr + q)u(x)] = 0.$$

因为 $e^{rx} \neq 0$,所以

$$u''(x) + (2r + p)u'(x) + (r^2 + pr + q)u(x) = 0.$$

又因为 r 是特征方程的二重根,所以有 $r^2 + pr + q = 0$,且有 $2r + p = 0$,从而得 $u''(x) = 0$. 因此,只要选取能使 $u''(x) = 0$ 的函数 $u(x)$ 即可. 于是,可令 $u(x) = x$,得 $y_2 = xe^{rx}$,且 $\frac{y_2}{y_1} = x \neq$ 常数,故原微分方程 $y'' + py' + qy = 0$ 的通解为

$$y = (C_1 + C_2 x)e^{rx} \quad (C_1, C_2 \text{ 为任意常数}).$$

(3) 当 $p^2 - 4q < 0$ 时,特征方程有一对共轭复根 $r_1 = \alpha + i\beta, r_2 = \alpha - i\beta$,其中 $\alpha = -\frac{p}{2}$, $\beta = \frac{\sqrt{4q - p^2}}{2}$. 于是, $y_1 = e^{(\alpha + i\beta)x}, y_2 = e^{(\alpha - i\beta)x}$ 是微分方程 $y'' + py' + qy = 0$ 的两个线性无关的特解,利用欧拉公式

$$e^{i\theta} = \cos\theta + i\sin\theta,$$

可将 y_1, y_2 化为

$$y_1 = e^{(\alpha + i\beta)x} = e^{\alpha x} \cdot e^{i\beta x} = e^{\alpha x}(\cos\beta x + i\sin\beta x),$$
$$y_2 = e^{(\alpha - i\beta)x} = e^{\alpha x} \cdot e^{-i\beta x} = e^{\alpha x}(\cos\beta x - i\sin\beta x).$$

由定理 1 知,若 y_1, y_2 是原微分方程的解,则它们分别乘以任意常数后相加所得的和仍是原微分方程的解,所以

$$y_1^* = \frac{1}{2}(y_1 + y_2) = e^{\alpha x}\cos\beta x,$$
$$y_2^* = \frac{1}{2i}(y_1 - y_2) = e^{\alpha x}\sin\beta x$$

也是原微分方程的解,且 $\frac{y_1^*}{y_2^*} = \cot\beta x \neq$ 常数. 故微分方程 $y'' + py' + qy = 0$ 的通解为

$$y = e^{ax}(C_1 \cos \beta x + C_2 \sin \beta x) \quad (C_1, C_2 \text{ 为任意常数}).$$

综上所述,二阶常系数齐次线性微分方程 $y'' + py' + qy = 0$ 通解的求法步骤如下:

(1) 写出微分方程 $y'' + py' + qy = 0$ 的特征方程 $r^2 + pr + q = 0$;

(2) 求出特征方程的两个根 r_1, r_2;

(3) 根据两个根的不同情形,按表 7-1 写出所求微分方程的通解.

表 7 - 1

特征方程 $r^2 + pr + q = 0$ 的两个根 r_1, r_2	微分方程 $y'' + py' + qy = 0$ 的通解
两个不相等的实根 $r_1 \neq r_2$	$y = C_1 e^{r_1 x} + C_2 e^{r_2 x}$
两个相等的实根 $r_1 = r_2 = r$	$y = (C_1 + C_2 x) e^{rx}$
一对共轭复根 $r_{1,2} = \alpha \pm i\beta$	$y = e^{ax}(C_1 \cos \beta x + C_2 \sin \beta x)$

例 16 求微分方程 $y'' + 2y' - 3y = 0$ 的通解.

解 所求微分方程的特征方程为

$$r^2 + 2r - 3 = 0, \quad \text{即} \quad (r + 3)(r - 1) = 0,$$

得实根为 $r_1 = -3, r_2 = 1$. 因此,所求微分方程的通解为

$$y = C_1 e^{-3x} + C_2 e^{x}.$$

例 17 求微分方程 $\dfrac{d^2 s}{dt^2} + 2\dfrac{ds}{dt} + s = 0$ 满足初始条件 $s\Big|_{t=0} = 4, \dfrac{ds}{dt}\Big|_{t=0} = -2$ 的特解.

解 所求微分方程的特征方程为

$$r^2 + 2r + 1 = 0,$$

得实根为

$$r_1 = r_2 = -1.$$

于是,所求微分方程的通解为

$$s = (C_1 + C_2 t) e^{-t}.$$

而

$$\frac{ds}{dt} = (C_2 - C_2 t - C_1) e^{-t},$$

将初始条件代入上两式,可得 $C_1 = 4, C_2 = 2$. 因此,原微分方程的特解为

$$s = (4 + 2t) e^{-t}.$$

例 18 求微分方程 $y'' - 6y' + 13y = 0$ 的通解.

解 所求微分方程的特征方程为

$$r^2 - 6r + 13 = 0,$$

得一对共轭复根为

$$r_1 = 3 + 2i, \quad r_2 = 3 - 2i.$$

因此,所求微分方程的通解为

$$y = e^{3x}(C_1 \cos 2x + C_2 \sin 2x).$$

例 19 求微分方程 $4y'' + y = 0$ 满足初始条件 $y\big|_{x=0} = 1, y'\big|_{x=0} = 1$ 的特解.

解 所求微分方程的特征方程为

$$4r^2 + 1 = 0,$$

得一对共轭复根为

$$r_{1,2} = \pm \frac{1}{2}\mathrm{i}.$$

于是，所求微分方程的通解为

$$y = C_1 \cos \frac{1}{2}x + C_2 \sin \frac{1}{2}x.$$

而

$$y' = -\frac{1}{2}C_1 \sin \frac{1}{2}x + \frac{1}{2}C_2 \cos \frac{1}{2}x,$$

将初始条件代入上两式，可得 $C_1 = 1, C_2 = 2$. 因此，所求微分方程的特解为

$$y = \cos \frac{1}{2}x + 2\sin \frac{1}{2}x.$$

例 20 已知 $y = \mathrm{e}^x \cos 3x$ 是二阶常系数齐次线性微分方程的一个特解，求此微分方程.

解 依题意可得所求微分方程的特征根为 $r_{1,2} = 1 \pm 3\mathrm{i}$，从而对应的特征方程为

$$(r - 1 - 3\mathrm{i})(r - 1 + 3\mathrm{i}) = r^2 - 2r + 10 = 0.$$

于是，所求微分方程为

$$y'' - 2y' + 10y = 0.$$

2）二阶常系数非齐次线性微分方程

定理 2 设 $\overline{y}$ 是二阶常系数非齐次线性微分方程 $y'' + py' + qy = f(x)$ 的一个特解，Y 是对应的二阶常系数齐次线性微分方程 $y'' + py' + qy = 0$ 的通解，则

$$y = Y + \overline{y}$$

是二阶常系数非齐次线性微分方程 $y'' + py' + qy = f(x)$ 的通解.

证明略.

定理 3 若 $\overline{y}_1$ 与 $\overline{y}_2$ 分别是微分方程 $y'' + py' + qy = f_1(x)$ 与 $y'' + py' + qy = f_2(x)$ 的一个特解，则 $\overline{y} = \overline{y}_1 + \overline{y}_2$ 是微分方程 $y'' + py' + qy = f_1(x) + f_2(x)$ 的一个特解.

证 由已知，得

$$\overline{y}_1'' + p\overline{y}_1' + q\overline{y}_1 = f_1(x),$$
$$\overline{y}_2'' + p\overline{y}_2' + q\overline{y}_2 = f_2(x).$$

上两式相加，得

$$(\overline{y}_1 + \overline{y}_2)'' + p(\overline{y}_1 + \overline{y}_2)' + q(\overline{y}_1 + \overline{y}_2) = f_1(x) + f_2(x),$$

故 $\overline{y} = \overline{y}_1 + \overline{y}_2$ 是微分方程 $y'' + py' + qy = f_1(x) + f_2(x)$ 的一个特解.

定理 4 若 $\overline{y}_1$ 与 $\overline{y}_2$ 是微分方程 $y'' + py' + qy = f(x)$ 的两个特解，则 $\overline{y} = \overline{y}_1 - \overline{y}_2$ 是微分方程 $y'' + py' + qy = 0$ 的一个特解.

证 由已知,得
$$\overline{y}''_1 + p\overline{y}'_1 + q\overline{y}_1 = f(x),$$
$$\overline{y}''_2 + p\overline{y}'_2 + q\overline{y}_2 = f(x).$$

上两式相减,得
$$(\overline{y}_1 - \overline{y}_2)'' + p(\overline{y}_1 - \overline{y}_2)' + q(\overline{y}_1 - \overline{y}_2) = f(x) - f(x) = 0,$$
故 $\overline{y} = \overline{y}_1 - \overline{y}_2$ 是微分方程 $y'' + py' + qy = 0$ 的一个特解.

二阶常系数非齐次线性微分方程的一般形式为
$$y'' + py' + qy = f(x),$$

前面已介绍了二阶常系数齐次线性微分方程 $y'' + py' + qy = 0$ 通解的求法,根据定理 2,这里只须讨论 $y'' + py' + qy = f(x)$ 的一个特解的求法,其特解与 $f(x)$ 有关.下面仅就 $f(x)$ 的两种常见形式求特解 $\overline{y}$.

形式 I $f(x) = P_n(x)\mathrm{e}^{\lambda x}$,其中 $P_n(x)$ 是 x 的 n 次多项式,λ 为常数.

此时,可设原微分方程具有如下形式的特解:
$$\overline{y} = x^k Q_n(x)\mathrm{e}^{\lambda x},$$

其中 $Q_n(x)$ 是一个与 $P_n(x)$ 有相同次数(n 次)的多项式,k 可以取 $0,1$ 或 2.当 λ 不是微分方程 $y'' + py' + qy = 0$ 的特征根时,取 $k = 0$;当 λ 是微分方程 $y'' + py' + qy = 0$ 的单特征根时,取 $k = 1$;当 λ 是微分方程 $y'' + py' + qy = 0$ 的二重特征根时,取 $k = 2$.

例21 求微分方程 $y'' - 2y' - 3y = 3x^2 - 1$ 的一个特解.

解 原微分方程对应的齐次微分方程的特征方程为
$$r^2 - 2r - 3 = 0,$$

得 $r_1 = -1, r_2 = 3$.由于 $f(x) = 3x^2 - 1$,这里 $\lambda = 0$ 不是特征根,因此可设原微分方程的一个特解为
$$\overline{y} = Ax^2 + Bx + C,$$

则
$$\overline{y}' = 2Ax + B, \quad \overline{y}'' = 2A.$$

把 $\overline{y}, \overline{y}', \overline{y}''$ 代入原微分方程,得
$$2A - 2(2Ax + B) - 3(Ax^2 + Bx + C) = 3x^2 - 1,$$

即
$$-3Ax^2 + (-4A - 3B)x + 2A - 2B - 3C = 3x^2 - 1.$$

比较上式两边的系数,有
$$\begin{cases} -3A = 3, \\ -4A - 3B = 0, \\ 2A - 2B - 3C = -1, \end{cases}$$

解得 $A = -1, B = \dfrac{4}{3}, C = -\dfrac{11}{9}$.故原微分方程的一个特解为
$$\overline{y} = -x^2 + \frac{4}{3}x - \frac{11}{9}.$$

例22 求微分方程 $y'' - 3y' + 2y = 3xe^{2x}$ 的通解.

解 原微分方程对应的齐次微分方程的特征方程为
$$r^2 - 3r + 2 = 0,$$
得 $r_1 = 1, r_2 = 2$,所以原微分方程对应的齐次微分方程的通解为
$$Y = C_1 e^x + C_2 e^{2x}.$$

因这里 $\lambda = 2$ 是单特征根,故可设原微分方程的一个特解为
$$\overline{y} = x(Ax + B)e^{2x},$$
则
$$\overline{y}' = e^{2x}[2Ax^2 + (2A + 2B)x + B],$$
$$\overline{y}'' = e^{2x}[4Ax^2 + (8A + 4B)x + (2A + 4B)].$$
把 $\overline{y}, \overline{y}', \overline{y}''$ 代入原微分方程并化简,得
$$2Ax + (2A + B) = 3x.$$
比较上式两边的系数,有
$$\begin{cases} 2A = 3, \\ 2A + B = 0, \end{cases}$$
解得 $A = \dfrac{3}{2}, B = -3$.故原微分方程的一个特解为
$$\overline{y} = x\left(\frac{3}{2}x - 3\right)e^{2x} = \left(\frac{3}{2}x^2 - 3x\right)e^{2x}.$$

综上,原微分方程的通解为
$$y = C_1 e^x + C_2 e^{2x} + \left(\frac{3}{2}x^2 - 3x\right)e^{2x}.$$

例23 求微分方程 $y'' - 2y' + y = (x + 1)e^x$ 的通解.

解 原微分方程对应的齐次微分方程的特征方程为
$$r^2 - 2r + 1 = 0,$$
得 $r_1 = r_2 = 1$,所以原微分方程对应的齐次微分方程的通解为
$$Y = (C_1 + C_2 x)e^x.$$

因这里 $\lambda = 1$ 是二重特征根,故可设原微分方程的一个特解为
$$\overline{y} = x^2(Ax + B)e^x,$$
则
$$\overline{y}' = [x^2(Ax + B) + 3Ax^2 + 2Bx]e^x,$$
$$\overline{y}'' = [x^2(Ax + B) + 2(3Ax^2 + 2Bx) + 6Ax + 2B]e^x.$$
把 $\overline{y}, \overline{y}', \overline{y}''$ 代入原微分方程并化简,得
$$6Ax + 2B = x + 1.$$

比较上式两边的系数,有

$$\begin{cases} 6A = 1, \\ 2B = 1, \end{cases}$$

解得 $A = \dfrac{1}{6}, B = \dfrac{1}{2}$. 故原微分方程的一个特解为

$$\overline{y} = \frac{1}{6} x^2 (x + 3) e^x.$$

综上, 原微分方程的通解为

$$y = (C_1 + C_2 x) e^x + \frac{1}{6} x^2 (x + 3) e^x.$$

形式 Ⅱ　$f(x) = e^{\lambda x}(a \cos \omega x + b \sin \omega x)$, 其中 a, b, λ, ω 均为常数.

此时, 可设原微分方程具有如下形式的特解:

$$\overline{y} = x^k e^{\lambda x}(A \cos \omega x + B \sin \omega x),$$

其中 A, B 为待定常数, k 可以取 0 或 1. 当 $\lambda \pm i\omega$ 不是微分方程 $y'' + py' + qy = 0$ 的特征根时, 取 $k = 0$; 当 $\lambda \pm i\omega$ 是微分方程 $y'' + py' + qy = 0$ 的特征根时, 取 $k = 1$.

例 24　求微分方程 $y'' - y' = e^x \sin x$ 的一个特解.

解　原微分方程对应的齐次微分方程的特征方程为

$$r^2 - r = 0,$$

得 $r_1 = 0, r_2 = 1$.

因 $f(x) = e^x \sin x$, 这里 $\lambda = 1, \omega = 1$, 则 $\lambda \pm i\omega = 1 \pm i$ 不是特征根, 故可设原微分方程的一个特解为

$$\overline{y} = e^x (A \cos x + B \sin x),$$

则

$$\overline{y}' = e^x(A \cos x + B \sin x) + e^x(-A \sin x + B \cos x),$$

$$\overline{y}'' = e^x(A \cos x + B \sin x) - 2e^x(A \sin x - B \cos x) - e^x(A \cos x + B \sin x).$$

把 $\overline{y}', \overline{y}''$ 代入原微分方程并化简, 得

$$(B - A) \cos x - (A + B) \sin x = \sin x.$$

比较上式两边的系数, 有

$$\begin{cases} A + B = -1, \\ B - A = 0, \end{cases}$$

解得 $A = -\dfrac{1}{2}, B = -\dfrac{1}{2}$. 故原微分方程的一个特解为

$$\overline{y} = e^x \left(-\frac{1}{2} \cos x - \frac{1}{2} \sin x \right).$$

例 25　求微分方程 $y'' + y = \sin x$ 的通解.

解　原微分方程对应的齐次微分方程的特征方程为

$$r^2 + 1 = 0,$$

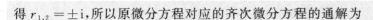

得 $r_{1,2} = \pm i$，所以原微分方程对应的齐次微分方程的通解为
$$Y = C_1 \cos x + C_2 \sin x.$$

因 $f(x) = \sin x$，这里 $\lambda = 0, \omega = 1$，则 $\lambda \pm i\omega = \pm i$ 是特征根，故可设原微分方程的一个特解为
$$\overline{y} = x(A \cos x + B \sin x),$$
则
$$\overline{y}' = A \cos x + B \sin x + x(B \cos x - A \sin x),$$
$$\overline{y}'' = 2B \cos x - 2A \sin x - x(A \cos x + B \sin x).$$

把 $\overline{y}, \overline{y}''$ 代入原微分方程并化简，得
$$2B \cos x - 2A \sin x = \sin x.$$

比较上式两边的系数，有
$$\begin{cases} 2B = 0, \\ -2A = 1, \end{cases}$$

解得 $A = -\dfrac{1}{2}, B = 0$. 故原微分方程的一个特解为
$$\overline{y} = -\frac{1}{2} x \cos x.$$

综上，原微分方程的通解为
$$y = C_1 \cos x + C_2 \sin x - \frac{1}{2} x \cos x.$$

例 26　若微分方程为 $y'' - 4y' + 5y = e^{2x}(\sin x + 2\cos x)$，则可设其一个特解为什么形式？

解　原微分方程对应的齐次微分方程的特征方程为
$$r^2 - 4r + 5 = 0,$$
得 $r_1 = 2 + i, r_2 = 2 - i$.

因 $f(x) = e^{2x}(\sin x + 2\cos x)$，这里 $\lambda = 2, \omega = 1$，则 $\lambda \pm i\omega = 2 \pm i$ 是特征根，故可设原微分方程的一个特解为
$$\overline{y} = x e^{2x}(A \cos x + B \sin x).$$

例 27　求微分方程 $y'' + y = \cos x \cos 2x$ 的通解.

解　原微分方程可化为

交互式练习：二阶线性
微分方程计算器

$$y'' + y = \frac{1}{2} \cos 3x + \frac{1}{2} \cos x,$$

它对应的齐次微分方程的特征方程为
$$r^2 + 1 = 0,$$
得 $r = \pm i$，则对应的齐次微分方程的通解为
$$Y = C_1 \cos x + C_2 \sin x.$$

下面,先求微分方程 $y''+y=\dfrac{1}{2}\cos 3x$ 的一个特解.

因 $f(x)=\dfrac{1}{2}\cos 3x$,这里 $\lambda=0,\omega=3$,则 $\lambda\pm i\omega=\pm 3i$ 不是特征根,故可设该微分方程的一个特解为

$$\overline{y}_1=A_1\cos 3x+B_1\sin 3x,$$

于是

$$\overline{y}_1'=-3A_1\sin 3x+3B_1\cos 3x,$$
$$\overline{y}_1''=-9A_1\cos 3x-9B_1\sin 3x.$$

把 $\overline{y}_1,\overline{y}_1''$ 代入 $y''+y=\dfrac{1}{2}\cos 3x$ 并化简,得

$$-8A_1\cos 3x-8B_1\sin 3x=\dfrac{1}{2}\cos 3x,$$

比较上式两边的系数,有 $A_1=-\dfrac{1}{16},B_1=0$. 故该微分方程的一个特解为

$$\overline{y}_1=-\dfrac{1}{16}\cos 3x.$$

再求微分方程 $y''+y=\dfrac{1}{2}\cos x$ 的一个特解.

因 $f(x)=\dfrac{1}{2}\cos x$,这里 $\lambda=0,\omega=1$,则 $\lambda\pm i\omega=\pm i$ 是特征根,故可设该微分方程的一个特解为

$$\overline{y}_2=x(A_2\cos x+B_2\sin x),$$

于是

$$\overline{y}_2'=(A_2+B_2x)\cos x+(B_2-A_2x)\sin x,$$
$$\overline{y}_2''=(2B_2-A_2x)\cos x-(2A_2+B_2x)\sin x.$$

把 $\overline{y}_2,\overline{y}_2''$ 代入 $y''+y=\dfrac{1}{2}\cos x$ 并化简,得

$$2B_2\cos x-2A_2\sin x=\dfrac{1}{2}\cos x,$$

比较上式两边的系数,有 $A_2=0,B_2=\dfrac{1}{4}$. 故该微分方程的一个特解为

$$\overline{y}_2=\dfrac{1}{4}x\sin x.$$

综上,原微分方程的一个特解为

$$\overline{y}=\overline{y}_1+\overline{y}_2=\dfrac{1}{4}x\sin x-\dfrac{1}{16}\cos 3x,$$

原微分方程的通解为

$$y=\left(\dfrac{x}{4}+C_2\right)\sin x+C_1\cos x-\dfrac{1}{16}\cos 3x.$$

7.4　通过 Wolfram 语言求解微分方程

例 1　求微分方程 $y'' + y = 0$ 的通解.

解　输入

equation solving y''+y=0

求得通解为

$$y = C_1 \sin x + C_2 \cos x.$$

例 2　求微分方程 $y'' + y = 0$ 满足初始条件 $y\big|_{x=0} = 2, y'\big|_{x=0} = 1$ 的特解.

解　输入

equation solving y''+y=0,y(0)=2,y'(0)=1

求得特解为

$$y = \sin x + 2\cos x.$$

习　题　7

1. 判别下列方程中哪些是微分方程,若是微分方程,则指出微分方程的阶数:

(1) $y^2 + 4y - 3 = 0$;

(2) $y'' + 4y' - 3y = 0$;

(3) $xy'' + 2y'^3 + y = x$;

(4) $x^3 y''' + x^2 y'' - 4xy' = 3x^2$;

(5) $\mathrm{d}y = y \sin^2 x \,\mathrm{d}x$;

(6) $L\dfrac{\mathrm{d}^2 Q}{\mathrm{d}t^2} + R\dfrac{\mathrm{d}Q}{\mathrm{d}t} + \dfrac{Q}{C} = 0$.

2. 用分离变量法求下列微分方程的解:

(1) $\dfrac{\mathrm{d}s}{\mathrm{d}t} = \dfrac{2s}{t}$;

(2) $y' = 2x, y\big|_{x=1} = 2$;

(3) $3x^2 + \dfrac{1}{x} - y' = 0$;

(4) $xy' - y\ln y = 0$;

(5) $y' = \dfrac{y}{\sqrt{1-x^2}}$;

(6) $y' = e^{x+y}$;

(7) $\sec^2 x \tan y \,\mathrm{d}x + \sec^2 y \tan x \,\mathrm{d}y = 0$;

(8) $(y+1)^2 y' + x^3 = 0$.

3. 求下列微分方程满足所给初始条件的特解:

(1) $x\,\mathrm{d}y + 2y\,\mathrm{d}x = 0, y\big|_{x=2} = 1$;

(2) $y' = e^{2x-y}, y\big|_{x=0} = 0$;

(3) $e^x \cos y \,\mathrm{d}x + (e^x + 1)\sin y \,\mathrm{d}y = 0, y\big|_{x=0} = \dfrac{\pi}{4}$;

(4) $\sqrt{1-x^2}\,\mathrm{d}y = x\,\mathrm{d}x, y\big|_{x=0} = 0$.

4. 求下列齐次方程的解:

(1) $x\dfrac{\mathrm{d}y}{\mathrm{d}x} = y\ln\dfrac{y}{x}$;

(2) $\dfrac{\mathrm{d}y}{\mathrm{d}x} = \dfrac{y}{x} + \tan\dfrac{y}{x}$;

(3) $\dfrac{\mathrm{d}y}{\mathrm{d}x} = \mathrm{e}^{\frac{y}{x}} + \dfrac{y}{x}$;

(4) $(x^2 + y^2)\mathrm{d}x - xy\mathrm{d}y = 0$;

(5) $\dfrac{\mathrm{d}y}{\mathrm{d}x} = \dfrac{x}{y} + \dfrac{y}{x}, y\Big|_{x=1} = 2$;

(6) $\dfrac{x}{1+y}\mathrm{d}x - \dfrac{y}{1+x}\mathrm{d}y = 0, y\Big|_{x=0} = 0$.

5. 求下列一阶线性微分方程的通解：

(1) $y' - 3xy = 2x$;

(2) $y' + \dfrac{2y}{x} = -x$;

(3) $y' = \mathrm{e}^x - 2y$;

(4) $y' + 3y = 2$;

(5) $y' + y\cos x = \mathrm{e}^{-\sin x}$;

(6) $y' + y\tan x = \sin 2x$;

(7) $y\mathrm{d}x + (1+y)x\mathrm{d}y = \mathrm{e}^y\mathrm{d}y$;

(8) $(y^2 - 6x)y' + 2y = 0$.

6. 求下列一阶线性微分方程满足所给初始条件的特解：

(1) $\dfrac{\mathrm{d}y}{\mathrm{d}x} + 3y = 8, y\Big|_{x=0} = 2$;

(2) $(x-2)\dfrac{\mathrm{d}y}{\mathrm{d}x} = y + 2(x-2)^3, y\Big|_{x=1} = 0$;

(3) $\dfrac{\mathrm{d}y}{\mathrm{d}x} + \dfrac{(2-3x^2)y}{x^3} = 1, y\Big|_{x=1} = 0$;

(4) $\dfrac{\mathrm{d}y}{\mathrm{d}x} = -\dfrac{y}{x} + \dfrac{\sin x}{x}, y\Big|_{x=\pi} = 1$;

(5) $(x^2 - 1)\mathrm{d}y + (2xy - \cos x)\mathrm{d}x = 0, y\Big|_{x=0} = 1$;

(6) $\dfrac{\mathrm{d}y}{\mathrm{d}x} - y\tan x = \sec x, y\Big|_{x=0} = 0$.

7. 求下列微分方程的解：

(1) $y'' - y' - 2y = 0$;

(2) $y'' + 3y' - 4y = 0$;

(3) $y'' - 4y' = 0$;

(4) $y'' - y = 0$;

(5) $3y'' - 2y' - 8y = 0$;

(6) $y'' + 2y' + y = 0$;

(7) $y'' - 4y' + 4y = 0$;

(8) $4y'' - 20y' + 25y = 0$;

(9) $y'' - 4y' + 5y = 0$;

(10) $y'' + 6y' + 10y = 0$;

(11) $y'' + y = 0$;

(12) $y'' + 25y = 0$;

(13) $y'' + k^2 y = 0$;

(14) $12y'' - 20y' + 3y = 0$;

(15) $4y'' + y = 0, y\Big|_{x=0} = 1, y'\Big|_{x=0} = 1$;

(16) $y'' - 4y' + 4y = 0, y\Big|_{x=0} = 5, y'\Big|_{x=0} = -3$;

(17) $y'' - 3y' + 2y = 0, y\Big|_{x=0} = 0, y'\Big|_{x=0} = 5$;

(18) $y'' + 2y' + y = 0, y\Big|_{x=0} = 4, y'\Big|_{x=0} = -2$;

(19) $y'' + 4y' + 29y = 0, y\Big|_{x=0} = 0, y'\Big|_{x=0} = 15$;

(20) $y'' + 2y' + 2y = 0, y\Big|_{x=0} = 0, y'\Big|_{x=0} = -1$.

8. 填空题：

(1) 求微分方程 $y'' + 4y' = x^2 - 1$ 的特解 $\overline{y}$ 时，可设 $\overline{y} = $ _____；

(2) 求微分方程 $2y'' + y' - y = 2\mathrm{e}^x$ 的特解 $\overline{y}$ 时，可设 $\overline{y} = $ _____；

(3) 求微分方程 $2y'' + y' - y = x^2\mathrm{e}^x$ 的特解 $\overline{y}$ 时，可设 $\overline{y} = $ _____；

(4) 求微分方程 $y'' - 2y' + 5y = x\mathrm{e}^x$ 的特解 $\overline{y}$ 时，可设 $\overline{y} = $ _____；

(5) 求微分方程 $y'' - 2y' + y = x\mathrm{e}^x$ 的特解 $\overline{y}$ 时，可设 $\overline{y} = $ _____；

(6) 求微分方程 $y'' + y = \cos x$ 的特解 $\overline{y}$ 时,可设 $\overline{y} = $ _____;

(7) 求微分方程 $y'' + y = \sin x + \cos x$ 的特解 $\overline{y}$ 时,可设 $\overline{y} = $ _____;

(8) 求微分方程 $y'' - 2y' + 5y = e^x \sin x$ 的特解 $\overline{y}$ 时,可设 $\overline{y} = $ _____;

(9) 求微分方程 $y'' - 2y' + 5y = e^x \sin 2x$ 的特解 $\overline{y}$ 时,可设 $\overline{y} = $ _____.

9. 求下列微分方程的通解:

(1) $y'' + 5y' + 4y = 3 - 2x$; (2) $2y'' + 5y' = 5x^2 - 2x - 1$;

(3) $2y'' + y' = x^2 - 1$; (4) $y'' + 3y' + 2y = 3xe^{-x}$;

(5) $y'' - 6y' + 9y = (x+1)e^{3x}$; (6) $y'' - 6y' + 9y = (x+1)e^x$;

(7) $y'' + 4y' = \cos x$.

10. 求下列微分方程满足所给初始条件的特解:

(1) $y'' - 4y' = 5, y\big|_{x=0} = 1, y'\big|_{x=0} = 0$; (2) $y'' - 3y' + 2y = 5, y\big|_{x=0} = 1, y'\big|_{x=0} = 2$;

(3) $y'' - y = 4e^x, y\big|_{x=0} = 0, y'\big|_{x=0} = 1$; (4) $y'' - y' = 4xe^x, y\big|_{x=0} = 0, y'\big|_{x=0} = 1$.

11. 设一曲线上任一点处的切线斜率与切点的横坐标成反比,且曲线过点 $(1,2)$,求该曲线的方程.

12. 设一曲线在点 (x,y) 处的切线斜率为 $\dfrac{1}{\sqrt{x}}$,且曲线过点 $(4,1)$,求该曲线的方程.

13. 设一曲线在点 (x,y) 处的切线斜率为 $2x + y$,且曲线过原点,求该曲线的方程.

14. 一质点在一直线上由静止状态开始运动,其加速度 $a(t) = -4s(t) + 3\sin t$,求运动方程 $s = s(t)$,并求该质点离起点的最大距离.

15. 温度为 100 ℃ 的物体放在温度为 0 ℃ 的介质中冷却,依照牛顿冷却定律,冷却的速度 $\dfrac{\mathrm{d}T}{\mathrm{d}t}$ 与物体的温度 T 成正比,求物体的温度 T 与时间 t 的函数关系.

16. 一单位质量的质点在数轴上运动,开始时质点在原点 O 处且速度为 v_0,在运动过程中它受到一个力的作用,这个力的大小与质点到原点的距离成正比(比例系数 $k_1 > 0$),而方向与初速度方向一致,且质点受到的阻力与速度成正比(比例系数 $k_2 > 0$),求反映该质点的运动规律的微分方程.

寻觅多维度世界

项目

8

自然科学、工程技术及社会科学中所遇到的很多实际问题,往往很复杂,一元函数已无法满足其需求,因此需要研究多元函数.本项目将介绍多元函数的微分,它是一元函数微分的推广和发展.从一元函数的情形推广到二元函数时会出现一些新的问题,而从二元函数推广到三元及三元以上的多元函数却没有本质的区别,完全可以类推.因此,本项目主要讨论二元函数的情形,对应三元及三元以上的多元函数,读者可以采用类比学习方法.

8.1   多元函数的基本概念、极限与连续性

8.1.1   多元函数的基本概念

先看下面两个引例.

诗歌鉴赏:立体几何

> **引例 1**   圆柱体的体积 z 与其底面圆的半径 x、高 y 的关系是 $z = \pi x^2 y$,其中 z 随 x,y 的变化而变化.当 x,y 在一定范围 $\{(x,y) \mid x \geqslant 0, y \geqslant 0\}$ 内取定一对值 (x,y) 时,通过关系式 $z = \pi x^2 y$,z 的值就随之确定.

> **引例 2**   长方体的体积 w 与其长 x、宽 y、高 z 的关系是 $w = xyz$,其中 w 随 x,y,z 的变化而变化.当 x,y,z 在一定范围 $\{(x,y,z) \mid x \geqslant 0, y \geqslant 0, z \geqslant 0\}$ 内取定一组值 (x,y,z) 时,通过关系式 $w = xyz$,w 的值就随之确定.

引例 1 的关系式表明,对于一定范围内的一对值 (x,y),按照一定的对应法则,都有唯一确定的值与之对应.数学上把这样的函数称为二元函数.也可用点集描述,以数对 (x,y) 为坐标的点 $P(x,y)$ 在二维空间(平面)上的一定范围内变化时,在实数轴上存在着唯一的一个点 $Q(z)$ 与之对应.

定义 1   设有三个变量 x,y 和 z.若当变量 x,y 在一定范围 $D \subseteq \mathbf{R}^2$ 内任意取定一对值 (x,y) 时,按照一定的对应法则 f,存在唯一确定的 z 值与之对应,那么称变量 z 为变量 x,y 在 D 上的二元函数,记作

$$z = f(x,y), \quad (x,y) \in D,$$

其中 D 称为该函数的定义域,x,y 称为自变量,z 称为因变量.

函数值 $f(x,y)$ 的全体所构成的集合称为函数 f 的值域,记作 $f(D)$,即

$$f(D) = \{z \mid z = f(x,y), (x,y) \in D\}.$$

二元函数也可用点集描述.

定义 1′ 设 D 是 $\mathbf{R}^2$ 的一个非空子集. 如果对于 D 中任意一点 $P(x,y) \in D$, 按照一定的对应法则 f, 总有唯一确定的 $z \in \mathbf{R}$ 与之对应, 则称 z 为点 P 在 D 上的**二元函数**, 记作

$$z = f(P), \quad P \in D.$$

引例 2 的关系式表明, 对于一定范围内的一组值 (x,y,z), 按照一定的对应法则, 都有唯一确定的值与之对应. 数学上把这样的函数称为三元函数. 也可用点集描述, 以数组 (x,y,z) 为坐标的点 $P(x,y,z)$ 在三维空间上的一定范围内变化时, 在实数轴上存在着唯一的一个点 $Q(w)$ 与之对应.

定义 2 设有四个变量 x,y,z 和 w. 若当变量 x,y,z 在一定范围 $D \subseteq \mathbf{R}^3$ 内任意取定一组值 (x,y,z) 时, 按照一定的对应法则 f, 存在唯一确定的 w 值与之对应, 那么称变量 w 为变量 x,y,z 在 D 上的**三元函数**, 记作

$$w = f(x,y,z), \quad (x,y,z) \in D,$$

其中 D 称为该函数的**定义域**, x,y,z 称为**自变量**, w 称为**因变量**.

函数值 $f(x,y,z)$ 的全体所构成的集合称为函数 f 的值域, 记作 $f(D)$, 即

$$f(D) = \{w \mid w = f(x,y,z), (x,y,z) \in D\}.$$

三元函数也可用点集描述.

定义 2′ 设 D 是 $\mathbf{R}^3$ 的一个非空子集. 如果对于 D 中任意一点 $P(x,y,z) \in D$, 按照一定的对应法则 f, 总有唯一确定的 $w \in \mathbf{R}$ 与之对应, 则称 w 为点 P 在 D 上的**三元函数**, 记作

$$w = f(P), \quad P \in D.$$

类似地, 可定义三元以上的函数. 当 $n \geqslant 2$ 时, n 元函数统称为**多元函数**.

8.1.2　二元函数的定义域的求法

多元函数的概念与一元函数一样, 包含对应法则和定义域这两个要素.

多元函数的定义域的求法与一元函数的类似, 有两个原则: 其一, 若函数的自变量具有某种实际意义, 则根据它的实际意义来决定其取值范围, 从而确定函数的定义域; 其二, 对一般的

用解析式表示的函数, 使解析式有意义的自变量的取值范围, 就是函数的定义域. 一元函数的定义域是使一元函数有意义的一切数轴上的点所构成的点集, 二元函数的定义域是使二元函数有意义的一切平面上的点所构成的点集, 三元函数的定义域则是使三元函数有意义的一切三维空间上的点所构成的点集.

"多元一体"民族观

例 1 求函数 $f(x,y) = \ln(x+y)$ 的定义域 D, 并画出 D 的图形.

解 要使函数的解析式有意义, 必须满足

$$x + y > 0,$$

从而定义域为

$$D = \{(x,y) \mid x + y > 0\},$$

如图 8-1 阴影部分所示.

例 **2**　求函数 $z = \dfrac{1}{\sqrt{x+y}} + \dfrac{1}{\sqrt{x-y}}$ 的定义域 D，并画出 D 的图形.

解　要使函数的解析式有意义，必须满足

$$x + y > 0, \quad x - y > 0,$$

从而定义域为

$$D = \{(x,y) \mid x+y > 0, x-y > 0\},$$

如图 8-2 阴影部分所示.

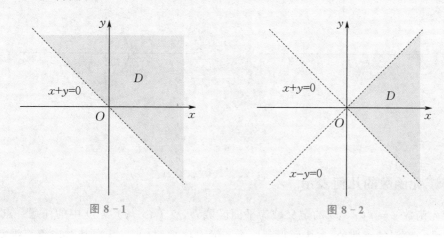

图 8-1　　　　　　　　　　　　图 8-2

8.1.3　平面点集的有关概念

以 xOy 平面上的一定点 $P_0(x_0, y_0)$ 为中心、正数 δ 为半径的动点 $P(x, y)$ 的轨迹是平面上的一个圆，把到定点 P_0 的距离小于 δ 的动点 P 所构成的集合称为点 P_0 的 δ 邻域，记作 $U(P_0, \delta)$，即

$$U(P_0, \delta) = \{P \mid \mid P_0 P \mid < \delta\},$$

亦即

$$U(P_0, \delta) = \{(x, y) \mid \sqrt{(x-x_0)^2 + (y-y_0)^2} < \delta\}.$$

邻域 $U(P_0, \delta)$ 在几何上就是以点 P_0 为中心、δ 为半径的圆的内部（不含圆周）的点的全体.

邻域 $U(P_0, \delta)$ 中去掉中心点 P_0 后，称为点 P_0 的去心 δ 邻域，记作 $\mathring{U}(P_0, \delta)$，即

$$\mathring{U}(P_0, \delta) = \{(x, y) \mid 0 < \sqrt{(x-x_0)^2 + (y-y_0)^2} < \delta\}.$$

注　如果不需要强调邻域的半径 δ，则用 $U(P_0)$ 表示点 P_0 的某邻域，用 $\mathring{U}(P_0)$ 表示点 P_0 的某去心邻域.

在 xOy 平面上由一条或几条曲线所围成的一部分平面称为区域.围成区域的曲线称为区域的边界.

不包括边界在内的平面区域称为开区域.从几何上看，开区域是连成一片的且不包括边界的平面点集.例 1 和例 2 的定义域都是开区域.

包含边界在内的平面区域称为闭区域.从几何上看，闭区域是连成一片的且包括边界的平面点集.

凡是开区域内的点都称为内点.边界上的点称为边界点.

如果一个区域可以包含在一个以原点为中心、半径有限大的圆内,那么称该区域为有界区域;否则,称为无界区域.

例如,点集 $\{(x,y) \mid x+y > 0\}$ 是一开区域,也是一无界区域,如图 8-1 所示;点集 $\{(x,y) \mid 1 < x^2+y^2 < 4\}$ 是一开区域,也是一有界区域,如图 8-3 所示;点集 $\{(x,y) \mid 1 \leqslant x^2+y^2 \leqslant 4\}$ 是一闭区域,也是一有界区域,如图 8-4 所示.

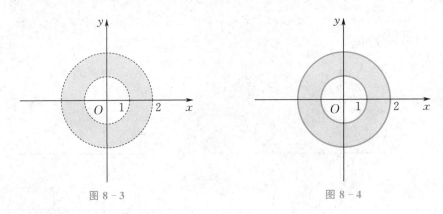

图 8-3   图 8-4

8.1.4 二元函数的几何表示

设二元函数 $z=f(x,y)$ 的定义域为平面区域 D,点 $P(x,y)$ 是 D 中的任意一点,其对应着数轴上唯一确定的函数值 z,从而得到一个三元有序数组 (x,y,z),其对应着三维空间中一点 $M(x,y,z)$.当点 P 在 D 内变动时,相应的点 M 就在三维空间中变动.当点 P 取遍整个定义域 D 时,点 M 就在三维空间中描绘出一张曲面 S,如图 8-5 所示,即

$$S = \{(x,y,z) \mid z=f(x,y),(x,y) \in D\},$$

其中函数的定义域 D 就是曲面 S 在 xOy 平面上的投影区域.

例如,二元函数 $z=\sqrt{R^2-x^2-y^2}$ 表示球心在原点、半径为 R 的上半球面,如图 8-6 所示.

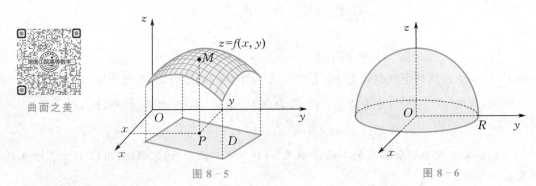

曲面之美

图 8-5   图 8-6

三元及三元以上的函数没有直观的几何意义.

8.1.5 二元函数的极限

1. 二元函数极限的概念

定义3 设函数 $z=f(x,y)$ 在点 $P_0(x_0,y_0)$ 的某一去心邻域内有定义.如果当点 $P(x,y)$ 无限接近于点 $P_0(x_0,y_0)$ 时,函数 $z=f(x,y)$ 无限接近于一个常数 A,则称 A 为函

数 $z=f(x,y)$ 在 $(x,y)\to(x_0,y_0)$ 时的极限,记作

$$\lim_{(x,y)\to(x_0,y_0)}f(x,y)=A.$$

为了区别于一元函数的极限,一般称二元函数的极限为二重极限.

2. 二重极限的四则运算法则

设 $\displaystyle\lim_{(x,y)\to(x_0,y_0)}f(x,y)=A$,$\displaystyle\lim_{(x,y)\to(x_0,y_0)}g(x,y)=B$,则有

(1) $\displaystyle\lim_{(x,y)\to(x_0,y_0)}[f(x,y)\pm g(x,y)]=\lim_{(x,y)\to(x_0,y_0)}f(x,y)\pm\lim_{(x,y)\to(x_0,y_0)}g(x,y)=A\pm B$;

(2) $\displaystyle\lim_{(x,y)\to(x_0,y_0)}[f(x,y)\cdot g(x,y)]=\lim_{(x,y)\to(x_0,y_0)}f(x,y)\cdot\lim_{(x,y)\to(x_0,y_0)}g(x,y)=AB$;

(3) $\displaystyle\lim_{(x,y)\to(x_0,y_0)}\frac{f(x,y)}{g(x,y)}=\frac{\displaystyle\lim_{(x,y)\to(x_0,y_0)}f(x,y)}{\displaystyle\lim_{(x,y)\to(x_0,y_0)}g(x,y)}=\frac{A}{B}\ (B\neq 0).$

特别地,

$$\lim_{(x,y)\to(x_0,y_0)}Cf(x,y)=C\lim_{(x,y)\to(x_0,y_0)}f(x,y)=CA\quad(C\text{ 为任意常数}).$$

注 上述法则可以推广到有限个函数的代数和及有限个函数的乘积的情形.

3. 二重极限的计算

二重极限的计算一般来说要比一元函数的极限复杂,计算也更困难,通常有以下的计算方法:

(1) 利用二重极限的定义;

(2) 利用求一元函数极限的一些方法,如两个重要极限、等价无穷小代换等;

(3) 若二元函数沿不同的路径,其极限不相等,则可断定该二元函数的极限不存在.

例 3 求极限 $\displaystyle\lim_{(x,y)\to(0,0)}(x^2+y^2)\sin\frac{1}{x^2+y^2}$.

解 令 $u=x^2+y^2$,则

$$\lim_{(x,y)\to(0,0)}(x^2+y^2)\sin\frac{1}{x^2+y^2}=\lim_{u\to 0}u\sin\frac{1}{u}=0.$$

例 4 求极限 $\displaystyle\lim_{(x,y)\to(0,0)}(1+xy^2)^{\frac{1}{x}}$.

解 $\displaystyle\lim_{(x,y)\to(0,0)}(1+xy^2)^{\frac{1}{x}}=\lim_{(x,y)\to(0,0)}(1+xy^2)^{\frac{1}{xy^2}y^2}=\lim_{y\to 0}e^{y^2}=1.$

例 5 求极限 $\displaystyle\lim_{(x,y)\to(0,0)}\frac{e^{x+y}-1}{\sin(x+y)}$.

解 令 $u=x+y$,则

$$\lim_{(x,y)\to(0,0)}\frac{e^{x+y}-1}{\sin(x+y)}=\lim_{u\to 0}\frac{e^u-1}{\sin u}=\lim_{u\to 0}\frac{u}{u}=1.$$

例 6 求极限 $\lim\limits_{(x,y)\to(1,2)} \dfrac{x+y}{xy}$.

解 $\lim\limits_{(x,y)\to(1,2)} \dfrac{x+y}{xy} = \dfrac{1+2}{1\times 2} = \dfrac{3}{2}$.

8.1.6 二元函数的连续性

1. 二元函数连续的定义

定义 4 设二元函数 $z=f(x,y)$ 在点 $P_0(x_0,y_0)$ 的某一邻域内有定义. 如果

$$\lim\limits_{(x,y)\to(x_0,y_0)} f(x,y) = f(x_0,y_0),$$

则称函数 $z=f(x,y)$ 在点 $P_0(x_0,y_0)$ 处连续, 点 $P_0(x_0,y_0)$ 称为函数 $z=f(x,y)$ 的连续点.

与一元函数类似, 二元函数 $z=f(x,y)$ 在点 $P_0(x_0,y_0)$ 处连续必须同时满足条件:

(1) $z=f(x,y)$ 在点 (x_0,y_0) 处有定义;

(2) $\lim\limits_{(x,y)\to(x_0,y_0)} f(x,y)$ 存在;

(3) $\lim\limits_{(x,y)\to(x_0,y_0)} f(x,y) = f(x_0,y_0)$.

若上述三个条件中有一个不满足, 则称函数 $z=f(x,y)$ 在点 $P_0(x_0,y_0)$ 处不连续(间断), 点 $P_0(x_0,y_0)$ 称为函数 $z=f(x,y)$ 的间断点.

例如, 函数 $f(x,y)=\dfrac{1}{x^2-y}$ 在抛物线 $y=x^2$ 上的所有点处都没有定义, 所以抛物线 $y=x^2$ 上的所有点都是该函数的间断点; 函数 $f(x,y)=\begin{cases} \dfrac{xy}{x^2+y^2}, & x^2+y^2\neq 0, \\ 0, & x^2+y^2=0 \end{cases}$ 在点 $(0,0)$ 处间断, 因为当 $(x,y)\to(0,0)$ 时, 函数 $f(x,y)$ 的极限不存在; 函数 $f(x,y)=\begin{cases} 1, & x^2+y^2\neq 0, \\ 0, & x^2+y^2=0 \end{cases}$ 在点 $(0,0)$ 处间断, 因为 $\lim\limits_{(x,y)\to(0,0)} f(x,y)=1\neq f(0,0)$.

如果二元函数 $f(x,y)$ 在平面区域 D 内每一点处都连续, 则称 $f(x,y)$ 在区域 D 内连续, 也称 $f(x,y)$ 是 D 内的连续函数. 函数 $z=f(x,y)$ 在区域 D 上连续的图形特征是一张既没有"空洞"也没有"裂缝"的曲面.

一元函数中关于极限的运算法则对于多元函数仍适用, 故二元连续函数经过四则运算和复合运算后仍为二元连续函数(商的情形要求分母不为零).

2. 二元初等函数

由 x 和 y 的基本初等函数经过有限次的四则运算和复合运算所构成的可用一个解析式表示的二元函数称为二元初等函数, 并且有结论:一切二元初等函数在其定义区域内都是连续的.

例 7 求下列极限：

(1) $\lim\limits_{(x,y)\to(0,0)} \dfrac{2-\sqrt{xy+4}}{xy}$；

(2) $\lim\limits_{(x,y)\to(0,0)} \dfrac{xy^2}{x^2+y^2}$；

(3) $\lim\limits_{(x,y)\to(1,0)} \dfrac{\ln(1+xy)}{y\sqrt{x^2+y^2}}$.

解 (1) $\lim\limits_{(x,y)\to(0,0)} \dfrac{2-\sqrt{xy+4}}{xy} = \lim\limits_{(x,y)\to(0,0)} \dfrac{-xy}{xy(2+\sqrt{xy+4})}$

$$= -\lim\limits_{(x,y)\to(0,0)} \dfrac{1}{2+\sqrt{xy+4}} = -\dfrac{1}{4}.$$

(2) 当 $(x,y) \to (0,0)$ 时，$x^2+y^2 \neq 0$，有 $x^2+y^2 \geqslant 2|xy|$. 此时，函数 $\dfrac{xy}{x^2+y^2}$ 有界，而 y 是当 $x \to 0$ 且 $y \to 0$ 时的无穷小，根据无穷小与有界函数的乘积仍为无穷小，得

$$\lim\limits_{(x,y)\to(0,0)} \dfrac{xy^2}{x^2+y^2} = 0.$$

(3) $\lim\limits_{(x,y)\to(1,0)} \dfrac{\ln(1+xy)}{y\sqrt{x^2+y^2}} = \lim\limits_{(x,y)\to(1,0)} \dfrac{xy}{y\sqrt{x^2+y^2}} = \lim\limits_{(x,y)\to(1,0)} \dfrac{x}{\sqrt{x^2+y^2}} = 1.$

从例 3 ~ 例 7 可以看到，求二重极限的很多方法与一元函数的相同.

3. 二元连续函数的性质

与一元函数类似，有界闭区域上的二元连续函数有如下性质.

性质 1（有界性定理） 在有界闭区域 D 上的二元连续函数一定有界.

性质 2（最大值和最小值定理） 在有界闭区域 D 上的二元连续函数必有最大值和最小值.

性质 3（介值定理） 在有界闭区域 D 上的二元连续函数必取得介于最大值与最小值之间的任何值.

以上关于二元函数的极限与连续性的概念及有界闭区域上二元连续函数的性质，可类推到三元及三元以上的函数中去.

8.2 多元函数的偏导数与全微分

8.2.1 偏导数

1. 偏导数的定义

定义 1 设二元函数 $z = f(x,y)$ 在点 (x_0, y_0) 的某一邻域内有定义. 当 y 固定在 y_0 而 x 在 x_0 处有增量 Δx 时，相应地函数有增量 $f(x_0 + \Delta x, y_0) - f(x_0, y_0)$，如果极限

$$\lim\limits_{\Delta x \to 0} \dfrac{f(x_0 + \Delta x, y_0) - f(x_0, y_0)}{\Delta x}$$

存在,则称此极限为函数 $z = f(x,y)$ 在点 (x_0,y_0) 处对 x 的偏导数,记作

$$\frac{\partial z}{\partial x}\bigg|_{\substack{x=x_0\\y=y_0}}, \quad \frac{\partial f}{\partial x}\bigg|_{\substack{x=x_0\\y=y_0}}, \quad z_x\bigg|_{\substack{x=x_0\\y=y_0}} \quad \text{或} \quad f_x(x_0,y_0).$$

类似地,函数 $z = f(x,y)$ 在点 (x_0,y_0) 处对 y 的偏导数为

$$\lim_{\Delta y \to 0} \frac{f(x_0,y_0+\Delta y)-f(x_0,y_0)}{\Delta y},$$

由繁化简之美

记作

$$\frac{\partial z}{\partial y}\bigg|_{\substack{x=x_0\\y=y_0}}, \quad \frac{\partial f}{\partial y}\bigg|_{\substack{x=x_0\\y=y_0}}, \quad z_y\bigg|_{\substack{x=x_0\\y=y_0}} \quad \text{或} \quad f_y(x_0,y_0).$$

如果函数 $z = f(x,y)$ 在区域 D 内任一点 (x,y) 处对 x 的偏导数都存在,那么这个偏导数就是 x,y 的函数,并称为函数 $z = f(x,y)$ 对 x 的偏导函数,记作

$$\frac{\partial z}{\partial x}, \quad \frac{\partial f}{\partial x}, \quad z_x \quad \text{或} \quad f_x(x,y).$$

同理,可定义函数 $z = f(x,y)$ 对 y 的偏导函数,记作

$$\frac{\partial z}{\partial y}, \quad \frac{\partial f}{\partial y}, \quad z_y \quad \text{或} \quad f_y(x,y).$$

由偏导函数的概念可知,$f(x,y)$ 在点 (x_0,y_0) 处对 x 的偏导数 $f_x(x_0,y_0)$ 就是偏导函数 $f_x(x,y)$ 在点 (x_0,y_0) 处的函数值,$f_y(x_0,y_0)$ 就是偏导函数 $f_y(x,y)$ 在点 (x_0,y_0) 处的函数值.

注 在不产生误解的情况下,偏导函数简称偏导数.

偏导数的概念可推广到三元及三元以上的函数.例如,三元函数 $u = f(x,y,z)$ 在点 (x,y,z) 处对 x 的偏导数为

$$\frac{\partial u}{\partial x} = \lim_{\Delta x \to 0} \frac{f(x+\Delta x,y,z)-f(x,y,z)}{\Delta x}.$$

2. 高阶偏导数

定义 2 设函数 $z = f(x,y)$ 在区域 D 内具有偏导数

$$\frac{\partial z}{\partial x} = f_x(x,y), \quad \frac{\partial z}{\partial y} = f_y(x,y),$$

于是在 D 内 $f_x(x,y),f_y(x,y)$ 还是 x,y 的函数.如果这两个函数的偏导数也存在,则称它们是函数 $z = f(x,y)$ 的二阶偏导数.按照求导数次序的不同有下列四种二阶偏导数:

$$\frac{\partial}{\partial x}\left(\frac{\partial z}{\partial x}\right) = \frac{\partial^2 z}{\partial x^2} = f_{xx}(x,y), \quad \frac{\partial}{\partial y}\left(\frac{\partial z}{\partial x}\right) = \frac{\partial^2 z}{\partial x \partial y} = f_{xy}(x,y),$$

$$\frac{\partial}{\partial x}\left(\frac{\partial z}{\partial y}\right) = \frac{\partial^2 z}{\partial y \partial x} = f_{yx}(x,y), \quad \frac{\partial}{\partial y}\left(\frac{\partial z}{\partial y}\right) = \frac{\partial^2 z}{\partial y^2} = f_{yy}(x,y),$$

其中 $f_{xy}(x,y)$ 与 $f_{yx}(x,y)$ 称为混合偏导数.

类似地,还可定义三阶、四阶……n 阶偏导数.二阶及二阶以上的偏导数统称为高阶偏导数.

定理 1 如果函数 $z = f(x,y)$ 的两个二阶混合偏导数 $f_{xy}(x,y)$ 与 $f_{yx}(x,y)$ 在区域 D 内连续,那么这两个二阶混合偏导数在区域 D 内相等.

证明略.

3. 偏导数的计算

求二元函数的偏导数要注意以下几点：

（1）根据偏导数的含义，求 $f_x(x,y)$ 时，就是把 y 看作常量，对 x 求导数；求 $f_y(x,y)$ 时，把 x 看作常量，对 y 求导数. 求偏导数实质上就是求一元函数的导数.

（2）求具体某点处的偏导数时，可以用定义先求出偏导函数再代入该点坐标，也可以将另一个看作常量的坐标值先代入，再求一元函数的导数.

（3）对于由多个解析式表达的分段函数，其分界点处的偏导数只能用定义来求.

（4）若二元函数 $f(x,y)$ 的表达式具有关于 x,y 的轮换对称性，即在 $f(x,y)$ 的表达式中将 x 换为 y，同时将 y 换为 x 时函数表达式不变，则 $f_x(x,y)$ 和 $f_y(x,y)$ 结构相同，已知其中一个求另一个时只需将 x 换为 y，同时将 y 换为 x.

例 1 设函数 $z=x^y$，求 $\dfrac{\partial z}{\partial x},\dfrac{\partial z}{\partial y}$.

解 $\dfrac{\partial z}{\partial x}=yx^{y-1}$，$\dfrac{\partial z}{\partial y}=x^y\ln x$.

例 2 设函数 $f(x,y)=(y-1)\sqrt{1+x^2}\sin xy+x^3$，求 $\dfrac{\partial f}{\partial x}\Big|_{\substack{x=2\\y=1}}$.

解 因 $f(x,1)=x^3$，故

$$\frac{\partial f}{\partial x}\Big|_{\substack{x=2\\y=1}}=\frac{\mathrm{d}f(x,1)}{\mathrm{d}x}\Big|_{x=2}=3x^2\Big|_{x=2}=12.$$

例 3 求函数 $f(x,y)=x^2+3xy+y^2$ 在点 $(1,2)$ 处的偏导数.

解 因

$$f_x(x,y)=2x+3y,\quad f_y(x,y)=3x+2y,$$

故

$$f_x(1,2)=2\times1+3\times2=8,\quad f_y(1,2)=3\times1+2\times2=7.$$

一元函数如果在某点处可导，则它在该点处一定连续. 但对于多元函数，如果函数在某点处偏导数都存在，却不能保证函数在该点处连续. 这是因为偏导数存在只能保证点 P 沿着平行于坐标轴的方向无限接近于点 P_0 时，函数值 $f(P)$ 无限接近于 $f(P_0)$，但不能保证点 P 按任何方式无限接近于点 P_0 时，函数值 $f(P)$ 都无限接近于 $f(P_0)$.

例如，函数 $f(x,y)=\begin{cases}\dfrac{xy}{x^2+y^2}, & x^2+y^2\neq0,\\ 0, & x^2+y^2=0\end{cases}$ 在点 $(0,0)$ 处的偏导数为

$$f_x(0,0)=\lim_{\Delta x\to0}\frac{f(0+\Delta x,0)-f(0,0)}{\Delta x}=0,$$

$$f_y(0,0)=\lim_{\Delta y\to0}\frac{f(0,0+\Delta y)-f(0,0)}{\Delta y}=0,$$

函数 $f(x,y)$ 在点 $(0,0)$ 处的偏导数都存在，但因为当 $(x,y)\to(0,0)$ 时，函数 $f(x,y)$ 的极限不存在，即函数 $f(x,y)$ 在点 $(0,0)$ 处不连续.

8.2.2　全微分

1. 全微分的概念

偏导数给出了二元函数关于一个自变量的变化率,二元函数关于两个自变量的变化情况是怎样的呢?

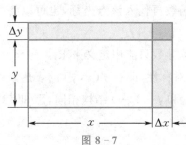

图 8-7

设有一块矩形的金属薄板,长为 x,宽为 y,如图 8-7 所示.金属薄板受热膨胀,长增加 Δx,宽增加 Δy,计算金属薄板增加的面积.

记金属薄板原来的面积为 S,则 $S = xy$.因金属薄板的长、宽分别增加 Δx 和 Δy,故面积 S 的增量为

$$\Delta S = (x + \Delta x)(y + \Delta y) - xy$$
$$= y\Delta x + x\Delta y + \Delta x \Delta y.$$

观察图 8-7 并分析 ΔS 的表达式,第一部分 $y\Delta x + x\Delta y$ 是 Δx,Δy 的线性函数,其系数分别是 S 对 x,y 的偏导数,即

$$y\Delta x + x\Delta y = \frac{\partial S}{\partial x}\Delta x + \frac{\partial S}{\partial y}\Delta y;$$

第二部分 $\Delta x \Delta y$ 是 Δx 或 Δy 的高阶无穷小,也是其对角线 $\rho = \sqrt{(\Delta x)^2 + (\Delta y)^2}$ 的高阶无穷小,即

$$\Delta x \Delta y = o(\rho) \quad (\Delta x \to 0, \Delta y \to 0).$$

因此,金属薄板面积的增量可以表示为

$$\Delta S = \frac{\partial S}{\partial x}\Delta x + \frac{\partial S}{\partial y}\Delta y + o(\rho).$$

上式右边第一部分 $\frac{\partial S}{\partial x}\Delta x + \frac{\partial S}{\partial y}\Delta y$ 称为 ΔS 的线性主部,第二部分 $o(\rho)$ 是 ρ 的高阶无穷小.用线性主部去代替 ΔS 时,计算比较简单,而且产生的误差是关于 ρ 的高阶无穷小.

一般来说,对于函数 $z = f(x, y)$,如果自变量 x,y 分别有增量 Δx,Δy,那么函数有相应的增量 $f(x + \Delta x, y + \Delta y) - f(x, y)$,称为函数 $z = f(x, y)$ 在点 (x, y) 处的全增量,记作 Δz,即

$$\Delta z = f(x + \Delta x, y + \Delta y) - f(x, y).$$

Δz 的计算较复杂,考虑用 Δx,Δy 的线性函数 $A\Delta x + B\Delta y$ 近似代替 Δz,从而引出全微分的概念.

定义 3　设函数 $z = f(x, y)$ 在点 $P(x, y)$ 的某一邻域内有定义.如果 $z = f(x, y)$ 在点 $P(x, y)$ 处的全增量

$$\Delta z = f(x + \Delta x, y + \Delta y) - f(x, y)$$

可表示为

$$\Delta z = A\Delta x + B\Delta y + o(\rho),$$

其中 A,B 与 Δx,Δy 无关,仅与 x,y 有关,$\rho = \sqrt{(\Delta x)^2 + (\Delta y)^2}$,则称函数 $z = f(x, y)$ 在点 $P(x, y)$ 处可微,$A\Delta x + B\Delta y$ 称为函数 $z = f(x, y)$ 在点 $P(x, y)$ 处的全微分,记作 $\mathrm{d}z$(或 $\mathrm{d}f$),即

$$\mathrm{d}z = A\Delta x + B\Delta y.$$

如果函数 $z=f(x,y)$ 在区域 D 内处处可微,则称函数 $z=f(x,y)$ 在 D 内可微.

因为自变量的增量等于自变量的微分,即 $\Delta x=\mathrm{d}x,\Delta y=\mathrm{d}y$,所以全微分通常记作

$$\mathrm{d}z=A\mathrm{d}x+B\mathrm{d}y.$$

我们知道,多元函数在某点处的偏导数即使都存在,也不能保证函数在该点处连续,但是对可微函数却有如下定理.

定理 2 如果函数 $z=f(x,y)$ 在点 (x,y) 处可微,则函数 $z=f(x,y)$ 在该点处必连续.

证 由可微的定义,得

$$\Delta z=f(x+\Delta x,y+\Delta y)-f(x,y)=A\Delta x+B\Delta y+o(\rho),$$

于是

$$\lim_{(\Delta x,\Delta y)\to(0,0)}\Delta z=0,$$

即

$$\lim_{(\Delta x,\Delta y)\to(0,0)}f(x+\Delta x,y+\Delta y)=f(x,y).$$

故函数 $z=f(x,y)$ 在点 (x,y) 处连续.

一元函数可微与可导是等价的,那么二元函数可微与可偏导是否等价呢?

定理 3 如果函数 $z=f(x,y)$ 在点 (x,y) 处可微,则 $z=f(x,y)$ 在该点处的两个偏导数 $\dfrac{\partial z}{\partial x},\dfrac{\partial z}{\partial y}$ 都存在,且有

$$\mathrm{d}z=\frac{\partial z}{\partial x}\mathrm{d}x+\frac{\partial z}{\partial y}\mathrm{d}y.$$

证明略.

定理 3 的逆命题不成立,即二元函数在某点处的两个偏导数都存在也不能保证函数在该点处可微.例如,函数

$$f(x,y)=\begin{cases}\dfrac{xy}{x^2+y^2}, & x^2+y^2\neq 0,\\[2mm] 0, & x^2+y^2=0\end{cases}$$

在点 $(0,0)$ 处的两个偏导数都存在,但 $f(x,y)$ 在点 $(0,0)$ 处不连续,由定理 2 知,$f(x,y)$ 在点 $(0,0)$ 处不可微.

虽然二元函数的两个偏导数都存在不能保证函数可微,但加上偏导数都连续的条件,该函数就是可微的.我们不加证明地给出如下定理.

定理 4 如果函数 $z=f(x,y)$ 在点 (x,y) 处的偏导数 $\dfrac{\partial z}{\partial x},\dfrac{\partial z}{\partial y}$ 存在且连续,则 $z=f(x,y)$ 在点 (x,y) 处可微.

以上关于二元函数的全微分的概念及结论,可以类推到三元及三元以上的函数中去.例如,若三元函数 $u=f(x,y,z)$ 在点 (x,y,z) 处可微,则其全微分为

$$\mathrm{d}u=\frac{\partial u}{\partial x}\mathrm{d}x+\frac{\partial u}{\partial y}\mathrm{d}y+\frac{\partial u}{\partial z}\mathrm{d}z.$$

上式称为三元函数的全微分叠加原理.

例 4 求下列函数的全微分:

(1) $z = x^2 \sin 2y$；   (2) $u = x^{yz}$.

解 (1)因为

$$\frac{\partial z}{\partial x} = 2x \sin 2y, \quad \frac{\partial z}{\partial y} = 2x^2 \cos 2y,$$

所以

$$\mathrm{d}z = 2x \sin 2y \, \mathrm{d}x + 2x^2 \cos 2y \, \mathrm{d}y.$$

(2)因为

$$\frac{\partial u}{\partial x} = yz x^{yz-1}, \quad \frac{\partial u}{\partial y} = z x^{yz} \ln x, \quad \frac{\partial u}{\partial z} = y x^{yz} \ln x,$$

所以

$$\mathrm{d}u = yz x^{yz-1} \mathrm{d}x + z x^{yz} \ln x \, \mathrm{d}y + y x^{yz} \ln x \, \mathrm{d}z.$$

例 5 求函数 $z = \mathrm{e}^{xy}$ 在点 $(1,2)$ 处的全微分.

解 因为

$$\frac{\partial z}{\partial x} = y \mathrm{e}^{xy}, \quad \frac{\partial z}{\partial y} = x \mathrm{e}^{xy},$$

所以

$$\frac{\partial z}{\partial x}\bigg|_{\substack{x=1 \\ y=2}} = 2\mathrm{e}^2, \quad \frac{\partial z}{\partial y}\bigg|_{\substack{x=1 \\ y=2}} = \mathrm{e}^2,$$

于是

$$\mathrm{d}z\bigg|_{\substack{x=1 \\ y=2}} = 2\mathrm{e}^2 \mathrm{d}x + \mathrm{e}^2 \mathrm{d}y.$$

2. 全微分在近似计算中的应用

设二元函数 $z = f(x,y)$ 在点 (x,y) 处可微,则

$$\Delta z = f_x(x,y)\Delta x + f_y(x,y)\Delta y + o(\rho),$$

其中 $\rho = \sqrt{(\Delta x)^2 + (\Delta y)^2}$. 因此,当 $\rho = \sqrt{(\Delta x)^2 + (\Delta y)^2}$ 很小时,有近似公式

$$\Delta z \approx f_x(x,y)\Delta x + f_y(x,y)\Delta y$$

或

$$f(x+\Delta x, y+\Delta y) \approx f(x,y) + f_x(x,y)\Delta x + f_y(x,y)\Delta y.$$

例 6 有一个圆柱体,已知其底面圆半径为 2 m,高为 4 m,当半径和高均增加0.01 m时,求圆柱体体积变化的近似值.

解 设圆柱体底面圆半径为 r,高为 h,则圆柱体体积为

$$V = f(r,h) = \pi r^2 h,$$

故

$$f_r(r,h) = 2\pi rh, \quad f_h(r,h) = \pi r^2.$$

取 $r = 2, h = 4, \Delta r = \Delta h = 0.01$,由于

$$\mathrm{d}V = f_r(r,h)\Delta r + f_h(r,h)\Delta h,$$

因此

$$\Delta V \approx dV = 2\pi \times 2 \times 4 \times 0.01 + \pi \times 2^2 \times 0.01 = 0.2\pi \approx 0.628,$$

即圆柱体体积变化约为 $0.628 \ \text{m}^3$.

8.3 多元函数的极值与最值及其应用

8.3.1 多元函数的极值与最值

例如,观察二元函数 $z = f(x,y) = \sqrt{1-x^2-y^2}$ 的图形(见图 8-8),它是一个上半球面,该函数的定义域为 xOy 平面内的圆形区域 $\{(x,y) \mid x^2+y^2 \leqslant 1\}$. 点 $(0,0,1)$ 是球面的最高点,即在 xOy 平面内,点 $(0,0)$ 对应的函数值为1,且点 $(0,0)$ 对应的函数值比其周围近旁点对应的函数值都大. 也就是说,存在点 $(0,0)$ 的某一邻域,对该邻域内异于点 $(0,0)$ 的点 (x,y),有

$$f(x,y) = \sqrt{1-x^2-y^2} < 1 = f(0,0)$$

成立. 于是,我们称 $z=1$ 是函数 $z=f(x,y)$ 的极大值,称点 $(0,0)$ 为函数 $z=f(x,y)$ 的极大值点.

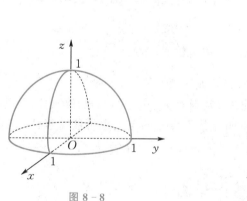

图 8-8

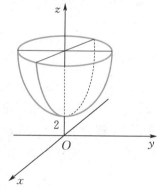

图 8-9

又如,观察二元函数 $z = f(x,y) = x^2 + 3y^2 + 2$ 的图形(见图 8-9),它是一个开口向上的椭圆抛物面,顶点是 $(0,0,2)$,该函数的定义域为 xOy 平面内的平面点集. 点 $(0,0,2)$ 是椭圆抛物面的最低点,即在 xOy 平面内,点 $(0,0)$ 对应的函数值为2,且点 $(0,0)$ 对应的函数值比其周围近旁点对应的函数值都小. 也就是说,存在点 $(0,0)$ 的某一邻域,对该邻域内异于点 $(0,0)$ 的点 (x,y),有

$$f(x,y) = x^2 + 3y^2 + 2 > 2 = f(0,0)$$

成立. 于是,我们称 $z=2$ 是函数 $z=f(x,y)$ 的极小值,称点 $(0,0)$ 为函数 $z=f(x,y)$ 的极小值点.

定义 1 设函数 $z=f(x,y)$ 在点 $M(x_0,y_0)$ 的某一邻域内有定义. 对于该邻域内异于点 $M(x_0,y_0)$ 的任意点 $N(x,y)$,如果总有 $f(x,y) < f(x_0,y_0)$,则称函数 $z=f(x,y)$ 在点 $M(x_0,y_0)$ 处有极大值 $z_0 = f(x_0,y_0)$,点 $M(x_0,y_0)$ 称为极大值点;如果总有 $f(x,y) > f(x_0,y_0)$,则称函数 $z=f(x,y)$ 在点 $M(x_0,y_0)$ 处有极小值 $z_0 = f(x_0,y_0)$,点 $M(x_0,y_0)$ 称为极小值点.

极大值和极小值统称为**极值**.使函数取得极值的点称为**极值点**.

定理 1（极值存在的必要条件） 若函数 $z=f(x,y)$ 在点 (x_0,y_0) 处具有偏导数,且在该点处有极值,则在该点处的偏导数必然为零,即

$$f_x(x_0,y_0)=0, \quad f_y(x_0,y_0)=0.$$

证明略.

使得 $f_x(x_0,y_0)=0, f_y(x_0,y_0)=0$ 同时成立的点 (x_0,y_0) 称为函数 $z=f(x,y)$ 的驻点.

注 对于可微函数,极值点一定是驻点,但驻点不一定是极值点.

如何判定一个驻点是否是极值点呢?下面给出极值存在的充分条件.

定理 2（极值存在的充分条件） 设函数 $z=f(x,y)$ 在点 (x_0,y_0) 的某一邻域内连续且有一阶及二阶连续偏导数,又 $f_x(x_0,y_0)=0, f_y(x_0,y_0)=0$,令

$$f_{xx}(x_0,y_0)=A, \quad f_{xy}(x_0,y_0)=B, \quad f_{yy}(x_0,y_0)=C.$$

(1) 当 $B^2-AC<0$ 时,函数 $z=f(x,y)$ 在点 (x_0,y_0) 处有极值 $f(x_0,y_0)$,且当 $A<0$ 时,$f(x_0,y_0)$ 为极大值,当 $A>0$ 时,$f(x_0,y_0)$ 为极小值;

(2) 当 $B^2-AC>0$ 时,函数 $z=f(x,y)$ 在点 (x_0,y_0) 处没有极值;

(3) 当 $B^2-AC=0$ 时,函数 $z=f(x,y)$ 在点 (x_0,y_0) 处可能有极值,也可能没有极值,还须另做讨论.

证明略.

根据定理1和定理2,如果函数 $z=f(x,y)$ 具有二阶连续偏导数,则求函数 $z=f(x,y)$ 的极值的一般步骤如下:

第一步,解方程组 $\begin{cases} f_x(x,y)=0, \\ f_y(x,y)=0, \end{cases}$ 求得一切实数解,即求得 $f(x,y)$ 的一切驻点;

第二步,对于每个驻点 (x_0,y_0),求出二阶偏导数的值 A,B 和 C;

第三步,定出 B^2-AC 的符号,根据定理2判别 $f(x_0,y_0)$ 是否为极值,是极大值还是极小值.

需要指出的是,函数 $z=f(x,y)$ 在偏导数不存在的点处也可能有极值.例如,函数 $z=-\sqrt{x^2+y^2}$ 在点 $(0,0)$ 处有极大值,但在该点处的偏导数不存在.

例 1 求函数 $f(x,y)=x^3-y^3+3x^2+3y^2-9x$ 的极值.

解 解方程组

$$\begin{cases} f_x(x,y)=3x^2+6x-9=0, \\ f_y(x,y)=-3y^2+6y=0, \end{cases}$$

得驻点 $(1,0),(1,2),(-3,0),(-3,2)$,且求得

$$f_{xx}=6x+6, \quad f_{xy}=0, \quad f_{yy}=-6y+6.$$

在点 $(1,0)$ 处,$A=12,B=0,C=6$,则 $B^2-AC=-72<0$,又 $A=12>0$,所以函数有极小值 $f(1,0)=-5$.

在点 $(1,2)$ 处,$A=12,B=0,C=-6$,则 $B^2-AC=72>0$,所以函数在该点处没有极值.

在点 $(-3,0)$ 处,$A=-12,B=0,C=6$,则 $B^2-AC=72>0$,所以函数在该点处没有极值.

在点 $(-3,2)$ 处,$A=-12,B=0,C=-6$,则 $B^2-AC=-72<0$,又 $A=-12<0$,所以函数有极大值 $f(-3,2)=31$.

与一元函数类似,我们可以利用二元函数的极值来求二元函数的最大值和最小值.我们知道,如果函数 $f(x,y)$ 在有界闭区域 D 上连续,则 $f(x,y)$ 在 D 上必有最大(小)值,最大(小)值点可以在 D 的内部,也可以在 D 的边界上.如果函数 $f(x,y)$ 在 D 的内部取得最大(小)值,那么该最大(小)值也是 $f(x,y)$ 的极大(小)值.在这种情况下,最大(小)值点一定是极大(小)值点之一.

由此,求连续函数 $f(x,y)$ 在有界闭区域 D 上的最大(小)值的一般方法是:将函数 $f(x,y)$ 在闭区域 D 内的所有驻点处的函数值及在 D 的边界上的最大(小)值相互比较,其中最大的就是最大值,最小的就是最小值.只不过区域边界上的最大(小)值的计算比较复杂.

对于实际问题,如果能根据实际情况断定函数 $f(x,y)$ 的最大(小)值一定在 D 的内部取得,且函数在 D 内只有一个驻点,那么可以肯定在该驻点处的函数值就是函数 $f(x,y)$ 在 D 上的最大(小)值.

例 2 某厂要用钢板制造一个容积为 $27\ \mathrm{m}^3$ 的有盖长方体水箱,问:长、宽、高各为多少时能使用料最省?

解 要使得用料最省,即要使得长方体的表面积最小.设水箱的长为 x(单位:m),宽为 y(单位:m),则高为 $\dfrac{27}{xy}$,表面积为

$$S = 2\left(xy + \frac{27}{x} + \frac{27}{y}\right) \quad (x>0,y>0).$$

解方程组

$$\begin{cases} S_x = 2\left(y - \dfrac{27}{x^2}\right) = 0, \\ S_y = 2\left(x - \dfrac{27}{y^2}\right) = 0, \end{cases}$$

得驻点 $(3,3)$.由题意知,表面积的最小值一定存在,且在开区域 $\{(x,y) \mid x>0,y>0\}$ 的内部取得,故可断定当长、宽、高均为 3 m 时,表面积最小,即用料最省.

8.3.2 条件极值 —— 拉格朗日乘数法

在求二元函数 $z = f(x,y)$ 的极值时,如果自变量 x,y 必须满足一定的条件 $\varphi(x,y) = 0$,这种极值问题就称为条件极值问题,其中 $\varphi(x,y) = 0$ 称为约束条件或约束方程.

如果由约束条件 $\varphi(x,y) = 0$ 可以解出一个变量用另一个变量表示的表达式,那么可以将它代入 $z = f(x,y)$ 中,使其化为一元函数的无条件极值问题求解,但这种转化有时并不容易.为此,下面介绍求解条件极值问题的一种常用的方法 —— 拉格朗日乘数法.

求函数 $z = f(x,y)$ 在约束条件 $\varphi(x,y) = 0$ 下的极值点(或极值)的具体步骤如下:

(1)作拉格朗日函数

$$L(x,y) = f(x,y) + \lambda\varphi(x,y),$$

其中参数 λ 称为拉格朗日乘数.

(2)分别求函数 $L(x,y)$ 对 x,y 的偏导数,并令其为零,联立方程组

$$\begin{cases} L_x(x,y) = f_x(x,y) + \lambda\varphi_x(x,y) = 0, \\ L_y(x,y) = f_y(x,y) + \lambda\varphi_y(x,y) = 0, \\ \varphi(x,y) = 0, \end{cases}$$

解出 x,y,λ.

(3) 判别所求的点 (x,y) 是否为函数 $z=f(x,y)$ 在约束条件 $\varphi(x,y)=0$ 下的极值点,一般可由具体问题的性质进行判别.

此方法可以推广到自变量多于两个而约束条件多于一个的情形. 例如,要求函数 $u=f(x,y,z)$ 在约束条件
$$\varphi(x,y,z)=0, \quad \psi(x,y,z)=0$$
下的极值,可以先作拉格朗日函数
$$L(x,y,z)=f(x,y,z)+\lambda\varphi(x,y,z)+\eta\psi(x,y,z),$$
其中 λ,η 均为参数. 分别求函数 $L(x,y,z)$ 对 x,y,z 的偏导数,并令其为零,然后联立方程组
$$\begin{cases} L_x(x,y,z)=f_x(x,y,z)+\lambda\varphi_x(x,y,z)+\eta\psi_x(x,y,z)=0, \\ L_y(x,y,z)=f_y(x,y,z)+\lambda\varphi_y(x,y,z)+\eta\psi_y(x,y,z)=0, \\ L_z(x,y,z)=f_z(x,y,z)+\lambda\varphi_z(x,y,z)+\eta\psi_z(x,y,z)=0, \\ \varphi(x,y,z)=0, \\ \psi(x,y,z)=0, \end{cases}$$
解出 x,y,z,λ,η. 这样得出的 (x,y,z) 就是可能的极值点.

例 3 用拉格朗日乘数法解例 2 中的问题.

解 设水箱的长为 x(单位:m),宽为 y(单位:m),高为 z(单位:m),则其表面积为
$$S=2(xy+yz+xz) \quad (x>0,y>0,z>0).$$
由于 $xyz=27$,因此该问题可以表示为求函数 $S=2(xy+yz+xz)$ 满足约束条件 $xyz-27=0$ 的极值问题.

作拉格朗日函数 $L(x,y,z)=2(xy+yz+xz)+\lambda(xyz-27)$,解方程组
$$\begin{cases} L_x(x,y,z)=2y+2z+\lambda yz=0, \\ L_y(x,y,z)=2x+2z+\lambda xz=0, \\ L_z(x,y,z)=2y+2x+\lambda xy=0, \\ xyz-27=0, \end{cases}$$
得驻点 $(3,3,3)$. 这是唯一可能的极值点. 由问题本身的性质可知最小值一定存在,故唯一的极值点就是最小值点,则当长、宽、高均为 3 m 时,表面积最小,即用料最省.

例 4 设某企业生产 A,B 两种产品,其产量分别为 x,y,该企业的利润函数为
$$L=80x-2x^2-xy-3y^2+100y.$$
同时该企业要求两种产品的产量须满足约束条件 $x+y=12$,问:x,y 分别为多少时,该企业获得最大利润,最大利润是多少?

解 方法一 直接消去约束条件. 由 $x+y=12$ 得 $y=12-x$,代入利润函数,得
$$L=-4x^2+40x+768.$$
这就转化为无条件极值问题. 按照一元函数求极值的方法,令
$$L_x=-8x+40=0,$$
得 $x=5$,再代入约束条件得 $y=7$. 因此,当企业生产 5 单位的 A 产品和 7 单位的 B 产品时,可获最大利润,最大利润为 868.

方法二 作拉格朗日函数
$$F(x,y)=80x-2x^2-xy-3y^2+100y+\lambda(x+y-12),$$
解方程组
$$\begin{cases} F_x(x,y)=80-4x-y+\lambda=0, \\ F_y(x,y)=-x-6y+100+\lambda=0, \\ x+y-12=0, \end{cases}$$
得唯一驻点$(5,7)$.根据问题的实际情况,该驻点必为最大值点,故当企业生产5单位的A产品和7单位的B产品时利润最大,最大利润为868.

例5 某工厂生产甲种产品x单位和乙种产品y单位的总成本为$C(x,y)=x^2+2xy+y^2+100$,其需求函数为$x=26-P_1,y=10-0.25P_2$(P_1,P_2分别为甲、乙两种产品的价格).问:两种产品的产量分别为多少时,可获得最大利润,最大利润是多少?

解 由$x=26-P_1,y=10-0.25P_2$,得
$$P_1=26-x,\quad P_2=40-4y,$$
故总收益函数为
$$R(x,y)=P_1x+P_2y=(26-x)x+(40-4y)y=26x-x^2+40y-4y^2,$$
总利润函数为
$$L(x,y)=R(x,y)-C(x,y)=26x-2x^2+40y-5y^2-2xy-100.$$
解方程组
$$\begin{cases} L_x(x,y)=26-4x-2y=0, \\ L_y(x,y)=40-10y-2x=0, \end{cases}$$
得唯一驻点$(5,3)$.根据实际问题可知,$L(x,y)$必存在最大值,而点$(5,3)$是它唯一的驻点,故也是函数$L(x,y)$的最大值点.因此,当甲、乙两种产品的产量分别为5单位和3单位时,可获得最大利润25.

8.4 通过 Wolfram 语言求解多元函数的微分

例1 求函数$z=x^2y^4$的偏导数$\dfrac{\partial z}{\partial x}$和$\dfrac{\partial z}{\partial y}$.

解 输入

```
d/dx x^2y^4,d/dy x^2y^4
```

求得
$$\frac{\partial z}{\partial x}=2xy^4,\quad \frac{\partial z}{\partial y}=4x^2y^3.$$

例2 求函数$z=x^2y^4$的二阶偏导数$\dfrac{\partial^2 z}{\partial x\partial y}$.

解 输入

```
d/dx d/dy x^2y^4
```

求得

$$\frac{\partial^2 z}{\partial x \partial y} = 8xy^3.$$

例 3 求函数 $f(x,y) = -2x^2 - 5y^2 - 2xy + 26x + 40y - 100$ 的最大值.

解 输入

```
global max -2x^2-5y^2-2xy+26x+40y-100
```

求得最大值为 $f(5,3) = 25$.

习 题 8

1.求下列函数的定义域 D,并画出 D 的图形:

(1) $z = \sqrt{1 - \dfrac{x^2}{a^2} - \dfrac{y^2}{b^2}}$;

(2) $z = \dfrac{1}{\ln(x-y)}$;

(3) $z = \sqrt{x - \sqrt{y}}$;

(4) $z = \arcsin \dfrac{y}{x}$.

2.设函数 $f(x,y) = x^2 - 2xy + y^3$,求:

(1) $f(2, -1)$;

(2) $f\left(\dfrac{1}{x}, 2y\right)$;

(3) $f(x+y, x-y)$.

3.设函数 $F(x,y) = \sqrt{y} + f(\sqrt{x} - 1)$.若当 $y = 1$ 时,$F(x,1) = x$,求 $f(x)$ 及 $F(x,y)$ 的表达式.

4.讨论下列函数在点 $(0,0)$ 处的极限是否存在:

(1) $z = \dfrac{xy}{x^2 + y^4}$;

(2) $z = \dfrac{x+y}{x-y}$.

5.求下列极限:

(1) $\lim\limits_{(x,y)\to(0,0)} \dfrac{\sin xy}{x}$;

(2) $\lim\limits_{(x,y)\to(0,2)} \dfrac{\sin xy}{x}$;

(3) $\lim\limits_{(x,y)\to(0,1)} \dfrac{1-xy}{x^2+y^2}$;

(4) $\lim\limits_{(x,y)\to(0,0)} \dfrac{xy}{\sqrt{xy+1}-1}$;

(5) $\lim\limits_{(x,y)\to(\infty,\infty)} \dfrac{\sin xy}{x^2+y^2}$;

(6) $\lim\limits_{(x,y)\to(1,0)} \dfrac{\ln(x+e^y)}{\sqrt{x^2+y^2}}$.

6.求函数 $z = \dfrac{y^2 + 2x}{y^2 - 2x}$ 的间断点.

7.求下列函数的偏导数:

(1) $z = x^y$;

(2) $z = \dfrac{x+y}{x-y}$;

(3) $z = \ln \tan \dfrac{y}{x}$;

(4) $u = y^{\frac{x}{z}}$.

8.已知函数 $f(x,y) = e^{xy} \sin \pi y + x \arctan(y-1)$,求 $f_x(0,1)$,$f_y(0,1)$.

9.设函数 $z = x + y + (y-1)\arcsin\sqrt[3]{\dfrac{x}{y}}$,求 $\dfrac{\partial z}{\partial x}\bigg|_{\substack{x=\frac{1}{2}\\y=1}}$,$\dfrac{\partial z}{\partial y}\bigg|_{\substack{x=\frac{1}{8}\\y=1}}$.

10.求下列函数的二阶偏导数：

(1) $z = x^2 + y^3 - 5xy$； (2) $z = x \ln xy$；

(3) $z = y^x$； (4) $z = x\mathrm{e}^x \sin y$.

11.求函数 $z = xy$ 在点 $(2,3)$ 处当 $\Delta x = 0.1, \Delta y = -0.2$ 时的全增量 Δz 与全微分 $\mathrm{d}z$.

12.求下列函数的全微分：

(1) $z = xy + \dfrac{x}{y}$； (2) $z = \mathrm{e}^{\frac{x}{y}}$；

(3) $u = y^{\frac{z}{x}}$.

13.求下列函数的极值：

(1) $f(x,y) = x^3 - y^3 + 3x^2 + 3y^2 - 9x$；

(2) $f(x,y) = x^3 - 4x^2 + 2xy - y^2 + 1$；

(3) $f(x,y) = xy + \dfrac{50}{x} + \dfrac{20}{y}$；

(4) $f(x,y) = xy(a - x - y)$ (a 为常数且 $a \neq 0$)；

(5) $f(x,y) = \mathrm{e}^{2x}(x + 2y + y^2)$.

14.求函数 $z = x^3 - 4x^2 + 2xy - y^2$ 在闭区域 $D = \{(x,y) \,|\, -1 \leqslant x \leqslant 4, -1 \leqslant y \leqslant 1\}$ 上的最大值和最小值.

15.求函数 $f(x,y) = xy(4 - x - y)$ 在由直线 $x = 0, y = 0, x + y = 6$ 所围成的闭区域上的最大值和最小值.

16.求函数 $z = x + y$ 在约束条件 $\dfrac{1}{x} + \dfrac{1}{y} = 1 (x > 0, y > 0)$ 下的极值.

开启线性变换之旅

线性代数就好比一门抽象语言,广泛应用于自然科学、社会科学等领域,尤其在计算机和经济管理等学科,线性代数的重要性甚至超过微积分.本项目主要介绍行列式、矩阵、线性方程组的基本概念、基本理论和基本运算,为学习后继课程奠定必要的数学基础.

引例 1 某人计划用3种食物制作一个食谱,以100 g为1单位,该食谱中每单位各种食物所含营养素及人对食谱中含有营养素的要求如表9-1所示,试问:配置这个食谱需3种食物各多少单位?

表 9-1 食物营养素 单位:g

	食物 1	食物 2	食物 3	营养素要求
蛋白质	36	51	13	33
碳水化合物	52	34	74	45
脂肪	0	7	1.1	3

分析 假设配置这个食谱需要食物1、食物2、食物3分别 x_1, x_2, x_3 单位,则可列出方程组

$$\begin{cases} 36x_1 + 51x_2 + 13x_3 = 33, \\ 52x_1 + 34x_2 + 74x_3 = 45, \\ 0x_1 + 7x_2 + 1.1x_3 = 3. \end{cases}$$

求解该方程组,如得到非负解,即可解决该食谱制作问题.上述方程组就是一个线性方程组.该线性方程组可简记作

$$\begin{pmatrix} 36 & 51 & 13 & 33 \\ 52 & 34 & 74 & 45 \\ 0 & 7 & 1.1 & 3 \end{pmatrix},$$

这就是一个矩阵.为方便探索该线性方程组解的形式,需要用到该线性方程组未知量的系数信息,该线性方程组未知量的系数简记作

$$\begin{vmatrix} 36 & 51 & 13 \\ 52 & 34 & 74 \\ 0 & 7 & 1.1 \end{vmatrix},$$

这就是一个行列式.

9.1 行 列 式

本节主要介绍行列式的定义、性质、计算及克拉默(Cramer)法则.

9.1.1 行列式的定义

1. 二阶行列式

定义 1 设有 4 个数排成 2 行 2 列的数表

$$a_{11} \quad a_{12},$$
$$a_{21} \quad a_{22}$$

表达式 $a_{11}a_{22} - a_{12}a_{21}$ 称为该数表所确定的二阶行列式,记作

$$D = \begin{vmatrix} a_{11} & a_{12} \\ a_{21} & a_{22} \end{vmatrix},$$

其中数 $a_{ij}(i,j=1,2)$ 称为行列式 D 的元素,i,j 分别称为元素 a_{ij} 的行标和列标.

上述二阶行列式的定义可用对角线法则来记忆.如图 9-1 所示,从左上角到右下角的连线(实线)称为主对角线,从右上角到左下角的连线(虚线)称为次对角线,二阶行列式等于主对角线连接的两个元素的乘积减去次对角线连接的两个元素的乘积.

$$\begin{vmatrix} a_{11} & a_{12} \\ a_{21} & a_{22} \end{vmatrix}$$

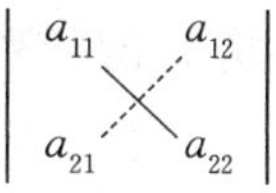

图 9-1

例 1 计算二阶行列式 $\begin{vmatrix} 5 & -3 \\ 2 & 4 \end{vmatrix}$.

解 $\begin{vmatrix} 5 & -3 \\ 2 & 4 \end{vmatrix} = 5 \times 4 - (-3) \times 2 = 26.$

2. 三阶行列式

交互式练习:
二阶行列式计算器

定义 2 设有 9 个数排成 3 行 3 列的数表

$$a_{11} \quad a_{12} \quad a_{13}$$
$$a_{21} \quad a_{22} \quad a_{23},$$
$$a_{31} \quad a_{32} \quad a_{33}$$

表达式 $a_{11}a_{22}a_{33} + a_{12}a_{23}a_{31} + a_{13}a_{21}a_{32} - a_{13}a_{22}a_{31} - a_{12}a_{21}a_{33} - a_{11}a_{23}a_{32}$ 称为该数表所确定的三阶行列式,记作

$$D = \begin{vmatrix} a_{11} & a_{12} & a_{13} \\ a_{21} & a_{22} & a_{23} \\ a_{31} & a_{32} & a_{33} \end{vmatrix}.$$

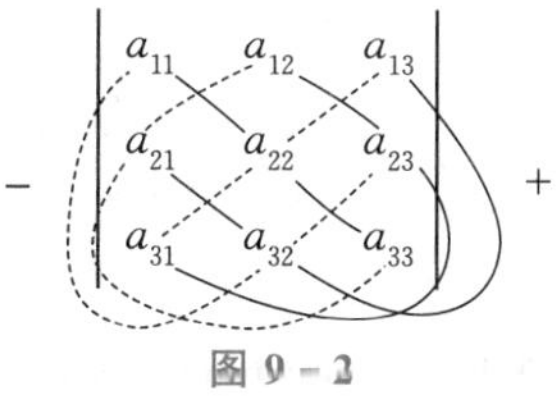

上述三阶行列式的定义可用对角线法则来记忆.如图 9-2 所示,三阶行列式等于各实线连接的三个元素的乘积减去各虚线连接的三个元素的乘积.

图 9-2

例 2 计算三阶行列式 $\begin{vmatrix} 1 & 2 & 3 \\ 2 & -2 & -1 \\ -3 & 4 & -5 \end{vmatrix}$.

解 $\begin{vmatrix} 1 & 2 & 3 \\ 2 & -2 & -1 \\ -3 & 4 & -5 \end{vmatrix} = 1 \times (-2) \times (-5) + 2 \times (-1) \times (-3) + 3 \times 2 \times 4$

$$- 3 \times (-2) \times (-3) - 2 \times 2 \times (-5) - 1 \times (-1) \times 4$$
$$= 46.$$

3. n 阶行列式

定义 3 由 n^2 个数组成的一个算式,记作

$$D = \begin{vmatrix} a_{11} & a_{12} & \cdots & a_{1n} \\ a_{21} & a_{22} & \cdots & a_{2n} \\ \vdots & \vdots & & \vdots \\ a_{n1} & a_{n2} & \cdots & a_{nn} \end{vmatrix},$$

称为 n 阶行列式,记作 $D = \det(a_{ij})$,其中数 $a_{ij}(i,j = 1,2,\cdots,n)$ 称为行列式 D 的元素.

当 $n = 1$ 时,应注意不要与绝对值记号相混淆,一阶行列式等于元素本身,即 $|a| = a$.

特殊地,n 阶下三角形行列式(主对角线以上的元素全为零)

$$D = \begin{vmatrix} a_{11} & & & \\ a_{21} & a_{22} & & \\ \vdots & \vdots & \ddots & \\ a_{n1} & a_{n2} & \cdots & a_{nn} \end{vmatrix} = a_{11} a_{22} \cdots a_{nn},$$

其中未写出的元素全为零(以后均如此).

n 阶上三角形行列式(主对角线以下的元素全为零)

$$D = \begin{vmatrix} a_{11} & a_{12} & \cdots & a_{1n} \\ & a_{22} & \cdots & a_{2n} \\ & & \ddots & \vdots \\ & & & a_{nn} \end{vmatrix} = a_{11} a_{22} \cdots a_{nn}.$$

n 阶对角行列式(主对角线以外的元素全为零)

$$D = \begin{vmatrix} a_{11} & & & \\ & a_{22} & & \\ & & \ddots & \\ & & & a_{nn} \end{vmatrix} = a_{11} a_{22} \cdots a_{nn}.$$

9.1.2 行列式的性质

为简化行列式的计算,下面介绍行列式的一些常用性质.

记行列式

$$D = \begin{vmatrix} a_{11} & a_{12} & \cdots & a_{1n} \\ a_{21} & a_{22} & \cdots & a_{2n} \\ \vdots & \vdots & & \vdots \\ a_{n1} & a_{n2} & \cdots & a_{nn} \end{vmatrix},$$

将其中的行与列互换,即把行列式中的行换成相应的列,得到的行列式

$$\begin{vmatrix} a_{11} & a_{21} & \cdots & a_{n1} \\ a_{12} & a_{22} & \cdots & a_{n2} \\ \vdots & \vdots & & \vdots \\ a_{1n} & a_{2n} & \cdots & a_{nn} \end{vmatrix}$$

称为 D 的转置行列式,记作 D^{T} 或 D'.

性质 1　$D = D^{\mathrm{T}}$.

性质 2　交换行列式的两行(或列),行列式改变符号.

例如,交换三阶行列式 $\begin{vmatrix} a_{11} & a_{12} & a_{13} \\ a_{21} & a_{22} & a_{23} \\ a_{31} & a_{32} & a_{33} \end{vmatrix}$ 的第一行和第二行,则有

$$\begin{vmatrix} a_{11} & a_{12} & a_{13} \\ a_{21} & a_{22} & a_{23} \\ a_{31} & a_{32} & a_{33} \end{vmatrix} = - \begin{vmatrix} a_{21} & a_{22} & a_{23} \\ a_{11} & a_{12} & a_{13} \\ a_{31} & a_{32} & a_{33} \end{vmatrix}.$$

推论 1　如果行列式有两行(或列)完全相同,则此行列式等于零.

性质 3　若行列式中某一行(或列)的各元素有公因子,则可将公因子提到行列式符号的外面,即

$$\begin{vmatrix} a_{11} & a_{12} & \cdots & a_{1n} \\ \vdots & \vdots & & \vdots \\ ka_{i1} & ka_{i2} & \cdots & ka_{in} \\ \vdots & \vdots & & \vdots \\ a_{n1} & a_{n2} & \cdots & a_{nn} \end{vmatrix} = k \begin{vmatrix} a_{11} & a_{12} & \cdots & a_{1n} \\ \vdots & \vdots & & \vdots \\ a_{i1} & a_{i2} & \cdots & a_{in} \\ \vdots & \vdots & & \vdots \\ a_{n1} & a_{n2} & \cdots & a_{nn} \end{vmatrix}.$$

推论 2　行列式的某一行(或列)所有元素都乘以同一个数 k,等于用数 k 乘以此行列式.

推论 3　当行列式的某一行(或列)的元素全为零时,此行列式等于零.

性质 4　若行列式中有两行(或列)的元素对应成比例,则此行列式等于零.

性质 5　若行列式的某一行(或列)的元素都是两数之和,如

$$D = \begin{vmatrix} a_{11} & a_{12} & \cdots & a_{1i} + a'_{1i} & \cdots & a_{1n} \\ a_{21} & a_{22} & \cdots & a_{2i} + a'_{2i} & \cdots & a_{2n} \\ \vdots & \vdots & & \vdots & & \vdots \\ a_{n1} & a_{n2} & \cdots & a_{ni} + a'_{ni} & \cdots & a_{nn} \end{vmatrix},$$

则 D 等于下列两个行列式之和:

$$D = \begin{vmatrix} a_{11} & a_{12} & \cdots & a_{1i} & \cdots & a_{1n} \\ a_{21} & a_{22} & \cdots & a_{2i} & \cdots & a_{2n} \\ \vdots & \vdots & & \vdots & & \vdots \\ a_{n1} & a_{n2} & \cdots & a_{ni} & \cdots & a_{nn} \end{vmatrix} + \begin{vmatrix} a_{11} & a_{12} & \cdots & a'_{1i} & \cdots & a_{1n} \\ a_{21} & a_{22} & \cdots & a'_{2i} & \cdots & a_{2n} \\ \vdots & \vdots & & \vdots & & \vdots \\ a_{n1} & a_{n2} & \cdots & a'_{ni} & \cdots & a_{nn} \end{vmatrix}.$$

性质 6 把行列式的某一行（列）的各元素乘以同一数 k 后加到另一行（列）对应的元素上，此行列式的值不变.

例如，把行列式的第 j 列的各元素乘以常数 k 后加到第 i 列对应的元素上，有

$$\begin{vmatrix} a_{11} & \cdots & a_{1i} & \cdots & a_{1j} & \cdots & a_{1n} \\ a_{21} & \cdots & a_{2i} & \cdots & a_{2j} & \cdots & a_{2n} \\ \vdots & & \vdots & & \vdots & & \vdots \\ a_{n1} & \cdots & a_{ni} & \cdots & a_{nj} & \cdots & a_{nn} \end{vmatrix} = \begin{vmatrix} a_{11} & \cdots & a_{1i} + ka_{1j} & \cdots & a_{1j} & \cdots & a_{1n} \\ a_{21} & \cdots & a_{2i} + ka_{2j} & \cdots & a_{2j} & \cdots & a_{2n} \\ \vdots & & \vdots & & \vdots & & \vdots \\ a_{n1} & \cdots & a_{ni} + ka_{nj} & \cdots & a_{nj} & \cdots & a_{nn} \end{vmatrix}.$$

以上没有给出性质和推论的证明，读者可用行列式的定义或其他性质证明，也可根据行列式的几何意义直观理解. 如图 9-3 所示，二阶行列式 $\begin{vmatrix} a_1 & a_2 \\ b_1 & b_2 \end{vmatrix}$ 的几何意义是以向量 $\boldsymbol{a} = (a_1, a_2)$ 与向量 $\boldsymbol{b} = (b_1, b_2)$ 为邻边的平行四边形的有向面积，或是以向量 (a_1, b_1) 与向量 (a_2, b_2) 为邻边的平行四边形的有向面积. 同理，三阶行列式的几何意义则为其行（列）向量张成的平行六面体的有向体积. 例如，对于性质 1，转置只不过是将行列式中的行换成相应的列，那么以三阶行列式为例，其行列式的值为其行或列向量张成的平行六面体的有向体积，则显然转置不改变行列式的值. 读者可用行列式的几何意义思考其他性质和推论.

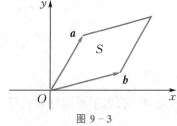

图 9-3

利用以上性质和推论可简化行列式的计算. 为简便起见，以 r_i 表示第 i 行（c_i 表示第 i 列），交换 i, j 两行（列）记为 $r_i \leftrightarrow r_j (c_i \leftrightarrow c_j)$，第 i 行（列）乘以数 k 记为 $kr_i (kc_i)$，第 j 行（列）的各元素乘以数 k 后加到第 i 行（列）对应的元素上记为 $r_i + kr_j (c_i + kc_j)$. 利用行列式的性质将行列式化为上（或下）三角形行列式，从而算出行列式的值.

例 3 计算行列式

$$D = \begin{vmatrix} 3 & 1 & -1 & 2 \\ -5 & 1 & 3 & -4 \\ 2 & 0 & 1 & -1 \\ 1 & -5 & 3 & -3 \end{vmatrix}.$$

解 $D \xlongequal{c_1 \leftrightarrow c_2} - \begin{vmatrix} 1 & 3 & -1 & 2 \\ 1 & -5 & 3 & -4 \\ 0 & 2 & 1 & -1 \\ -5 & 1 & 3 & -3 \end{vmatrix} \xlongequal[\begin{subarray}{l} r_2 - r_1 \\ r_4 + 5r_1 \end{subarray}]{} - \begin{vmatrix} 1 & 3 & -1 & 2 \\ 0 & -8 & 4 & -6 \\ 0 & 2 & 1 & -1 \\ 0 & 16 & -2 & 7 \end{vmatrix}$

$$\xrightarrow{r_2 \leftrightarrow r_3} \begin{vmatrix} 1 & 3 & -1 & 2 \\ 0 & 2 & 1 & -1 \\ 0 & -8 & 4 & -6 \\ 0 & 16 & -2 & 7 \end{vmatrix} \xlongequal[r_4 - 8r_2]{r_3 + 4r_2} \begin{vmatrix} 1 & 3 & -1 & 2 \\ 0 & 2 & 1 & -1 \\ 0 & 0 & 8 & -10 \\ 0 & 0 & -10 & 15 \end{vmatrix}$$

$$\xlongequal{r_4 + \frac{5}{4}r_3} \begin{vmatrix} 1 & 3 & -1 & 2 \\ 0 & 2 & 1 & -1 \\ 0 & 0 & 8 & -10 \\ 0 & 0 & 0 & \dfrac{5}{2} \end{vmatrix} = 40.$$

9.1.3 行列式按行(列)展开

为简化高阶行列式的计算,可利用行列式的性质,也可将高阶行列式转化为低阶行列式来进行处理,为此首先引入余子式和代数余子式的概念.

定义4 在 n 阶行列式

$$\begin{vmatrix} a_{11} & a_{12} & \cdots & a_{1n} \\ a_{21} & a_{22} & \cdots & a_{2n} \\ \vdots & \vdots & & \vdots \\ a_{n1} & a_{n2} & \cdots & a_{nn} \end{vmatrix}$$

中,划去元素 $a_{ij}(i,j=1,2,\cdots,n)$ 所在的行和列,余下的 $n-1$ 阶行列式(依原来的排法)称为元素 a_{ij} 的**余子式**,记作 M_{ij}. $(-1)^{i+j}M_{ij}$ 称为元素 a_{ij} 的**代数余子式**,记作 A_{ij},即 $A_{ij}=(-1)^{i+j}M_{ij}$.

例如,在四阶行列式

$$\begin{vmatrix} a_{11} & a_{12} & a_{13} & a_{14} \\ a_{21} & a_{22} & a_{23} & a_{24} \\ a_{31} & a_{32} & a_{33} & a_{34} \\ a_{41} & a_{42} & a_{43} & a_{44} \end{vmatrix}$$

中,元素 a_{23} 的余子式和代数余子式分别为

$$M_{23} = \begin{vmatrix} a_{11} & a_{12} & a_{14} \\ a_{31} & a_{32} & a_{34} \\ a_{41} & a_{42} & a_{44} \end{vmatrix}, \quad A_{23} = (-1)^{2+3}M_{23} = -M_{23}.$$

引理1 如果 n 阶行列式 $D = \det(a_{ij})$ 中的第 i 行(或第 j 列)所有元素除 a_{ij} 外全为零,则

$$D = a_{ij}A_{ij}.$$

证明略.

定理1 行列式等于它的任一行(或列)的各元素与其对应的代数余子式的乘积之和,即对于任一 n 阶行列式 $D = \det(a_{ij})$,有

$$D = a_{i1}A_{i1} + a_{i2}A_{i2} + \cdots + a_{in}A_{in} \quad (i=1,2,\cdots,n)$$

或
$$D = a_{1j}A_{1j} + a_{2j}A_{2j} + \cdots + a_{nj}A_{nj} \quad (j=1,2,\cdots,n).$$

证明略.

定理 1 称为行列式按行(列)展开法则,利用这一法则并结合行列式的性质,可将行列式降阶,从而达到简化计算的目的.

推论 4 行列式任一行(或列)的元素与另一行(或列)的对应元素的代数余子式乘积之和等于零,即对于任一 n 阶行列式 $D = \det(a_{ij})$,有
$$a_{i1}A_{j1} + a_{i2}A_{j2} + \cdots + a_{in}A_{jn} = 0 \quad (i \neq j)$$

或
$$a_{1i}A_{1j} + a_{2i}A_{2j} + \cdots + a_{ni}A_{nj} = 0 \quad (i \neq j).$$

例 4 计算行列式
$$D = \begin{vmatrix} 2 & 1 & -1 & 2 \\ -4 & 2 & 3 & 4 \\ 2 & 0 & 1 & -1 \\ 1 & 5 & 3 & -3 \end{vmatrix}.$$

解 $D \xlongequal[c_4+c_3]{c_1-2c_3} \begin{vmatrix} 4 & 1 & -1 & 1 \\ -10 & 2 & 3 & 7 \\ 0 & 0 & 1 & 0 \\ -5 & 5 & 3 & 0 \end{vmatrix} \xlongequal{\text{按第三行展开}} (-1)^{3+3} \begin{vmatrix} 4 & 1 & 1 \\ -10 & 2 & 7 \\ -5 & 5 & 0 \end{vmatrix}$

$\xlongequal{c_1+c_2} \begin{vmatrix} 5 & 1 & 1 \\ -8 & 2 & 7 \\ 0 & 5 & 0 \end{vmatrix} \xlongequal{\text{按第三行展开}} (-1)^{3+2} \times 5 \begin{vmatrix} 5 & 1 \\ -8 & 7 \end{vmatrix} = -215.$

9.1.4 克拉默法则

设含有 n 个未知量 $x_1, x_2, \cdots, x_n$ 的 n 元线性方程组为
$$\begin{cases} a_{11}x_1 + a_{12}x_2 + \cdots + a_{1n}x_n = b_1, \\ a_{21}x_1 + a_{22}x_2 + \cdots + a_{2n}x_n = b_2, \\ \cdots\cdots \\ a_{n1}x_1 + a_{n2}x_2 + \cdots + a_{nn}x_n = b_n, \end{cases} \tag{9-1}$$

则其解可以用 n 阶行列式简便表示,即为下述法则.

定理 2(克拉默法则) 若线性方程组(9-1)的系数行列式
$$D = \begin{vmatrix} a_{11} & a_{12} & \cdots & a_{1n} \\ a_{21} & a_{22} & \cdots & a_{2n} \\ \vdots & \vdots & & \vdots \\ a_{n1} & a_{n2} & \cdots & a_{nn} \end{vmatrix} \neq 0,$$

则该线性方程组有唯一解
$$x_1 = \frac{D_1}{D}, \quad x_2 = \frac{D_2}{D}, \quad \cdots, \quad x_n = \frac{D_n}{D},$$

其中 $D_j(j=1,2,\cdots,n)$ 是将 D 中的第 j 列元素换成常数项后所得的行列式，即

$$
D_j = \begin{vmatrix} a_{11} & \cdots & a_{1,j-1} & b_1 & a_{1,j+1} & \cdots & a_{1n} \\ a_{21} & \cdots & a_{2,j-1} & b_2 & a_{2,j+1} & \cdots & a_{2n} \\ \vdots & & \vdots & \vdots & \vdots & & \vdots \\ a_{n1} & \cdots & a_{n,j-1} & b_n & a_{n,j+1} & \cdots & a_{nn} \end{vmatrix}.
$$

证明略.

例 5　用克拉默法则求解线性方程组

$$
\begin{cases} x_1 - x_2 + x_3 + 2x_4 = 1, \\ x_1 + x_2 - 2x_3 + x_4 = 1, \\ x_1 + x_2 + x_4 = 2, \\ x_1 + x_3 - x_4 = 1. \end{cases}
$$

解　由于

$$
D = \begin{vmatrix} 1 & -1 & 1 & 2 \\ 1 & 1 & -2 & 1 \\ 1 & 1 & 0 & 1 \\ 1 & 0 & 1 & -1 \end{vmatrix} = \begin{vmatrix} 1 & -1 & 1 & 2 \\ 0 & 2 & -3 & -1 \\ 0 & 2 & -1 & -1 \\ 0 & 1 & 0 & -3 \end{vmatrix} = \begin{vmatrix} 2 & -3 & -1 \\ 2 & -1 & -1 \\ 1 & 0 & -3 \end{vmatrix}
$$

$$
= \begin{vmatrix} 2 & -3 & 5 \\ 2 & -1 & 5 \\ 1 & 0 & 0 \end{vmatrix} = \begin{vmatrix} -3 & 5 \\ -1 & 5 \end{vmatrix} = -10 \neq 0,
$$

且

$$
D_1 = \begin{vmatrix} 1 & -1 & 1 & 2 \\ 1 & 1 & -2 & 1 \\ 2 & 1 & 0 & 1 \\ 1 & 0 & 1 & -1 \end{vmatrix} = -8, \quad D_2 = \begin{vmatrix} 1 & 1 & 1 & 2 \\ 1 & 1 & -2 & 1 \\ 1 & 2 & 0 & 1 \\ 1 & 1 & 1 & -1 \end{vmatrix} = -9,
$$

$$
D_3 = \begin{vmatrix} 1 & -1 & 1 & 2 \\ 1 & 1 & 1 & 1 \\ 1 & 1 & 2 & 1 \\ 1 & 0 & 1 & -1 \end{vmatrix} = -5, \quad D_4 = \begin{vmatrix} 1 & -1 & 1 & 1 \\ 1 & 1 & -2 & 1 \\ 1 & 1 & 0 & 2 \\ 1 & 0 & 1 & 1 \end{vmatrix} = -3,
$$

因此

$$
x_1 = \frac{-8}{-10} = \frac{4}{5}, \quad x_2 = \frac{-9}{-10} = \frac{9}{10}, \quad x_3 = \frac{-5}{-10} = \frac{1}{2}, \quad x_4 = \frac{-3}{-10} = \frac{3}{10}.
$$

由例 5 可见，应用克拉默法则求解线性方程组运算量较大，后续将学习更简单的方法. 但克拉默法则能够把线性方程组的解规范化表示出来，这在理论上是重要的.

定义 5　若线性方程组(9-1)右边的常数项全为零，则称为**齐次线性方程组**；否则，称为非齐次线性方程组.

显然 $x_1 = x_2 = \cdots = x_n = 0$ 必是 n 元齐次线性方程组的解，称为齐次线性方程组的**零解**，不是零解的解称为**非零解**. 应用克拉默法则，可得如下定理.

定理 3 若齐次线性方程组的系数行列式 $D \neq 0$，则该齐次线性方程组只有零解.

证明略.

推论 5 若齐次线性方程组有非零解，则它的系数行列式 $D = 0$.

证明略.

例 6 问：k 取何值时，方程组 $\begin{cases} 3x - y = kx, \\ -x + 3y = ky \end{cases}$ 有非零解？

解 将所给方程组移项，得

$$\begin{cases} (3-k)x - \quad\quad y = 0, \\ -x + (3-k)y = 0. \end{cases}$$

该齐次线性方程组有非零解，则其系数行列式等于零，即

$$\begin{vmatrix} 3-k & -1 \\ -1 & 3-k \end{vmatrix} = (4-k)(2-k) = 0.$$

故当 $k = 2$ 或 4 时，方程组有非零解.

9.2 矩 阵

9.2.1 矩阵的概念

设线性方程组为

$$\begin{cases} a_{11}x_1 + a_{12}x_2 + \cdots + a_{1n}x_n = b_1, \\ a_{21}x_1 + a_{22}x_2 + \cdots + a_{2n}x_n = b_2, \\ \quad\quad\cdots\cdots \\ a_{m1}x_1 + a_{m2}x_2 + \cdots + a_{mn}x_n = b_m, \end{cases} \tag{9-2}$$

将线性方程组的系数 $a_{ij}(i=1,2,\cdots,m;j=1,2,\cdots,n)$ 和常数项 $b_i(i=1,2,\cdots,m)$ 按原来的位置构成一个数表

$$\begin{pmatrix} a_{11} & a_{12} & \cdots & a_{1n} & b_1 \\ a_{21} & a_{22} & \cdots & a_{2n} & b_2 \\ \vdots & \vdots & & \vdots & \vdots \\ a_{m1} & a_{m2} & \cdots & a_{mn} & b_m \end{pmatrix},$$

这样的数表就是一个**矩阵**.

1. 矩阵的定义

定义 1 由 $m \times n$ 个数 $a_{ij}(i=1,2,\cdots,m;j=1,2,\cdots,n)$ 排成的 m 行 n 列的数表

数学家华罗庚

$$\begin{pmatrix} a_{11} & a_{12} & \cdots & a_{1n} \\ a_{21} & a_{22} & \cdots & a_{2n} \\ \vdots & \vdots & & \vdots \\ a_{m1} & a_{m2} & \cdots & a_{mn} \end{pmatrix}$$

称为 m 行 n 列的矩阵,简称 $m \times n$ 矩阵,简记作 $\boldsymbol{A} = (a_{ij})_{m \times n}$,其中 a_{ij} 表示矩阵 $\boldsymbol{A}$ 的第 i 行第 j 列元素. $m \times n$ 矩阵 $\boldsymbol{A}$ 也可记作 $\boldsymbol{A}_{m \times n}$.

特别地,当 $m = n$ 时, $\boldsymbol{A}$ 称为 n 阶方阵;当 $m = 1$ 时, $\boldsymbol{A} = (a_1, a_2, \cdots, a_n)$ 称为行矩阵,这里用逗号将元素隔开,是为了避免元素间的混淆;当 $n = 1$ 时,

$$\boldsymbol{A} = \begin{pmatrix} a_1 \\ a_2 \\ \vdots \\ a_m \end{pmatrix}$$

称为列矩阵.

若两个矩阵的行数和列数均相等,则称它们是同型矩阵.若矩阵 $\boldsymbol{A} = (a_{ij})_{m \times n}$ 与 $\boldsymbol{B} = (b_{ij})_{m \times n}$ 同型,且它们的对应元素相等,即

$$a_{ij} = b_{ij} \quad (i = 1, 2, \cdots, m; j = 1, 2, \cdots, n),$$

则称矩阵 $\boldsymbol{A}$ 与 $\boldsymbol{B}$ 相等,记作 $\boldsymbol{A} = \boldsymbol{B}$.

若一个矩阵的元素全为零,则称它为零矩阵,记作 $\boldsymbol{O}$.注意,不同型的零矩阵不相等.

利用矩阵研究线性变换.设一组变量 $x_1, x_2, \cdots, x_n$ 与另一组变量 $y_1, y_2, \cdots, y_m$ 之间的关系式为

$$\begin{cases} y_1 = a_{11}x_1 + a_{12}x_2 + \cdots + a_{1n}x_n, \\ y_2 = a_{21}x_1 + a_{22}x_2 + \cdots + a_{2n}x_n, \\ \qquad \cdots\cdots \\ y_m = a_{m1}x_1 + a_{m2}x_2 + \cdots + a_{mn}x_n, \end{cases}$$

上式表示从变量 $x_1, x_2, \cdots, x_n$ 到变量 $y_1, y_2, \cdots, y_m$ 的线性变换,其中 $a_{ij}(i = 1, 2, \cdots, m; j = 1, 2, \cdots, n)$ 为常数.这一线性变换的系数 a_{ij} 所构成的 $m \times n$ 矩阵

$$\boldsymbol{A} = \begin{pmatrix} a_{11} & a_{12} & \cdots & a_{1n} \\ a_{21} & a_{22} & \cdots & a_{2n} \\ \vdots & \vdots & & \vdots \\ a_{m1} & a_{m2} & \cdots & a_{mn} \end{pmatrix}$$

称为该线性变换的系数矩阵.

2. 一些特殊类型的矩阵

n 阶方阵

$$\begin{pmatrix} 1 & 0 & \cdots & 0 \\ 0 & 1 & \cdots & 0 \\ \vdots & \vdots & & \vdots \\ 0 & 0 & \cdots & 1 \end{pmatrix}$$

称为 n 阶单位矩阵,简称单位矩阵,记作 $\boldsymbol{E}_n$ 或 $\boldsymbol{I}_n$.当阶数不易混淆时,常简记作 $\boldsymbol{E}$ 或 $\boldsymbol{I}$.单位矩阵的特点是:主对角线上的元素都是1,其他元素都为零.

方阵

$$\begin{pmatrix} \lambda_1 & 0 & \cdots & 0 \\ 0 & \lambda_2 & \cdots & 0 \\ \vdots & \vdots & & \vdots \\ 0 & 0 & \cdots & \lambda_n \end{pmatrix}$$

称为对角矩阵. 对角矩阵的特点是: 非主对角线上的元素均为零. 当 $\lambda_1 = \lambda_2 = \cdots = \lambda_n$ 时, 称该矩阵为数量矩阵.

方阵

$$\begin{pmatrix} a_{11} & a_{12} & \cdots & a_{1n} \\ 0 & a_{22} & \cdots & a_{2n} \\ \vdots & \vdots & & \vdots \\ 0 & 0 & \cdots & a_{nn} \end{pmatrix}$$

称为上三角形矩阵. 上三角形矩阵的特点是: 主对角线以下的元素全为零.

类似地, 方阵

$$\begin{pmatrix} a_{11} & 0 & \cdots & 0 \\ a_{21} & a_{22} & \cdots & 0 \\ \vdots & \vdots & & \vdots \\ a_{n1} & a_{n2} & \cdots & a_{nn} \end{pmatrix}$$

称为下三角形矩阵. 下三角形矩阵的特点是: 主对角线以上的元素全为零.

9.2.2 矩阵的运算

1. 矩阵的线性运算

定义 2 设有两个 $m \times n$ 矩阵 $\boldsymbol{A} = (a_{ij})_{m \times n}$ 和 $\boldsymbol{B} = (b_{ij})_{m \times n}$, 那么称矩阵

$$\boldsymbol{C} = (c_{ij})_{m \times n} = (a_{ij} + b_{ij})_{m \times n} = \begin{pmatrix} a_{11} + b_{11} & a_{12} + b_{12} & \cdots & a_{1n} + b_{1n} \\ a_{21} + b_{21} & a_{22} + b_{22} & \cdots & a_{2n} + b_{2n} \\ \vdots & \vdots & & \vdots \\ a_{m1} + b_{m1} & a_{m2} + b_{m2} & \cdots & a_{mn} + b_{mn} \end{pmatrix}$$

为矩阵 $\boldsymbol{A}$ 与 $\boldsymbol{B}$ 的和, 记作 $\boldsymbol{C} = \boldsymbol{A} + \boldsymbol{B}$.

矩阵 $(-a_{ij})_{m \times n}$ 称为矩阵 $\boldsymbol{A} = (a_{ij})_{m \times n}$ 的负矩阵, 记作 $-\boldsymbol{A}$, 即

$$-\boldsymbol{A} = (-a_{ij})_{m \times n}.$$

类似地, 称 $\boldsymbol{A} - \boldsymbol{B} = \boldsymbol{A} + (-\boldsymbol{B}) = (a_{ij} - b_{ij})_{m \times n}$ 为矩阵 $\boldsymbol{A}$ 与 $\boldsymbol{B}$ 的差.

注 只有同型矩阵才能进行加法运算.

设 $\boldsymbol{A}, \boldsymbol{B}, \boldsymbol{C}, \boldsymbol{O}$ 均为 $m \times n$ 矩阵, 由矩阵加法的定义, 不难验证矩阵的加法满足下列运算规律:

(1) 交换律 $\boldsymbol{A} + \boldsymbol{B} = \boldsymbol{B} + \boldsymbol{A}$;

(2) 结合律 $(\boldsymbol{A} + \boldsymbol{B}) + \boldsymbol{C} = \boldsymbol{A} + (\boldsymbol{B} + \boldsymbol{C})$;

(3) $\boldsymbol{A} + \boldsymbol{O} = \boldsymbol{A}$.

定义 3 设 k 为常数, 矩阵 $\boldsymbol{A} = (a_{ij})_{m \times n}$, 那么称矩阵

$$k\boldsymbol{A} = \boldsymbol{A}k = (ka_{ij})_{m \times n} = \begin{pmatrix} ka_{11} & ka_{12} & \cdots & ka_{1n} \\ ka_{21} & ka_{22} & \cdots & ka_{2n} \\ \vdots & \vdots & & \vdots \\ ka_{m1} & ka_{m2} & \cdots & ka_{mn} \end{pmatrix}$$

为数 k 与矩阵 A 的乘积.

设 A，B 均为 $m \times n$ 矩阵，k，l 为常数，不难验证数与矩阵的乘法满足下列运算规律：

(1) $(kl)A = k(lA) = l(kA)$；

(2) $(k+l)A = kA + lA$；

(3) $k(A+B) = kA + kB$.

> **例 1**　设矩阵 $A = \begin{pmatrix} 1 & -1 & 2 \\ 2 & 4 & 1 \end{pmatrix}$，$B = \begin{pmatrix} 1 & 0 & 2 \\ -2 & -4 & 0 \end{pmatrix}$，求 $3A - 2B$.

解　$3A - 2B = 3\begin{pmatrix} 1 & -1 & 2 \\ 2 & 4 & 1 \end{pmatrix} - 2\begin{pmatrix} 1 & 0 & 2 \\ -2 & -4 & 0 \end{pmatrix}$

$$= \begin{pmatrix} 3 & -3 & 6 \\ 6 & 12 & 3 \end{pmatrix} - \begin{pmatrix} 2 & 0 & 4 \\ -4 & -8 & 0 \end{pmatrix} = \begin{pmatrix} 1 & -3 & 2 \\ 10 & 20 & 3 \end{pmatrix}.$$

矩阵的加法运算和数与矩阵的乘法运算统称为矩阵的线性运算.

2. 矩阵的乘法

> **定义 4**　设矩阵 $A = (a_{ij})_{m \times s}$，$B = (b_{ij})_{s \times n}$，那么称矩阵
> $$C = (c_{ij})_{m \times n} = (a_{i1}b_{1j} + a_{i2}b_{2j} + \cdots + a_{is}b_{sj})_{m \times n}$$
> 为矩阵 A 与 B 的乘积，记作 $C = AB$.

由定义 4 可以看出，矩阵 C 中第 i 行第 j 列的元素 c_{ij} 是矩阵 A 的第 i 行与矩阵 B 的第 j 列对应元素的乘积之和，且只有当矩阵 A 的列数与 B 的行数相等时，A 和 B 才能做乘法运算.

> **例 2**　设矩阵 $A = \begin{pmatrix} 1 & 0 & 3 \\ 2 & 1 & 0 \end{pmatrix}$，$B = \begin{pmatrix} 4 & 1 \\ 2 & 3 \end{pmatrix}$，问：矩阵 A 能否作为左矩阵与矩阵 B 相乘？

解　矩阵 A 有 3 列，矩阵 B 有 2 行，即矩阵 A 的列数不等于矩阵 B 的行数，故根据矩阵乘法的定义可知，矩阵 A 不能作为左矩阵与矩阵 B 相乘.

> **例 3**　设矩阵 $A = \begin{pmatrix} 1 & 1 \\ -1 & -1 \end{pmatrix}$，$B = \begin{pmatrix} 1 & -1 \\ -1 & 1 \end{pmatrix}$，求 AB 与 BA.

解　$AB = \begin{pmatrix} 1 & 1 \\ -1 & -1 \end{pmatrix}\begin{pmatrix} 1 & -1 \\ -1 & 1 \end{pmatrix} = \begin{pmatrix} 0 & 0 \\ 0 & 0 \end{pmatrix}$，

$BA = \begin{pmatrix} 1 & -1 \\ -1 & 1 \end{pmatrix}\begin{pmatrix} 1 & 1 \\ -1 & -1 \end{pmatrix} = \begin{pmatrix} 2 & 2 \\ -2 & -2 \end{pmatrix}.$

由例 3 可推出以下结论：

(1) 矩阵的乘法不满足交换律，即一般来说，$AB \neq BA$；

(2) 两个非零矩阵的乘积可能等于零矩阵，即一般来说，由 $AB = O$ 不能推出 $A = O$ 或 $B = O$，由 $AB = AC$ 且 $A \neq O$ 也不能推出 $B = C$.

由矩阵运算的定义，不难得出矩阵的乘法满足下列运算规律（假定所涉及的运算均是可

行的）：

(1) 结合律　$(AB)C = A(BC)$；

(2) 分配律　$A(B+C) = AB + AC, (B+C)A = BA + CA$；

(3) $k(AB) = (kA)B = A(kB)$　（k 为常数）.

给定线性方程组(9 - 2)，记

$$A = \begin{pmatrix} a_{11} & a_{12} & \cdots & a_{1n} \\ a_{21} & a_{22} & \cdots & a_{2n} \\ \vdots & \vdots & & \vdots \\ a_{m1} & a_{m2} & \cdots & a_{mn} \end{pmatrix}, \quad x = \begin{pmatrix} x_1 \\ x_2 \\ \vdots \\ x_n \end{pmatrix}, \quad b = \begin{pmatrix} b_1 \\ b_2 \\ \vdots \\ b_m \end{pmatrix},$$

则利用矩阵乘法的定义，该线性方程组可记作

$$Ax = b.$$

上式称为 矩阵方程.

有了矩阵的乘法运算，就可定义 n 阶方阵的幂.

定义 5　设 A 为 n 阶方阵，称

$$A^k = \underbrace{AA \cdots A}_{k\uparrow} \quad （k \text{ 为非负整数}）$$

交互式练习：
矩阵计算器

为方阵 A 的 k 次幂. 特别地，规定 $A^0 = E$.

由上述定义，不难得到

$$A^k A^l = A^{k+l}, \quad (A^k)^l = A^{kl} \quad （k, l \text{ 为非负整数}）.$$

因矩阵的乘法不满足交换律，故一般情况下，

$$(AB)^k \neq A^k B^k.$$

3. 矩阵的转置

定义 6　将 $m \times n$ 矩阵 A 的所有行和列依次互换位置，得到一个 $n \times m$ 矩阵，称为 A 的 转置矩阵，记作 A^T 或 A'.

例如，矩阵 $A = \begin{pmatrix} 1 & 6 & 0 \\ 5 & 1 & -1 \end{pmatrix}$ 的转置矩阵为 $A^T = \begin{pmatrix} 1 & 5 \\ 6 & 1 \\ 0 & -1 \end{pmatrix}$.

根据矩阵运算及矩阵转置的定义，可得下列运算规律（假定所涉及的运算均是可行的）：

(1) $(A^T)^T = A$；

(2) $(A + B)^T = A^T + B^T$；

(3) $(kA)^T = kA^T$　（k 为常数）；

(4) $(AB)^T = B^T A^T$.

运算规律(2)，(4) 还可推广到一般情形：

$$(A_1 + A_2 + \cdots + A_n)^T = A_1^T + A_2^T + \cdots + A_n^T,$$

$$(A_1 A_2 \cdots A_n)^T = A_n^T A_{n-1}^T \cdots A_1^T.$$

定义 7　设 A 为 n 阶方阵，且满足 $A^T = A$，则称 A 为 对称矩阵.

例如，矩阵 $A = \begin{pmatrix} 2 & 5 & 1 \\ 5 & -1 & -4 \\ 1 & -4 & 0 \end{pmatrix}$ 为对称矩阵. 类似地，可给出反对称矩阵的定义.

定义 8　设 A 为 n 阶方阵,且满足 $A^T = -A$,则称 A 为**反对称矩阵**.

根据定义8,对于反对称矩阵 $A = (a_{ij})_{n \times n}$,应有 $a_{ii} = -a_{ii}(i = 1, 2, \cdots, n)$,即 $a_{ii} = 0$,表明反对称矩阵主对角线上的元素全为零.

例如,矩阵 $A = \begin{pmatrix} 0 & 3 & -5 \\ -3 & 0 & -2 \\ 5 & 2 & 0 \end{pmatrix}$ 为反对称矩阵.

4. 方阵的行列式

定义 9　由 n 阶方阵 A 的元素所构成的行列式(各元素的位置不变),称为**方阵 A 的行列式**,记作 $|A|$ 或 $\det A$.

设 A, B 均为 n 阶方阵,k 为常数,则方阵的行列式有下列性质:

(1) $|A^T| = |A|$;

(2) $|kA| = k^n |A|$;

(3) $|AB| = |A||B|$.

例 4　利用方阵的行列式证明:
$$(a^2 + b^2)(a_1^2 + b_1^2) = (aa_1 - bb_1)^2 + (ab_1 + a_1 b)^2.$$

证　令矩阵 $A = \begin{pmatrix} a & b \\ -b & a \end{pmatrix}$,$B = \begin{pmatrix} a_1 & b_1 \\ -b_1 & a_1 \end{pmatrix}$. 由于 $|A||B| = |AB|$,因此

$$(a^2 + b^2)(a_1^2 + b_1^2) = \begin{vmatrix} a & b \\ -b & a \end{vmatrix} \begin{vmatrix} a_1 & b_1 \\ -b_1 & a_1 \end{vmatrix} = \begin{vmatrix} aa_1 - bb_1 & ab_1 + a_1 b \\ -a_1 b - ab_1 & -bb_1 + aa_1 \end{vmatrix}$$

$$= (aa_1 - bb_1)^2 + (ab_1 + a_1 b)^2.$$

9.2.3　逆矩阵

定义 10　设 A 为 n 阶方阵. 若存在 n 阶方阵 B,使得
$$AB = BA = E,$$
则称 A 是**可逆矩阵**,并称 B 为 A 的**逆矩阵**,记作 A^{-1},即
$$B = A^{-1}.$$

可逆矩阵又称为**非奇异矩阵**,不可逆矩阵称为**奇异矩阵**.

由逆矩阵的定义可知,若 B 为 A 的逆矩阵,则 A 也是 B 的逆矩阵.

若 A 是可逆矩阵,则 A 的逆矩阵唯一. 事实上,若 B_1, B_2 都是 A 的逆矩阵,则有
$$AB_1 = B_1 A = E, \quad AB_2 = B_2 A = E,$$
于是
$$B_1 = B_1 E = B_1(AB_2) = (B_1 A)B_2 = EB_2 = B_2.$$

定义 11　设 n 阶方阵 $A = (a_{ij})_{n \times n}$,称矩阵

$$\boldsymbol{A}^* = \begin{pmatrix} A_{11} & A_{21} & \cdots & A_{n1} \\ A_{12} & A_{22} & \cdots & A_{n2} \\ \vdots & \vdots & & \vdots \\ A_{1n} & A_{2n} & \cdots & A_{nn} \end{pmatrix}$$

为 $\boldsymbol{A}$ 的伴随矩阵,其中 A_{ij} 是 $|\boldsymbol{A}|$ 的各元素 $a_{ij}(i,j=1,2,\cdots,n)$ 的代数余子式.

下面给出方阵存在逆矩阵的条件及其逆矩阵的求法.

定理 1 $\quad n$ 阶方阵 $\boldsymbol{A}$ 可逆的充要条件是 $|\boldsymbol{A}|\neq 0$,且当 $\boldsymbol{A}$ 可逆时,有

$$\boldsymbol{A}^{-1} = \frac{1}{|\boldsymbol{A}|}\boldsymbol{A}^*,$$

其中 $\boldsymbol{A}^*$ 为 $\boldsymbol{A}$ 的伴随矩阵.

证明略.

例 5 设矩阵 $\boldsymbol{A} = \begin{pmatrix} -1 & 0 & 0 \\ -1 & 2 & 0 \\ -1 & 3 & 5 \end{pmatrix}$,求 $\boldsymbol{A}^{-1}$.

解 因

$$|\boldsymbol{A}| = \begin{vmatrix} -1 & 0 & 0 \\ -1 & 2 & 0 \\ -1 & 3 & 5 \end{vmatrix} = -10 \neq 0,$$

故矩阵 $\boldsymbol{A}$ 可逆.又

$$A_{11} = \begin{vmatrix} 2 & 0 \\ 3 & 5 \end{vmatrix} = 10, \quad A_{12} = -\begin{vmatrix} -1 & 0 \\ -1 & 5 \end{vmatrix} = 5, \quad A_{13} = \begin{vmatrix} -1 & 2 \\ -1 & 3 \end{vmatrix} = -1,$$

$$A_{21} = -\begin{vmatrix} 0 & 0 \\ 3 & 5 \end{vmatrix} = 0, \quad A_{22} = \begin{vmatrix} -1 & 0 \\ -1 & 5 \end{vmatrix} = -5, \quad A_{23} = -\begin{vmatrix} -1 & 0 \\ -1 & 3 \end{vmatrix} = 3,$$

$$A_{31} = \begin{vmatrix} 0 & 0 \\ 2 & 0 \end{vmatrix} = 0, \quad A_{32} = -\begin{vmatrix} -1 & 0 \\ -1 & 0 \end{vmatrix} = 0, \quad A_{33} = \begin{vmatrix} -1 & 0 \\ -1 & 2 \end{vmatrix} = -2,$$

故

$$\boldsymbol{A}^{-1} = \frac{1}{|\boldsymbol{A}|}\boldsymbol{A}^* = \begin{pmatrix} -1 & 0 & 0 \\ -\dfrac{1}{2} & \dfrac{1}{2} & 0 \\ \dfrac{1}{10} & -\dfrac{3}{10} & \dfrac{1}{5} \end{pmatrix}.$$

推论 1 若 $\boldsymbol{A},\boldsymbol{B}$ 均为 n 阶方阵,且 $\boldsymbol{AB}=\boldsymbol{E}$,则 $\boldsymbol{BA}=\boldsymbol{E}$.

证明略.

推论 1 说明,若要证明 $\boldsymbol{B}$ 是 $\boldsymbol{A}$ 的逆矩阵,只须证明 $\boldsymbol{AB}=\boldsymbol{E}$ 或 $\boldsymbol{BA}=\boldsymbol{E}$ 即可.

设 $\boldsymbol{A},\boldsymbol{B}$ 均为同阶可逆矩阵,则它们有下列性质:

(1) $(\boldsymbol{A}^{-1})^{-1}=\boldsymbol{A}$;

$(2)\ (k\boldsymbol{A})^{-1}=\dfrac{1}{k}\boldsymbol{A}^{-1}\quad(k\ 为常数且\ k\neq0)$；

$(3)\ (\boldsymbol{AB})^{-1}=\boldsymbol{B}^{-1}\boldsymbol{A}^{-1}$；

$(4)\ (\boldsymbol{A}^{\mathrm{T}})^{-1}=(\boldsymbol{A}^{-1})^{\mathrm{T}}$；

$(5)\ |\boldsymbol{A}^{-1}|=\dfrac{1}{|\boldsymbol{A}|}=|\boldsymbol{A}|^{-1}$.

性质(3)可推广到一般情形：设 $\boldsymbol{A}_1,\boldsymbol{A}_2,\cdots,\boldsymbol{A}_n$ 均为同阶可逆矩阵，则 $\boldsymbol{A}_1\boldsymbol{A}_2\cdots\boldsymbol{A}_n$ 可逆，且

$$(\boldsymbol{A}_1\boldsymbol{A}_2\cdots\boldsymbol{A}_n)^{-1}=\boldsymbol{A}_n^{-1}\boldsymbol{A}_{n-1}^{-1}\cdots\boldsymbol{A}_1^{-1}.$$

9.2.4　矩阵的初等变换与矩阵的秩

1. 初等变换

定义 12　对矩阵施行的下列三种变换称为矩阵的**初等行变换**：

(1) 互换两行(记作 $r_i\leftrightarrow r_j$)；

(2) 以非零数 k 乘以某一行的所有元素(记作 kr_i)；

(3) 将某一行各元素乘以 k 后加到另一行对应的元素上(记作 r_i+kr_j).

将上述对"行"的变换换成对"列"的变换，则对应的三种变换称为矩阵的**初等列变换**(将记号"r"换成"c").

矩阵的初等行变换与初等列变换统称为矩阵的**初等变换**.

定义 13　满足下列两个条件的矩阵称为**行阶梯形矩阵**：

(1) 任一行的从左数第一个非零元素(称为**非零首元**)的左方和下方的元素均为零；

(2) 各行非零首元的列标随行标的增大而严格增大.

例如，矩阵

$$\begin{pmatrix}2&1&0&1\\0&-1&2&0\\0&0&0&0\end{pmatrix}\quad 与\quad\begin{pmatrix}0&1&0&1\\0&0&2&0\\0&0&0&3\end{pmatrix}$$

都是行阶梯形矩阵.

定义 14　若行阶梯形矩阵满足下列两个条件：

(1) 非零首元都是 1，

(2) 非零首元所在列的其他元素都为零，

则称为**行最简形阶梯矩阵**，简称**行最简形**.

例如，矩阵

$$\begin{pmatrix}1&0&0&2\\0&1&0&3\\0&0&1&2\end{pmatrix}$$

是行最简形.

$m\times n$ 矩阵 $\boldsymbol{A}$ 经过有限次初等行变换总可以化为行阶梯形矩阵和行最简形，若再经过有限次初等列变换，则还可以化为如下的形式：

$$B = \begin{pmatrix} 1 & 0 & \cdots & 0 & \vdots & 0 & \cdots & 0 \\ 0 & 1 & \cdots & 0 & \vdots & 0 & \cdots & 0 \\ \vdots & \vdots & & \vdots & \vdots & \vdots & & \vdots \\ 0 & 0 & \cdots & 1 & \vdots & 0 & \cdots & 0 \\ 0 & 0 & \cdots & 0 & \vdots & 0 & \cdots & 0 \\ \vdots & \vdots & & \vdots & \vdots & \vdots & & \vdots \\ 0 & 0 & \cdots & 0 & \vdots & 0 & \cdots & 0 \end{pmatrix}.$$

矩阵 B 称为 A 的标准形矩阵,简称标准形,其特点是: B 的左上角是一个单位矩阵,其他元素均为零.

定义 15 若矩阵 A 经过有限次初等变换化为矩阵 B,则称 A 与 B 等价,记作 $A \sim B$. 等价是矩阵间的一种关系,有下列性质:

(1) 自反性 $A \sim A$;

(2) 对称性 若 $A \sim B$,则 $B \sim A$;

(3) 传递性 若 $A \sim B$, $B \sim C$,则 $A \sim C$.

例 6 将矩阵

$$A = \begin{pmatrix} 1 & -2 & -1 & 0 & 2 \\ -2 & 4 & 2 & 6 & -6 \\ 2 & -1 & 0 & 2 & 3 \\ 3 & 3 & 3 & 3 & 4 \end{pmatrix}$$

化为行阶梯形矩阵、行最简形和标准形.

解 对矩阵 A 施行初等行变换:

$$A \xrightarrow[\substack{r_3 - 2r_1 \\ r_4 - 3r_1}]{r_2 + 2r_1} \begin{pmatrix} 1 & -2 & -1 & 0 & 2 \\ 0 & 0 & 0 & 6 & -2 \\ 0 & 3 & 2 & 2 & -1 \\ 0 & 9 & 6 & 3 & -2 \end{pmatrix} \xrightarrow[\substack{r_2 \leftrightarrow r_3 \\ r_3 \leftrightarrow r_4}]{} \begin{pmatrix} 1 & -2 & -1 & 0 & 2 \\ 0 & 3 & 2 & 2 & -1 \\ 0 & 9 & 6 & 3 & -2 \\ 0 & 0 & 0 & 6 & -2 \end{pmatrix}$$

$$\xrightarrow{r_3 - 3r_2} \begin{pmatrix} 1 & -2 & -1 & 0 & 2 \\ 0 & 3 & 2 & 2 & -1 \\ 0 & 0 & 0 & -3 & 1 \\ 0 & 0 & 0 & 6 & -2 \end{pmatrix} \xrightarrow{r_4 + 2r_3} \begin{pmatrix} 1 & -2 & -1 & 0 & 2 \\ 0 & 3 & 2 & 2 & -1 \\ 0 & 0 & 0 & -3 & 1 \\ 0 & 0 & 0 & 0 & 0 \end{pmatrix} = A_1,$$

矩阵 A_1 即为所求行阶梯形矩阵. 继续对行阶梯形矩阵 A_1 施行初等行变换,则可将其进一步化为更简单的形式:

$$A_1 \xrightarrow[\substack{\left(-\frac{1}{3}\right)r_3}]{\frac{1}{3}r_2} \begin{pmatrix} 1 & -2 & -1 & 0 & 2 \\ 0 & 1 & \frac{2}{3} & \frac{2}{3} & -\frac{1}{3} \\ 0 & 0 & 0 & 1 & -\frac{1}{3} \\ 0 & 0 & 0 & 0 & 0 \end{pmatrix} \xrightarrow[\substack{r_1 + 2r_2}]{r_2 - \frac{2}{3}r_3} \begin{pmatrix} 1 & 0 & \frac{1}{3} & 0 & \frac{16}{9} \\ 0 & 1 & \frac{2}{3} & 0 & -\frac{1}{9} \\ 0 & 0 & 0 & 1 & -\frac{1}{3} \\ 0 & 0 & 0 & 0 & 0 \end{pmatrix} = A_2,$$

矩阵 A_2 即为所求行最简形.对矩阵 A_2 施行初等列变换,不难得出所求标准形为

$$A_3 = \left(\begin{array}{ccc:cc} 1 & 0 & 0 & 0 & 0 \\ 0 & 1 & 0 & 0 & 0 \\ 0 & 0 & 1 & 0 & 0 \\ \hdashline 0 & 0 & 0 & 0 & 0 \end{array}\right).$$

2. 初等矩阵

对矩阵施行初等变换,可用矩阵的运算来表示.

定义 16　　由单位矩阵 E 经过一次初等变换得到的矩阵称为初等矩阵.

三种初等行变换分别对应下列三种形式的初等矩阵:

(1) $r_i \leftrightarrow r_j$ 对应

$$E(i,j) = \left(\begin{array}{ccccccccc} 1 & & & & & & & & \\ & \ddots & & & & & & & \\ & & 1 & & & & & & \\ & & & 0 & \cdots & \cdots & \cdots & 1 & \\ & & & \vdots & 1 & & & \vdots & \\ & & & \vdots & & \ddots & & \vdots & \\ & & & \vdots & & & 1 & \vdots & \\ & & & 1 & \cdots & \cdots & \cdots & 0 & \\ & & & & & & & & 1 \\ & & & & & & & & & \ddots \\ & & & & & & & & & & 1 \end{array}\right) \begin{array}{l} \\ \\ \\ \text{第}\ i\ \text{行} \\ \\ \\ \\ \text{第}\ j\ \text{行} \end{array} ;$$

(2) $\lambda r_i (\lambda \neq 0)$ 对应

$$E(i(\lambda)) = \left(\begin{array}{cccccc} 1 & & & & & \\ & \ddots & & & & \\ & & 1 & & & \\ & & & \lambda & & \\ & & & & 1 & \\ & & & & & \ddots \\ & & & & & & 1 \end{array}\right) \text{第}\ i\ \text{行};$$

(3) $r_i + \lambda r_j$ 对应

$$E(i,j(\lambda)) = \left(\begin{array}{ccccccc} 1 & & & & & \\ & \ddots & & & & \\ & & 1 & \cdots & \lambda & \\ & & & \ddots & \vdots & \\ & & & & 1 & \\ & & & & & \ddots \\ & & & & & & 1 \end{array}\right) \begin{array}{l} \\ \\ \text{第}\ i\ \text{行} \\ \\ \text{第}\ j\ \text{行} \end{array} .$$

同理,三种初等列变换 $c_i \leftrightarrow c_j$,$\lambda c_i (\lambda \neq 0)$,$c_i + \lambda c_j$ 也分别对应初等矩阵 $E(i,j)$,$E(i(\lambda))$,$E(j,i(\lambda))$.

定理 2　设 A 是 $m \times n$ 矩阵,则对 A 施行一次初等行变换相当于用相应的 m 阶初等矩阵左乘 A,对 A 施行一次初等列变换相当于用相应的 n 阶初等矩阵右乘 A.

证明略.

由逆矩阵的定义及上述定理可知,初等矩阵都是可逆的,且

$$E(i,j)^{-1} = E(i,j), \quad E(i(\lambda))^{-1} = E\left(i\left(\frac{1}{\lambda}\right)\right), \quad E(i,j(\lambda))^{-1} = E(i,j(-\lambda)).$$

初等矩阵的逆矩阵仍然为初等矩阵.

定理 3　设 A 为可逆矩阵,则存在有限个初等矩阵 $P_1, P_2, \cdots, P_l$,使得

$$A = P_1 P_2 \cdots P_l.$$

证明略.

推论 2　$m \times n$ 矩阵 $A \sim B$ 的充要条件是存在 m 阶可逆矩阵 P 及 n 阶可逆矩阵 Q,使得

$$PAQ = B.$$

证明略.

下面给出一种求逆矩阵的方法.

当 $|A| \neq 0$ 时,由定理 3 有 $A = P_1 P_2 \cdots P_l$,故有

$$P_l^{-1} P_{l-1}^{-1} \cdots P_1^{-1} A = E \quad \text{和} \quad P_l^{-1} P_{l-1}^{-1} \cdots P_1^{-1} E = A^{-1}.$$

这说明可逆矩阵 A 经过一系列初等行变换可变成 E,而 E 经同样的一系列初等行变换就变成了 A^{-1},故得到用初等行变换求逆矩阵的方法:作矩阵 $(A \vdots E)$,仅用初等行变换将左边的矩阵 A 化为 E 的同时,右边的矩阵 E 便化为 A^{-1},即

$$(A \vdots E) \xrightarrow{\text{初等行变换}} (E \vdots A^{-1}).$$

同理,对于矩阵方程 $Ax = b$,若 A 为可逆矩阵,则也可用初等行变换求解矩阵 $x = A^{-1}b$,即

$$(A \vdots b) \xrightarrow{\text{初等行变换}} (E \vdots A^{-1}b).$$

例 7　设矩阵 $A = \begin{pmatrix} 1 & -1 & -1 \\ -3 & 2 & 1 \\ 2 & 0 & 1 \end{pmatrix}$,求 A^{-1}.

解　因

$$(A \vdots E) = \begin{pmatrix} 1 & -1 & -1 & \vdots & 1 & 0 & 0 \\ -3 & 2 & 1 & \vdots & 0 & 1 & 0 \\ 2 & 0 & 1 & \vdots & 0 & 0 & 1 \end{pmatrix} \xrightarrow[r_3 - 2r_1]{r_2 + 3r_1} \begin{pmatrix} 1 & -1 & -1 & \vdots & 1 & 0 & 0 \\ 0 & -1 & -2 & \vdots & 3 & 1 & 0 \\ 0 & 2 & 3 & \vdots & -2 & 0 & 1 \end{pmatrix}$$

$$\xrightarrow[r_3 + 2r_2]{r_1 - r_2} \begin{pmatrix} 1 & 0 & 1 & \vdots & -2 & -1 & 0 \\ 0 & -1 & -2 & \vdots & 3 & 1 & 0 \\ 0 & 0 & -1 & \vdots & 4 & 2 & 1 \end{pmatrix} \xrightarrow[r_2 - 2r_3]{r_1 + r_3} \begin{pmatrix} 1 & 0 & 0 & \vdots & 2 & 1 & 1 \\ 0 & -1 & 0 & \vdots & -5 & -3 & -2 \\ 0 & 0 & -1 & \vdots & 4 & 2 & 1 \end{pmatrix}$$

$$\xrightarrow[r_3 \times (-1)]{r_2 \times (-1)} \begin{pmatrix} 1 & 0 & 0 & \vdots & 2 & 1 & 1 \\ 0 & 1 & 0 & \vdots & 5 & 3 & 2 \\ 0 & 0 & 1 & \vdots & -4 & -2 & -1 \end{pmatrix},$$

故

$$A^{-1} = \begin{pmatrix} 2 & 1 & 1 \\ 5 & 3 & 2 \\ -4 & -2 & -1 \end{pmatrix}.$$

例 8 设矩阵 X 满足关系式 $AX = A + 2X$，其中 $A = \begin{pmatrix} 4 & 2 & 3 \\ 1 & 1 & 0 \\ -1 & 2 & 3 \end{pmatrix}$，求矩阵 X.

解 据已知条件可得 $(A - 2E)X = A$，而由 $|A - 2E| = -1 \neq 0$，知 $A - 2E$ 可逆，又

$$(A - 2E \mid A) = \begin{pmatrix} 2 & 2 & 3 & \vdots & 4 & 2 & 3 \\ 1 & -1 & 0 & \vdots & 1 & 1 & 0 \\ -1 & 2 & 1 & \vdots & -1 & 2 & 3 \end{pmatrix} \xrightarrow{\text{初等行变换}} \begin{pmatrix} 1 & 0 & 0 & \vdots & 3 & -8 & -6 \\ 0 & 1 & 0 & \vdots & 2 & -9 & -6 \\ 0 & 0 & 1 & \vdots & -2 & 12 & 9 \end{pmatrix},$$

故

$$X = (A - 2E)^{-1}A = \begin{pmatrix} 3 & -8 & -6 \\ 2 & -9 & -6 \\ -2 & 12 & 9 \end{pmatrix}.$$

3. 矩阵的秩

为方便讨论线性方程组解的问题，有必要引入矩阵的秩的概念.

定义 17 在 $m \times n$ 矩阵 A 中，任取 k 行 k 列 $(k \leqslant \min\{m, n\})$，位于这些行与列交叉处的 k^2 个元素按原来的次序所构成的 k 阶行列式，称为 A 的 k 阶子式.

显然，$m \times n$ 矩阵 A 共有 $C_m^k C_n^k$ 个 k 阶子式.

例如，设矩阵

$$A = \begin{pmatrix} 5 & 1 & 1 & 3 \\ 3 & 0 & 3 & 1 \\ 1 & 2 & 3 & 4 \end{pmatrix},$$

从 A 中选取第一、第二行及第二、第四列，它们交叉处的元素按原来的次序构成 A 的一个二阶子式 $\begin{vmatrix} 1 & 3 \\ 0 & 1 \end{vmatrix} = 1$.

显然，矩阵 A 的每一元素都可构成 A 的一阶子式. 当 A 为 n 阶方阵时，其 n 阶子式为 $|A|$.

定义 18 矩阵 A 中不等于零的子式的最高阶数称为矩阵 A 的秩，记作 $\mathrm{rank}(A)$，简记作 $\mathrm{r}(A)$.

特别地，零矩阵的秩等于零，即 $\mathrm{r}(O) = 0$.

设 A 为 $m \times n$ 矩阵，由矩阵的秩的定义，不难得出下列性质：

(1) $\mathrm{r}(A^{\mathrm{T}}) = \mathrm{r}(A)$；

(2) 若 $m = n$，则矩阵 A 可逆的充要条件是 $\mathrm{r}(A) = m = n$；

(3) $\mathrm{r}(A) \leqslant \min\{m, n\}$.

因可逆矩阵的秩等于它的阶数，故称可逆矩阵或非奇异矩阵为**满秩矩阵**，称奇异矩阵为**降秩矩阵**.

定理 4 若矩阵 A 中至少有一个 k 阶子式不为零，而所有 $k + 1$ 阶子式全为零，则
$$\mathrm{r}(A) = k.$$

证明略.

例 9 设矩阵 $A = \begin{pmatrix} 1 & 2 & -1 \\ 0 & 1 & 1 \\ 2 & 5 & -1 \end{pmatrix}$，求 $r(A)$.

解 因 $\begin{vmatrix} 1 & 2 & -1 \\ 0 & 1 & 1 \\ 2 & 5 & -1 \end{vmatrix} = 0$，而存在一个二阶子式 $\begin{vmatrix} 1 & 2 \\ 0 & 1 \end{vmatrix} = 1 \neq 0$，故 $r(A) = 2$.

按定义求矩阵的秩计算量较大，故此法只适用于行与列较少的矩阵，下面介绍求矩阵的秩的一般方法.

定理 5 对矩阵施行初等变换，矩阵的秩不变.

证明略.

由上述定理易知，若矩阵 $A \sim B$，则 $r(A) = r(B)$. 因矩阵经初等变换不改变它的秩，故可用初等变换将矩阵化为行阶梯形矩阵，而矩阵的秩正好等于行阶梯形矩阵中元素不全为零的行的行数.

例 10 设矩阵

$$A = \begin{pmatrix} 3 & -2 & 1 & 0 & 1 \\ 0 & 3 & -2 & 1 & 0 \\ 3 & -2 & 1 & 0 & -1 \\ 3 & 1 & -1 & 1 & 1 \end{pmatrix},$$

求 $r(A)$.

解 因

$$A = \begin{pmatrix} 3 & -2 & 1 & 0 & 1 \\ 0 & 3 & -2 & 1 & 0 \\ 3 & -2 & 1 & 0 & -1 \\ 3 & 1 & -1 & 1 & 1 \end{pmatrix} \xrightarrow{\text{初等行变换}} \begin{pmatrix} 3 & -2 & 1 & 0 & 1 \\ 0 & 3 & -2 & 1 & 0 \\ 0 & 0 & 0 & 0 & -2 \\ 0 & 0 & 0 & 0 & 0 \end{pmatrix},$$

可见行阶梯形矩阵中元素不全为零的行有 3 行，故 $r(A) = 3$.

9.3　线性方程组

数学家刘徽

回顾中学阶段求解线性方程组的消元过程，常会将某一方程乘以常数 k 后加到另一方程，不妨与矩阵的初等行变换进行关联猜想，进一步猜想利用初等行变换简化线性方程组的求解过程. 本节将主要介绍求解线性方程组的基本方法，为了便于分析线性方程组，首先引入 n 维向量的相关概念.

9.3.1　n 维向量及其线性组合

定义 1 由 n 个数 $a_1, a_2, \cdots, a_n$ 所组成的有序数组 $\boldsymbol{\alpha} = (a_1, a_2, \cdots, a_n)$ 称为 n 维向量，数 $a_i (i = 1, 2, \cdots, n)$ 称为向量 $\boldsymbol{\alpha}$ 的第 i 个分量(或坐标).

本节只讨论分量是实数的情形.

向量既可以写成一行,如

$$\boldsymbol{\alpha} = (a_1, a_2, \cdots, a_n),$$

也可以写成一列,如

$$\boldsymbol{\alpha} = \begin{pmatrix} a_1 \\ a_2 \\ \vdots \\ a_n \end{pmatrix}.$$

为了区别,前者称为行向量或行矩阵,后者称为列向量或列矩阵.为便于表示,列向量 $\begin{pmatrix} a_1 \\ a_2 \\ \vdots \\ a_n \end{pmatrix}$ 也

可表示成 $(a_1, a_2, \cdots, a_n)^{\mathrm{T}}$.

定义 2　设 n 维向量 $\boldsymbol{\alpha} = (a_1, a_2, \cdots, a_n), \boldsymbol{\beta} = (b_1, b_2, \cdots, b_n)$,则当且仅当 $a_i = b_i$ $(i = 1, 2, \cdots, n)$ 时,称向量 $\boldsymbol{\alpha}$ 与 $\boldsymbol{\beta}$ 相等,记作 $\boldsymbol{\alpha} = \boldsymbol{\beta}$.

向量 $(-a_1, -a_2, \cdots, -a_n)$ 称为 $\boldsymbol{\alpha} = (a_1, a_2, \cdots, a_n)$ 的负向量,记作 $-\boldsymbol{\alpha}$;分量均为零的向量称为零向量,记作 $\mathbf{0}$,即 $\mathbf{0} = (0, 0, \cdots, 0)$.注意,维数不同的零向量不相等.

定义 3　设 n 维向量 $\boldsymbol{\alpha} = (a_1, a_2, \cdots, a_n), \boldsymbol{\beta} = (b_1, b_2, \cdots, b_n)$,称向量
$$(a_1 + b_1, a_2 + b_2, \cdots, a_n + b_n)$$
为向量 $\boldsymbol{\alpha}$ 与 $\boldsymbol{\beta}$ 的和,记作 $\boldsymbol{\alpha} + \boldsymbol{\beta}$,即

$$\boldsymbol{\alpha} + \boldsymbol{\beta} = (a_1 + b_1, a_2 + b_2, \cdots, a_n + b_n).$$

规定 $\boldsymbol{\alpha} - \boldsymbol{\beta} = \boldsymbol{\alpha} + (-\boldsymbol{\beta})$,称向量
$$(a_1 - b_1, a_2 - b_2, \cdots, a_n - b_n)$$
为向量 $\boldsymbol{\alpha}$ 与 $\boldsymbol{\beta}$ 的差,即

$$\boldsymbol{\alpha} - \boldsymbol{\beta} = (a_1 - b_1, a_2 - b_2, \cdots, a_n - b_n).$$

定义 4　设 n 维向量 $\boldsymbol{\alpha} = (a_1, a_2, \cdots, a_n), k$ 为实数,则称向量
$$(ka_1, ka_2, \cdots, ka_n)$$
为数 k 与向量 $\boldsymbol{\alpha}$ 的乘积,记作 $k\boldsymbol{\alpha}$,即

$$k\boldsymbol{\alpha} = (ka_1, ka_2, \cdots, ka_n).$$

类似于二维平面向量的加法及数量乘法运算,n 维向量运算具有下列性质(其中 $\boldsymbol{\alpha}, \boldsymbol{\beta}, \boldsymbol{\gamma}$ 均为 n 维向量,λ, μ 均为实数):

(1) $\boldsymbol{\alpha} + \boldsymbol{\beta} = \boldsymbol{\beta} + \boldsymbol{\alpha}$;

(2) $(\boldsymbol{\alpha} + \boldsymbol{\beta}) + \boldsymbol{\gamma} = \boldsymbol{\alpha} + (\boldsymbol{\beta} + \boldsymbol{\gamma})$;

(3) $\boldsymbol{\alpha} + \mathbf{0} = \boldsymbol{\alpha}$;

(4) $\boldsymbol{\alpha} + (-\boldsymbol{\alpha}) = \mathbf{0}$;

(5) $\lambda(\boldsymbol{\alpha} + \boldsymbol{\beta}) = \lambda\boldsymbol{\alpha} + \lambda\boldsymbol{\beta}$;

(6) $(\lambda + \mu)\boldsymbol{\alpha} = \lambda\boldsymbol{\alpha} + \mu\boldsymbol{\alpha}$;

(7) $\lambda(\mu\boldsymbol{\alpha}) - (\lambda\mu)\boldsymbol{\alpha} = \mu(\lambda\boldsymbol{\alpha})$;

中国数学故事:
《算学启蒙》

(8) $1 \cdot \boldsymbol{\alpha} = \boldsymbol{\alpha}$.

定义 5　给定 m 个 n 维向量 $\boldsymbol{\alpha}_1, \boldsymbol{\alpha}_2, \cdots, \boldsymbol{\alpha}_m$ 和任意实数 $c_1, c_2, \cdots, c_m$，则称向量

$$\boldsymbol{\beta} = c_1\boldsymbol{\alpha}_1 + c_2\boldsymbol{\alpha}_2 + \cdots + c_m\boldsymbol{\alpha}_m$$

为向量 $\boldsymbol{\alpha}_1, \boldsymbol{\alpha}_2, \cdots, \boldsymbol{\alpha}_m$ 的一个线性组合.

对于 n 维向量 $\boldsymbol{\alpha}_1, \boldsymbol{\alpha}_2, \cdots, \boldsymbol{\alpha}_m, \boldsymbol{\beta}$，若存在实数 $\lambda_1, \lambda_2, \cdots, \lambda_m$，使得

$$\boldsymbol{\beta} = \lambda_1\boldsymbol{\alpha}_1 + \lambda_2\boldsymbol{\alpha}_2 + \cdots + \lambda_m\boldsymbol{\alpha}_m,$$

则称向量 $\boldsymbol{\beta}$ 可由向量组 $\boldsymbol{\alpha}_1, \boldsymbol{\alpha}_2, \cdots, \boldsymbol{\alpha}_m$ 线性表示.

9.3.2　高斯消元法

工程技术领域的许多问题往往可归结为求解线性方程组，因此研究一般线性方程组解的存在性和求解问题，意义重大.

给定线性方程组

$$\begin{cases} a_{11}x_1 + a_{12}x_2 + \cdots + a_{1n}x_n = b_1, \\ a_{21}x_1 + a_{22}x_2 + \cdots + a_{2n}x_n = b_2, \\ \quad\quad\quad \cdots\cdots \\ a_{m1}x_1 + a_{m2}x_2 + \cdots + a_{mn}x_n = b_m, \end{cases} \tag{9-3}$$

其矩阵形式为 $\boldsymbol{Ax} = \boldsymbol{b}$，其中

$$\boldsymbol{A} = \begin{pmatrix} a_{11} & a_{12} & \cdots & a_{1n} \\ a_{21} & a_{22} & \cdots & a_{2n} \\ \vdots & \vdots & & \vdots \\ a_{m1} & a_{m2} & \cdots & a_{mn} \end{pmatrix}$$

称为系数矩阵，$\boldsymbol{b} = (b_1, b_2, \cdots, b_m)^{\mathrm{T}}, \boldsymbol{x} = (x_1, x_2, \cdots, x_n)^{\mathrm{T}}$.

称矩阵

$$\widetilde{\boldsymbol{A}} = (\boldsymbol{A} \vdots \boldsymbol{b}) = \begin{pmatrix} a_{11} & a_{12} & \cdots & a_{1n} & \vdots & b_1 \\ a_{21} & a_{22} & \cdots & a_{2n} & \vdots & b_2 \\ \vdots & \vdots & & \vdots & \vdots & \vdots \\ a_{m1} & a_{m2} & \cdots & a_{mn} & \vdots & b_m \end{pmatrix}$$

为该线性方程组的增广矩阵.

定理 1　若线性方程组 $\boldsymbol{Ax} = \boldsymbol{b}$ 的增广矩阵 $\widetilde{\boldsymbol{A}} = (\boldsymbol{A} \vdots \boldsymbol{b})$ 经初等行变换化为 $(\boldsymbol{U} \vdots \boldsymbol{v})$，则线性方程组 $\boldsymbol{Ax} = \boldsymbol{b}$ 与 $\boldsymbol{Ux} = \boldsymbol{v}$ 同解.

证　因对矩阵施行一次初等行变换相当于用一个初等矩阵左乘该矩阵，故存在有限个初等矩阵 $\boldsymbol{P}_1, \boldsymbol{P}_2, \cdots, \boldsymbol{P}_k$，使得

$$\boldsymbol{P}_k\boldsymbol{P}_{k-1}\cdots\boldsymbol{P}_1(\boldsymbol{A} \vdots \boldsymbol{b}) = (\boldsymbol{U} \vdots \boldsymbol{v}).$$

令 $\boldsymbol{P}_k\boldsymbol{P}_{k-1}\cdots\boldsymbol{P}_1 = \boldsymbol{P}$，由于初等矩阵均可逆，故矩阵 $\boldsymbol{P}$ 可逆.

设 $\boldsymbol{X}_1$ 是线性方程组 $\boldsymbol{Ax} = \boldsymbol{b}$ 的解，则 $\boldsymbol{AX}_1 = \boldsymbol{b}$. 等式两边同时左乘矩阵 $\boldsymbol{P}$，得

$$\boldsymbol{PAX}_1 = \boldsymbol{Pb}, \quad \text{即} \quad \boldsymbol{UX}_1 = \boldsymbol{v},$$

故 $\boldsymbol{X}_1$ 是线性方程组 $\boldsymbol{Ux} = \boldsymbol{v}$ 的解. 反之，若 $\boldsymbol{X}_2$ 是线性方程组 $\boldsymbol{Ux} = \boldsymbol{v}$ 的解，则 $\boldsymbol{UX}_2 = \boldsymbol{v}$. 等式两边同时左乘矩阵 $\boldsymbol{P}^{-1}$，得

$$P^{-1}UX_2 = P^{-1}v, \quad 即 \quad AX_2 = b,$$

故 X_2 是线性方程组 $Ax = b$ 的解. 综上, 线性方程组 $Ax = b$ 与 $Ux = v$ 同解.

因初等行变换可将线性方程组的增广矩阵 $\tilde{A}$ 化为行最简形, 由上述定理可知, 行最简形所对应的方程组与原方程组必同解, 这样就通过初等行变换简化了方程组的求解, 这种求解线性方程组的方法称为高斯(Gauss)消元法.

接下来用高斯消元法讨论线性方程组解的存在性和唯一性问题. 设线性方程组(9-3)的增广矩阵 $\tilde{A} = (A \vdots b)$ 经初等行变换化为行最简形

$$Q = \begin{pmatrix} 1 & 0 & \cdots & 0 & c_{11} & c_{12} & \cdots & c_{1,n-r} & d_1 \\ 0 & 1 & \cdots & 0 & c_{21} & c_{22} & \cdots & c_{2,n-r} & d_2 \\ \vdots & \vdots & & \vdots & \vdots & \vdots & & \vdots & \vdots \\ 0 & 0 & \cdots & 1 & c_{r1} & c_{r2} & \cdots & c_{r,n-r} & d_r \\ 0 & 0 & \cdots & 0 & 0 & 0 & \cdots & 0 & d_{r+1} \\ 0 & 0 & \cdots & 0 & 0 & 0 & \cdots & 0 & 0 \\ \vdots & \vdots & & \vdots & \vdots & \vdots & & \vdots & \vdots \\ 0 & 0 & \cdots & 0 & 0 & 0 & \cdots & 0 & 0 \end{pmatrix},$$

其对应的线性方程组为

$$\begin{cases} x_1 + c_{11}x_{r+1} + c_{12}x_{r+2} + \cdots + c_{1,n-r}x_n = d_1, \\ x_2 + c_{21}x_{r+1} + c_{22}x_{r+2} + \cdots + c_{2,n-r}x_n = d_2, \\ \qquad\qquad \cdots\cdots \\ x_r + c_{r1}x_{r+1} + c_{r2}x_{r+2} + \cdots + c_{r,n-r}x_n = d_r, \\ \qquad\qquad 0 \qquad\qquad\qquad = d_{r+1}. \end{cases} \tag{9-4}$$

分析线性方程组(9-4)得

(1) 若 $d_{r+1} \neq 0$, 则方程组无解.

(2) 若 $d_{r+1} = 0$, 又分以下两种情况:

① 当 $r(Q) = r = n$ 时, 方程组有唯一解

$$x_1 = d_1, \quad x_2 = d_2, \quad \cdots, \quad x_n = d_n;$$

② 当 $r(Q) = r < n$ 时, 相当于有效方程的个数小于未知量的个数, 则方程组有无穷多解.

特别地, 当线性方程组(9-3)的常数项均为零, 即为齐次线性方程组时, 不难得出以下结论:

(1) 若 $r(Q) = n$, 则齐次线性方程组只有零解.

(2) 若 $r(Q) < n$, 则齐次线性方程组有无穷多解.

9.3.3　线性方程组

前面我们已经了解齐次线性方程组必有解, 而非齐次线性方程组有可能无解. 以下进一步研究非齐次线性方程组解的存在性, 并求解线性方程组.

给定非齐次线性方程组

$$\begin{cases} a_{11}x_1 + a_{12}x_2 + \cdots + a_{1n}x_n = b_1, \\ a_{21}x_1 + a_{22}x_2 + \cdots + a_{2n}x_n = b_2, \\ \qquad\qquad \cdots\cdots \\ a_{m1}x_1 + a_{m2}x_2 + \cdots + a_{mn}x_n = b_m, \end{cases} \tag{9-5}$$

其矩阵形式为 $Ax = b$，其中 $A = (a_{ij})_{m×n}$，$x = (x_1, x_2, \cdots, x_n)^T$，$b = (b_1, b_2, \cdots, b_m)^T$. 记 $\boldsymbol{\alpha}_1$，$\boldsymbol{\alpha}_2, \cdots, \boldsymbol{\alpha}_n$ 是 A 的 n 个列向量，其中 $\boldsymbol{\alpha}_j = (a_{1j}, a_{2j}, \cdots, a_{mj})^T (j = 1, 2, \cdots, n)$，则该方程组可写成向量形式

$$x_1\boldsymbol{\alpha}_1 + x_2\boldsymbol{\alpha}_2 + \cdots + x_n\boldsymbol{\alpha}_n = b.$$

由上式知该非齐次线性方程组有解的充要条件是向量 b 可由向量组 $\boldsymbol{\alpha}_1, \boldsymbol{\alpha}_2, \cdots, \boldsymbol{\alpha}_n$ 线性表示，即得下述定理.

定理 2 对非齐次线性方程组(9-5)，下列命题等价：

（1）方程组 $Ax = b$ 有解；

（2）向量 b 可由 A 的列向量线性表示；

（3）增广矩阵 $(A \vdots b)$ 的秩等于系数矩阵 A 的秩.

例 1 求解齐次线性方程组

$$\begin{cases} x_1 + x_2 - x_3 = 0, \\ 2x_1 - x_2 + 4x_3 = 0, \\ x_1 + 4x_2 - 7x_3 = 0. \end{cases}$$

解 对方程组的系数矩阵 A 施行初等行变换：

$$A = \begin{pmatrix} 1 & 1 & -1 \\ 2 & -1 & 4 \\ 1 & 4 & -7 \end{pmatrix} \xrightarrow[r_3 - r_1]{r_2 - 2r_1} \begin{pmatrix} 1 & 1 & -1 \\ 0 & -3 & 6 \\ 0 & 3 & -6 \end{pmatrix} \xrightarrow{r_3 + r_2} \begin{pmatrix} 1 & 1 & -1 \\ 0 & -3 & 6 \\ 0 & 0 & 0 \end{pmatrix}$$

$$\xrightarrow{(-\frac{1}{3})r_2} \begin{pmatrix} 1 & 1 & -1 \\ 0 & 1 & -2 \\ 0 & 0 & 0 \end{pmatrix} \xrightarrow{r_1 - r_2} \begin{pmatrix} 1 & 0 & 1 \\ 0 & 1 & -2 \\ 0 & 0 & 0 \end{pmatrix},$$

故 $r(A) = 2 < 3$，该齐次线性方程组有无穷多解. 此时，矩阵所对应的齐次线性方程组为

$$\begin{cases} x_1 + x_3 = 0, \\ x_2 - 2x_3 = 0, \end{cases}$$

从而有

$$\begin{cases} x_1 = -x_3, \\ x_2 = 2x_3. \end{cases}$$

令 $x_3 = c$（c 为任意常数），可得原齐次线性方程组的解为

$$\begin{cases} x_1 = -c, \\ x_2 = 2c, \\ x_3 = c, \end{cases}$$

写成向量形式为

$$\begin{pmatrix} x_1 \\ x_2 \\ x_3 \end{pmatrix} = c \begin{pmatrix} -1 \\ 2 \\ 1 \end{pmatrix} \quad (c \in \mathbf{R}).$$

上式称为该齐次线性方程组的通解或一般解,因为它给出了所有解的显式表示;若给定 c 的值,则称之为该齐次线性方程组的一个特解.

例 2 求解非齐次线性方程组

$$\begin{cases} x_1 - x_2 + x_3 - x_4 = 0, \\ 2x_1 - x_2 + 3x_3 - 2x_4 = -1, \\ 3x_1 - 2x_2 - x_3 + 2x_4 = 4. \end{cases}$$

解 对方程组的增广矩阵 $\widetilde{A}$ 施行初等行变换:

$$\widetilde{A} = \begin{pmatrix} 1 & -1 & 1 & -1 & \vdots & 0 \\ 2 & -1 & 3 & -2 & \vdots & -1 \\ 3 & -2 & -1 & 2 & \vdots & 4 \end{pmatrix} \xrightarrow[r_3 - 3r_1]{r_2 - 2r_1} \begin{pmatrix} 1 & -1 & 1 & -1 & \vdots & 0 \\ 0 & 1 & 1 & 0 & \vdots & -1 \\ 0 & 1 & -4 & 5 & \vdots & 4 \end{pmatrix}$$

$$\xrightarrow{r_3 - r_2} \begin{pmatrix} 1 & -1 & 1 & -1 & \vdots & 0 \\ 0 & 1 & 1 & 0 & \vdots & -1 \\ 0 & 0 & -5 & 5 & \vdots & 5 \end{pmatrix} \xrightarrow{\left(-\frac{1}{5}\right)r_3} \begin{pmatrix} 1 & -1 & 1 & -1 & \vdots & 0 \\ 0 & 1 & 1 & 0 & \vdots & -1 \\ 0 & 0 & 1 & -1 & \vdots & -1 \end{pmatrix}$$

$$\xrightarrow[r_2 - r_3]{r_1 - r_3} \begin{pmatrix} 1 & -1 & 0 & 0 & \vdots & 1 \\ 0 & 1 & 0 & 1 & \vdots & 0 \\ 0 & 0 & 1 & -1 & \vdots & -1 \end{pmatrix} \xrightarrow{r_1 + r_2} \begin{pmatrix} 1 & 0 & 0 & 1 & \vdots & 1 \\ 0 & 1 & 0 & 1 & \vdots & 0 \\ 0 & 0 & 1 & -1 & \vdots & -1 \end{pmatrix},$$

此时矩阵所对应的方程组为

$$\begin{cases} x_1 \qquad + x_4 = 1, \\ \quad x_2 \quad + x_4 = 0, \\ \qquad x_3 - x_4 = -1, \end{cases}$$

从而有

$$\begin{cases} x_1 = 1 - x_4, \\ x_2 = -x_4, \\ x_3 = -1 + x_4. \end{cases}$$

令 $x_4 = c$(c 为任意常数),可得原非齐次线性方程组的解为

$$\begin{cases} x_1 = 1 - c, \\ x_2 = -c, \\ x_3 = -1 + c, \\ x_4 = c, \end{cases}$$

写成向量形式为

$$\begin{pmatrix} x_1 \\ x_2 \\ x_3 \\ x_4 \end{pmatrix} = \begin{pmatrix} 1 \\ 0 \\ -1 \\ 0 \end{pmatrix} + c \begin{pmatrix} -1 \\ -1 \\ 1 \\ 1 \end{pmatrix} \quad (c \in \mathbf{R}).$$

9.4 Wolfram 语言在线性代数中的应用

1. 输入矩阵

例 1 输入矩阵 $\begin{pmatrix} 1 & 1 \\ 0 & 1 \end{pmatrix}$.

解 输入

```
{{1,1},{0,1}}
```

可得到该矩阵,并获得关于该矩阵的大量信息.

2. 方阵的行列式运算

例 2 求矩阵 $\begin{pmatrix} 3 & 4 \\ 2 & 1 \end{pmatrix}$ 的行列式.

解 输入

```
determinant of {{3,4},{2,1}}
```

求得行列式为 -5.

3. 矩阵的线性运算

例 3 设矩阵 $A = \begin{pmatrix} 1 & 2 \\ 3 & 4 \end{pmatrix}, B = \begin{pmatrix} 2 & -1 \\ -1 & 2 \end{pmatrix}$, 求 $A + B$.

解 输入

```
{{1,2},{3,4}}+{{2,-1},{-1,2}}
```

求得 $A + B = \begin{pmatrix} 3 & 1 \\ 2 & 6 \end{pmatrix}$.

例 4 设矩阵 $A = \begin{pmatrix} 2 & -1 \\ 1 & 3 \end{pmatrix}, B = \begin{pmatrix} 1 & 2 \\ 3 & 4 \end{pmatrix}$, 求 AB.

解 输入

```
{{2,-1},{1,3}}.{{1,2},{3,4}}
```

求得 $AB = \begin{pmatrix} -1 & 0 \\ 10 & 14 \end{pmatrix}$.

4. 矩阵的化简

例 5 将矩阵 $\begin{pmatrix} 2 & 1 & 0 & -3 \\ 3 & -1 & 0 & 1 \\ 1 & 4 & -2 & -5 \end{pmatrix}$ 化为行最简形.

解　输入

```
row reduce{{2,1,0,-3},{3,-1,0,1},{1,4,-2,-5}}
```

求得行最简形为

$$\begin{pmatrix} 1 & 0 & 0 & -\dfrac{2}{5} \\ 0 & 1 & 0 & -\dfrac{11}{5} \\ 0 & 0 & 1 & -\dfrac{21}{10} \end{pmatrix}.$$

5. 矩阵的逆

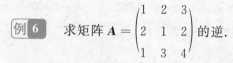 求矩阵 $\boldsymbol{A} = \begin{pmatrix} 1 & 2 & 3 \\ 2 & 1 & 2 \\ 1 & 3 & 4 \end{pmatrix}$ 的逆.

解　输入

```
inverse {{1,2,3},{2,1,2},{1,3,4}}
```

求得逆矩阵为

$$\boldsymbol{A}^{-1} = \begin{pmatrix} -2 & 1 & 1 \\ -6 & 1 & 4 \\ 5 & -1 & -3 \end{pmatrix}.$$

6. 矩阵的秩

例 7 求矩阵 $\boldsymbol{A} = \begin{pmatrix} 6 & -11 & 13 \\ 4 & -1 & 3 \\ 3 & 4 & -2 \end{pmatrix}$ 的秩.

解　输入

```
rank{{6,-11,13},{4,-1,3},{3,4,-2}}
```

求得 $r(\boldsymbol{A}) = 2$.

习 题 9

1. 计算下列行列式:

(1) $\begin{vmatrix} 1 & 5 \\ 3 & 6 \end{vmatrix}$;
(2) $\begin{vmatrix} 1 & 1 & 1 \\ 3 & 1 & 4 \\ 8 & 9 & 5 \end{vmatrix}$;

(3) $\begin{vmatrix} 3 & 1 & 1 \\ 297 & 101 & 99 \\ 5 & -3 & 2 \end{vmatrix}$;

(4) $\begin{vmatrix} 4 & 1 & 1 & 1 \\ 1 & 4 & 1 & 1 \\ 1 & 1 & 4 & 1 \\ 1 & 1 & 1 & 4 \end{vmatrix}$;

(5) $\begin{vmatrix} 1 & -5 & 1 & 3 \\ 1 & 1 & 3 & 4 \\ 1 & 1 & 2 & 3 \\ 1 & 1 & 1 & 1 \end{vmatrix}$;

(6) $\begin{vmatrix} 4 & 1 & 2 & 4 \\ 1 & 2 & 0 & 2 \\ 10 & 5 & 2 & 0 \\ 0 & 1 & 1 & 7 \end{vmatrix}$.

2. 已知行列式 $D = \begin{vmatrix} 1 & 0 & 1 & 2 \\ -1 & 1 & 0 & 3 \\ 1 & 1 & 1 & 0 \\ -1 & 2 & 5 & 4 \end{vmatrix}$, 试求:

(1) $A_{12} - A_{22} + A_{32} - A_{42}$;

(2) $A_{41} + A_{42} + A_{43} + A_{44}$.

3. 一个土建工程师、一个电气工程师、一个机械工程师，三人组成一个工程队. 假设在一段时间内，每人收入 1 元的原始收入需要支付给其他两人的服务费用以及每个人的实际收入如表 9-2 所示. 问:这段时间内，每人的原始收入分别是多少?

表 9-2   单位:元

支付者	收取者			实际收入
	土建工程师	电气工程师	机械工程师	
土建工程师	0	0.2	0.3	500
电气工程师	0.1	0	0.4	700
机械工程师	0.3	0.4	0	600

4. 设矩阵

$$A = \begin{pmatrix} 1 & 1 & 1 \\ 5 & 1 & -3 \\ 1 & -3 & 1 \end{pmatrix}, \quad B = \begin{pmatrix} 2 & 1 & 2 \\ -1 & 1 & 4 \\ 0 & 3 & 1 \end{pmatrix},$$

求 AB^{T} 和 $2AB - 5A$.

5. 求下列矩阵的乘积:

(1) $(1,2,5) \begin{pmatrix} 2 \\ 0 \\ 3 \end{pmatrix}$;

(2) $\begin{pmatrix} 1 \\ 1 \\ 2 \end{pmatrix} (-1,2,3)$;

(3) $\begin{pmatrix} 1 & 0 & -1 & 0 \\ 2 & 1 & 0 & 2 \end{pmatrix} \begin{pmatrix} 2 & 3 & -1 & -1 \\ 1 & 3 & 0 & -2 \\ 0 & 2 & -1 & 2 \\ 1 & 2 & 1 & -1 \end{pmatrix}$;

(4) $(1,2,3) \begin{pmatrix} -1 & 0 & 1 \\ 0 & 0 & 1 \\ 1 & 0 & 2 \end{pmatrix} \begin{pmatrix} -1 \\ 2 \\ -4 \end{pmatrix}$.

6. 设 A 是三阶方阵，且 $|A| = \dfrac{1}{2}$，求 $|3A^{-1} - 2A^*|$.

7. 判断下列矩阵是否可逆，若可逆，用初等变换求其逆矩阵:

(1) $\begin{pmatrix} 1 & -2 & -1 \\ -1 & 5 & 6 \\ 5 & -4 & 5 \end{pmatrix}$;

(2) $\begin{pmatrix} 3 & -2 & 0 & -1 \\ 0 & 2 & 2 & 1 \\ 1 & -2 & -3 & -2 \\ 0 & 1 & 2 & 1 \end{pmatrix}$.

8.用初等变换求下列矩阵的秩：

(1) $\begin{pmatrix} 2 & 1 & 3 & 4 \\ 2 & -1 & 4 & 5 \\ 2 & 5 & 1 & 2 \end{pmatrix}$;

(2) $\begin{pmatrix} 1 & -1 & 1 & 1 & 0 \\ 2 & -2 & 2 & 2 & 0 \\ 3 & 0 & 3 & -1 & 2 \\ 0 & 3 & 0 & 0 & 2 \end{pmatrix}$.

9.求解下列线性方程组：

(1) $\begin{cases} x_1 - 4x_2 - 3x_3 = 0, \\ x_1 - 5x_2 - 3x_3 = 0, \\ -x_1 + 6x_2 + 4x_3 = 0; \end{cases}$

(2) $\begin{cases} 2x_1 - 4x_2 + 5x_3 + 3x_4 = 0, \\ 3x_1 - 6x_2 + 4x_3 + 2x_4 = 0, \\ 4x_1 - 8x_2 + 17x_3 + 11x_4 = 0; \end{cases}$

(3) $\begin{cases} 2x_1 + x_2 - x_3 + x_4 = 1, \\ 3x_1 - 2x_2 + x_3 - 3x_4 = 4, \\ x_1 + 4x_2 - 3x_3 + 5x_4 = -2; \end{cases}$

(4) $\begin{cases} x_1 - x_2 + 2x_3 = 1, \\ 3x_1 + x_2 + 2x_3 = 3, \\ x_1 - 2x_2 + x_3 = -1, \\ 2x_1 - 2x_2 - 3x_3 = -5. \end{cases}$

10.设线性方程组为

$$\begin{cases} mx_1 + x_2 + x_3 = 1, \\ x_1 + mx_2 + x_3 = m, \\ x_1 + x_2 + mx_3 = m^2, \end{cases}$$

问：当 m 取何值时，上述方程组有解？有解时求出其解.

11.某小区要建设一栋公寓，现需设计建设方案.已知每个楼层可从三种户型方案中选择其一，各方案所含一居室、二居室和三居室的数目如表9-3所示.若设计该栋公寓共136套一居室，74套二居室和66套三居室，是否可行？如可行，设计方案是否唯一？

表 9-3　　　　　　　　　　　　　　　　　　　　　　　　　　　　　　单位:套

方案	一居室	二居室	三居室
A	8	7	3
B	8	4	4
C	9	3	5

模块三　电气电路

项目

翻开无穷级数之旅

10

"追赶乌龟"曾是数学发展史上较为著名的一个悖论. 假设乌龟在运动员前面 S_1 m 远处向前爬行, 运动员在后面追赶, 当运动员跑完 S_1 m 时, 乌龟已向前爬行了 S_2 m; 当运动员再跑完 S_2 m 时, 乌龟又向前爬行了 S_3 m…… 故运动员永远也追不上乌龟.

显然, 这个结论完全有悖于常识. 应该没有人会怀疑, 运动员必将在跑完 S m 后追上乌龟, 而且 S 是常数. 上述诡辩之处就在于把有限的距离 S 分割成无穷多段 $S_1, S_2, \cdots$, 然后一段一段地叙述, 从而造成一种"追不上"的假象. 事实上, 如果将运动员跑过的距离加起来, 即

$$S_1 + S_2 + \cdots + S_n + \cdots,$$

它们的和是有限数 S. 换言之, 运动员跑完 S m 后, 他已经追上了乌龟.

这里, 我们遇到了无限个数相加的问题. 我们自然要问, 无限个数相加是否一定有意义? 若不一定, 应该如何来判别? 有限个数相加时的一些运算法则对无限个数相加是否依然有效? 无限个数相加可以进行哪些拓展和应用? 等等. 这些正是本项目要讨论的问题.

10.1 数 项 级 数

10.1.1 数项级数的概念与性质

1. 无穷级数的概念

定义 1 给定数列 $\{u_n\}$, 称和式

$$u_1 + u_2 + \cdots + u_n + \cdots$$

中华优秀传统文化
中的无穷级数

为无穷级数, 简称级数, 记作 $\sum\limits_{n=1}^{\infty} u_n$, 其中第 n 项 u_n 称为级数的一般项或通项.

若 $u_n (n = 1, 2, \cdots)$ 均是常数, 则称级数 $\sum\limits_{n=1}^{\infty} u_n$ 为数项级数. 例如, 级数 $\sum\limits_{n=1}^{\infty} \dfrac{1}{n}$, $\sum\limits_{n=1}^{\infty} (-1)^{n-1} \dfrac{1}{2^n}$ 都是数项级数.

级数 $\sum\limits_{n=1}^{\infty} u_n$ 的前 n 项之和 $S_n = u_1 + u_2 + \cdots + u_n$ 称为级数的部分和. 当 n 依次取 $1, 2, \cdots$ 时, 就得到级数的部分和数列 $\{S_n\}$. 若当 $n \to \infty$ 时, S_n 有极限 S, 即

$$\lim_{n \to \infty} S_n = S,$$

则称级数 $\sum\limits_{n=1}^{\infty} u_n$ 收敛, 并把这个极限值 S 称为级数的和, 记作 $\sum\limits_{n=1}^{\infty} u_n = S$; 若当 $n \to \infty$ 时, S_n 的

极限不存在,则称级数 $\sum\limits_{n=1}^{\infty} u_n$ 发散.

当级数 $\sum\limits_{n=1}^{\infty} u_n$ 收敛时,级数的和 S 与它的部分和 S_n 之差称为级数的**余项**,记作 R_n,即 $R_n = \sum\limits_{n=1}^{\infty} u_n - S_n$. 常用余项的绝对值 $|R_n|$ 分析用部分和 S_n 近似代替和 S 所产生的误差.

例 1 讨论几何级数 $\sum\limits_{n=1}^{\infty} aq^{n-1} = a + aq + \cdots + aq^{n-1} + \cdots (a \neq 0)$ 的敛散性,其中 q 称为公比.

解 当 $q \neq 1$ 时,级数的部分和为

$$S_n = a + aq + \cdots + aq^{n-1} = \frac{a(1-q^n)}{1-q}.$$

故当 $|q| < 1$ 时,有 $\lim\limits_{n \to \infty} q^n = 0$,从而 $\lim\limits_{n \to \infty} S_n = \frac{a}{1-q}$,即级数收敛,且其和为 $\frac{a}{1-q}$;当 $|q| > 1$ 时,S_n 是 $n \to \infty$ 时的无穷大,所以级数是发散的.

当 $q = 1$ 时,$S_n = na$,显然当 $n \to \infty$ 时,S_n 是无穷大,故级数发散;当 $q = -1$ 时,显然 $S_n = a$ 或 0,S_n 无极限,故级数发散.

综上所述,几何级数 $\sum\limits_{n=1}^{\infty} aq^{n-1}$ 在 $|q| < 1$ 时收敛,在 $|q| \geqslant 1$ 时发散.

例 2 判断调和级数 $\sum\limits_{n=1}^{\infty} \frac{1}{n}$ 的敛散性.

解 因为

$$S_2 = 1 + \frac{1}{2},$$

$$S_4 = 1 + \frac{1}{2} + \frac{1}{3} + \frac{1}{4} > 1 + \frac{1}{2} + \left(\frac{1}{4} + \frac{1}{4}\right) = 1 + \frac{2}{2},$$

$$S_8 = 1 + \frac{1}{2} + \left(\frac{1}{3} + \frac{1}{4}\right) + \left(\frac{1}{5} + \frac{1}{6} + \frac{1}{7} + \frac{1}{8}\right)$$

$$> 1 + \frac{1}{2} + \left(\frac{1}{4} + \frac{1}{4}\right) + \left(\frac{1}{8} + \frac{1}{8} + \frac{1}{8} + \frac{1}{8}\right) = 1 + \frac{3}{2},$$

......

$$S_{2^n} \geqslant 1 + \frac{n}{2},$$

养小德才能成大德

且当 $n \to \infty$ 时,有 $\left(1 + \frac{n}{2}\right) \to \infty$,所以 $S_n \to \infty (n \to \infty)$,即调和级数 $\sum\limits_{n=1}^{\infty} \frac{1}{n}$ 发散.

调和级数常被用到,应熟记该结论.

2. 数项级数的基本性质

因级数 $\sum\limits_{n=1}^{\infty} u_n$ 的敛散性取决于相应部分和的极限,故根据极限的运算性质,可得级数的如下性质.

性质1　若级数 $\sum\limits_{n=1}^{\infty}u_n$ 收敛,其和为 S,则级数 $\sum\limits_{n=1}^{\infty}cu_n$ 也收敛,且其和为 $cS(c$ 为常数$)$.

性质2　若级数 $\sum\limits_{n=1}^{\infty}u_n$ 和 $\sum\limits_{n=1}^{\infty}v_n$ 均收敛,其和分别为 S 和 σ,则级数 $\sum\limits_{n=1}^{\infty}(u_n\pm v_n)$ 也收敛,且其和为 $S\pm\sigma$.

性质3　在级数中去掉、增加或改变有限项,不改变其敛散性.

性质4　在收敛级数中任意添加括号后所形成的级数仍然收敛,且其和不变.

需要注意的是,若加括号后所形成的级数收敛,不能断定原级数也收敛.

3. 数项级数收敛的必要条件

定理1　若级数 $\sum\limits_{n=1}^{\infty}u_n$ 收敛,则 $\lim\limits_{n\to\infty}u_n=0$.

证　设级数 $\sum\limits_{n=1}^{\infty}u_n$ 的部分和为 S_n,其和为 S,则

$$\lim_{n\to\infty}u_n=\lim_{n\to\infty}(S_n-S_{n-1})=\lim_{n\to\infty}S_n-\lim_{n\to\infty}S_{n-1}=S-S=0.$$

由定理1可知,当 $n\to\infty$ 时,若级数的一般项不趋于零,则此级数必发散,这是判断级数发散的常用方法. 注意,$\lim\limits_{n\to\infty}u_n=0$ 并不是级数 $\sum\limits_{n=1}^{\infty}u_n$ 收敛的充分条件,如调和级数 $\sum\limits_{n=1}^{\infty}\dfrac{1}{n}$ 的一般项 $\dfrac{1}{n}\to 0(n\to\infty)$,但它却是发散的.

10.1.2　正项级数的审敛法

定义2　若级数 $\sum\limits_{n=1}^{\infty}u_n$ 的所有项都是非负的,即 $u_n\geqslant 0(n=1,2,\cdots)$,则称该级数为正项级数.

1. 比较审敛法

定理2(比较审敛法)　设有两个正项级数 $\sum\limits_{n=1}^{\infty}u_n$ 和 $\sum\limits_{n=1}^{\infty}v_n$,且有 $u_n\leqslant v_n(n=1,2,\cdots)$.

(1) 若级数 $\sum\limits_{n=1}^{\infty}v_n$ 收敛,则级数 $\sum\limits_{n=1}^{\infty}u_n$ 也收敛;

(2) 若级数 $\sum\limits_{n=1}^{\infty}u_n$ 发散,则级数 $\sum\limits_{n=1}^{\infty}v_n$ 也发散.

证明略.

千千万万
普通人最伟大

例3　讨论 p-级数 $\sum\limits_{n=1}^{\infty}\dfrac{1}{n^p}=1+\dfrac{1}{2^p}+\cdots+\dfrac{1}{n^p}+\cdots$ 的敛散性,其中常数 $p>0$.

解　当 $0<p\leqslant 1$ 时,有 $\dfrac{1}{n^p}\geqslant\dfrac{1}{n}$,因调和级数 $\sum\limits_{n=1}^{\infty}\dfrac{1}{n}$ 发散,故由正项级数的比较审敛法易知,级数 $\sum\limits_{n=1}^{\infty}\dfrac{1}{n^p}$ 发散.

当 $p>1$ 时,因

$$\sum_{n=1}^{\infty} \frac{1}{n^p} = 1 + \left(\frac{1}{2^p} + \frac{1}{3^p}\right) + \left(\frac{1}{4^p} + \frac{1}{5^p} + \frac{1}{6^p} + \frac{1}{7^p}\right) + \left(\frac{1}{8^p} + \frac{1}{9^p} + \cdots + \frac{1}{15^p}\right) + \cdots$$

$$< 1 + \left(\frac{1}{2^p} + \frac{1}{2^p}\right) + \left(\frac{1}{4^p} + \frac{1}{4^p} + \frac{1}{4^p} + \frac{1}{4^p}\right) + \left(\frac{1}{8^p} + \frac{1}{8^p} + \cdots + \frac{1}{8^p}\right) + \cdots$$

$$= 1 + \frac{1}{2^{p-1}} + \frac{1}{4^{p-1}} + \frac{1}{8^{p-1}} + \cdots$$

$$= 1 + \frac{1}{2^{p-1}} + \frac{1}{(2^{p-1})^2} + \frac{1}{(2^{p-1})^3} + \cdots,$$

而 $1 + \frac{1}{2^{p-1}} + \frac{1}{(2^{p-1})^2} + \frac{1}{(2^{p-1})^3} + \cdots$ 是公比 $q = \frac{1}{2^{p-1}} < 1$ 的几何级数, 该级数收敛, 故由正

项级数的比较审敛法易知, 级数 $\sum_{n=1}^{\infty} \frac{1}{n^p}$ 收敛.

综上所述, p-级数 $\sum_{n=1}^{\infty} \frac{1}{n^p}$ 在 $p \leqslant 1$ 时发散, 在 $p > 1$ 时收敛.

例 4 判断级数 $\sum_{n=1}^{\infty} \frac{1}{\sqrt{n(n+1)}}$ 的敛散性.

解 因 $\frac{1}{\sqrt{n(n+1)}} > \frac{1}{n+1}$, 而级数 $\sum_{n=1}^{\infty} \frac{1}{n+1}$ 发散, 故由正项级数的比较审敛法可知,

级数 $\sum_{n=1}^{\infty} \frac{1}{\sqrt{n(n+1)}}$ 发散.

2. 比值审敛法

定理 3（比值审敛法） 设有正项级数 $\sum_{n=1}^{\infty} u_n$. 如果 $\lim\limits_{n \to \infty} \frac{u_{n+1}}{u_n} = \rho$, 则

(1) 当 $\rho < 1$ 时, 级数 $\sum_{n=1}^{\infty} u_n$ 收敛;

(2) 当 $\rho > 1$ 时, 级数 $\sum_{n=1}^{\infty} u_n$ 发散;

(3) 当 $\rho = 1$ 时, 级数 $\sum_{n=1}^{\infty} u_n$ 可能收敛也可能发散.

证明略.

例 5 判断下列级数的敛散性:

(1) $\sum_{n=1}^{\infty} \frac{n+2}{2^n}$;   (2) $\sum_{n=1}^{\infty} \frac{n^n}{n!}$.

解 (1) 因

$$\lim_{n \to \infty} \frac{u_{n+1}}{u_n} = \lim_{n \to \infty} \frac{\dfrac{(n+1)+2}{2^{n+1}}}{\dfrac{n+2}{2^n}} = \lim_{n \to \infty} \frac{n+3}{2(n+2)} = \frac{1}{2} < 1,$$

故该级数收敛.

（2）因

$$\lim_{n\to\infty}\frac{u_{n+1}}{u_n}=\lim_{n\to\infty}\frac{\dfrac{(n+1)^{n+1}}{(n+1)!}}{\dfrac{n^n}{n!}}=\lim_{n\to\infty}\left(1+\frac{1}{n}\right)^n=\mathrm{e}>1,$$

故该级数发散.

10.1.3 交错级数的审敛法

正负项交替出现的级数

$$\sum_{n=1}^{\infty}(-1)^{n-1}u_n=u_1-u_2+u_3-u_4+\cdots+(-1)^{n-1}u_n+\cdots \quad (u_n>0,n=1,2,\cdots)$$

称为交错级数.

定理 4（莱布尼茨准则） 若交错级数 $\sum_{n=1}^{\infty}(-1)^{n-1}u_n(u_n>0,n=1,2,\cdots)$ 满足：

（1）$u_n\geqslant u_{n+1}(n=1,2,\cdots)$，

（2）$\lim_{n\to\infty}u_n=0$，

则该级数收敛，且其和 $S\leqslant u_1$，其余项 R_n 的绝对值 $|R_n|\leqslant u_{n+1}$.

证明略.

例 6 判断级数 $\sum_{n=1}^{\infty}(-1)^{n-1}\dfrac{1}{n}=1-\dfrac{1}{2}+\dfrac{1}{3}-\dfrac{1}{4}+\cdots+(-1)^{n-1}\dfrac{1}{n}+\cdots$ 是否收敛.

解 因为所给级数是交错级数，且满足：

（1）$u_n=\dfrac{1}{n}>\dfrac{1}{n+1}=u_{n+1}(n=1,2,\cdots)$，

（2）$\lim_{n\to\infty}u_n=\lim_{n\to\infty}\dfrac{1}{n}=0$，

所以由莱布尼茨准则易知，该级数收敛.

10.1.4 绝对收敛与条件收敛

对于一般的级数 $\sum_{n=1}^{\infty}u_n$，将其各项取绝对值后得到正项级数 $\sum_{n=1}^{\infty}|u_n|$.若级数 $\sum_{n=1}^{\infty}|u_n|$ 收敛，

则称级数 $\sum_{n=1}^{\infty}u_n$ 绝对收敛；若级数 $\sum_{n=1}^{\infty}u_n$ 收敛而级数 $\sum_{n=1}^{\infty}|u_n|$ 发散，则称级数 $\sum_{n=1}^{\infty}u_n$ 条件收敛.

定理 5 若级数 $\sum_{n=1}^{\infty}u_n$ 绝对收敛，则 $\sum_{n=1}^{\infty}u_n$ 必收敛.

证明略.

例 7 判断级数 $\sum\limits_{n=1}^{\infty} \dfrac{\sin 3^n}{3^n}$ 的敛散性.

解 因 $\left| \dfrac{\sin 3^n}{3^n} \right| \leqslant \dfrac{1}{3^n}(n=1,2,\cdots)$, 而几何级数 $\sum\limits_{n=1}^{\infty} \dfrac{1}{3^n}$ 显然收敛, 则由正项级数的比较审敛法可知, 级数 $\sum\limits_{n=1}^{\infty} \left| \dfrac{\sin 3^n}{3^n} \right|$ 收敛, 故级数 $\sum\limits_{n=1}^{\infty} \dfrac{\sin 3^n}{3^n}$ 绝对收敛.

10.2　幂级数及函数的幂级数展开

本节主要介绍幂级数与函数的麦克劳林(Maclaurin)级数展开, 在此之中蕴含着"由简单到复杂"的原理, 与复杂问题简单化相比较, 看似函数形式变得复杂了, 实际上是为了寻求新的解决问题的思路, 同样是数学智慧的表现.

10.2.1　幂级数

1.函数项级数的概念

定义 1 设 $u_1(x), u_2(x), \cdots, u_n(x), \cdots$ 是定义在区间 I 上的函数列, 称

$$\sum_{n=1}^{\infty} u_n(x) = u_1(x) + u_2(x) + \cdots + u_n(x) + \cdots$$

为定义在 I 上的**函数项级数**, 其中第 n 项 $u_n(x)$ 称为级数的**一般项**.

显然, 当变量 x 取特定的值 $x_0 \in I$ 时, 对应的级数 $\sum\limits_{n=1}^{\infty} u_n(x_0)$ 成为数项级数. 若级数 $\sum\limits_{n=1}^{\infty} u_n(x_0)$ 收敛, 则称点 x_0 为函数项级数 $\sum\limits_{n=1}^{\infty} u_n(x)$ 的**收敛点**; 若级数 $\sum\limits_{n=1}^{\infty} u_n(x_0)$ 发散, 则称点 x_0 为函数项级数 $\sum\limits_{n=1}^{\infty} u_n(x)$ 的**发散点**. 所有收敛点的集合称为该函数项级数的**收敛域**, 所有发散点的集合称为该函数项级数的**发散域**.

设函数项级数 $\sum\limits_{n=1}^{\infty} u_n(x)$ 的收敛域为 D, 则对任意 $x \in D$, 对应的数项级数都收敛, 故有一个确定的和 $S(x)$ 与之对应, 于是 $S(x)$ 是定义在收敛域 D 上的一个函数, 称为函数项级数 $\sum\limits_{n=1}^{\infty} u_n(x)$ 的**和函数**, 记作

$$S(x) = \sum_{n=1}^{\infty} u_n(x), \quad x \in D.$$

2.幂级数及其收敛域

幂级数是一种简单且应用广泛的函数项级数.

形如

$$\sum_{n=0}^{\infty} a_n x^n = a_0 + a_1 x + a_2 x^2 + \cdots + a_n x^n + \cdots$$

的函数项级数称为 x 的**幂级数**, 其中常数 $a_0, a_1, a_2, \cdots, a_n, \cdots$ 称为**幂级数**的**系数**.

例 1 求幂级数 $\sum\limits_{n=0}^{\infty} x^n = 1 + x + x^2 + \cdots + x^n + \cdots$ 的收敛域.

解 所给幂级数是公比为 x 的几何级数,由前面的讨论可知,当 $|x| < 1$ 时级数收敛,当 $|x| \geqslant 1$ 时级数发散.故该幂级数的收敛域为 $(-1,1)$.

不难看出,例1中的幂级数的收敛域是一个区间,且以原点为中心.这一结论对一般的幂级数是否成立呢? 我们有以下定理.

定理 1 幂级数 $\sum\limits_{n=0}^{\infty} a_n x^n$ 的敛散性必为下述三种情形之一:

(1) 仅在点 $x = 0$ 处收敛;

(2) 在 $(-\infty, +\infty)$ 内处处绝对收敛;

(3) 存在确定的正数 R,当 $|x| < R$ 时绝对收敛,当 $|x| > R$ 时发散.

证明略.

由定理1可知,如果幂级数 $\sum\limits_{n=0}^{\infty} a_n x^n$ 不是仅在点 $x = 0$ 处收敛,也不是在整个 $(-\infty, +\infty)$ 内处处绝对收敛,则它的收敛域是以原点为中心的有限区间.用 $\pm R(R > 0)$ 表示幂级数收敛和发散的分界点,称 R 为幂级数 $\sum\limits_{n=0}^{\infty} a_n x^n$ 的**收敛半径**,$(-R, R)$ 称为**收敛区间**.当 $|x| = R$ 时,级数 $\sum\limits_{n=0}^{\infty} a_n x^n$ 为数项级数,可用数项级数的审敛法判断其敛散性,收敛区间 $(-R, R)$ 并上收敛的端点即为收敛域.

另外,根据定理1还可知,求幂级数 $\sum\limits_{n=0}^{\infty} a_n x^n$ 的收敛域,首先可找出使得级数 $\sum\limits_{n=0}^{\infty} |a_n x^n|$ 收敛的点,此时可采用正项级数的比值审敛法来求出级数 $\sum\limits_{n=0}^{\infty} |a_n x^n|$ 收敛的条件,即幂级数 $\sum\limits_{n=0}^{\infty} a_n x^n$ 的收敛区间;然后在比值审敛法无法判断级数敛散性的端点处,用其他审敛法来单独判别,从而得到幂级数 $\sum\limits_{n=0}^{\infty} a_n x^n$ 的收敛域.

例 2 求幂级数 $\sum\limits_{n=1}^{\infty} \dfrac{x^n}{n \cdot 3^n}$ 的收敛半径和收敛域.

解 先找出级数 $\sum\limits_{n=1}^{\infty} \left| \dfrac{x^n}{n \cdot 3^n} \right|$ 的收敛点.由正项级数的比值审敛法可知,当

$$\lim_{n \to \infty} \left| \frac{u_{n+1}(x)}{u_n(x)} \right| = \lim_{n \to \infty} \left| \frac{\dfrac{x^{n+1}}{(n+1) \cdot 3^{n+1}}}{\dfrac{x^n}{n \cdot 3^n}} \right| = \lim_{n \to \infty} \left| \frac{n}{3(n+1)} x \right| = \frac{|x|}{3} < 1,$$

即 $|x| < 3$ 时,级数 $\sum\limits_{n=1}^{\infty} \left| \dfrac{x^n}{n \cdot 3^n} \right|$ 收敛,当 $|x| > 3$ 时,该级数发散,故幂级数 $\sum\limits_{n=1}^{\infty} \dfrac{x^n}{n \cdot 3^n}$ 的收敛半径为 $R = 3$.在端点 $x = 3$ 处,幂级数成为调和级数,该级数发散;在端点 $x = -3$ 处,幂级数

成为交错级数 $\sum\limits_{n=1}^{\infty}(-1)^n\dfrac{1}{n}$，由莱布尼茨准则易知，该级数收敛．综上，幂级数 $\sum\limits_{n=1}^{\infty}\dfrac{x^n}{n\cdot 3^n}$ 的收敛域为 $[-3,3)$．

例 3　求幂级数 $\sum\limits_{n=0}^{\infty}(-1)^n\dfrac{x^{2n+1}}{(2n+1)!}$ 的收敛半径和收敛域．

解　先找出级数 $\sum\limits_{n=0}^{\infty}\left|(-1)^n\dfrac{x^{2n+1}}{(2n+1)!}\right|$ 的收敛点．由于

$$\lim_{n\to\infty}\left|\dfrac{u_{n+1}(x)}{u_n(x)}\right|=\lim_{n\to\infty}\left|\dfrac{x^{2n+3}}{(2n+3)!}\cdot\dfrac{(2n+1)!}{x^{2n+1}}\right|=\lim_{n\to\infty}\dfrac{|x^2|}{(2n+3)(2n+2)}<1$$

对于任意 x 恒成立，因此根据正项级数的比值审敛法可知，级数 $\sum\limits_{n=0}^{\infty}\left|(-1)^n\dfrac{x^{2n+1}}{(2n+1)!}\right|$ 在 $(-\infty,+\infty)$ 内收敛，则幂级数 $\sum\limits_{n=0}^{\infty}(-1)^n\dfrac{x^{2n+1}}{(2n+1)!}$ 的收敛半径为 $R=+\infty$，收敛域为 $(-\infty,+\infty)$．

3. 幂级数的性质

性质 1　设幂级数 $\sum\limits_{n=0}^{\infty}a_nx^n$ 在 $(-R_1,R_1)$ 内收敛，其和函数为 $S_1(x)$，幂级数 $\sum\limits_{n=0}^{\infty}b_nx^n$ 在 $(-R_2,R_2)$ 内收敛，其和函数为 $S_2(x)$．取 $R=\min\{R_1,R_2\}$，则幂级数

$$\sum_{n=0}^{\infty}a_nx^n\pm\sum_{n=0}^{\infty}b_nx^n=\sum_{n=0}^{\infty}(a_n\pm b_n)x^n$$

在 $(-R,R)$ 内收敛，且其和函数为 $S_1(x)\pm S_2(x)$．

性质 2　幂级数 $\sum\limits_{n=0}^{\infty}a_nx^n$ 的和函数 $S(x)$ 在其收敛域 I 上连续．

性质 3　幂级数 $\sum\limits_{n=0}^{\infty}a_nx^n$ 的和函数 $S(x)$ 在其收敛区间 $(-R,R)$ 内可导，且有逐项求导公式

$$S'(x)=\left(\sum_{n=0}^{\infty}a_nx^n\right)'=\sum_{n=0}^{\infty}(a_nx^n)'=\sum_{n=1}^{\infty}na_nx^{n-1},$$

逐项求导后所得的幂级数和原幂级数有相同的收敛半径．

性质 4　幂级数 $\sum\limits_{n=0}^{\infty}a_nx^n$ 的和函数 $S(x)$ 在其收敛域 I 上可积，且有逐项积分公式

$$\int_0^x S(x)\mathrm{d}x=\int_0^x\left(\sum_{n=0}^{\infty}a_nx^n\right)\mathrm{d}x=\sum_{n=0}^{\infty}\int_0^x a_nx^n\mathrm{d}x=\sum_{n=0}^{\infty}\dfrac{a_n}{n+1}x^{n+1},$$

逐项积分后所得的幂级数和原幂级数有相同的收敛半径．

需要注意的是，对幂级数逐项求导或逐项积分后，其在收敛区间端点处的敛散性可能发生改变，需要重新讨论．

例 4　求下列幂级数的和函数：

$(1)\sum\limits_{n=1}^{\infty}nx^{n-1}$；　　　　　　　　　　　　$(2)\sum\limits_{n=1}^{\infty}\dfrac{x^n}{n}$．

解　（1）易知幂级数 $\sum\limits_{n=1}^{\infty} nx^{n-1}$ 的收敛半径为 $R=1$，收敛域为 $(-1,1)$，设其和函数为 $S(x)$，则由幂级数的性质可得

$$\int_0^x S(x)\mathrm{d}x = \int_0^x \left(\sum_{n=1}^{\infty} nx^{n-1}\right)\mathrm{d}x = \sum_{n=1}^{\infty}\int_0^x nx^{n-1}\mathrm{d}x = \sum_{n=1}^{\infty} x^n = \frac{x}{1-x} \quad (-1<x<1).$$

上式两端同时对 x 求导，得

$$S(x) = \left(\frac{x}{1-x}\right)' = \frac{1}{(1-x)^2} \quad (-1<x<1).$$

（2）易知幂级数 $\sum\limits_{n=1}^{\infty} \frac{x^n}{n}$ 的收敛半径为 $R=1$，收敛域为 $[-1,1)$，设其和函数为 $S(x)$，则由幂级数的性质可得

$$S'(x) = \left(\sum_{n=1}^{\infty} \frac{x^n}{n}\right)' = \sum_{n=1}^{\infty} \left(\frac{x^n}{n}\right)' = \sum_{n=1}^{\infty} x^{n-1} = \frac{1}{1-x} \quad (-1<x<1).$$

上式两端同时从 0 到 x 积分，得

$$\int_0^x S'(t)\mathrm{d}t = \int_0^x \frac{1}{1-t}\mathrm{d}t = -\ln(1-t)\Big|_0^x = -\ln(1-x) \quad (-1\leqslant x<1),$$

即 $S(x)-S(0)=-\ln(1-x)$，显然 $S(0)=0$，故 $S(x)=-\ln(1-x)$. 于是

$$S(x) = \sum_{n=1}^{\infty} \frac{x^n}{n} = -\ln(1-x) \quad (-1\leqslant x<1).$$

10.2.2　函数的幂级数展开

前面讨论了幂级数的收敛域及其和函数的性质，但在实际应用中，我们遇到的问题可能是相反的. 例如，给定一个比较复杂的函数 $f(x)$，为了方便计算，我们希望能找到这样的一个幂级数，它在某区间内收敛，且其和函数恰好就是 $f(x)$. 如果能找到这样的幂级数，那么称函数 $f(x)$ 在该区间内 能展开成幂级数，而这个幂级数在该区间内就表达了 $f(x)$.

1. 麦克劳林级数

假设函数 $f(x)$ 在 $(-\delta,\delta)$ 内能展开成 x 的幂级数，即有

$$f(x) = a_0 + a_1 x + a_2 x^2 + \cdots + a_n x^n + \cdots,$$

则根据幂级数和函数的性质可知，$f(x)$ 在 $(-\delta,\delta)$ 内具有任意阶导数. 对上式两端在点 $x=0$ 处求 n 阶导数，规定 $0!=1$，则有

$$f^{(n)}(0) = n!a_n,$$

于是

$$a_n = \frac{1}{n!}f^{(n)}(0) \quad (n=0,1,2,\cdots).$$

因此可知该幂级数可表示为

$$f(0) + f'(0)x + \frac{1}{2!}f''(0)x^2 + \cdots + \frac{1}{n!}f^{(n)}(0)x^n + \cdots, \tag{10-1}$$

则

$$f(x) = \sum_{n=0}^{\infty} \frac{1}{n!}f^{(n)}(0)x^n, \quad x \subset (-\delta,\delta). \tag{10-2}$$

称幂级数$(10-1)$为函数$f(x)$的**麦克劳林级数**,式$(10-2)$称为$f(x)$的**麦克劳林展开式**.

定理 2 设函数$f(x)$在$(-\delta,\delta)$内具有$n+1$阶导数,则$f(x)$在$(-\delta,\delta)$内有带(拉格朗日型)余项的麦克劳林公式

$$f(x)=f(0)+f'(0)x+\frac{1}{2!}f''(0)x^2+\cdots+\frac{1}{n!}f^{(n)}(0)x^n+R_n(x),$$

其中余项$R_n(x)=\dfrac{1}{(n+1)!}f^{(n+1)}(\xi)x^{n+1}$($\xi$在$0$与$x$之间).

证明略.

定理 3 设函数$f(x)$在$(-\delta,\delta)$内具有任意阶导数,则$f(x)$的麦克劳林级数在$(-\delta,\delta)$内收敛于$f(x)$的充要条件是$\lim\limits_{n\to\infty}R_n(x)=0$.

证明略.

2. 将函数展开成麦克劳林级数

(1) 直接展开法.

第一步:求出函数$f(x)$的各阶导数,计算$f^{(n)}(0)(n=0,1,2,\cdots)$;

第二步:写出$f(x)$的麦克劳林级数

$$f(0)+f'(0)x+\frac{1}{2!}f''(0)x^2+\cdots+\frac{1}{n!}f^{(n)}(0)x^n+\cdots,$$

并计算其收敛半径R;

第三步:在$(-R,R)$内考察当$n\to\infty$时,余项$R_n(x)=\dfrac{1}{(n+1)!}f^{(n+1)}(\xi)x^{n+1}$($\xi$在$0$与$x$之间)是否趋于零,若是,则函数$f(x)$在$(-R,R)$内的麦克劳林展开式为

$$f(x)=f(0)+f'(0)x+\frac{1}{2!}f''(0)x^2+\cdots+\frac{1}{n!}f^{(n)}(0)x^n+\cdots \quad (-R<x<R).$$

例 5 将函数$f(x)=\mathrm{e}^x$展开成麦克劳林级数.

解 因$f^{(n)}(x)=\mathrm{e}^x(n=0,1,2,\cdots)$,故$f^{(n)}(0)=1(n=0,1,2,\cdots)$,则函数$f(x)$的麦克劳林级数为

$$1+x+\frac{x^2}{2!}+\cdots+\frac{x^n}{n!}+\cdots,$$

易知其收敛半径$R=+\infty$.

又因为对任何有限的数x,有

$$|R_n(x)|=\left|\frac{f^{(n+1)}(\xi)}{(n+1)!}x^{n+1}\right|<\mathrm{e}^{|x|}\frac{|x|^{n+1}}{(n+1)!} \quad (\xi在0与x之间),$$

其中$\mathrm{e}^{|x|}$有限,而$\dfrac{|x|^{n+1}}{(n+1)!}$是收敛级数$\sum\limits_{n=0}^{\infty}\dfrac{|x|^{n+1}}{(n+1)!}$的一般项,所以根据级数收敛的必要条件,有$\lim\limits_{n\to\infty}\dfrac{|x|^{n+1}}{(n+1)!}=0$,从而$\lim\limits_{n\to\infty}R_n(x)=0$.于是,函数$f(x)=\mathrm{e}^x$的麦克劳林展开式为

$$\mathrm{e}^x=1+x+\frac{x^2}{2!}+\cdots+\frac{x^n}{n!}+\cdots \quad (-\infty<x<+\infty).$$

同理可得

$$\sin x = x - \frac{x^3}{3!} + \frac{x^5}{5!} - \cdots + (-1)^{n-1}\frac{x^{2n-1}}{(2n-1)!} + \cdots \quad (-\infty < x < +\infty),$$

$$(1+x)^{\alpha} = 1 + \alpha x + \frac{\alpha(\alpha-1)}{2!}x^2 + \cdots + \frac{\alpha(\alpha-1)\cdots(\alpha-n+1)}{n!}x^n + \cdots \quad (-1 < x < 1).$$

（2）间接展开法.

利用已知函数的麦克劳林展开式与幂级数的性质,可得到新的函数的麦克劳林展开式.

例 6　将函数 $f(x) = \cos x$ 展开成麦克劳林级数.

解　因 $\cos x = (\sin x)'$,而

$$\sin x = x - \frac{x^3}{3!} + \frac{x^5}{5!} - \cdots + (-1)^{n-1}\frac{x^{2n-1}}{(2n-1)!} + \cdots \quad (-\infty < x < +\infty),$$

上式两端同时对 x 求导,故有

$$\cos x = 1 - \frac{x^2}{2!} + \frac{x^4}{4!} - \cdots + (-1)^n\frac{x^{2n}}{(2n)!} + \cdots \quad (-\infty < x < +\infty).$$

例 7　将函数 $f(x) = \ln(1+x)$ 展开成麦克劳林级数.

解　因 $f'(x) = \frac{1}{1+x}$,而

$$\frac{1}{1+x} = 1 - x + x^2 - \cdots + (-1)^n x^n + \cdots \quad (-1 < x < 1),$$

上式两端同时从 0 到 x 积分,故有

$$\ln(1+x) = x - \frac{x^2}{2} + \frac{x^3}{3} - \cdots + (-1)^n\frac{x^{n+1}}{n+1} + \cdots \quad (-1 < x \leqslant 1).$$

应熟记以下五个常用函数的麦克劳林展开式:

$$e^x, \quad \sin x, \quad \cos x, \quad \ln(1+x), \quad (1+x)^{\alpha},$$

利用这五个展开式并结合间接展开法还可求出其他一些函数的麦克劳林展开式,在此不加赘述.

3. 麦克劳林展开式在近似计算中的简单应用

有了函数的麦克劳林展开式,就可以利用它按精确度要求计算出函数的近似值.

例 8　计算积分 $\int_0^1 \frac{\sin x}{x}\mathrm{d}x$ 的近似值,要求误差不超过 0.000 1.

解　因 $\lim\limits_{x \to 0}\frac{\sin x}{x} = 1$,故所给积分不是广义积分,若定义被积函数在点 $x = 0$ 处的值为 1,则它在积分区间 $[0,1]$ 上连续.据 $\sin x$ 的麦克劳林展开式易知

$$\frac{\sin x}{x} = 1 - \frac{x^2}{3!} + \frac{x^4}{5!} - \frac{x^6}{7!} + \cdots + (-1)^n\frac{x^{2n}}{(2n+1)!} + \cdots \quad (-\infty < x < +\infty),$$

上式两端在区间 $[0,1]$ 上积分可得

$$\int_0^1 \frac{\sin x}{x}\mathrm{d}x = 1 - \frac{1}{3 \cdot 3!} + \frac{1}{5 \cdot 5!} - \frac{1}{7 \cdot 7!} + \cdots + (-1)^n\frac{1}{(2n+1)(2n+1)!} + \cdots.$$

显然,上式右端是一个交错级数,且满足莱布尼茨准则的条件,故误差

$$|R_n| \leqslant \frac{1}{(2n+1)(2n+1)!}.$$

因 $\frac{1}{7 \cdot 7!} < 0.000\,1$，故取前 3 项的和作为积分的近似值，于是

$$\int_0^1 \frac{\sin x}{x} \mathrm{d}x \approx 1 - \frac{1}{3 \cdot 3!} + \frac{1}{5 \cdot 5!} \approx 0.946.$$

10.3　傅里叶级数

在科学实验和工程技术中，常会碰到周期性的运动过程，这类周期性运动中的有关量在经过一定时间 T 以后，仍取原来的数值. 描述这类周期现象的函数一般称为周期函数，它是时间 t 的函数，记作 $f(t)$，且有

$$f(t + T) = f(t),$$

其中 T 为该函数的周期.

例如，简谐振动是一种较为简单的周期性运动，可用正弦函数

$$y = A\sin(\omega t + \varphi)$$

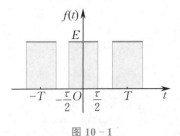

图 10-1

来描述，其中 A 为振幅，ω 为角频率，φ 为初相位. 较复杂的周期性运动，则常是多个简谐振动的叠加.

又如，电学中常见的周期矩形脉冲信号（见图 10-1）

$$f(t) = \begin{cases} E, & nT - \dfrac{\tau}{2} < t < nT + \dfrac{\tau}{2}, \\ 0, & nT + \dfrac{\tau}{2} < t < (n+1)T - \dfrac{\tau}{2} \end{cases}$$

也是周期函数，其中 τ 为脉冲宽度，E 为脉冲幅度，T 为脉冲周期.

在研究周期函数时，为方便使用三角函数的某些性质，往往需要将周期函数用一系列三角函数的和来表示. 那么一个周期函数在什么样的条件下才能展开成一系列三角函数的和，展开以后的敛散性如何，这就是本节要探讨的主要问题. 本节将介绍在理论和应用上都极为重要的一类函数项级数——傅里叶（Fourier）级数.

10.3.1　三角函数系的正交性

1. 三角级数

在函数项级数中，除了幂级数应用广泛外，常见的还有三角级数. 我们将形如

数学家陈建功

$$\frac{a_0}{2} + \sum_{n=1}^{\infty} (a_n \cos nx + b_n \sin nx)$$

的函数项级数称为三角级数，其中 $a_0, a_n, b_n (n = 1, 2, \cdots)$ 都是常数. 不难看出，2π 是三角级数中每一项的周期. 因此，若三角级数收敛，2π 也应该是它的和函数的周期. 我国数学家陈建功在研究三角级数方面卓有成就.

2. 三角函数系的正交性

函数列

$$1, \ \cos x, \ \sin x, \ \cos 2x, \ \sin 2x, \ \cdots, \ \cos nx, \ \sin nx, \ \cdots$$

称为三角函数系.三角函数系在$[-\pi,\pi]$上正交,即三角函数系中任意两个不同函数的乘积在区间$[-\pi,\pi]$上的定积分等于零,任意一个函数的平方在区间$[-\pi,\pi]$上的定积分不等于零,亦即

$$\int_{-\pi}^{\pi} \sin nx \, \mathrm{d}x = \int_{-\pi}^{\pi} \cos nx \, \mathrm{d}x = 0 \quad (n=1,2,\cdots),$$

$$\int_{-\pi}^{\pi} \sin kx \cos nx \, \mathrm{d}x = 0 \quad (k,n=1,2,\cdots),$$

$$\int_{-\pi}^{\pi} \sin kx \sin nx \, \mathrm{d}x = 0 \quad (k,n=1,2,\cdots; k \neq n),$$

$$\int_{-\pi}^{\pi} \cos kx \cos nx \, \mathrm{d}x = 0 \quad (k,n=1,2,\cdots; k \neq n),$$

$$\int_{-\pi}^{\pi} 1^2 \, \mathrm{d}x = 2\pi,$$

$$\int_{-\pi}^{\pi} \sin^2 nx \, \mathrm{d}x = \int_{-\pi}^{\pi} \cos^2 nx \, \mathrm{d}x = \pi \quad (n=1,2,\cdots).$$

10.3.2　周期为 2π 的周期函数的傅里叶级数

设 $f(x)$ 是周期为 2π 的周期函数,且可展开成三角级数,即

$$f(x) = \frac{a_0}{2} + \sum_{n=1}^{\infty} (a_n \cos nx + b_n \sin nx). \tag{10-3}$$

我们自然要问:系数 $a_0, a_n, b_n (n=1,2,\cdots)$ 与函数 $f(x)$ 之间存在什么关系? 是否可以利用函数 $f(x)$ 把系数都表示出来? 为此,我们假设式(10-3)右端的级数可以逐项积分.

我们利用三角函数系的正交性来确定系数 $a_0, a_n, b_n (n=1,2,\cdots)$.先在式(10-3)两端同时乘以 $\cos nx$,再在 $[-\pi,\pi]$ 上积分,得

$$\int_{-\pi}^{\pi} f(x) \cos nx \, \mathrm{d}x = \frac{a_0}{2} \int_{-\pi}^{\pi} \cos nx \, \mathrm{d}x + \sum_{k=1}^{\infty} \left(a_k \int_{-\pi}^{\pi} \cos kx \cos nx \, \mathrm{d}x + b_k \int_{-\pi}^{\pi} \sin kx \cos nx \, \mathrm{d}x \right).$$

$$\tag{10-4}$$

根据三角函数系的正交性可知,当 $n=1,2,\cdots$ 时,式(10-4)右端除 $k=n$ 的 $a_n \int_{-\pi}^{\pi} \cos^2 nx \, \mathrm{d}x$ 外,其余各项均为零,故有

$$\int_{-\pi}^{\pi} f(x) \cos nx \, \mathrm{d}x = a_n \int_{-\pi}^{\pi} \cos^2 nx \, \mathrm{d}x = a_n \pi,$$

得

$$a_n = \frac{1}{\pi} \int_{-\pi}^{\pi} f(x) \cos nx \, \mathrm{d}x \quad (n=1,2,\cdots);$$

当 $n=0$ 时,式(10-4)右端除第一项外,其余各项均为零,故有

$$\int_{-\pi}^{\pi} f(x) \, \mathrm{d}x = \frac{a_0}{2} \int_{-\pi}^{\pi} \mathrm{d}x = a_0 \pi,$$

得

$$a_0 = \frac{1}{\pi} \int_{-\pi}^{\pi} f(x) \, \mathrm{d}x.$$

类似地,先在式(10-3)两端同时乘以 $\sin nx$,再在 $[-\pi,\pi]$ 上积分,可得

$$b_n = \frac{1}{\pi} \int_{-\pi}^{\pi} f(x) \sin nx \, dx \quad (n = 1, 2, \cdots).$$

综上可得

$$\begin{cases} a_n = \dfrac{1}{\pi} \displaystyle\int_{-\pi}^{\pi} f(x) \cos nx \, dx \quad (n = 0, 1, 2, \cdots), \\ b_n = \dfrac{1}{\pi} \displaystyle\int_{-\pi}^{\pi} f(x) \sin nx \, dx \quad (n = 1, 2, \cdots). \end{cases} \tag{10-5}$$

如果式(10-5)中的积分都存在，那么称系数 $a_0, a_n, b_n (n = 1, 2, \cdots)$ 为函数 $f(x)$ 的傅里叶系数，将这些系数代入式(10-3)右端，所得的三角级数

$$\frac{a_0}{2} + \sum_{n=1}^{\infty} (a_n \cos nx + b_n \sin nx)$$

称为 $f(x)$ 的傅里叶级数.

至此，我们只是了解了如何将一个周期为 2π 的周期函数 $f(x)$ 表示为傅里叶级数，然而 $f(x)$ 的傅里叶级数是否收敛，如果收敛，是否一定收敛于 $f(x)$，仍须进一步讨论. 针对以上问题，有如下定理.

定理 1（狄利克雷收敛定理） 设 $f(x)$ 是以 2π 为周期的周期函数，如果它满足条件：在一个周期内连续或只有有限个第一类间断点，且在一个周期内至多有有限个极值点，那么 $f(x)$ 的傅里叶级数收敛，并且

(1) 当 x 是 $f(x)$ 的连续点时，傅里叶级数收敛于 $f(x)$；

(2) 当 x 是 $f(x)$ 的间断点时，傅里叶级数收敛于 $\frac{1}{2}[f(x-0) + f(x+0)]$.

证明略.

定理 1 表明，只要以 2π 为周期的周期函数 $f(x)$ 在 $[-\pi, \pi]$ 上至多有有限个第一类间断点，且不做无限次振动，$f(x)$ 的傅里叶级数在连续点处就收敛于该点处的函数值，在间断点处收敛于该点左极限与右极限的算术平均值. 由此可见，函数展开成傅里叶级数的前提条件比展开成幂级数的前提条件要弱.

例 1 设 $f(x)$ 是以 2π 为周期的周期函数，它在 $[-\pi, \pi)$ 上的表达式为

$$f(x) = \begin{cases} x, & -\pi \leqslant x < 0, \\ 0, & 0 \leqslant x < \pi, \end{cases}$$

将 $f(x)$ 展开成傅里叶级数.

解 显然，所给函数 $f(x)$ 满足狄利克雷收敛定理的条件，则 $f(x)$ 的傅里叶级数在间断点 $x = (2k+1)\pi (k \in \mathbf{Z})$ 处收敛于

$$\frac{f(\pi-0) + f(\pi+0)}{2} = \frac{0-\pi}{2} = -\frac{\pi}{2},$$

在连续点 $x \neq (2k+1)\pi (k \in \mathbf{Z})$ 处收敛于 $f(x)$.

由式(10-5)得傅里叶系数如下：

$$a_0 = \frac{1}{\pi} \int_{-\pi}^{\pi} f(x) \, dx = \frac{1}{\pi} \int_{-\pi}^{0} x \, dx = -\frac{\pi}{2},$$

$$a_n = \frac{1}{\pi} \int_{-\pi}^{\pi} f(x) \cos nx \, dx = \frac{1}{\pi} \int_{-\pi}^{0} x \cos nx \, dx = \frac{1}{\pi} \left(\frac{x \sin nx}{n} + \frac{\cos nx}{n^2} \right) \Bigg|_{-\pi}^{0}$$

$$= \frac{1}{n^2\pi}(1-\cos n\pi) = \begin{cases} \dfrac{2}{n^2\pi}, & n=1,3,5,\cdots, \\[2mm] 0, & n=2,4,6,\cdots, \end{cases}$$

$$b_n = \frac{1}{\pi}\int_{-\pi}^{\pi}f(x)\sin nx\,\mathrm{d}x = \frac{1}{\pi}\int_{-\pi}^{0}x\sin nx\,\mathrm{d}x = \frac{1}{\pi}\left(-\frac{x\cos nx}{n}+\frac{\sin nx}{n^2}\right)\Big|_{-\pi}^{0}$$

$$= -\frac{\cos n\pi}{n} = \frac{(-1)^{n+1}}{n} \quad (n=1,2,\cdots).$$

于是,函数 $f(x)$ 的傅里叶级数展开式为

$$f(x) = -\frac{\pi}{4} + \frac{2}{\pi}\left[\cos x + \frac{1}{3^2}\cos 3x + \cdots + \frac{1}{(2k-1)^2}\cos(2k-1)x + \cdots\right]$$

$$+ \left[\sin x - \frac{1}{2}\sin 2x + \cdots + (-1)^{k+1}\frac{1}{k}\sin kx + \cdots\right]$$

$$(-\infty < x < +\infty; x \neq (2k+1)\pi, k \in \mathbf{Z}).$$

若函数 $f(x)$ 只在 $[-\pi,\pi]$ 上有定义,且满足狄利克雷收敛定理的条件,则 $f(x)$ 也可以展开成傅里叶级数.我们可在 $[-\pi,\pi)$ 或 $(-\pi,\pi]$ 外补充函数 $f(x)$ 的定义,使其拓广成为定义在 **R** 上,且以 2π 为周期的周期函数 $F(x)$.按这种方式拓广函数定义域的过程称为**周期延拓**.然后将周期延拓后的函数 $F(x)$ 展开成傅里叶级数.最后限制 x 在 $(-\pi,\pi)$ 内,此时 $F(x) \equiv f(x)$,这样便得到函数 $f(x)$ 的傅里叶级数展开式.根据狄利克雷收敛定理,该级数在区间端点 $x = \pm\pi$ 处收敛于 $\frac{1}{2}[f(\pi-0)+f(-\pi+0)]$.

10.3.3　奇函数与偶函数的傅里叶级数

一般来说,一个函数的傅里叶级数既有正弦项,也有余弦项.但是,奇函数或偶函数的傅里叶级数只有正弦项或余弦项.

设 $f(x)$ 是以 2π 为周期的奇函数,则 $f(x)\sin nx$ 是偶函数,$f(x)\cos nx$ 是奇函数.而奇函数在对称区间上的积分为零,偶函数在对称区间上的积分等于半区间上积分的两倍,故

$$\begin{cases} a_n = 0 \quad (n=0,1,2,\cdots), \\[2mm] b_n = \dfrac{1}{\pi}\int_{-\pi}^{\pi}f(x)\sin nx\,\mathrm{d}x = \dfrac{2}{\pi}\int_{0}^{\pi}f(x)\sin nx\,\mathrm{d}x \quad (n=1,2,\cdots). \end{cases} \quad (10-6)$$

由此可知,奇函数的傅里叶级数是**正弦级数**

$$\sum_{n=1}^{\infty}b_n\sin nx.$$

类似地,若 $f(x)$ 是以 2π 为周期的偶函数,则 $f(x)\sin nx$ 是奇函数,$f(x)\cos nx$ 是偶函数,故

$$\begin{cases} a_n = \dfrac{2}{\pi}\int_{0}^{\pi}f(x)\cos nx\,\mathrm{d}x \quad (n=0,1,2,\cdots), \\[2mm] b_n = 0 \quad (n=1,2,\cdots). \end{cases} \quad (10-7)$$

由此可知,偶函数的傅里叶级数是**余弦级数**

$$\frac{a_0}{2} + \sum_{n=1}^{\infty}a_n\cos nx.$$

例 2 无线电设备中，常用整流器把交流电转换成直流电，已知电压 u 与时间 t 的关系为

$$u(t) = E\left|\sin\frac{t}{2}\right| \quad (E > 0),$$

试将它展开成傅里叶级数.

解 易知函数 $u(t)$ 满足狄利克雷收敛定理的条件，且在 **R** 上连续，因此 $u(t)$ 的傅里叶级数处处收敛于 $u(t)$. 因为 $u(t)$ 是周期为 2π 的偶函数，所以 $b_n = 0(n = 1,2,\cdots)$，而

$$a_0 = \frac{2}{\pi}\int_0^\pi u(t)\mathrm{d}t = \frac{2}{\pi}\int_0^\pi E\sin\frac{t}{2}\mathrm{d}t = \frac{2E}{\pi}\left(-2\cos\frac{t}{2}\right)\Big|_0^\pi = \frac{4E}{\pi},$$

$$a_n = \frac{2}{\pi}\int_0^\pi u(t)\cos nt\,\mathrm{d}t = \frac{2}{\pi}\int_0^\pi E\sin\frac{t}{2}\cos nt\,\mathrm{d}t = \frac{E}{\pi}\int_0^\pi\left[\sin\left(n+\frac{1}{2}\right)t - \sin\left(n-\frac{1}{2}\right)t\right]\mathrm{d}t$$

$$= \frac{E}{\pi}\left(\frac{1}{n+\frac{1}{2}} - \frac{1}{n-\frac{1}{2}}\right) = -\frac{4E}{(4n^2-1)\pi} \quad (n = 1,2,\cdots).$$

于是，函数 $u(t)$ 的傅里叶级数展开式为

$$u(t) = \frac{4E}{\pi}\left(\frac{1}{2} - \frac{1}{3}\cos t - \frac{1}{15}\cos 2t - \cdots - \frac{1}{4n^2-1}\cos nt - \cdots\right) \quad (-\infty < t < +\infty).$$

在实际应用中，有时须将定义在 $[0,\pi]$ 上的函数展开成正弦级数或余弦级数. 若函数 $f(x)$ 只在 $[0,\pi]$ 上有定义，且满足狄利克雷收敛定理的条件，我们可在 $(-\pi,0)$ 内补充函数 $f(x)$ 的定义，得到定义在 $(-\pi,\pi]$ 上的函数 $F(x)$，使它在 $(-\pi,\pi)$ 上成为奇函数（偶函数）. 按这种方式拓广函数定义域的过程称为奇延拓（偶延拓）. 然后将奇延拓（偶延拓）后的函数 $F(x)$ 展开成傅里叶级数，该级数定是正弦级数（余弦级数）. 最后限制 x 在 $(0,\pi]$ 上，此时 $F(x) \equiv f(x)$，这样便得到函数 $f(x)$ 的正弦级数（余弦级数）展开式.

例 3 将函数 $f(x) = x + 1(0 \leqslant x \leqslant \pi)$ 展开成余弦级数.

解 对函数 $f(x)$ 进行偶延拓（见图 10-2），则有 $b_n = 0(n = 1,2,\cdots)$，而

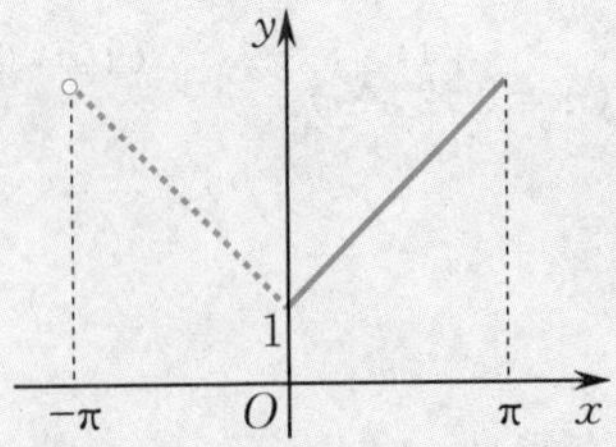

图 10-2

$$a_0 = \frac{2}{\pi}\int_0^\pi f(x)\mathrm{d}x = \frac{2}{\pi}\int_0^\pi(x+1)\mathrm{d}x = \frac{2}{\pi}\left(\frac{x^2}{2} + x\right)\Big|_0^\pi = \pi + 2,$$

$$a_n = \frac{2}{\pi}\int_0^\pi f(x)\cos nx\,\mathrm{d}x = \frac{2}{\pi}\int_0^\pi(x+1)\cos nx\,\mathrm{d}x$$

$$= \frac{2}{\pi}\left(\frac{x\sin nx}{n} + \frac{\cos nx}{n^2} + \frac{\sin nx}{n}\right)\Big|_0^\pi = \frac{2}{n^2\pi}(\cos n\pi - 1)$$

$$= \frac{2}{n^2\pi}[(-1)^n - 1] = \begin{cases} 0, & n = 2,4,6,\cdots, \\ -\dfrac{4}{n^2\pi}, & n = 1,3,5,\cdots. \end{cases}$$

于是，函数 $f(x)$ 的余弦级数展开式为

$$f(x) = \frac{\pi}{2} + 1 - \frac{4}{\pi}\left[\cos x + \frac{1}{3^2}\cos 3x + \cdots + \frac{1}{(2k-1)^2}\cos(2k-1)x + \cdots\right] \quad (0 \leqslant x \leqslant \pi).$$

10.3.4　周期为 $2l$ 的周期函数的傅里叶级数

我们已经讨论了周期为 2π 的周期函数的傅里叶级数,而实际问题中遇到的周期函数,其周期不一定是 2π.以下将进一步讨论以 $2l(l$ 为任意止数)为周期的周期函数的傅里叶级数.

设 $f(x)$ 是周期为 $2l$ 的周期函数,且满足狄利克雷收敛定理的条件.做变量代换

$$z = \frac{\pi}{l}x,$$

于是区间 $-l \leqslant x \leqslant l$ 就变换成 $-\pi \leqslant z \leqslant \pi$.

设函数 $f(x) = f\left(\dfrac{l}{\pi}z\right) = F(z)$,显然 $F(z)$ 是周期为 2π 的周期函数,且满足狄利克雷收敛定理的条件,故可将 $F(z)$ 展开成傅里叶级数:

$$F(z) = \frac{a_0}{2} + \sum_{n=1}^{\infty}(a_n \cos nz + b_n \sin nz),$$

其中

$$\begin{cases} a_n = \dfrac{1}{\pi}\displaystyle\int_{-\pi}^{\pi} F(z)\cos nz\, \mathrm{d}z & (n = 0,1,2,\cdots), \\ b_n = \dfrac{1}{\pi}\displaystyle\int_{-\pi}^{\pi} F(z)\sin nz\, \mathrm{d}z & (n = 1,2,\cdots). \end{cases}$$

回代变量 $z = \dfrac{\pi}{l}x$,并注意到 $F(z) = f(x)$,于是得到函数 $f(x)$ 的傅里叶级数展开式为

$$f(x) = \frac{a_0}{2} + \sum_{n=1}^{\infty}\left(a_n \cos \frac{n\pi x}{l} + b_n \sin \frac{n\pi x}{l}\right),$$

其中

$$\begin{cases} a_n = \dfrac{1}{l}\displaystyle\int_{-l}^{l} f(x)\cos \dfrac{n\pi x}{l}\, \mathrm{d}x & (n = 0,1,2,\cdots), \\ b_n = \dfrac{1}{l}\displaystyle\int_{-l}^{l} f(x)\sin \dfrac{n\pi x}{l}\, \mathrm{d}x & (n = 1,2,\cdots). \end{cases} \tag{10-8}$$

同理,若 $f(x)$ 是以 $2l$ 为周期的奇函数,且满足狄利克雷收敛定理的条件,则它的傅里叶级数是正弦级数,即

$$f(x) = \sum_{n=1}^{\infty} b_n \sin \frac{n\pi x}{l},$$

其中

$$b_n = \frac{2}{l}\int_0^l f(x)\sin \frac{n\pi x}{l}\, \mathrm{d}x \qquad (n = 1,2,\cdots). \tag{10-9}$$

若 $f(x)$ 是以 $2l$ 为周期的偶函数,且满足狄利克雷收敛定理的条件,则它的傅里叶级数是余弦级数,即

$$f(x) = \frac{a_0}{2} + \sum_{n=1}^{\infty} a_n \cos \frac{n\pi x}{l},$$

其中

$$a_n = \frac{2}{l}\int_0^l f(x)\cos \frac{n\pi x}{l}\, \mathrm{d}x \qquad (n = 0,1,2,\cdots). \tag{10-10}$$

例 4 设 $f(x)$ 是周期为 4 的周期函数,它在 $[-2,2)$ 上的表达式为

$$f(x) = \begin{cases} 0, & -2 \leqslant x < 0, \\ M, & 0 \leqslant x < 2 \end{cases} \quad (\text{常数 } M \neq 0),$$

将 $f(x)$ 展开成傅里叶级数.

解 由式 $(10-8)$ 可得 $(l=2)$

$$a_0 = \frac{1}{2}\int_{-2}^{2} f(x)\mathrm{d}x = \frac{1}{2}\int_{0}^{2} M\mathrm{d}x = M,$$

$$a_n = \frac{1}{2}\int_{-2}^{2} f(x)\cos\frac{n\pi x}{2}\mathrm{d}x = \frac{1}{2}\int_{0}^{2} M\cos\frac{n\pi x}{2}\mathrm{d}x = \frac{M}{n\pi}\sin\frac{n\pi x}{2}\Big|_{0}^{2} = 0 \quad (n=1,2,\cdots),$$

$$b_n = \frac{1}{2}\int_{-2}^{2} f(x)\sin\frac{n\pi x}{2}\mathrm{d}x = \frac{1}{2}\int_{0}^{2} M\sin\frac{n\pi x}{2}\mathrm{d}x = -\frac{M}{n\pi}\cos\frac{n\pi x}{2}\Big|_{0}^{2} = \begin{cases} \dfrac{2M}{n\pi}, & n=1,3,5,\cdots, \\ 0, & n=2,4,6,\cdots. \end{cases}$$

于是,函数 $f(x)$ 的傅里叶级数展开式为

$$f(x) = \frac{M}{2} + \frac{2M}{\pi}\left[\sin\frac{\pi x}{2} + \frac{1}{3}\sin\frac{3\pi x}{2} + \cdots + \frac{1}{2k-1}\sin\frac{(2k-1)\pi x}{2} + \cdots\right]$$

$$(-\infty < x < +\infty; x \neq 0, \pm2, \pm4, \cdots).$$

10.4 Wolfram 语言在无穷级数中的应用

例 1 判断调和级数 $\displaystyle\sum_{n=1}^{\infty}\frac{1}{n}$ 的敛散性.

解 输入

sum 1/n, n = 1 to oo

求得调和级数 $\displaystyle\sum_{n=1}^{\infty}\frac{1}{n}$ 发散.

例 2 求幂级数 $\displaystyle\sum_{n=0}^{\infty} x^n$ 的收敛域.

解 输入

convergence for x^n from n = 0 to oo

求得幂级数 $\displaystyle\sum_{n=0}^{\infty} x^n$ 的收敛域为 $(-1,1)$.

例 3 将函数 $f(x) = \mathrm{e}^x$ 展开成麦克劳林级数.

解 输入

Maclaurin series for e^x

求得函数 $f(x) = \mathrm{e}^x$ 的麦克劳林级数为

$$1 + x + \frac{x^2}{2!} + \cdots + \frac{x^n}{n!} + \cdots \quad (-\infty < x < +\infty).$$

习题 10

1.用定义判断下列级数的敛散性:

(1) $\sum\limits_{n=1}^{\infty}(\sqrt{n+2}-\sqrt{n+1})$;

(2) $\sum\limits_{n=1}^{\infty}\dfrac{1}{2n(2n+2)}$.

2.判断下列正项级数的敛散性:

(1) $\sum\limits_{n=1}^{\infty}\dfrac{1+n}{1+n^2}$;

(2) $\sum\limits_{n=1}^{\infty}\dfrac{3^n}{n\cdot 2^n}$;

(3) $\sum\limits_{n=1}^{\infty}\dfrac{n!}{100^n}$;

(4) $\sum\limits_{n=1}^{\infty}\dfrac{n^4}{n!}$.

3.判断下列级数的敛散性,若收敛,指出是条件收敛还是绝对收敛:

(1) $\sum\limits_{n=1}^{\infty}(-1)^{n-1}\dfrac{n}{2^{n-1}}$;

(2) $\sum\limits_{n=2}^{\infty}(-1)^n\dfrac{1}{\ln n}$.

4.求下列幂级数的收敛半径和收敛域:

(1) $\sum\limits_{n=1}^{\infty}(-1)^n\dfrac{x^n}{n^n}$;

(2) $\sum\limits_{n=1}^{\infty}n!x^n$;

(3) $\sum\limits_{n=1}^{\infty}\dfrac{1}{n\cdot 2^n}(x-1)^n$;

(4) $\sum\limits_{n=1}^{\infty}\dfrac{1}{2^{n-1}}x^{2n+1}$.

5.求下列幂级数的和函数:

(1) $\sum\limits_{n=1}^{\infty}\dfrac{1}{2n+1}x^{2n+1}$;

(2) $\sum\limits_{n=1}^{\infty}nx^{2n}$.

6.将下列函数展开成麦克劳林级数:

(1) $f(x)=\dfrac{1}{1+x^2}$;

(2) $f(x)=\ln\dfrac{1+x}{1-x}$;

(3) $f(x)=\dfrac{e^x-e^{-x}}{1+x}$;

(4) $f(x)=\sin^2 x$.

7.计算下列各式的近似值,要求误差不超过 0.000 1:

(1) $\ln 3$;

(2) $\int_0^{0.5}\dfrac{1}{1+x^4}dx$.

8.已知脉冲振幅为1、脉冲周期为 2π 的一种周期矩形脉冲信号在一个周期内的表达式为

$$f(x)=\begin{cases}0, & -\pi\leqslant x<0, \\ 1, & 0\leqslant x<\pi,\end{cases}$$

试将 $f(x)$ 展开成傅里叶级数.

9.将下列周期为 2π 的周期函数 $f(x)$ 展开成傅里叶级数(这里仅给出 $f(x)$ 在一个周期内的表达式):

(1) $f(x)=3x^2+1 \;(-\pi\leqslant x<\pi)$;

(2) $f(x)=e^{2x} \;(-\pi\leqslant x<\pi)$.

10.将函数 $f(x)=\cos\dfrac{x}{2}(-\pi\leqslant x\leqslant\pi)$ 展开成傅里叶级数.

11.将函数 $f(x)=x^2(0\leqslant x\leqslant\pi)$ 分别展开成正弦级数和余弦级数.

12.设 $f(x)$ 是周期为1的周期函数,它在 $\left[-\dfrac{1}{2},\dfrac{1}{2}\right)$ 上的表达式为

$$f(x)=1-x^2,$$

将 $f(x)$ 展开成傅里叶级数.

13.将函数 $f(x)=\begin{cases}x, & 0\leqslant x<\dfrac{l}{2}, \\ l-x, & \dfrac{l}{2}\leqslant x\leqslant l\end{cases}$ 分别展开成正弦级数和余弦级数.

领略解析变换的数学之美

项目 11

拉普拉斯变换是电路分析的有效工具,不仅能够把常系数线性微分方程转换为线性多项式方程,还可以将电流和电压变量的初值引入到线性多项式方程中,使初始条件成为变换的一部分. 拉普拉斯变换的核心问题是把以时间 t 为变量的时间函数 $f(t)$ 与以复频率 s 为变量的复变函数 $F(s)$ 联系起来,即把时域问题通过数学变换后转换为频域问题,把时间函数的常系数线性微分方程转换为复变函数的代数方程,在求出复变函数后,再做逆变换,从而得到待求的时间函数.

11.1 拉普拉斯变换的概念与性质

11.1.1 拉普拉斯变换的概念

定义 1 设 $f(t)$ 是定义在 $[0, +\infty)$ 上的函数. 如果积分 $\int_0^{+\infty} f(t)e^{-st}\,dt$($s$ 为复数)在复平面的某一区域内收敛,则称由这个积分确定的函数

$$F(s) = \int_0^{+\infty} f(t)e^{-st}\,dt$$

为函数 $f(t)$ 的拉普拉斯变换(简称拉氏变换,简写为 LT)或像函数,记作 $F(s) = L[f(t)]$;相应地,称 $f(t)$ 为 $F(s)$ 的拉普拉斯逆变换(简称拉氏逆变换,简写为 ILT)或像原函数,记作 $f(t) = L^{-1}[F(s)]$.

注 ① 为了方便起见,本项目只讨论 s 是实数的情形.

② 由于在拉氏变换的定义中,只要求 $f(t)$ 当 $t \geqslant 0$ 时有定义,因此为了研究问题的方便,以后总假定当 $t < 0$ 时,$f(t) \equiv 0$.

③ 由于在实际问题中遇到的函数,它们的拉氏变换总是存在的,因此略去拉氏变换存在性的讨论,即假定所讨论函数的拉氏变换总是存在的.

例 1 求单位阶跃函数 $u(t) = \begin{cases} 0, & t < 0, \\ 1, & t \geqslant 0 \end{cases}$ 的拉氏变换.

解 $L[u(t)] = \int_0^{+\infty} u(t)e^{-st}\,dt = \int_0^{+\infty} e^{-st}\,dt = -\dfrac{1}{s}e^{-st}\Big|_0^{+\infty} = \dfrac{1}{s}$ $(s > 0)$.

例 2 求指数函数 $f(t) = \mathrm{e}^{at}$ 的拉氏变换,其中 a 为常数.

解 $L[\mathrm{e}^{at}] = \int_0^{+\infty} \mathrm{e}^{at} \mathrm{e}^{-st} \mathrm{d}t = \int_0^{+\infty} \mathrm{e}^{-(s-a)t} \mathrm{d}t = -\dfrac{1}{s-a} \mathrm{e}^{-(s-a)t} \Big|_0^{+\infty} = \dfrac{1}{s-a} \quad (s > a).$

例 3 求正弦函数 $f(t) = \sin at$ 的拉氏变换,其中 a 为常数.

解 $L[\sin at] = \int_0^{+\infty} \sin at\, \mathrm{e}^{-st} \mathrm{d}t = \dfrac{-\mathrm{e}^{-st}}{s^2 + a^2}(s \sin at + k \cos at) \Big|_0^{+\infty} = \dfrac{a}{s^2 + a^2} \quad (s > 0).$

例 4 求单位脉冲函数 $\delta(t) = \begin{cases} 0, & t \neq 0, \\ \infty, & t = 0 \end{cases}$ 的拉氏变换.

解 $L[\delta(t)] = \int_0^{+\infty} \delta(t) \mathrm{e}^{-st} \mathrm{d}t = \int_{-\infty}^{+\infty} \delta(t) \mathrm{e}^{-st} \mathrm{d}t = \mathrm{e}^{-st} \Big|_{t=0} = 1 \quad (s > 0).$

注 例 4 解题过程中第 3 个等号是利用了单位脉冲函数的性质,即若 $f(t)$ 是连续函数,$\delta(t)$ 是单位脉冲函数,则有

$$\int_{-\infty}^{+\infty} f(t)\delta(t)\mathrm{d}t = f(0).$$

例 5 求单位斜坡函数 $f(t) = \begin{cases} 0, & t < 0, \\ t, & t \geqslant 0 \end{cases}$ 的拉氏变换.

解 $L[f(t)] = \int_0^{+\infty} t\, \mathrm{e}^{-st} \mathrm{d}t = -\dfrac{st+1}{s^2} \mathrm{e}^{-st} \Big|_0^{+\infty} = \dfrac{1}{s^2} \quad (s > 0).$

在实际应用中,可通过查阅拉氏变换表得到一些常用函数的拉氏变换,如表 11 - 1 所示.

表 11 - 1

函数 $f(t)$	拉氏变换 $F(s)$	函数 $f(t)$	拉氏变换 $F(s)$
$\delta(t)$	1	$\sin(at+b)$	$\dfrac{s \sin b + a \cos b}{s^2 + a^2}$
$u(t)$	$\dfrac{1}{s}$	$\cos(at+b)$	$\dfrac{s \cos b - a \sin b}{s^2 + a^2}$
t	$\dfrac{1}{s^2}$	$t \sin at$	$\dfrac{2as}{(s^2 + a^2)^2}$
$t^n(n=1,2,\cdots)$	$\dfrac{n!}{s^{n+1}}$	$t \cos at$	$\dfrac{s^2 - a^2}{(s^2 + a^2)^2}$
e^{at}	$\dfrac{1}{s-a}$	$\mathrm{e}^{-bt} \sin at$	$\dfrac{a}{(s+b)^2 + a^2}$
$1 - \mathrm{e}^{-at}$	$\dfrac{a}{s(s+a)}$	$\mathrm{e}^{-bt} \cos at$	$\dfrac{s+b}{(s+b)^2 + a^2}$
$t \mathrm{e}^{at}$	$\dfrac{1}{(s-a)^2}$	$\dfrac{1}{a^2}(1 - \cos at)$	$\dfrac{1}{s(s^2 + a^2)}$
$t^n \mathrm{e}^{at}(n=1,2,\cdots)$	$\dfrac{n!}{(s-a)^{n+1}}$	$\mathrm{e}^{at} - \mathrm{e}^{bt}$	$\dfrac{a-b}{(s-a)(s-b)}$
$\sin at$	$\dfrac{a}{s^2 + a^2}$	$2\sqrt{\dfrac{t}{\pi}}$	$\dfrac{1}{s\sqrt{s}}$
$\cos at$	$\dfrac{s}{s^2 + a^2}$	$\dfrac{1}{\sqrt{\pi t}}$	$\dfrac{1}{\sqrt{s}}$

注:a,b,n 为常数.

例 6 求函数 $f(t)=t\cos 2t$ 的拉氏变换.

解 查表 $11-1$ 可得

$$L[t\cos 2t]=\frac{s^2-2^2}{(s^2+2^2)^2}=\frac{s^2-4}{(s^2+4)^2}.$$

11.1.2 拉普拉斯变换的性质

对于较复杂的函数,利用定义来求其拉氏变换很不方便,有时甚至不可能求出来.而如果利用其性质以及拉氏变换表,就会给计算带来方便.

性质 1 设 α,β 为任意常数,且 $L[f_1(t)]=F_1(s),L[f_2(t)]=F_2(s)$,则

$$L[\alpha f_1(t)+\beta f_2(t)]=\alpha F_1(s)+\beta F_2(s).$$

例 7 求函数 $f(t)=5e^{2t}+2\sin 3t$ 的拉氏变换.

解 因为

$$L[e^{2t}]=\frac{1}{s-2},\quad L[\sin 3t]=\frac{3}{s^2+3^2},$$

所以

$$L[f(t)]=5L[e^{2t}]+2L[\sin 3t]=\frac{5}{s-2}+\frac{2\times 3}{s^2+9}=\frac{5s^2+6s+33}{(s-2)(s^2+9)}.$$

例 8 求函数 $f(t)=\sin^2 t$ 的拉氏变换.

解 因为 $\sin^2 t=\frac{1}{2}(1-\cos 2t)$,且

$$L[1]=\frac{1}{s},\quad L[\cos 2t]=\frac{s}{s^2+2^2},$$

所以

$$L[\sin^2 t]=\frac{1}{2}(L[1]-L[\cos 2t])=\frac{1}{2}\left(\frac{1}{s}-\frac{s}{s^2+4}\right)=\frac{2}{s(s^2+4)}.$$

虚拟仿真实验:
拉普拉斯变换

例 9 求函数 $F(s)=\frac{s}{(s+2)(s+4)}$ 的拉氏逆变换.

解 因为 $\frac{s}{(s+2)(s+4)}=\frac{2}{s+4}-\frac{1}{s+2}$,且

$$L^{-1}\left[\frac{1}{s+4}\right]=e^{-4t},\quad L^{-1}\left[\frac{1}{s+2}\right]=e^{-2t},$$

所以

$$L^{-1}\left[\frac{s}{(s+2)(s+4)}\right]=2L^{-1}\left[\frac{1}{s+4}\right]-L^{-1}\left[\frac{1}{s+2}\right]=2e^{-4t}-e^{-2t}.$$

性质 2 设 $L[f(t)]=F(s)$,且当 $t<0$ 时,$f(t)=0$,则对于任意非负实数 τ,有

$$L[f(t-\tau)]=e^{-s\tau}F(s).$$

例 10　求函数 $u(t-\tau)=\begin{cases}0, & t<\tau, \\ 1, & t\geqslant\tau\end{cases}(\tau>0)$ 的拉氏变换.

解　因为 $L[u(t)]=\dfrac{1}{s}$,所以

$$L[u(t-\tau)]=\mathrm{e}^{-s\tau}L[u(t)]=\frac{1}{s}\mathrm{e}^{-s\tau}.$$

例 11　求函数 $f(t)=\begin{cases}1, & 0\leqslant t<\tau, \\ 0, & \text{其他}\end{cases}$ 的拉氏变换.

解　因为 $f(t)=u(t)-u(t-\tau)$,所以

$$L[f(t)]=L[u(t)]-L[u(t-\tau)]=\frac{1}{s}(1-\mathrm{e}^{-s\tau}).$$

性质 3　设 $L[f(t)]=F(s)$,则对于任意常数 a,有
$$L[\mathrm{e}^{at}f(t)]=F(s-a).$$

例 12　求函数 $f(t)=t^n\mathrm{e}^{-\lambda t}(n=1,2,\cdots)$ 的拉氏变换,其中 λ 为常数.

解　因为 $L[t^n]=\dfrac{n!}{s^{n+1}}$,所以

$$L[t^n\mathrm{e}^{-\lambda t}]=\frac{n!}{(s+\lambda)^{n+1}}.$$

同理可得(λ,a 为常数)

$$L[\mathrm{e}^{-\lambda t}\sin at]=\frac{a}{(s+\lambda)^2+a^2}, \quad L[\mathrm{e}^{-\lambda t}\cos at]=\frac{s+\lambda}{(s+\lambda)^2+a^2}.$$

性质 4　设 $L[f(t)]=F(s)$,则
$$L[f'(t)]=sF(s)-f(0).$$
更一般地,设 n 为正整数,有
$$L[f^{(n)}(t)]=s^nF(s)-s^{n-1}f(0)-s^{n-2}f'(0)-\cdots-f^{(n-1)}(0).$$

例 13　求函数 $f(t)=t^n$ 的拉氏变换,其中 n 为正整数.
解　由
$$f(0)=f'(0)=\cdots=f^{(n-1)}(0)=0,$$
得
$$L[f^{(n)}(t)]=s^nL[f(t)],$$
又 $f^{(n)}(t)=n!$,故
$$L[f(t)]=\frac{1}{s^n}L[f^{(n)}(t)]=\frac{1}{s^n}L[n!]=\frac{n!}{s^{n+1}}.$$

性质 5　设 $L[f(t)]=F(s)$,则
$$L[(-t)^nf(t)]=F^{(n)}(s) \quad (n=0,1,2,\cdots).$$

例 **14** 求函数 $f(t) = t\sin kt$ 的拉氏变换,其中 k 为常数.

解 $L[t\sin kt] = -L[(-t)\sin kt] = -\left(\dfrac{k}{s^2+k^2}\right)' = \dfrac{2ks}{(s^2+k^2)^2}.$

同理可得

$$L[t\cos kt] = -\left(\dfrac{s}{s^2+k^2}\right)' = \dfrac{s^2-k^2}{(s^2+k^2)^2}.$$

性质 **6** 设 $L[f(t)] = F(s)$,则

$$L\left[\int_0^t f(\tau)d\tau\right] = \dfrac{1}{s}F(s) \quad (s \neq 0).$$

更一般地,有

$$L\left[\underbrace{\int_0^t dt\int_0^t dt\cdots\int_0^t}_{n次} f(\tau)d\tau\right] = \dfrac{1}{s^n}F(s).$$

性质 **7** 设 $L[f(t)] = F(s)$,则

$$L\left[\dfrac{f(t)}{t}\right] = \int_s^\infty F(u)du.$$

更一般地,有

$$L\left[\dfrac{f(t)}{t^n}\right] = \underbrace{\int_s^\infty ds\int_s^\infty ds\cdots\int_s^\infty}_{n次} F(s)ds.$$

例 **15** 求正弦积分 $\mathrm{Si}(t) = \int_0^t \dfrac{\sin\tau}{\tau}d\tau$ 的拉氏变换.

解 $L[\mathrm{Si}(t)] = L\left[\int_0^t \dfrac{\sin\tau}{\tau}d\tau\right] = \dfrac{1}{s}L\left[\dfrac{\sin t}{t}\right] = \dfrac{1}{s}\int_s^\infty L[\sin t]ds$

$\qquad = \dfrac{1}{s}\int_s^\infty \dfrac{1}{s^2+1}ds = \dfrac{1}{s}\left(\dfrac{\pi}{2} - \arctan s\right).$

例 **16** 求广义积分 $\int_0^{+\infty} \dfrac{1-\cos t}{t}e^{-t}dt.$

解 $L\left[\dfrac{1-\cos t}{t}\right] = \int_s^\infty L[1-\cos t]ds = \int_s^\infty \left(\dfrac{1}{s} - \dfrac{s}{s^2+1}\right)ds$

$\qquad = \dfrac{1}{2}\ln\dfrac{s^2}{s^2+1}\Big|_s^\infty = \dfrac{1}{2}\ln\dfrac{s^2+1}{s^2},$

即

$$\int_0^{+\infty} \dfrac{1-\cos t}{t}e^{-st}dt = \dfrac{1}{2}\ln\dfrac{s^2+1}{s^2}.$$

取 $s=1$,得

$$\int_0^{+\infty} \dfrac{1-\cos t}{t}e^{-t}dt = \dfrac{1}{2}\ln 2.$$

性质 8　设 $L[f(t)]=F(s),a>0$ 为常数,则
$$L[f(at)]=\frac{1}{a}F\left(\frac{s}{a}\right).$$

例 17　求函数 $u(at-b)=\begin{cases}0,&t<\dfrac{b}{a},\\[2mm]1,&t\geqslant\dfrac{b}{a}\end{cases}$ 的拉氏变换,其中常数 $a>0,b>0$.

解　$L[u(at-b)]=L\left[u\left[a\left(t-\dfrac{b}{a}\right)\right]\right]=\mathrm{e}^{-\frac{b}{a}s}L[u(at)]=\mathrm{e}^{-\frac{b}{a}s}\dfrac{1}{a}\cdot\dfrac{a}{s}=\dfrac{1}{s}\mathrm{e}^{-\frac{b}{a}s}.$

11.2　拉普拉斯变换的应用

11.2.1　拉普拉斯逆变换的计算

前面讨论了由已知函数 $f(t)$ 求它的拉氏变换 $F(s)$ 的问题,但在实际应用中,常常遇到相反的问题,即已知拉氏变换 $F(s)$,求它的拉氏逆变换 $f(t)$. 这就是拉氏逆变换问题. 求函数 $F(s)$ 的拉氏逆变换,一般方法是运用拉氏逆变换的性质及拉氏变换表.

设函数 $f(t),f_1(t),f_2(t)$ 的拉氏变换分别为 $F(s),F_1(s),F_2(s),\alpha,\beta,\tau,a$ 为常数.

性质 1　$L^{-1}[\alpha F_1(s)+\beta F_2(s)]=\alpha f_1(t)+\beta f_2(t).$
性质 2　$L^{-1}[\mathrm{e}^{-s\tau}F(s)]=f(t-\tau)\quad(\tau>0).$
性质 3　$L^{-1}[F(s-a)]=\mathrm{e}^{at}f(t).$

例 1　求函数 $F(s)=\dfrac{1}{s^2(s+1)}$ 的拉氏逆变换.

解　因为
$$F(s)=\frac{1}{s^2(s+1)}=-\frac{1}{s}+\frac{1}{s^2}+\frac{1}{s+1},$$
所以
$$f(t)=L^{-1}\left[\frac{1}{s^2(s+1)}\right]=-L^{-1}\left[\frac{1}{s}\right]+L^{-1}\left[\frac{1}{s^2}\right]+L^{-1}\left[\frac{1}{s+1}\right]=-1+t+\mathrm{e}^{-t}.$$

例 2　求函数 $F(s)=\dfrac{1}{(s-1)(s^2+4s+8)}$ 的拉氏逆变换.

解　因为
$$F(s)=\frac{1}{(s-1)(s^2+4s+8)}=\frac{1}{13(s-1)}-\frac{1}{13}\cdot\frac{s+2}{(s+2)^2+2^2}-\frac{3}{26}\cdot\frac{2}{(s+2)^2+2^2},$$
所以
$$f(t)=L^{-1}\left[\frac{1}{(s-1)(s^2+4s+8)}\right]$$
$$=\frac{1}{13}L^{-1}\left[\frac{1}{s-1}\right]-\frac{1}{13}L^{-1}\left[\frac{s+2}{(s+2)^2+2^2}\right]-\frac{3}{26}L^{-1}\left[\frac{2}{(s+2)^2+2^2}\right]$$

$$= \frac{1}{13}e^t - \frac{1}{13}e^{-2t}\cos 2t - \frac{3}{26}e^{-2t}\sin 2t.$$

例 3 求函数 $F(s) = \dfrac{2s+5}{s^2+4s+13}$ 的拉氏逆变换.

解 因为

$$F(s) = \frac{2s+5}{s^2+4s+13} = 2\,\frac{s+2}{(s+2)^2+3^2} + \frac{1}{3}\cdot\frac{3}{(s+2)^2+3^2},$$

所以

$$f(t) = L^{-1}\left[\frac{2s+5}{s^2+4s+13}\right] = 2L^{-1}\left[\frac{s+2}{(s+2)^2+3^2}\right] + \frac{1}{3}L^{-1}\left[\frac{3}{(s+2)^2+3^2}\right]$$

$$= 2e^{-2t}\cos 3t + \frac{1}{3}e^{-2t}\sin 3t.$$

注 当函数是比较复杂的有理分式函数时，一般可先将其化为部分分式，然后利用性质及拉氏变换表求其拉氏逆变换.

11.2.2 利用拉普拉斯变换求解微分方程

在电路理论与自动控制理论的研究中，常常要对一个系统进行分析和研究，以建立该系统的数学模型. 在许多情况下，可以用一个线性微分方程来描述这种数学模型. 根据拉氏变换的性质，可以将一个未知函数所满足的常系数线性微分方程的初值问题经过拉氏变换，转换为它的拉氏变换所满足的代数方程. 解此代数方程，再取拉氏逆变换，就得到原微分方程的解. 这种求解微分方程的方法称为拉氏变换法.

拉普拉斯变换
与探月工程

与经典方法（先求微分方程的通解，再根据初始条件确定其任意常数）相比，拉氏变换法有以下两个优点：

（1）拉氏变换法把常系数线性微分方程转换为未知函数拉氏变换的代数方程，这个代数方程已"包含"了预先给定的初始条件，因而省去了经典方法中确定任意常数的步骤.

（2）当函数及其各阶导数的初始值全部为零（称为零初始条件）时，用拉氏变换法求解更为简便.

例 4 求微分方程 $y'' + 4y' + 3y = e^{-t}$ 满足初始条件 $y\Big|_{t=0} = y'\Big|_{t=0} = 1$ 的解.

解 设 $L[y(t)] = Y(s)$，对微分方程两端取拉氏变换，同时考虑到初始条件，可得

$$s^2 Y(s) - s - 1 + 4[sY(s) - 1] + 3Y(s) = \frac{1}{s+1},$$

解得

$$Y(s) = \frac{s^2+6s+6}{(s+1)^2(s+3)} = \frac{7}{4}\cdot\frac{1}{s+1} + \frac{1}{2}\cdot\frac{1}{(s+1)^2} - \frac{3}{4}\cdot\frac{1}{s+3}.$$

上式两端取拉氏逆变换，得

$$y(t) = \frac{1}{4}\left[(7+2t)e^{-t} - 3e^{-3t}\right].$$

11.3　通过 Wolfram 语言求解拉普拉斯变换问题

例 1　求函数 $f(t) = t\mathrm{e}^{-3t}$ 的拉氏变换.

解　输入

　　　　laplace transform f(t) = te^(-3t)

或

　　　　LT f(t) = te^(-3t)

求得拉氏变换为

$$F(s) = \frac{1}{(s+3)^2}.$$

例 2　求函数 $F(s) = \dfrac{s}{s+1}$ 的拉氏逆变换.

解　输入

　　　　inverse laplace transform s/(s+1)

或

　　　　ILT s/(s+1)

求得拉氏逆变换为

$$f(t) = \delta(t) - \mathrm{e}^{-t}.$$

习题 11

1. 用定义求下列函数的拉氏变换:

(1) $f(t) = \mathrm{e}^{-3t}$;

(2) $f(t) = \cos 2t$;

(3) $f(t) = \begin{cases} 3, & 0 \leqslant t < 3, \\ 2, & t \geqslant 3; \end{cases}$

(4) $f(t) = t^2$.

2. 用查拉氏变换表的方法求下列函数的拉氏变换:

(1) $f(t) = \sin \dfrac{t}{2}$;

(2) $f(t) = \cos^2 t$;

(3) $f(t) = \sin t \cos t$;

(4) $f(t) = t\cos 2t$.

3. 求下列函数的拉氏变换:

(1) $f(t) = t^2 + 2t + 3$;

(2) $f(t) = 1 - t\mathrm{e}^t$;

(3) $f(t) = 2u(t-1) + 3u(t-2)$;

(4) $f(t) = \mathrm{e}^{-2t} \cos 6t$;

(5) $f(t) = \displaystyle\int_0^t t\mathrm{e}^{-3t} \sin 2t \, \mathrm{d}t$;

(6) $f(t) = t^2 \cos 2t$;

(7) $f(t) = \dfrac{\mathrm{e}^{2t} - 1}{t}$.

4.求下列函数的拉氏逆变换:

(1) $F(s) = \dfrac{s}{s+2}$;

(2) $F(s) = \dfrac{2}{s-3}$;

(3) $F(s) = \dfrac{2s+3}{s^2+4}$;

(4) $F(s) = \dfrac{s+1}{s^2+s-6}$;

(5) $F(s) = \dfrac{2s+1}{s(s+1)(s+2)}$;

(6) $F(s) = \dfrac{s+2}{s^3+6s^2+9s}$.

5.利用拉氏变换法解下列微分方程:

(1) $\dfrac{\mathrm{d}i}{\mathrm{d}t} + 5i = 10\mathrm{e}^{-3t}, i\Big|_{t=0} = 0$;

(2) $y'' + 3y' + y = 3\cos t, y\Big|_{t=0} = 0, y'\Big|_{t=0} = 1$;

(3) $y^{(4)} + 2y''' - 2y' - y = \delta(t), y\Big|_{t=0} = y'\Big|_{t=0} = y''\Big|_{t=0} = y'''\Big|_{t=0} = 0$.

6.利用拉氏变换法解下列微分方程组:

(1) $\begin{cases} y' - 2x - y = 1, \\ x' - x - y = 1, \end{cases} x\Big|_{t=0} = 2, y\Big|_{t=0} = 4$;

(2) $\begin{cases} x' + x - y = \mathrm{e}^t, \\ y' + 3x - 2y = 2\mathrm{e}^t, \end{cases} x\Big|_{t=0} = y\Big|_{t=0} = 1$.

7.如图 11-1 所示,将 RC 并联电路与电流为单位脉冲函数 $\delta(t)$ 的电流源接通,假设电容初始电压 $u(0) = 0$,求电压函数 $u(t)$.

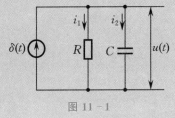

图 11-1

模块四 经济管理

探访随机世界

概率论与数理统计用严密的数学方法研究随机现象及其内在的客观规律性,其思想以及常见统计分析方法在我国历史上就已经被广泛应用.例如,传说四千多年前,大禹治水,根据山川土质、人力和物力的多寡,分全国为九州;汉朝时期全国户口与年龄的统计数字已经有据可查.

那么,具体如何研究随机现象呢? 接下来一起来看两个简单试验,了解什么是随机现象及其内在客观规律性.

试验 1:某公司某条生产线全部生产 A 产品,随机抽取一产品,检验其是否是 A 产品.

试验 2:某公司某条生产线全部生产 A 产品,生产产品中有合格品和次品,随机抽取一产品,检验其是否是合格品.

试验 1 在试验前就知道有一个确定的结果,不管如何抽取,取出的产品都是 A 产品,这种类型试验所对应的现象我们称为确定现象.这类现象生活中随处可见,如同性电荷必然排斥;太阳必定是东升西落;在标准大气压下,水加热到 100 ℃ 必然沸腾等.

试验 2 抽取的产品有可能是合格品,也有可能是次品.在相同条件下重复进行试验,每次结果未必相同,看不出具体规律,但是重复次数达到一定量的时候,试验结果又遵循某种规律,我们把这一类型的试验叫作随机试验,随机试验产生的现象叫作随机现象.这种现象生活中也随处可见,如投掷一枚硬币,正、反面朝上的情况;抛掷一枚骰子,落地时朝上一面的点数;某通信公司某位客服在单位时间内收到的客服电话次数等.

本项目主要研究随机事件及其概率,离散型和连续型两大类随机变量的基本概念及其分布,以及随机变量的数字特征.

12.1　随机事件及其概率

12.1.1　随机试验

在一定的条件下,对自然现象进行一次观察或进行一次科学试验称为一个试验.如果一个试验具备以下三个条件:

(1) 在相同的条件下可以重复进行,

(2) 试验的所有可能结果是预先知道的,且不止一个,

(3) 每做一次试验总会出现可能结果中的一个,但在试验之前,不能确定会出现哪个结

果,则称这一试验为随机试验,简称试验,通常记作 E.

12.1.2　样本空间与随机事件

随机试验的每一种可能的结果称为基本事件.随机试验的所有可能结果组成的集合称为样本空间,通常用 Ω 表示;Ω 中的元素称为样本点,通常用 ω 表示.

例1 投掷一枚硬币,观察正、反面朝上的情况,样本点为
$$\omega_1 = \{正面朝上\}, \quad \omega_2 = \{反面朝上\},$$
样本空间为
$$\Omega = \{\omega_1, \omega_2\}.$$

例2 记录某通信公司某位客服在单位时间内收到的客服电话次数,样本点为
$$\omega_i = \{某客服单位时间内收到客服电话 i 次\} \quad (i = 0, 1, 2, \cdots),$$
样本空间为
$$\Omega = \{\omega_0, \omega_1, \omega_2, \cdots\} = \{0, 1, 2, \cdots\}.$$

例3 抛掷一枚骰子,记录落地时朝上一面的点数,样本点为
$$\omega_k = \{出现 k 点\} \quad (k = 1, 2, \cdots, 6),$$
样本空间为
$$\Omega = \{\omega_1, \omega_2, \cdots, \omega_6\} = \{1, 2, \cdots, 6\}.$$

在实际生活中,人们更关心的是随机试验中一个或多个基本事件是否发生.例如,例3中有6个基本事件$\{1\}, \{2\}, \{3\}, \{4\}, \{5\}, \{6\}$,现在我们来研究事件
$$\begin{cases} A = \{点数为奇数\}, \\ B = \{点数大于 2\}, \\ C = \{点数为 1\}, \end{cases}$$
可以看出事件 C 是该随机试验的一个基本事件,而事件 A 与 B 由多个基本事件构成.

由多个基本事件构成的事件称为复杂事件.复杂事件与基本事件都具有随机性,所以均称为随机事件,简称事件.试验下必然会出现的结果称为必然事件,也常用 Ω 表示;必然不会出现的结果称为不可能事件,常用 $\varnothing$ 表示.

从集合的角度来看,显然样本空间是以基本事件为元素的集合,复杂事件是样本空间的至少包含两个元素的子集,基本事件是一个单点集,必然事件就是样本空间,不可能事件就是样本空间的空子集.

例4 抛掷一枚骰子,记录落地时朝上一面的点数,则
基本事件:$\omega_k = \{出现 k 点\}(k = 1, 2, \cdots, 6)$;
复杂事件:$A = \{出现偶数点\}$,$B = \{出现奇数点\}$,$\cdots$;
必然事件:$\Omega = \{出现小于 7 的点\}$;
不可能事件:$\varnothing = \{出现大于 6 的点\}$.

12.1.3　事件间的关系与运算

前面所提到的事件 $A=\{$点数为奇数$\}$，$B=\{$点数大于 $2\}$，$C=\{$点数为 $1\}$，可见事件 C 的发生必然会导致事件 A 的发生，因为点数为 1 必定为奇数，换言之就是事件 A 包含事件 C. 此问题属于事件之间的相互关系，为了更好地研究事件之间的关系与运算，给出以下定义.

（1）如果事件 A 发生必然导致事件 B 发生，则称事件 B 包含 A，记作 $A \subset B$ 或 $B \supset A$. 特别地，若 $A \subset B$ 且 $B \subset A$，则称事件 A 与 B 相等，记作 $A=B$.

（2）称事件 $A \bigcup B=\{x \mid x \in A$ 或 $x \in B\}$ 为事件 A 与 B 的和事件. 也就是说，当事件 A 与 B 至少有一个发生时，事件 $A \bigcup B$ 发生.

（3）称事件 $A \bigcap B=\{x \mid x \in A$ 且 $x \in B\}$ 为事件 A 与 B 的积事件. 也就是说，当事件 A 与 B 同时发生时，事件 $A \bigcap B$ 发生. $A \bigcap B$ 也记作 AB.

（4）称事件 $A-B=\{x \mid x \in A$ 且 $x \notin B\}$ 为事件 A 与 B 的差事件. 也就是说，当且仅当事件 A 发生而 B 不发生时，事件 $A-B$ 发生.

（5）若 $A \bigcap B=\varnothing$，则称事件 A 与 B 是互不相容（或互斥）的. 也就是说，事件 A 与 B 不可能同时发生，如基本事件两两互不相容.

（6）若 A 是一个事件，令 $\overline{A}=\Omega-A$，且 $A \bigcap \overline{A}=\varnothing$，则称事件 A 与事件 $\overline{A}$ 互为逆事件（或对立事件），即 A 与 $\overline{A}$ 两者中只能发生其中一个.

> **例 5**　一盒子中有一红一白 2 个小球，现在有放回地抽取 3 次，记事件 $A=\{$第一次抽到小球颜色为白色$\}$，$B=\{3$ 次抽到小球颜色相同$\}$，则
> $$A \bigcup B=\{白白白，白白红，白红白，白红红，红红红\},$$
> $$A \bigcap B=\{白白白\}, \quad A-B=\{白红白，白红白，白红红\}.$$

设 A,B,C 为三个事件，则事件间的运算满足下列运算规律：

动态演示：
事件间的关系

（1）交换律　$A \bigcup B=B \bigcup A$，$A \bigcap B=B \bigcap A$.

（2）结合律　$A \bigcup (B \bigcup C)=(A \bigcup B) \bigcup C$，
$A \bigcap (B \bigcap C)=(A \bigcap B) \bigcap C$.

（3）分配律　$A \bigcup (B \bigcap C)=(A \bigcup B) \bigcap (A \bigcup C)$，
$A \bigcap (B \bigcup C)=(A \bigcap B) \bigcup (A \bigcap C)$.

（4）德摩根（De Morgan）律　$\overline{\bigcup\limits_{i=1}^{n} A_i}=\bigcap\limits_{i=1}^{n} \overline{A_i}$，$\overline{\bigcap\limits_{i=1}^{n} A_i}=\bigcup\limits_{i=1}^{n} \overline{A_i}$.

12.1.4　概率和频率

现实生活中，对于一个事件，除必然事件（如地球绕着太阳转）和不可能事件（如投掷一枚硬币一次，同时出现正反两个面朝上），它在试验中可能发生，也可能不发生，我们常常希望知道某些事件在一次试验中发生的可能性有多大. 对于一个随机事件发生的可能性大小，我们希望找到一个合适的度量来表征它. 由此引入以下定义.

> **定义 1**　随机事件 A 发生的可能性大小的度量，称为 A 发生的概率，记作 $P(A)$.

再来看投掷硬币的试验，如果反复地往上投掷一枚硬币，观察落地时硬币正面朝上还是反

面朝上.随着试验次数 n 的增大,落地时硬币正、反面朝上的次数接近相等,即正面朝上的次数与试验次数的比值逐渐稳定到 50%.由此给出以下定义.

定义 2 在相同的条件下进行 n 次试验,在这 n 次试验中,事件 A 发生的次数 n_A 称为事件 A 发生的**频数**,比值 $\dfrac{n_A}{n}$ 称为事件 A 发生的**频率**,记作 $f_n(A)$,即

$$f_n(A) = \frac{n_A}{n}.$$

由定义 2 易见,频率具有下述基本性质:

(1) $0 \leqslant f_n(A) \leqslant 1$;

(2) 对于必然事件 Ω,有 $f_n(\Omega)=1$;

(3) 若 $A_1, A_2, \cdots, A_k$ 是两两互不相容的事件,则

$$f_n\left(\bigcup_{i=1}^{k} A_i\right) = \sum_{i=1}^{k} f_n(A_i).$$

大量的重复试验表明,随着试验次数 n 逐渐增大,某事件 A 的频率会呈现出稳定性,逐渐稳定于某个常数附近,这种"频率稳定性"就是通常所说的统计规律性,而这个常数就是可以描述事件发生可能性大小的概率.在实际中,我们不可能对每一个事件都做大量的试验,通过频率稳定性来求某事件的概率.因为频率的本质就是概率,所以频率的这些性质也同样适用于概率.对于每一个随机事件 A,都有一个概率 $P(A)$ 与之对应,它具有下述性质:

(1) **非负性** $0 \leqslant P(A) \leqslant 1$;

(2) **规范性** 对于必然事件 Ω,有 $P(\Omega)=1$;

(3) **有限可加性** 若 $A_1, A_2, \cdots, A_k$ 是两两互不相容的事件,则

$$P\left(\bigcup_{i=1}^{k} A_i\right) = \sum_{i=1}^{k} P(A_i).$$

由概率的上述性质,还可以推出一些重要性质.

(1) 设 A, B 是两个事件,且 $A \subset B$,则有
$$P(B-A)=P(B)-P(A), \quad P(A) \leqslant P(B).$$

(2) 对于任一事件 A,有
$$P(\overline{A})=1-P(A).$$

(3) **加法公式** 对于任意两个事件 A, B,有
$$P(A \bigcup B)=P(A)+P(B)-P(AB).$$

动态演示:
概率的计算性质

12.1.5 古典概型

定义 3 若随机试验满足下列条件:

(1) 基本事件总数为有限个,

(2) 每个基本事件发生的可能性相同,

则称这种随机试验为**古典概型**,也称为**等可能概型**.

设上述古典概型的样本空间为 $\Omega=\{\omega_1, \omega_2, \cdots, \omega_n\}$,因随机事件中每个基本事件等可能发生,故

$$P(\omega_1)=P(\omega_2)=\cdots=P(\omega_n).$$

又基本事件两两互不相容,则由概率的有限可加性可知

$$P(\Omega) = P(\omega_1) + P(\omega_2) + \cdots + P(\omega_n) = 1,$$

故

$$P(\omega_1) = P(\omega_2) = \cdots = P(\omega_n) = \frac{1}{n}.$$

对于任意一个随机事件 A,如果 A 是 k 个基本事件的和,即

$$A = \{\omega_{i_1}\} \bigcup \{\omega_{i_2}\} \bigcup \cdots \bigcup \{\omega_{i_k}\},$$

这里 $i_1, i_2, \cdots, i_k$ 是 $1, 2, \cdots, n$ 中 k 个不同的数,则

$$P(A) = \frac{k}{n} = \frac{A\ 中所含的基本事件数}{基本事件总数}. \tag{12-1}$$

式(12-1)是古典概型中任意事件 A 的概率计算公式.

例 6 田忌和齐王赛马是历史上著名的故事.设齐王的三匹马分别记为 A, B, C,田忌的三匹马分别记为 a, b, c,三匹马各比赛一场,胜两场者获胜.这六匹马的优劣程度可用不等式 $A > a > B > b > C > c$ 表示.

(1) 如果双方均不知道比赛的对阵方式,求田忌获胜的概率.

(2) 田忌为了得到更大的获胜概率,预先派出探子到齐王处打探实情,得知齐王第一场必出上等马 A,那么田忌应该怎样安排马的出赛顺序,才能使自己获胜的概率最大?最大概率是多少?

解 (1) 比赛对阵的基本事件共有 6 个,它们分别是

$$\{Aa, Bb, Cc\}, \quad \{Aa, Bc, Cb\}, \quad \{Ab, Ba, Cc\},$$
$$\{Ab, Bc, Ca\}, \quad \{Ac, Ba, Cb\}, \quad \{Ac, Bb, Ca\}.$$

当且仅当对阵方式为 $\{Ac, Ba, Cb\}$ 时,田忌获胜.设田忌获胜的概率为 P,由古典概型的概率计算公式得

$$P = \frac{1}{6}.$$

(2) 田忌赛马的策略是首场安排马 c 出赛,基本事件就会有 4 个,即

$$\{Ac, Ca, Bb\}, \quad \{Ac, Cb, Ba\}, \quad \{Ac, Ba, Cb\}, \quad \{Ac, Bb, Ca\},$$

当对阵方式为 $\{Ac, Cb, Ba\}, \{Ac, Ba, Cb\}$ 时,田忌获胜.由古典概型的概率计算公式得

田忌赛马

$$P = \frac{2}{4} = \frac{1}{2}.$$

田忌赛马的故事家喻户晓,这个故事告诉我们要正确认识到自己的优点和缺点,用自己较擅长的方式去合理有效地应对眼前的困难.

例 7 有编号为 $A_1, A_2, \cdots, A_{10}$ 的 10 个零件,测量其直径,得到如表 12-1 所示的数据,其中直径在区间 $[1.48, 1.52]$ 内的零件为一等品.

(1) 从上述 10 个零件中,随机抽取 1 个,求这个零件为一等品的概率.

(2) 从一等品零件中,随机抽取 2 个,用零件的编号列出所有可能的抽取结果,并求这 2 个零件直径相等的概率.

编号	A_1	A_2	A_3	A_4	A_5	A_6	A_7	A_8	A_9	A_{10}
直径	1.51	1.49	1.49	1.51	1.49	1.51	1.47	1.46	1.53	1.47

表 12-1　　　　　　　　　　　　　　　　　单位:cm

解　(1) 由表 12-1 可知,一等品零件共有 6 个.记"从 10 个零件中,随机抽取 1 个,这个零件为一等品"为事件 A,则

$$P(A) = \frac{6}{10} = \frac{3}{5}.$$

(2) 一等品零件的编号为 $A_1, A_2, A_3, A_4, A_5, A_6$,从这 6 个一等品零件中随机抽取 2 个,所有可能的结果有

$$\{A_1, A_2\}, \quad \{A_1, A_3\}, \quad \{A_1, A_4\}, \quad \{A_1, A_5\}, \quad \{A_1, A_6\},$$
$$\{A_2, A_3\}, \quad \{A_2, A_4\}, \quad \{A_2, A_5\}, \quad \{A_2, A_6\}, \quad \{A_3, A_4\},$$
$$\{A_3, A_5\}, \quad \{A_3, A_6\}, \quad \{A_4, A_5\}, \quad \{A_4, A_6\}, \quad \{A_5, A_6\},$$

共 15 种.

记"从一等品零件中,随机抽取 2 个,这 2 个零件直径相等"为事件 B,则其所有可能结果有

$$\{A_1, A_4\}, \quad \{A_1, A_6\}, \quad \{A_2, A_3\}, \quad \{A_2, A_5\}, \quad \{A_3, A_5\}, \quad \{A_4, A_6\},$$

共 6 种,所以

$$P(B) = \frac{6}{15} = \frac{2}{5}.$$

例 8　一盒子中装有 2 个红球,4 个白球,除颜色外,它们的形状、大小、质量等完全相同.

(1) 采用不放回抽样,先后从盒子中取 2 次,每次随机取 1 个球,求恰好取到 1 个红球、1 个白球的概率.

(2) 采用放回抽样,每次从盒子中随机抽取 1 个球,连续取 3 次,求至少有 1 次取到红球的概率.

解　(1) 不放回地先后取两次,第一次有 6 种不同的取法,第二次有 5 种不同的取法,所以一共有 $6 \times 5 = 30$ 种不同的取法.若第一次取红球,第二次取白球,则共有 $2 \times 4 = 8$ 种取法;若第一次取白球,第二次取红球,则共有 $4 \times 2 = 8$ 种取法.因此,恰好取到 1 个红球、1 个白球的概率为 $\frac{16}{30} = \frac{8}{15}$.

(2) 有放回地每次取 1 个球,连续取 3 次,则不同的取法为 $6 \times 6 \times 6 = 216$ 种.若 3 次都取到白球,则共有 $4 \times 4 \times 4 = 64$ 种取法.因此,根据逆事件概率加法公式可知,至少有 1 次取到红球的概率为 $1 - \frac{64}{216} = \frac{19}{27}$.

12.1.6　条件概率

对于任意事件 A 与事件 B,有加法公式

$$P(A \cup B) = P(A) + P(B) - P(AB).$$

特别地,当事件 A 与事件 B 互不相容时,有

$$P(A \bigcup B) = P(A) + P(B). \tag{12-2}$$

通过观察公式(12-2)可以看到,由 $P(A)$ 和 $P(B)$ 可以求出 $P(A \bigcup B)$.但在一般情况下,要想求 $P(A \bigcup B)$,除已知 $P(A)$,$P(B)$外,还须知 $P(AB)$,因此如何求得 $P(AB)$ 是我们需要解决的一个问题.先来看一个案例.

例 9 将一枚硬币连续投掷两次,观察落地时正、反面朝上的情况.已知其中一次是正面朝上的情况下,求另一次也是正面朝上的概率.

解 记"有一次是正面朝上"为事件 A,"两次都是正面朝上"为事件 B,现在求在事件 A 发生的条件下事件 B 发生的概率.

这里,样本空间为

$$\Omega = \{(正,正),(正,反),(反,正),(反,反)\},$$
$$A = \{(正,正),(正,反),(反,正)\}, \quad B = \{(正,正)\}.$$

已知事件 A 已发生,即知试验所有可能结果组成的集合就是 A,A 有3个元素,B 只有1个元素(正,正)$\in A$,故在 A 已发生的条件下 B 发生的概率(记作 $P(B \mid A)$)为

$$P(B \mid A) = \frac{1}{3}.$$

另外,易知

$$P(A) = \frac{3}{4}, \quad P(AB) = \frac{1}{4},$$

故有

$$P(B \mid A) = \frac{P(AB)}{P(A)} = \frac{1}{3}.$$

对于一般的情形,上式仍然成立,于是有如下定义.

定义 4 设 A,B 是两个事件,且 $P(A) > 0$,称

$$P(B \mid A) = \frac{P(AB)}{P(A)}$$

为在事件 A 发生的条件下事件 B 发生的条件概率.

由定义4可知,对于任意两个事件 A,B,若 $P(A) > 0$,则有

$$P(AB) = P(A)P(B \mid A),$$

称上式为概率的乘法公式.

不难验证条件概率具有概率的三个基本性质:

(1) 非负性 对于任意事件 B,有 $P(B \mid A) \geqslant 0$;

(2) 规范性 对于必然事件 Ω,有 $P(\Omega \mid A) = 1$;

(3) 有限可加性 若 $B_1,B_2,\cdots,B_k$ 是两两互不相容的事件,则

$$P\left(\bigcup_{i=1}^{k} B_i \mid A\right) = \sum_{i=1}^{k} P(B_i \mid A).$$

例 10　假设某袋子里面放有 5 个大小形状都相同的球,其中 4 个黑球,1 个白球,某人每次从中任取一个球,取出黑球不再放回,直至取出白球为止.试证明每次取出白球的概率是一样的.

证　记事件 $A_i=\{$第 i 次摸出的球是白球$\}$,则 $\overline{A_i}=\{$第 i 次摸出的球是黑球$\}$,$i=1,2,3,4,5.$ 显然,

$$P(A_1)=\frac{1}{5},\quad P(\overline{A_1})=\frac{4}{5},$$

即第一次取出白球的概率是 $\frac{1}{5}$.

若第二次取出白球,第一次只能取出黑球,即 $P(A_2)=P(\overline{A_1}A_2)$,利用乘法公式可得

$$P(A_2)=P(\overline{A_1}A_2)=P(\overline{A_1})P(A_2\mid\overline{A_1})=\frac{4}{5}\times\frac{1}{4}=\frac{1}{5}.$$

类似可得 $P(A_3)=P(A_4)=P(A_5)=\frac{1}{5}$,故 $P(A_i)=\frac{1}{5}(i=1,2,3,4,5).$

例 11　由人口统计资料发现,某城市居民从出生算起活到 70 岁以上的概率为 0.7,活到 80 岁以上的概率是 0.4.若已知某人现在 70 岁,试问他能活到 80 岁的概率是多少?

解　记事件 $A=\{$从出生算起活到 70 岁以上$\}$,$B=\{$从出生算起活到 80 岁以上$\}$,则
$$P(A)=0.7,\quad P(B)=0.4.$$
又因为 $B\subset A$,所以 $P(AB)=P(B)=0.4$,则此人现在 70 岁能活到 80 岁的概率为

$$P(B\mid A)=\frac{P(AB)}{P(A)}=\frac{0.4}{0.7}=\frac{4}{7}.$$

定理 1　设 $B_1,B_2,\cdots,B_k$ 是两两互不相容的事件,且 $\bigcup\limits_{i=1}^{k}B_i=\Omega,P(B_i)>0(i=1,2,\cdots,k)$,则对于任意事件 A,有

$$P(A)=\sum_{i=1}^{k}P(B_i)P(A\mid B_i).\tag{12-3}$$

式(12-3)称为**全概率公式**.

例 12　甲、乙、丙三门大炮单独射击飞机,击中飞机的概率分别为 0.4,0.5,0.7.若一门大炮击中飞机,则飞机被击落的概率为 0.2;若两门大炮击中飞机,则飞机被击落的概率为 0.6;若三门大炮击中飞机,则飞机一定被击落.问:当三门大炮同时射击飞机时,飞机被击落的概率为多少?

解　记事件 $A=\{$飞机被击落$\}$,$B_i=\{$恰有 i 门大炮击中飞机$\}(i=0,1,2,3)$,依题意有
$$P(A\mid B_0)=0,\quad P(A\mid B_1)=0.2,\quad P(A\mid B_2)=0.6,\quad P(A\mid B_3)=1,$$
$$P(B_0)=0.6\times0.5\times0.3=0.09,$$
$$P(B_1)=0.4\times0.5\times0.3+0.6\times0.5\times0.3+0.6\times0.5\times0.7=0.36,$$
$$P(B_2)=0.4\times0.5\times0.3+0.4\times0.5\times0.7+0.6\times0.5\times0.7=0.41,$$
$$P(B_3)=0.4\times0.5\times0.7=0.14.$$

由于 B_0, B_1, B_2, B_3 两两互不相容，且 $\bigcup\limits_{i=0}^{3} B_i = \Omega$，因此

$$P(A) = P(B_0)P(A \mid B_0) + P(B_1)P(A \mid B_1) + P(B_2)P(A \mid B_2) + P(B_3)P(A \mid B_3)$$
$$= 0.09 \times 0 + 0.36 \times 0.2 + 0.41 \times 0.6 + 0.14 \times 1 = 0.458.$$

例 13 某公司有三条流水线生产同一产品，三条流水线产量占总产量的比例分别为 $0.2, 0.35, 0.45$，且生产产品的次品率分别为 $0.05, 0.03, 0.02$。现从生产产品中任取一件产品，求该产品为次品的概率。

解 记事件 $B_i = \{$任取一件产品，该产品来自第 i 条流水线$\}$ $(i=1,2,3)$，$A = \{$任取一件产品，恰好是次品$\}$，由全概率公式可得

$$P(A) = \sum_{i=1}^{3} P(B_i)P(A \mid B_i)$$
$$= P(B_1)P(A \mid B_1) + P(B_2)P(A \mid B_2) + P(B_3)P(A \mid B_3)$$
$$= 0.2 \times 0.05 + 0.35 \times 0.03 + 0.45 \times 0.02 = 0.029\,5.$$

定理 2 设 $B_1, B_2, \cdots, B_k$ 是两两互不相容的事件，且有 $\bigcup\limits_{i=1}^{k} B_i = \Omega$，$P(B_i) > 0$ $(i=1, 2,\cdots,k)$，$P(A) > 0$，则对于任意事件 A，有

$$P(B_i \mid A) = \frac{P(B_iA)}{P(A)} = \frac{P(B_i)P(A \mid B_i)}{\sum\limits_{j=1}^{k} P(B_j)P(A \mid B_j)}. \tag{12-4}$$

式 $(12-4)$ 称为贝叶斯（Bayes）公式。

例 14 假设根据以往统计，在运动会上服用兴奋剂的运动员占所有运动员总数的 0.005。现对运动员进行某种尿样检测，如果运动员服用了兴奋剂，则检测呈阳性的概率是 0.99，而没有服用兴奋剂的运动员检测呈阳性的概率是 0.01。现抽查了一个运动员，检测结果呈阳性，则该运动员服用了兴奋剂的概率是多少？

解 记事件 $A = \{$被抽查的运动员检测结果呈阳性$\}$，$B = \{$被抽查的运动员服用了兴奋剂$\}$，依题意有

$$P(B) = 0.005, \quad P(\overline{B}) = 0.995, \quad P(A \mid B) = 0.99 \quad P(A \mid \overline{B}) = 0.01.$$

利用贝叶斯公式，得

$$P(B \mid A) = \frac{P(B)P(A \mid B)}{P(B)P(A \mid B) + P(\overline{B})P(A \mid \overline{B})} = \frac{0.005 \times 0.99}{0.005 \times 0.99 + 0.995 \times 0.01} \approx 0.332,$$

则该运动员服用了兴奋剂的概率大约为 0.332。

例 15 在例 13 中，若任取一件产品检验，结果显示是次品，问该次品由哪条流水线生产的概率最大？

解 由于例 13 已经求出 $P(A) = 0.029\,5$，因此由贝叶斯公式得

$$P(B_1 \mid A) = \frac{P(B_1)P(A \mid B_1)}{P(A)} = \frac{0.2 \times 0.05}{0.029\,5} \approx 0.34,$$

$$P(B_2 \mid A) = \frac{P(B_2)P(A \mid B_2)}{P(A)} = \frac{0.35 \times 0.03}{0.029\,5} \approx 0.36,$$

$$P(B_3 \mid A) = \frac{P(B_3)P(A \mid B_3)}{P(A)} = \frac{0.45 \times 0.02}{0.029\ 5} \approx 0.31.$$

可以看出该产品由第 2 条流水线生产的可能性最大.

12.1.7　事件的独立性

概率的乘法公式,即 $P(AB) = P(A)P(B \mid A)$ 表示事件 B 的发生受到事件 A 的影响,现在试想,如果事件 B 的发生不受事件 A 的影响,就意味着 $P(B) = P(B \mid A)$,这时的乘法公式可以表示为 $P(AB) = P(A)P(B)$.由此引入以下定义.

定义 5　　对于任意两个事件 A 与 B,若有

$$P(AB) = P(A)P(B)$$

成立,则称事件 A,B 相互独立.

定理 3　　若事件 A,B 相互独立,且 $P(A) > 0, P(B) > 0$,则

$$P(A \mid B) = P(A), \quad P(B \mid A) = P(B).$$

定理 4　　若事件 A,B 相互独立,则事件 A 与 $\overline{B}$,$\overline{A}$ 与 B,$\overline{A}$ 与 $\overline{B}$ 也相互独立.

独立性的概念也可以推广到多个事件.

设 A,B,C 是三个事件,如果同时满足下列等式:

$$\begin{cases} P(AB) = P(A)P(B), \\ P(AC) = P(A)P(C), \\ P(BC) = P(B)P(C), \\ P(ABC) = P(A)P(B)P(C), \end{cases}$$

动态练习:条件概率
与事件的独立性

则称事件 A,B,C 相互独立.

一般地,如果 n 个事件 $A_1, A_2, \cdots, A_n$ 中任意一个事件发生的可能性都不受其他事件发生与否的影响,则可判断这 n 个事件相互独立,且

$$P(A_1 A_2 \cdots A_n) = P(A_1)P(A_2) \cdots P(A_n).$$

例 16　　某流水线生产了 100 个产品,其中有 10 个次品.现从这 100 个产品中随机抽取两次,每次抽取一个产品,且第一次抽取一个产品后放回.问:连续抽到两个次品的概率是多少?

解　记事件 $A = \{$第一次抽到的是次品$\}$,$B = \{$第二次抽到的是次品$\}$,此时事件 A 与事件 B 是互不影响、相互独立的,且

$$P(A) = P(B) = \frac{10}{100} = \frac{1}{10},$$

故

$$P(AB) = P(A)P(B) = \frac{1}{100}.$$

例 **17** 设某家庭准备生三个小孩，其中生男孩与生女孩的概率相等，均为 $\frac{1}{2}$. 记事件 $A = \{$孩子中既有男孩又有女孩$\}$，$B = \{$孩子中最多有一个女孩$\}$，试检验事件 A 与事件 B 是否相互独立.

解 样本空间为

$$\Omega = \{(男,男,男),(男,男,女),(男,女,女),(男,女,男),$$
$$(女,女,女),(女,女,男),(女,男,男),(女,男,女)\},$$

各事件所含的基本事件为

$$A = \{(男,男,女),(男,女,女),(男,女,男),$$
$$(女,女,男),(女,男,男),(女,男,女)\},$$
$$B = \{(男,男,男),(男,男,女),(男,女,男),(女,男,男)\},$$
$$AB = \{(男,男,女),(男,女,男),(女,男,男)\}.$$

显然

$$P(A) = \frac{6}{8} = \frac{3}{4}, \quad P(B) = \frac{4}{8} = \frac{1}{2}, \quad P(AB) = \frac{3}{8},$$

故

$$P(AB) = P(A)P(B) = \frac{3}{8},$$

即事件 A 与事件 B 相互独立.

例 **18** 如图 12-1 所示，某电路系统有 4 个独立的元件，按照串联再并联的方式连接. 设第 i 个元件正常工作的可能性为 $p_i (i=1,2,3,4)$，试求该系统正常工作的可能性.

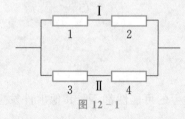

图 12-1

解 记事件 $A_i = \{$第 i 个元件正常工作$\}(i=1,2,3,4)$，$A = \{$系统正常工作$\}$. 因该系统由两条线路并联构成，故当且仅当至少有一条线路中的两个元件均正常工作时，这一系统才可正常工作，则

$$A = A_1A_2 \bigcup A_3A_4.$$

由各元件的独立性可知，该系统正常工作的可能性为

$$P(A) = P(A_1A_2 \bigcup A_3A_4) = P(A_1A_2) + P(A_3A_4) - P(A_1A_2A_3A_4)$$
$$= p_1p_2 + p_3p_4 - p_1p_2p_3p_4.$$

12.2　随机变量及其分布

上一节已经学习了随机事件及其概率，发现每一个随机事件都可以用一个变量取一个数值来表示.例如，投掷一枚硬币，可能出现正面朝上，也可能出现反面朝上，我们约定出现正面朝上用 $X=1$ 来表示，反面朝上用 $X=0$ 来表示.任意的随机事件都可用变量取某一个值来表示，变量的取值表示随机试验的某一种结果，我们把这种变量称为**随机变量**.随机变量一般用大写英文字母 X,Y,Z 等来表示.

12.2.1　离散型随机变量的分布律

定义 1　在样本空间 Ω 上,若随机变量只有有限个或可列无穷多个取值,则称这种随机变量为离散型随机变量.

要想研究离散型随机变量的统计规律,需要知道离散型随机变量的所有取值以及每一个可能取值的概率.

设离散型随机变量 X 的所有可能取值为 $x_k(k=1,2,\cdots)$,X 取各个可能值 x_k 的概率为
$$P\{X=x_k\}=p_k \quad (k=1,2,\cdots),$$
上式称为离散型随机变量 X 的概率分布或分布律.离散型随机变量的分布律也可用表格形式来表示(见表 12-2).

表 12-2

X	x_1	x_2	$\cdots$	x_k	$\cdots$
P	p_1	p_2	$\cdots$	p_k	$\cdots$

由概率的定义可知,任意离散型随机变量的分布律具有以下两个性质:

(1) $p_k \geqslant 0(k=1,2,\cdots)$;

(2) $\sum\limits_{k=1}^{\infty} p_k = 1.$

例 1　在某个射击活动中,活动规则是选手射击一次,如果命中则停止射击,否则继续射击直到命中为止,如果子弹打光也未命中同样停止射击.已知某选手每次射击的命中率为 p,他共有 5 发子弹,试列出他停止射击时用去子弹数的分布律.

解　记 X 表示该选手停止射击时用去的子弹数,则 X 的所有可能取值为 $1,2,3,4,5$.又
$$P\{X=k\}=p(1-p)^{k-1} \quad (k=1,2,3,4), \quad P\{X=5\}=(1-p)^4,$$
所以 X 的分布律如表 12-3 所示.

表 12-3

X	1	2	3	4	5
P	p	$p(1-p)$	$p(1-p)^2$	$p(1-p)^3$	$(1-p)^4$

12.2.2　离散型随机变量的常见概率分布

1.二项分布

若随机变量 X 的分布律为
$$P\{X=k\}=\mathrm{C}_n^k p^k (1-p)^{n-k} \quad (k=0,1,2,\cdots,n),$$
其中 $0<p<1$,n 为正整数,则称 X 服从参数为 n,p 的二项分布,记作 $X \sim B(n,p)$.

动态演示:二项分布的
概率计算器

例 2 已知某种鸭未接种疫苗时感染某种传染病的概率为 0.3,现有甲、乙两种疫苗,若疫苗甲注射给 9 只健康鸭后无一只感染传染病,疫苗乙注射给 25 只健康鸭后仅有一只感染传染病,那么能否初步估计哪种疫苗较为有效?

解 若疫苗甲完全无效,则注射疫苗后每只鸭感染的概率仍为 0.3,故 9 只鸭都未感染的概率为

$$(1-0.3)^9 \approx 0.04.$$

若疫苗乙完全无效,则注射疫苗后 25 只鸭中至多有 1 只感染的概率为

$$(1-0.3)^{25} + C_{25}^1 \times 0.3 \times (1-0.3)^{24} \approx 0.001\ 6.$$

因为 $0.04 > 0.001\ 6$,所以可以初步认为疫苗乙比疫苗甲有效.

2. $0-1$ 分布

在二项分布中,当 $n=1$ 时,k 的取值只有 0 和 1,此时 X 的分布律为

$$P\{X=0\}=1-p, \quad P\{X=1\}=p \quad (0<p<1).$$

它是二项分布的特例,称为参数为 p 的 $0-1$ 分布或两点分布,记作 $X \sim B(1,p)$.

例 3 盒子中有 10 件产品,其中有 7 件合格品,3 件次品.现从中随机抽取一件,若规定取出合格品时随机变量 $X=1$,取出次品时 $X=0$,则 X 的分布律如表 12-4 所示,即

$$X \sim B(1,0.7).$$

表 12-4

X	0	1
P	0.3	0.7

3. 泊松分布

若随机变量 X 的分布律为

$$P\{X=k\}=\frac{\lambda^k e^{-\lambda}}{k!} \quad (k=0,1,2,\cdots),$$

其中 $\lambda>0$ 为常数,则称 X 服从参数为 λ 的泊松(Poisson)分布,记作 $X \sim P(\lambda)$.

易得以下性质:

(1) $P\{X=k\} \geqslant 0 (k=0,1,2,\cdots)$;

(2) $\sum_{k=0}^{\infty} P\{X=k\} = \sum_{k=0}^{\infty} \frac{\lambda^k e^{-\lambda}}{k!} = 1.$

在实际问题中,当一个随机事件,如某电话交换台收到的呼叫次数、来到某公共汽车站的乘客人数、某放射性物质发出的粒子数、显微镜下某区域中的白血球数等,以固定的平均瞬时速率随机且独立地出现时,那么这个事件在单位时间内出现的次数或个数就近似地服从泊松分布.

定理 1(泊松定理) 设 $\lambda>0$ 是一个常数,n 是任意正整数.若 $np_n=\lambda$,则对于任一固定的非负整数 k,有

$$\lim_{n\to\infty}C_n^k p_n^k(1-p_n)^{n-k}=\frac{\lambda^k e^{-\lambda}}{k!}.$$

证明略.

定理 1 表明,当 n 足够大,p 足够小时,二项分布近似于泊松分布,即有

$$C_n^k p^k(1-p)^{n-k}\approx\frac{\lambda^k e^{-\lambda}}{k!}\quad(\lambda=np).$$

上式往往可用于二项分布概率的近似计算.

例 4　某公司现组织 2 500 名员工参加人寿保险,每名员工一年交付保险费用 12 元,如果一年内员工发生重大疾病,保险公司赔付该员工赔偿金 2 000 元.设一年内每名员工发生重大疾病的概率均为 0.002,问:保险公司是否会亏本?

解　设该公司一年内发生重大疾病的人数为 X,则 $X\sim B(2\,500,0.002)$.如果保险公司亏本,那么应有 $2\,000X>12\times2\,500$,即 $X>15$.因为 $n=2\,500$,$p=0.002$,所以可用泊松分布近似计算.当 $\lambda=np=5$ 时,有

$$P\{X>15\}=\sum_{k=16}^{2\,500}\frac{5^k}{k!}e^{-5}\approx0.000\,069.$$

结果表明,保险公司亏本的概率为 0.000 069,非常小,几乎不可能发生,故可认为保险公司不会亏本.

像上述这种概率很小的事件称为 **小概率事件**.小概率事件的意义重大,因为有这样一个推理,小概率事件被认为是很难发生的,但如果在一次抽样试验中,它发生了,说明这件事违反常理,进一步说明假设不成立.这就是小概率反证法.

12.2.3　随机变量的分布函数

在实际生活中,如一天内的气温、某电子元件的使用寿命等,这些值是充满某个区间或区域的,所以我们需要去研究随机变量在某个区间段 $[x_1,x_2]$ 内的概率,现引入下述定义.

定义 2　设 X 是随机变量,对于任意实数 x,事件 $\{X\leqslant x\}$ 的概率 $P\{X\leqslant x\}$ 称为 X 的 **分布函数**,记作 $F(x)$,即

$$F(x)=P\{X\leqslant x\}.$$

分布函数可用于研究随机变量在某区间内取值的概率,即对于任意实数 $x_1,x_2(x_1<x_2)$,有

$$P\{x_1<X\leqslant x_2\}=P\{X\leqslant x_2\}-P\{X\leqslant x_1\}=F(x_2)-F(x_1).$$

如果已知随机变量的分布函数,则可以求出它落在任一区间上的概率.从这个意义上来看,分布函数完整地描述了随机变量的统计规律性.分布函数 $F(x)$ 是一个关于 x 的实值函数.

从概率的性质容易看出,任意一个随机变量的分布函数具有以下性质:

(1) 单调性　若 $x_1<x_2$,则 $F(x_1)\leqslant F(x_2)$;

(2) 非负有界性　$0\leqslant F(x)\leqslant1$;

(3) 右连续性　$F(x+0)=F(x)$;

(4) 归一性　$F(-\infty)=\lim_{x\to-\infty}F(x)=0$,$F(+\infty)=\lim_{x\to+\infty}F(x)=1$.

例 5　设盒中有 2 个白球和 3 个红球,从中随机抽取 3 个球.记随机变量 X 表示抽取的球中白球的个数,求 X 的分布函数.

解　随机变量 X 的所有可能取值为 $0,1,2$,它的分布律如表 $12-5$ 所示.

表 $12-5$

X	0	1	2
P	0.1	0.6	0.3

于是,X 的分布函数为

$$F(x)=P\{X\leqslant x\}=\begin{cases}0, & x<0, \\ P\{X=0\}, & 0\leqslant x<1, \\ P\{X=1\}+P\{X=0\}, & 1\leqslant x<2, \\ 1, & x\geqslant 2,\end{cases}$$

即

$$F(x)=\begin{cases}0, & x<0, \\ 0.1, & 0\leqslant x<1, \\ 0.7, & 1\leqslant x<2, \\ 1, & x\geqslant 2.\end{cases}$$

例 6　设随机变量 X 的分布函数为

$$F(x)=\begin{cases}0, & x\leqslant 0, \\ Ax^2, & 0<x\leqslant 1, \\ 1, & x>1,\end{cases}$$

求常数 A 及 $P\{0.5<X\leqslant 0.8\}$.

解　根据分布函数的右连续性有 $F(1+0)=F(1)$,得 $A=1$,则

$$F(x)=\begin{cases}0, & x\leqslant 0, \\ x^2, & 0<x\leqslant 1, \\ 1, & x>1.\end{cases}$$

于是

$$P\{0.5<X\leqslant 0.8\}=F(0.8)-F(0.5)=0.8^2-0.5^2=0.39.$$

下面给出离散型随机变量的分布函数与分布律之间的关系.设 X 是一个离散型随机变量,它的分布律为

$$P\{X=x_k\}=p_k \quad (k=1,2,\cdots),$$

由概率的可加性得 X 的分布函数为

$$F(x)=P\{X\leqslant x\}=\sum_{x_k\leqslant x}P\{X=x_k\}=\sum_{x_k\leqslant x}p_k.$$

注　$F(x)$ 是一个右连续、阶梯状的函数,在 $x=x_k$ 处有跳跃,其跳跃度为 $P\{X=x_k\}=p_k$.

12.2.4 连续型随机变量的概率密度

前面已经对离散型随机变量做了研究,下面我们将研究另一种重要的随机变量 —— 连续型随机变量.

定义 3 对于随机变量 X 的分布函数 $F(x)$,如果存在一个非负可积函数 $f(x)$,使得对于任意实数 x,都有

$$F(x) = \int_{-\infty}^{x} f(t)\,\mathrm{d}t,$$

则称 X 为连续型随机变量,其中函数 $f(x)$ 称为 X 的概率密度函数,简称概率密度.

由分布函数的性质,连续型随机变量的概率密度 $f(x)$ 具有以下性质:

(1) 非负性 $f(x) \geqslant 0$;

(2) 规范性 $\int_{-\infty}^{+\infty} f(x)\,\mathrm{d}x = 1$;

(3) $P\{x_1 < X \leqslant x_2\} = \int_{x_1}^{x_2} f(x)\,\mathrm{d}x$;

(4) 若函数 $f(x)$ 在点 x 处连续,则 $F'(x) = f(x)$.

动态演示:概率密度函数和分布函数的关系

例 7 已知连续型随机变量 X 的概率密度为 $f(x) = \begin{cases} ax^2, & 0 < x < 1, \\ 0, & \text{其他}, \end{cases}$ 求:

(1) 常数 a;

(2) X 的分布函数 $F(x)$;

(3) $P\left\{\dfrac{1}{3} < X \leqslant \dfrac{1}{2}\right\}$.

解 (1) 因为

$$\int_{-\infty}^{+\infty} f(x)\,\mathrm{d}x = \int_0^1 ax^2\,\mathrm{d}x = \frac{a}{3} = 1,$$

所以 $a = 3$.

(2) 当 $x \leqslant 0$ 时,

$$F(x) = 0;$$

当 $0 < x < 1$ 时,

$$F(x) = \int_0^x 3t^2\,\mathrm{d}t = x^3;$$

当 $x \geqslant 1$ 时,

$$F(x) = 1.$$

因此,

$$F(x) = \begin{cases} 0, & x \leqslant 0, \\ x^3, & 0 < x < 1, \\ 1, & x \geqslant 1. \end{cases}$$

(3) $P\left\{\dfrac{1}{3} < X \leqslant \dfrac{1}{2}\right\} = F\left(\dfrac{1}{2}\right) - F\left(\dfrac{1}{3}\right) = \dfrac{1}{8} - \dfrac{1}{27} = \dfrac{19}{216}.$

例 8 已知连续型随机变量 X 的分布函数为 $F(x)=\begin{cases} a\,\mathrm{e}^x, & x\leqslant 0, \\ b, & 0<x\leqslant 1, \\ 1-a\,\mathrm{e}^{-(x-1)}, & x>1, \end{cases}$ 求：

(1) 常数 a,b;

(2) X 的概率密度 $f(x)$;

(3) $P\left\{X>\dfrac{1}{3}\right\}$.

解 (1) 根据连续型随机变量的分布函数的连续性可知

$$a=b,\quad b=1-a,$$

解得 $a=b=\dfrac{1}{2}$.

(2) $f(x)=F'(x)=\begin{cases} \dfrac{1}{2}\mathrm{e}^x, & x\leqslant 0, \\ 0, & 0<x\leqslant 1, \\ \dfrac{1}{2}\mathrm{e}^{-(x-1)}, & x>1. \end{cases}$

(3) $P\left\{X>\dfrac{1}{3}\right\}=1-P\left\{X\leqslant\dfrac{1}{3}\right\}=1-F\left(\dfrac{1}{3}\right)=\dfrac{1}{2}$.

例 9 已知某电子元件的使用寿命 X(单位：h) 为连续型随机变量，其概率密度为

$$f(x)=\begin{cases} \dfrac{c}{x^2}, & x>1\,000, \\ 0, & \text{其他}. \end{cases}$$

(1) 求常数 c.

(2) 求 $P\{X\leqslant 1\,700 \mid 1\,500<X<2\,000\}$.

(3) 已知某设备装有 3 个独立工作的这种电子元件，求在使用的最初 $1\,500$ h 内只有一个元件损坏的概率.

解 (1) 因为

$$\int_{-\infty}^{+\infty}f(x)\mathrm{d}x=\int_{1\,000}^{+\infty}\frac{c}{x^2}\mathrm{d}x=\frac{c}{1\,000}-0=1,$$

所以 $c=1\,000$.

(2) $P\{X\leqslant 1\,700 \mid 1\,500<X<2\,000\}=\dfrac{P\{X\leqslant 1\,700 \text{且} 1\,500<X<2\,000\}}{P\{1\,500<X<2\,000\}}$

$=\dfrac{P\{1\,500<X\leqslant 1\,700\}}{P\{1\,500<X<2\,000\}}=\dfrac{\displaystyle\int_{1\,500}^{1\,700}\frac{1\,000}{x^2}\mathrm{d}x}{\displaystyle\int_{1\,500}^{2\,000}\frac{1\,000}{x^2}\mathrm{d}x}$

$=\dfrac{\dfrac{4}{51}}{\dfrac{1}{6}}=\dfrac{8}{17}$.

（3）记事件 $A = \{$一个电子元件的使用寿命小于 1 500 h$\}$，则

$$P(A) = P\{0 \leqslant X < 1\ 500\} = \int_0^{1\ 500} f(x)\mathrm{d}x = \int_{1\ 000}^{1\ 500} \frac{1\ 000}{x^2}\mathrm{d}x = \frac{1}{3}.$$

记 Y 表示 3 个电子元件在使用的最初 1 500 h 内损坏的个数，则 $Y \sim B\left(3, \frac{1}{3}\right)$，所以

$$P\{Y = 1\} = \mathrm{C}_3^1 \times \frac{1}{3} \times \left(\frac{2}{3}\right)^2 = \frac{4}{9}.$$

12.2.5　连续型随机变量的常见概率分布

1. 均匀分布

如果连续型随机变量 X 在有限区间 $[a, b]$ 上取值，且其概率密度为

$$f(x) = \begin{cases} \dfrac{1}{b-a}, & a \leqslant x \leqslant b, \\ 0, & \text{其他}, \end{cases}$$

则称随机变量 X 在区间 $[a, b]$ 上服从均匀分布，记作 $X \sim U[a, b]$.

易求得服从均匀分布的随机变量 X 的分布函数为

$$F(x) = \begin{cases} 0, & x < a, \\ \dfrac{x-a}{b-a}, & a \leqslant x < b, \\ 1, & x \geqslant b. \end{cases}$$

例 10　设某公共汽车站每隔 5 min 有一辆汽车到站，某乘客到达汽车站的时间是任意的，求该乘客候车时间不超过 3 min 的概率.

解　设乘客候车时间为 X，则 $X \sim U[0, 5]$，于是 X 的概率密度为

$$f(x) = \begin{cases} \dfrac{1}{5}, & 0 \leqslant x \leqslant 5, \\ 0, & \text{其他}. \end{cases}$$

所以

$$P\{0 \leqslant X \leqslant 3\} = \int_0^3 \frac{\mathrm{d}x}{5} = \frac{3}{5}.$$

2. 指数分布

如果连续型随机变量 X 的概率密度为

$$f(x) = \begin{cases} \lambda \mathrm{e}^{-\lambda x}, & x > 0, \\ 0, & x \leqslant 0, \end{cases}$$

其中 $\lambda > 0$ 为常数，则称 X 服从参数为 λ 的指数分布，记作 $X \sim E(\lambda)$.

易求得服从指数分布的随机变量 X 的分布函数为

$$F(x) = \begin{cases} 1 - \mathrm{e}^{-\lambda x}, & x > 0, \\ 0, & x \leqslant 0. \end{cases}$$

例 **11** 设某电子元件的使用寿命 X（单位：年）服从参数为 3 的指数分布.

（1）求该电子元件使用寿命超过 2 年的概率.

（2）已知该电子元件已使用了 1.5 年，求它还能使用 2 年以上的概率.

解 依题意，X 的概率密度为

$$f(x) = \begin{cases} 3e^{-3x}, & x > 0, \\ 0, & x \leqslant 0. \end{cases}$$

（1）$P\{X \geqslant 2\} = \int_2^{+\infty} 3e^{-3x}\,dx = e^{-6}.$

（2）$P\{X \geqslant 3.5 \mid X \geqslant 1.5\} = \dfrac{P\{X \geqslant 3.5 \text{ 且 } X \geqslant 1.5\}}{P\{X \geqslant 1.5\}} = \dfrac{P\{X \geqslant 3.5\}}{P\{X \geqslant 1.5\}}$

$$= \frac{\displaystyle\int_{3.5}^{+\infty} 3e^{-3x}\,dx}{\displaystyle\int_{1.5}^{+\infty} 3e^{-3x}\,dx} = e^{-6}.$$

3. 正态分布

如果连续型随机变量 X 的概率密度为

$$f(x) = \frac{1}{\sqrt{2\pi}\,\sigma} e^{-\frac{(x-\mu)^2}{2\sigma^2}} \quad (-\infty < x < +\infty),$$

其中 μ, σ 均为常数，且 $\sigma > 0$，则称 X 服从参数为 μ, σ 的正态分布，记作 $X \sim N(\mu, \sigma^2)$.

正态分布是最常见、最重要的一种分布. 如果随机变量受众多相互独立的随机因素影响，且每一因素的影响都是微小的，则这种随机变量就服从正态分布. 正态分布的特点决定了它有众多应用，很多实际问题中的随机变量都服从或近似服从正态分布，如测量误差，人的身高、体重，考试成绩，正常情况下工厂生产的产品尺寸等.

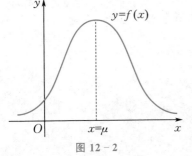

图 12-2

正态分布的概率密度 $f(x)$ 的图形如图 12-2 所示，它具有以下性质：

（1）曲线关于 $x = \mu$ 对称，即 $f(\mu + x) = f(\mu - x)$. 当 $x = \mu$ 时，$f(x)$ 取得最大值 $\dfrac{1}{\sqrt{2\pi}\,\sigma}$.

（2）当 μ 固定时，σ 的值越小，函数图形就越尖陡；σ 的值越大，函数图形就越平坦.

设 $X \sim N(\mu, \sigma^2)$，当 $\mu = 0, \sigma = 1$ 时，称 X 服从标准正态分布，记作 $X \sim N(0, 1)$. 标准正态分布的概率密度为

$$\varphi(x) = \frac{1}{\sqrt{2\pi}} e^{-\frac{x^2}{2}} \quad (-\infty < x < +\infty),$$

其分布函数为

$$\Phi(x) = \int_{-\infty}^{x} \frac{1}{\sqrt{2\pi}} e^{-\frac{t^2}{2}}\,dt \quad (-\infty < x < +\infty).$$

标准正态分布函数满足

$$\Phi(-x) = 1 - \Phi(x).$$

一般地,若 $X \sim N(\mu, \sigma^2)$,则可以通过令 $Z = \dfrac{X-\mu}{\sigma}$ 来使正态分布标准化,即 $Z = \dfrac{X-\mu}{\sigma} \sim$ $N(0,1)$. 于是,X 的分布函数可以写成

$$F(x) = P\{X \leqslant x\} = P\left\{\frac{X-\mu}{\sigma} \leqslant \frac{x-\mu}{\sigma}\right\} = \Phi\left(\frac{x-\mu}{\sigma}\right).$$

对于任意区间 $(x_1, x_2]$,有

$$P\{x_1 < X \leqslant x_2\} = P\left\{\frac{x_1 - \mu}{\sigma} < \frac{X-\mu}{\sigma} \leqslant \frac{x_2 - \mu}{\sigma}\right\}$$

$$= \Phi\left(\frac{x_2 - \mu}{\sigma}\right) - \Phi\left(\frac{x_1 - \mu}{\sigma}\right).$$

结合上述讨论,可求得正态分布在任意区间内的概率.

例12 已知 $X \sim N(1, 2^2)$,求 $P\{|X-2| < 1\}$.

解 因为 $\mu = 1, \sigma = 2$,所以

$$P\{|X-2| < 1\} = P\{1 < X < 3\} = P\left\{\frac{1-1}{2} < \frac{X-1}{2} < \frac{3-1}{2}\right\}$$

$$= \Phi(1) - \Phi(0) = 0.841\ 3 - 0.500\ 0$$

$$= 0.341\ 3.$$

为了便于今后在数理统计中的应用,对于标准正态随机变量,引入上 α 分位点的概念.

设 $X \sim N(0,1)$,对于给定的正数 $\alpha(0 < \alpha < 1)$,称满足条件

$$P\{X > z_\alpha\} = \alpha$$

的点 z_α 为标准正态分布的上 α 分位点(见图 12-3).

另外,由图形的对称性可知,

$$z_{1-\alpha} = -z_\alpha.$$

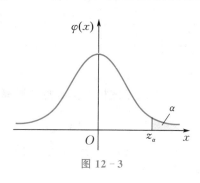

图 12-3

12.2.6 随机变量函数的分布

在实际问题中经常会遇到以随机变量为自变量而构成的函数. 设 $y = g(x)$ 是连续函数,X 为定义在样本空间上的随机变量,令 $Y = g(X)$,那么 Y 也是一个定义在同一个样本空间上的随机变量,且是 X 的函数. 如果 X 是离散型随机变量,那么 Y 也是离散型随机变量;如果 X 是连续型随机变量,那么 Y 也是连续型随机变量.

1. 离散型随机变量函数的分布

设离散型随机变量 X 的分布律如表 12-6 所示,$y = g(x)$ 是连续函数,那么随机变量 X 的函数 $Y = g(X)$ 也是一个离散型随机变量,且 Y 的分布律如表 12-7 所示.

表 12 - 6

X	x_1	x_2	...	x_k	...
P	p_1	p_2	...	p_k	...

表 12 - 7

Y	$g(x_1)$	$g(x_2)$	...	$g(x_k)$	...
P	p_1	p_2	...	p_k	...

如果表 12 - 7 中 $g(x_1),g(x_2),\cdots,g(x_k),\cdots$ 的值有相等的,则应将相等的值合并,同时把对应的概率相加,归并后的表格就是 $Y=g(X)$ 的分布律.

例 13 设离散型随机变量 X 的分布律如表 12 - 8 所示,试求随机变量 $Y=(X-1)^2$ 的分布律.

表 12 - 8

X	-1	0	1	2	3
P	0.2	0.1	0.1	0.3	0.3

解 $Y=(X-1)^2$ 的所有可能取值为 $0,1,4$,列出其分布律如表 12 - 9 所示.

表 12 - 9

Y	0	1	4
P	0.1	0.4	0.5

2. 连续型随机变量函数的概率分布

定理 2 设连续型随机变量 X 的概率密度为 $f_X(x),x \in (a,b),y=g(x)$ 在区间 (a,b) 内严格单调,且其反函数 $g^{-1}(y)$ 具有连续导数,则 $Y=g(X)$ 也是连续型随机变量,其概率密度为

$$f_Y(y) = \begin{cases} f_X[g^{-1}(y)]\,|\,[g^{-1}(y)]'|, & \alpha < y < \beta, \\ 0, & \text{其他}, \end{cases}$$

其中 $\alpha = \min\{g(a),g(b)\}, \beta = \max\{g(a),g(b)\}$.

例 14 设随机变量 $X \sim E(2)$,求随机变量 $Y=-3X+2$ 的概率密度.

解 由 $X \sim E(2)$ 知 X 的概率密度为

$$f_X(x) = \begin{cases} 2\mathrm{e}^{-2x}, & x > 0, \\ 0, & x \leqslant 0, \end{cases}$$

$y=-3x+2$ 在 $(0,+\infty)$ 上单调递减,其反函数为 $x=\dfrac{2-y}{3}$,由定理 2 得 $Y=-3X+2$ 的概率密度为

$$f_Y(y) = \begin{cases} f_X\left(\dfrac{2-y}{3}\right)\left|\left(\dfrac{2-y}{3}\right)'\right|, & \dfrac{2-y}{3} > 0, \\ 0, & \dfrac{2-y}{3} \leqslant 0 \end{cases}$$

$$= \begin{cases} \dfrac{2}{3}\mathrm{e}^{\frac{2y-4}{3}}, & y < 2, \\ 0, & y \geqslant 2. \end{cases}$$

12.3　随机变量的数字特征

12.3.1　数学期望

定义 1　设离散型随机变量 X 的分布律为
$$P\{X = x_k\} = p_k \quad (k = 1, 2, \cdots).$$
若级数 $\displaystyle\sum_{k=1}^{\infty} x_k p_k$ 绝对收敛,则称该级数的和为随机变量 X 的**数学期望**,记作 $E(X)$,即
$$E(X) = \sum_{k=1}^{\infty} x_k p_k.$$

定义 2　设连续型随机变量 X 的概率密度为 $f(x)$. 若广义积分 $\displaystyle\int_{-\infty}^{+\infty} x f(x)\mathrm{d}x$ 绝对收敛,则称该广义积分的值为随机变量 X 的**数学期望**,记作 $E(X)$,即
$$E(X) = \int_{-\infty}^{+\infty} x f(x)\mathrm{d}x.$$

关于数学期望 $E(X)$ 的定义有以下几点说明:

(1) $E(X)$ 是一个实数,而非变量. 它是一种加权平均,与一般平均值不同的是,它从本质上体现了随机变量 X 所取可能值的真正平均值,也称为**均值**.

(2) $E(X)$ 完全由随机变量 X 的概率分布所确定,若 X 服从某一分布,也称 $E(X)$ 是这一分布的数学期望.

(3) 级数的绝对收敛性保证了级数和不随级数中各项次序的改变而改变,这样要求是因为 $E(X)$ 是反映随机变量 X 所取可能值的平均值,它不应随可能值排列次序的改变而改变.

例 1　有甲、乙两位射手,他们每次打靶命中环数 X,Y 的分布律分别如表 12-10 和表 12-11 所示(单位:环). 问:甲、乙两位射手谁的射击水平较高?

表 12-10

X	8	9	10
P	0.3	0.1	0.6

表 12 - 11

Y	8	9	10
P	0.2	0.5	0.3

解 "射击水平高低"一般用平均命中环数来反映,即只要对他们的平均命中环数进行比较即可.于是,可得

$$E(X) = 8 \times 0.3 + 9 \times 0.1 + 10 \times 0.6 = 9.3(环),$$
$$E(Y) = 8 \times 0.2 + 9 \times 0.5 + 10 \times 0.3 = 9.1(环).$$

因 $E(X) > E(Y)$,故可认为甲射手的射击水平较高.

例 2 一袋中有 12 个零件,其中 9 个合格品,3 个废品.安装机器时,从袋中一个一个地取出零件(取出后不放回).设在取出第一个合格品之前已取出的废品数为随机变量 X,求 $E(X)$.

解 X 的所有可能取值为 $0,1,2,3$,易知

$$P\{X = 0\} = \frac{9}{12} = \frac{3}{4},$$

$$P\{X = 1\} = \frac{3}{12} \times \frac{9}{11} = \frac{9}{44},$$

$$P\{X = 2\} = \frac{3}{12} \times \frac{2}{11} \times \frac{9}{10} = \frac{9}{220},$$

$$P\{X = 3\} = \frac{3}{12} \times \frac{2}{11} \times \frac{1}{10} \times \frac{9}{9} = \frac{1}{220},$$

于是 X 的分布律如表 12 - 12 所示.

表 12 - 12

X	0	1	2	3
P	$\frac{3}{4}$	$\frac{9}{44}$	$\frac{9}{220}$	$\frac{1}{220}$

因此

$$E(X) = 0 \times \frac{3}{4} + 1 \times \frac{9}{44} + 2 \times \frac{9}{220} + 3 \times \frac{1}{220} = \frac{3}{10}.$$

例 3 考虑用血液检测的方法在人群中普查某种疾病.现有以下两种方案:

方案一,逐个化验.

方案二,每 10 人一组,把这 10 个人的血液样本混合起来进行化验.若结果为阴性,则这 10 个人只须化验 1 次;若结果为阳性,则须对这 10 个人再逐一化验,总计化验 11 次.

假定人群中这种疾病的患病率为 2%,且每人患病与否相互独立.现该地区的某单位决定对 4 000 名职工进行抽血化验,试问哪种方案较好?

解 若执行方案一,则需要化验 4 000 次.

若执行方案二,记 X 表示 4 000 人所需化验的次数,将这 4 000 人分成 400 组,每组 10

人,令 X_i 表示第 i 组所需化验的次数 $(i=1,2,\cdots,400)$. 易知 $X=\sum\limits_{i=1}^{400}X_i$,其中 $X_i(i=1,$ $2,\cdots,400)$ 相互独立同分布,且 X_i 的分布律如表 $12-13$ 所示.

表 12-13

X_i	1	11
P	0.98^{10}	$1-0.98^{10}$

因此
$$E(X_i)=1\times0.98^{10}+11\times(1-0.98^{10})\approx2.83,$$
$$E(X)=E\Big(\sum_{i=1}^{400}X_i\Big)=400\times2.83=1\,132.$$

由此可知,方案二需要化验次数为 $1\,132$,远小于方案一所需化验次数,故方案二较好.

例 4 按规定,某公交车站每天 8 点至 9 点和 9 点至 10 点都恰有一趟公交车到站,各车到站时刻是随机的,且各公交车到站时刻相互独立,其分布律如表 $12-14$ 所示.设某乘客 8:20 到站,求该乘客候车时间的数学期望.

表 12-14

到站时刻	8:10,9:10	8:30,9:30	8:50,9:50
概率	0.2	0.4	0.4

解 设乘客的候车时间(单位:min)为 X.该乘客 8:20 到站,假设 8 点到 9 点的一趟车已于 8:10 开走,第二趟车 9:10 到,则他候车的时间为 50 min,对应的概率为事件"$A=\{$第一趟车 8:10 开走$\}$,$B=\{$第二趟车 9:10 到$\}$"所发生的概率,即
$$P\{X=50\}=P(AB)=P(A)P(B)=0.2\times0.2=0.04.$$
该乘客其余候车时间对应的概率可类似得到,于是候车时间 X 的分布律如表 $12-15$ 所示.

表 12-15

X	10	30	50	70	90
P	0.4	0.4	0.04	0.08	0.08

因此,该乘客候车时间的数学期望为
$$E(X)=10\times0.4+30\times0.4+50\times0.04+70\times0.08+90\times0.08=30.8(\text{min}).$$

例 5 设在某一规定的时间内,一电气设备在最大负荷下工作的时间 X(单位:min)是一个随机变量,其概率密度为
$$f(x)=\begin{cases}\dfrac{x}{1\,500^2}, & 0\leqslant x\leqslant1\,500,\\[2mm]\dfrac{3\,000-x}{1\,500^2}, & 1\,500<x\leqslant3\,000,\\[2mm]0, & \text{其他},\end{cases}$$

求 $E(X)$.

解　由已知可得

$$E(X) = \int_{-\infty}^{+\infty} x f(x) \mathrm{d}x = \int_0^{1\,500} x \cdot \frac{x}{1\,500^2} \mathrm{d}x + \int_{1\,500}^{3\,000} x \cdot \frac{3\,000 - x}{1\,500^2} \mathrm{d}x$$

$$= \frac{x^3}{3 \times 1\,500^2} \bigg|_0^{1\,500} + \frac{4\,500 x^2 - x^3}{3 \times 1\,500^2} \bigg|_{1\,500}^{3\,000} = 1\,500\,(\mathrm{min}).$$

例 6　设随机变量 $X \sim P(\lambda)$，求 $E(X)$.

解　由题意知 X 的分布律为

$$P\{X = k\} = \frac{\lambda^k \mathrm{e}^{-\lambda}}{k!} \quad (k = 0, 1, 2, \cdots),$$

其中 $\lambda > 0$ 为常数，故 X 的数学期望为

$$E(X) = \sum_{k=0}^{\infty} k \frac{\lambda^k \mathrm{e}^{-\lambda}}{k!} = \lambda \mathrm{e}^{-\lambda} \sum_{k=1}^{\infty} \frac{\lambda^{k-1}}{(k-1)!} = \lambda \mathrm{e}^{-\lambda} \cdot \mathrm{e}^{\lambda} = \lambda.$$

例 7　设随机变量 $X \sim U[a, b]$，求 $E(X)$.

解　由题意知 X 的概率密度为

$$f(x) = \begin{cases} \dfrac{1}{b-a}, & a \leqslant x \leqslant b, \\ 0, & \text{其他}, \end{cases}$$

故

$$E(X) = \int_{-\infty}^{+\infty} x f(x) \mathrm{d}x = \int_a^b \frac{x}{b-a} \mathrm{d}x = \frac{a+b}{2},$$

即 X 的数学期望位于区间 $[a, b]$ 的中点.

定理 1　设 Y 是随机变量 X 的函数 $Y = g(X)$，其中 g 是连续函数.

(1) 设 X 是离散型随机变量，其分布律为

$$P\{X = x_k\} = p_k \quad (k = 1, 2, \cdots).$$

若级数 $\displaystyle\sum_{k=1}^{\infty} g(x_k) p_k$ 绝对收敛，则有

$$E(Y) = E[g(X)] = \sum_{k=1}^{\infty} g(x_k) p_k.$$

(2) 设 X 是连续型随机变量，其概率密度为 $f(x)$. 若广义积分 $\displaystyle\int_{-\infty}^{+\infty} g(x) f(x) \mathrm{d}x$ 绝对收敛，则有

$$E(Y) = E[g(X)] = \int_{-\infty}^{+\infty} g(x) f(x) \mathrm{d}x.$$

定理 1 的重要意义在于求 $E(Y)$ 时，不必算出 Y 的分布律或概率密度，而只须利用 X 的分布律或概率密度即可.

例 8　设随机变量 X 的分布律如表 12-16 所示,求随机变量 $Y=X^2$ 的数学期望.

表 12-16

X	-1	0	1
P	$\dfrac{1}{3}$	$\dfrac{1}{3}$	$\dfrac{1}{3}$

解　根据定理 1 可得

$$E(Y)=(-1)^2\times\frac{1}{3}+0^2\times\frac{1}{3}+1^2\times\frac{1}{3}=\frac{2}{3}.$$

例 9　某公司经销某种原料,根据历史统计资料可知,这种原料的市场需求量 X(单位:t)服从[300,500]上的均匀分布.每售出 1 t 该原料,公司可获利 1.5 千元;每积压 1 t 该原料,公司损失 0.5 千元.问:该公司应该组织多少货源,可使期望的利润最大?

解　设该公司组织货源 a t,其中 $300\leqslant a\leqslant 500$,利润 Y 是需求量 X 的函数,即 $Y=g(X)$.由题设条件可知,

当 $X\geqslant a$ 时,此时 a t 货源全部售出,共获利 $1.5a$ 千元;

当 $X<a$ 时,则售出 X t 且还有 $(a-X)$t 积压,此时共获利 $1.5X-0.5(a-X)=(2X-0.5a)$ 千元,从而得

$$Y=g(X)=\begin{cases}1.5a, & a\leqslant X\leqslant 500,\\ 2X-0.5a, & 300\leqslant X<a.\end{cases}$$

因 $X\sim U[300,500]$,故 X 的概率密度为 $f(x)=\begin{cases}\dfrac{1}{200}, & 300\leqslant x\leqslant 500,\\ 0, & 其他,\end{cases}$ 则

$$\begin{aligned}E(Y)&=\int_{-\infty}^{+\infty}g(x)f(x)\mathrm{d}x=\int_{300}^{500}\frac{g(x)}{200}\mathrm{d}x\\ &=\int_{300}^{a}\frac{2x-0.5a}{200}\mathrm{d}x+\int_{a}^{500}\frac{1.5a}{200}\mathrm{d}x\\ &=\frac{1}{200}(-a^2+900a-300^2).\end{aligned}$$

由此可知 $E(Y)$ 是 a 的二次函数,用求极值的方法可以求得,当 $a=450$ 时,$E(Y)$ 达到最大,且最大值为 562.5.因此,该公司应组织 450 t 货源可使期望利润最大为 562.5 千元.

设随机变量 X,Y 的数学期望 $E(X),E(Y)$ 均存在,则以下几条性质均成立:

(1) 设 C 为常数,则 $E(C)=C$.

(2) 设 C 为常数,则 $E(CX)=CE(X)$.

证　设 X 的概率密度为 $f(x)$,则

$$E(CX)=\int_{-\infty}^{+\infty}Cxf(x)\mathrm{d}x=C\int_{-\infty}^{+\infty}xf(x)\mathrm{d}x=CE(X).$$

(3) $E(X+Y)=E(X)+E(Y)$.

这一性质可以推广到任意有限个随机变量之和的情形.设随机变量 $X_1,X_2,\cdots,X_n$ 的数学期望均存在,则

$$E(X_1+X_2+\cdots+X_n)=E(X_1)+E(X_2)+\cdots+E(X_n).$$

（4）设 X，Y 为相互独立的随机变量，则有

$$E(XY)=E(X)E(Y).$$

这一性质也可以推广到任意有限个相互独立的随机变量之积的情形. 设 $X_1,X_2,\cdots,X_n$ 为相互独立的随机变量，且数学期望均存在，则

$$E(X_1X_2\cdots X_n)=E(X_1)E(X_2)\cdots E(X_n).$$

12.3.2 方差

前面已介绍了随机变量的数学期望，它表达了随机变量所有可能取值的平均水平，是随机变量的一个重要数字特征，但在有些场合，仅仅求得数学期望还是不够的. 例如，已知某零件的真实长度，现在分别用甲、乙两种仪器各测 10 次，测量结果的数学期望相同，这时仅靠这一数字特征无法评价两种仪器的优劣. 由此可见，研究随机变量与其数学期望的偏离程度是十分必要的. 那么，该用怎样的量去度量这个偏离程度呢？下面引入方差的定义.

定义 3 设 X 是一个随机变量. 若随机变量 $[X-E(X)]^2$ 的数学期望存在，则称 $E\{[X-E(X)]^2\}$ 为 X 的**方差**，记作 $D(X)$，即

$$D(X)=E\{[X-E(X)]^2\}.$$

在应用上引入量 $\sqrt{D(X)}$，记作 $\sigma(X)$，称为 X 的标准差.

方差是一个用来体现随机变量 X 取值分散程度的量. 如果 $D(X)$ 值大，表示 X 取值分散程度大，$E(X)$ 作为随机变量的代表性差；如果 $D(X)$ 值小，表示 X 的取值比较集中，$E(X)$ 作为随机变量的代表性好.

由定义 3 可知，因为方差是随机变量 X 的函数 $h(X)=[X-E(X)]^2$ 的数学期望，所以对于离散型随机变量，有

$$D(X)=\sum_{k=1}^{\infty}[x_k-E(X)]^2p_k,$$

其中 $P\{X=x_k\}=p_k(k=1,2,\cdots)$. 对于连续型随机变量，有

$$D(X)=\int_{-\infty}^{+\infty}[x-E(X)]^2f(x)\mathrm{d}x,$$

其中 $f(x)$ 是 X 的概率密度.

动态练习：离散型随机变量的期望和标准差

由数学期望的性质不难推出

$$D(X)=E(X^2)-[E(X)]^2.$$

例 10 设随机变量 $X\sim B(1,p)$，求 $D(X)$.

解 由题意可知

$$E(X)=0\cdot(1-p)+1\cdot p=p,$$
$$E(X^2)=0^2\cdot(1-p)+1^2\cdot p=p,$$

故

$$D(X)=E(X^2)-[E(X)]^2=p-p^2=p(1-p).$$

例 11 设随机变量 $X \sim P(\lambda)$,求 $D(X)$.

解 由题意知随机变量 X 的分布律为

$$P\{X=k\} = \frac{\lambda^k e^{-\lambda}}{k!} \quad (k=0,1,2,\cdots),$$

其中 $\lambda > 0$ 为常数. 又由例 6 知 $E(X)=\lambda$,而

$$E(X^2) = E[X(X-1)+X] = E[X(X-1)] + E(X)$$
$$= \sum_{k=0}^{\infty} k(k-1) \frac{\lambda^k e^{-\lambda}}{k!} + \lambda = \lambda^2 e^{-\lambda} \sum_{k=2}^{\infty} \frac{\lambda^{k-2}}{(k-2)!} + \lambda$$
$$= \lambda^2 e^{-\lambda} e^{\lambda} + \lambda = \lambda^2 + \lambda,$$

故

$$D(X) = E(X^2) - [E(X)]^2 = \lambda.$$

由此可知,泊松分布的数学期望与方差的值都等于参数 λ.

例 12 设随机变量 $X \sim U[a,b]$,求 $D(X)$.

解 由题意知 X 的概率密度为

$$f(x) = \begin{cases} \dfrac{1}{b-a}, & a \leqslant x \leqslant b, \\ 0, & \text{其他}. \end{cases}$$

又由例 7 知 $E(X) = \dfrac{a+b}{2}$,则

$$D(X) = E(X^2) - [E(X)]^2 = \int_a^b x^2 \cdot \frac{1}{b-a} dx - \left(\frac{a+b}{2}\right)^2 = \frac{(b-a)^2}{12}.$$

例 13 设随机变量 $X \sim E(\lambda)$,求 $D(X)$.

解 由题意得

$$E(X) = \int_{-\infty}^{+\infty} x f(x) dx = \int_0^{+\infty} x \cdot \lambda e^{-\lambda x} dx = \frac{1}{\lambda},$$
$$E(X^2) = \int_{-\infty}^{+\infty} x^2 f(x) dx = \int_0^{+\infty} x^2 \cdot \lambda e^{-\lambda x} dx = \frac{2}{\lambda^2},$$

故

$$D(X) = E(X^2) - [E(X)]^2 = \frac{2}{\lambda^2} - \frac{1}{\lambda^2} = \frac{1}{\lambda^2}.$$

设随机变量 X,Y 的方差 $D(X),D(Y)$ 均存在,则以下几条性质均成立:

(1) 设 C 是常数,则 $D(C)=0$;

(2) 设 C 是常数,则 $D(CX) = C^2 D(X)$,$D(X+C) = D(X)$;

(3) $D(X \pm Y) = D(X) + D(Y) \pm 2E\{[X-E(X)][Y-E(Y)]\}$.

若随机变量 X,Y 相互独立,则

$$D(X \pm Y) = D(X) + D(Y).$$

这一性质可以推广到任意有限个相互独立的随机变量的代数和的情形.

例14 设随机变量 $X \sim B(n,p)$，求 $E(X)$，$D(X)$.

解 在二项分布中，随机变量 X 表示 n 重伯努利(Bernoulli)试验中事件 A 发生的次数，且在每次试验中事件 A 发生的概率为 p，令

$$X_k = \begin{cases} 1, & A \text{ 在第 } k \text{ 次试验中发生}, \\ 0, & A \text{ 在第 } k \text{ 次试验中未发生} \end{cases} \quad (k=1,2,\cdots,n),$$

则 $X = X_1 + X_2 + \cdots + X_n$，且 $X_1, X_2, \cdots, X_n$ 相互独立，其中 $X_k \sim B(1,p)(k=1,2,\cdots,n)$. 于是

$$E(X_k) = p, \quad D(X_k) = p(1-p),$$

故

$$E(X) = E(X_1 + X_2 + \cdots + X_n) = E(X_1) + E(X_2) + \cdots + E(X_n) = np,$$
$$D(X) = D(X_1 + X_2 + \cdots + X_n) = D(X_1) + D(X_2) + \cdots + D(X_n) = np(1-p).$$

例15 设随机变量 $X \sim N(\mu,\sigma^2)$，求 $E(X)$，$D(X)$.

解 先将 X 标准化得 $Z = \dfrac{X-\mu}{\sigma} \sim N(0,1)$，则

$$E(Z) = \frac{1}{\sqrt{2\pi}} \int_{-\infty}^{+\infty} t\,\mathrm{e}^{-\frac{t^2}{2}}\,\mathrm{d}t = 0,$$

$$D(Z) = E(Z^2) - [E(Z)]^2 = \frac{1}{\sqrt{2\pi}} \int_{-\infty}^{+\infty} t^2\,\mathrm{e}^{-\frac{t^2}{2}}\,\mathrm{d}t = 1.$$

因 $X = \mu + \sigma Z$，故

$$E(X) = E(\mu + \sigma Z) = E(\mu) + E(\sigma Z) = \mu,$$
$$D(X) = D(\mu + \sigma Z) = D(\mu) + D(\sigma Z) = \sigma^2 D(Z) = \sigma^2.$$

12.4 Wolfram 语言在概率论中的应用

例1 设某人独立射击 5 000 次，每次的命中率为 0.001. 记 X 表示 5 000 次射击的命中次数，求命中次数为 5 和不少于 1 的概率.

解 输入

```
Prob X=5 for binomial with n=5000 p=.001
```

求得 $P\{X=5\} \approx 0.175\,6$.

输入

```
Prob X > =1 for binomial with n=5000 p=.001
```

求得 $P\{X \geqslant 1\} \approx 0.993\,3$.

例2 设某国每对夫妇的子女数 $X \sim P(2)$，求任意一对夫妇至少有 3 个孩子的概率.

解 输入

```
Prob X >=3 for Poisson with λ=2
```

求得 $P\{X \geqslant 3\} \approx 0.323\ 3$.

例 3　某电子元件的使用寿命 X（单位：年）服从参数为 3 的指数分布，求该电子元件的使用寿命超过 2 年的概率.

解　输入

Prob X >=2 for exp with λ =3

求得 $P\{X \geqslant 2\} \approx 0.002\ 5$.

例 4　设随机变量 $X \sim N(0,1)$，求 $P\{X \leqslant -1.24\}$.

解　输入

Prob X <=-1.24 for standard normal

求得 $P\{X \leqslant -1.24\} \approx 0.107\ 5$.

例 5　设随机变量 $X \sim B(100,0.05)$，求 $E(X)$.

解　输入

mean[binomial distribution(100,0.05)]

求得 $E(X) = 5$.

例 6　设随机变量 $X \sim B(100,0.05)$，求 $D(X)$.

解　输入

variance[binomial distribution(100,0.05)]

求得 $D(X) = 4.75$.

习题 12

1. 写出下列随机试验的样本空间：

(1) 一个盒子中共有 10 件产品，其中 8 件是合格品，2 件是次品. 每次从中任取一件产品，无放回地取两次，记录抽取情况.

(2) 抛掷一枚骰子，记录骰子出现点数都是偶数的情况.

(3) 一盒子里有 10 个球，其中 3 个红球，7 个白球. 每次从中任取一个球，连续从中取出 2 个红球就停止抽取，记录抽取情况.

2. 在一个盒子中有大小相同的 20 个球，其中 10 个红球，10 个白球，求第一次摸出 1 个红球，紧接着第二次摸出 1 个白球的概率.

3. 某种动物活到 20 岁的概率为 0.8，活到 25 岁的概率是 0.4，问：现龄 20 岁的该种动物活到 25 岁的概率是多少？

4. 抛掷两枚骰子，已知点数和为 10，求两枚骰子中第一次抛掷的点数大于第二次抛掷的点数的概率.

5. 把一副扑克的 52 张牌（不含大小王）随机均分给甲、乙、丙、丁四人，记事件 $A = \{$甲分得的 13 张牌中有 6 张梅花$\}$，$B = \{$丙分得的 13 张牌中有 3 张梅花$\}$，求：

(1) $P(B \mid A)$；

(2) $P(A \cap B)$.

6. 抛掷一枚质地均匀的骰子所得的样本空间为 $\Omega = \{1,2,3,4,5,6\}$，记事件 $A = \{2,3,5\}$，$B = \{1,2,4,5,6\}$，求 $P(A)$，$P(B)$，$P(AB)$，$P(A \mid B)$.

7. 某人忘记了电话号码的最后一个数字，因而他只能随意地拨号，求他拨号不超过 3 次而接通所需电话的概率，若他已知最后一个数字是奇数，那么此概率是多少？

8.已知 $P(\overline{B}) = 0.3, P(A) = 0.4, P(B\overline{A}) = 0.5$，求 $P(A \mid B \cup \overline{A})$.

9.抛掷两枚骰子，已知两骰子的点数之和为 8，求其中有一枚骰子点数为 3 的概率.

10.一个兴趣班有 5 名女生，7 名男生，任选 4 名学生，求其中至少包含一名男生的概率.

11.设甲袋中装有 n 只白球、m 只红球，乙袋中装有 N 只白球、M 只红球. 现从甲袋中任取一只球放入乙袋中，再从乙袋中任取一只球，求取到白球的概率.

12.根据统计数据，男性有 5% 是色盲患者，女性有 0.25% 是色盲患者. 现从男女人数相等的人群中随机地挑选一人，恰好是色盲患者，问：此人是男性的概率是多少？

13.有一箱同种类的零件 50 只，其中 10 只一等品. 从该箱中取零件两次，每次任取一只，取后不放回，求第二次取到的零件是一等品的概率.

14.某种产品的商标为"MAXAM"，其中有 2 个字母脱落，有人捡起后随意放回，求放回后仍为"MAXAM"的概率.

15.两公司生产同一批产品，产品合格率分别为 0.8,0.9. 现从这两批产品中各取 1 个产品，设各产品合格率相互独立，求这 2 个产品都合格的概率.

16.从数 1,2,3,4,5 中任取 3 个数，令 X 表示 3 个数中最小者，求 X 的分布律以及 $P\{X \geqslant 4\}$.

17.设某人每次射击击中目标的概率为 0.02，独立射击 100 次，试求他最少两次击中目标的概率.

18.设随机变量 X 的概率密度为 $f(x) = \dfrac{c}{1+x^2}(-\infty < x < +\infty)$，求常数 c 及 $P\{0 \leqslant X \leqslant 1\}$.

19.设随机变量 $X \sim N(0,1)$，求 $P\{2 \leqslant X \leqslant 3\}$ 及 $P\{|X| < 1\}$.

20.设随机变量 X 的分布函数为 $F(x) = \begin{cases} 0, & x \leqslant 0, \\ x^2, & 0 < x \leqslant 1, \\ 1, & x > 1, \end{cases}$ 求：

(1) $P\{X \leqslant 0.4\}$；

(2) $P\{0.2 < X \leqslant 0.7\}$.

21.设成年男子的身高（单位：cm）$X \sim N(170, 10^2)$.

(1) 求成年男子身高大于 160 cm 的概率.

(2) 问：公共汽车的车门至少应设计多高，才能使成年男子上车时撞头的概率不大于 5%？

(3) 在 (2) 求出的车门高度下，求 100 个成年男子上车时，至少有 2 个人撞头的概率.

22.图书馆内某种书一共有 5 本，每本书是否会被借是相互独立的，调查表明在任一周内每本书被借的概率是 0.2，问：在同一周内恰有 2 本书被借的概率是多少？至少有 3 本书被借的概率是多少？

23.甲、乙两人射击，命中率分别为 0.8,0.9. 现两人分别射击 3 次，求两人击中次数相等的概率.

24.设随机变量 X 的概率密度为 $f_X(x) = \begin{cases} e^{-x}, & x \geqslant 0, \\ 0, & x < 0, \end{cases}$ 求随机变量 $Y = e^X$ 的概率密度 $f_Y(y)$.

25.设 X,Y 是相互独立的随机变量，且 $X \sim P(\lambda_1), Y \sim P(\lambda_2)$，证明：$Z = X + Y \sim P(\lambda_1 + \lambda_2)$.

26.设随机变量 X 的概率密度为 $f(x) = \begin{cases} a\mathrm{e}^{-(x+1)}, & 0 < x < 1, \\ 0, & 其他, \end{cases}$ 求：

(1) 常数 a；

(2) X 的分布函数 $F(x)$.

27.设随机变量 $X \sim P(3)$，求 $P\{X \geqslant 2\}$.

28.设随机变量 $X \sim N(2, \sigma^2)$，且 $P\{2 < X < 4\} = 0.3$，求 $P\{X < 0\}$.

29.某年级学生的一次信息技术考试成绩（单位：分）近似服从正态分布 $N(70, 10^2)$，如果规定低于 60 分为不及格，不低于 90 分为优秀，那么成绩不及格的学生约占多少？成绩优秀的学生约占多少？

30.如图 12-4 所示，用 A,B,C 三类不同的元件连接成两个系统 N_1, N_2. 当元件 A,B,C 都正常工作时，系统 N_1 正常工作；当元件 A 正常工作且元件 B,C 至少有一个正常工作时，系统 N_2 正常工作. 已知元件 A,B,C 正常工作的概率依次为 0.8,0.9,0.9，分别求系统 N_1, N_2 正常工作的概率 P_1 和 P_2.

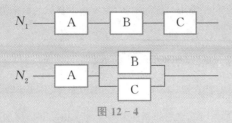

图 12 - 4

31. 设随机变量 X 的概率密度为 $f(x) = \begin{cases} a\mathrm{e}^{1-x}, & x > 1, \\ 0, & 其他, \end{cases}$ 求随机变量 $Y = 2X + 1$ 的概率密度.

32. 设某机器生产的产品重量(单位:g)$X \sim N(10.05, 0.06^2)$,规定产品重量在范围 (10.05 ± 0.12)g 内为合格品,求该机器生产的产品为不合格品的概率.

33. 设随机变量 $X \sim N(3, 4^2)$,求 $P\{2 < X \leqslant 5\}$,$P\{X > 3\}$ 及 $P\{|X| > 2\}$.

34. 设随机变量 Y 在 $[0, 4]$ 上服从均匀分布,求关于 x 的方程 $4x^2 + 4Yx + Y + 2 = 0$ 有实根的概率.

35. 设随机变量 X 的分布律如表 12 - 17 所示,求随机变量 $Y = X^2 + 1$ 的分布律.

表 12 - 17

X	-1	0	1	2
P	$\dfrac{11}{30}$	$\dfrac{1}{5}$	$\dfrac{1}{6}$	$\dfrac{4}{15}$

36. 设在一段公路上,每天同一时间段通过车辆数量服从正态分布 $N(120, 2^2)$.连续 5 天记录数据,试确定有 2 天记录值落在区间 $[118, 122]$ 之外的概率.

37. 在 10 件产品中有 2 件次品,每次任取一件,然后以一件正品放入.假定每件产品被取出的可能性是一样的,令 X 表示第一次取出正品时的抽取次数,求 X 的分布律.

38. 设随机变量 X 的分布函数为 $F(x) = \begin{cases} 0, & x \leqslant -1, \\ A + B\arcsin x, & -1 < x \leqslant 1, \\ 1, & x > 1, \end{cases}$ 求:

(1) 常数 A, B;

(2) X 的概率密度 $f(x)$;

(3) $P\{|X| < 0.5\}$.

39. 甲、乙两台自动机床生产同一种标准件,生产 2 000 个标准件所出的次品数分别用 X, Y 来表示,经过一段时间的考察,X, Y 的分布律分别如表 12 - 18 和表 12 - 19 所示.问:哪一台机床生产的产品质量好些?

表 12 - 18

X	0	1	2	3
P	0.3	0.5	0.1	0.1

表 12 - 19

Y	0	1	2	3
P	0.1	0.3	0.4	0.2

40. 设随机变量 X_1, X_2, X_3 相互独立,且都服从均匀分布 $U[0, 2]$,令 $X = 3X_1 - X_2 + 2X_3$,求 $E(X), D(X)$.

41. 设随机变量 X 的分布律为 $P\{X = k\} = \dfrac{a}{k}(k = 1, 2, 3)$,求 $E(X)$.

42. 设 X 表示 10 次独立重复射击命中目标的次数，每次命中目标的概率为 0.4，求 $E(X^2)$.

43. 设 $X \sim U[a,b]$，$E(X) = 3$，$D(X) = \dfrac{1}{3}$，求 $P\{1 < X < 3\}$.

44. 从学校乘汽车到火车站的途中有 3 个交通岗，假设在各个交通岗遇到红灯的事件是相互独立的，且概率都是 $\dfrac{2}{5}$. 令 X 表示途中遇到红灯的次数，求随机变量 X 的分布律、分布函数和数学期望.

45. 甲、乙两箱中装有若干同种产品，其中甲箱中装有 3 件合格品和 3 件次品，乙箱中仅装有 3 件合格品. 现从甲箱中任取 3 件产品放入乙箱，求：

(1) 乙箱中次品数 X 的数学期望；

(2) 从乙箱中任取一件产品是次品的概率.

46. 一观光电梯于每个整点的第 5 分钟、25 分钟和 55 分钟从底层上行. 假设一游客在早上 8 点的第 X 分钟到达底层等候电梯，且 X 服从 $[0,60]$ 上的均匀分布，求该游客等候时间 Y 的数学期望.

47. 两台相同的自动记录仪，每台无故障工作的时间服从参数为 5 的指数分布. 首先开动其中一台，当其发生故障时停止使用而另一台自动开启. 试求两台记录仪无故障工作的总时间 T 的概率密度 $f(t)$、数学期望 $E(T)$ 和方差 $D(T)$.

48. 某流水生产线上每个产品不合格的概率为 $p(0 < p < 1)$，各产品合格与否相互独立，当出现一个不合格品时即停机检修. 设 X 表示开机后第一次停机时已生产的产品个数，求 $E(X)$，$D(X)$.

49. 设随机变量 X 的概率密度为

$$f(x) = \begin{cases} \dfrac{1}{2}\cos\dfrac{x}{2}, & 0 \leqslant x \leqslant \pi, \\ 0, & \text{其他,} \end{cases}$$

对 X 独立地重复观察 4 次，用 Y 表示观察值大于 $\dfrac{\pi}{3}$ 的次数，求 $E(Y^2)$.

漫游数据天地

项目

13

数理统计是一个应用广泛的数学分支,它以概率论的理论为基础,研究如何有效地收集、整理和分析带有随机误差的数据,并对所研究的问题进行统计推断.

广泛意义上的数理统计,其出现时间远早于概率论,起初就是为治理国家提供可靠数据的.春秋时期管仲拟定了一份极其详细的国情调查提纲,所列问题共 69 项,都是有关基本国情国力的调查项目;战国时期商鞅提出强国应知的"十三数",认为统计数据对国家兴亡十分重要.

本项目主要介绍统计量及其分布、参数估计、假设检验等方面的基本概念、基本理论和基本运算技能,为学生后续学习专业课程奠定必要的数学基础,同时培养学生综合运用数理统计知识去分析、解决社会经济问题的能力.

13.1 统计量及其分布

商鞅:强国十三数

13.1.1 总体、样本、统计量

1.总体和样本

在实际中常会进行这样一些操作.例如,通过对部分产品进行测试来研究一批产品的使用寿命,并讨论这批产品的平均使用寿命是否不小于某个数值;通过对某地区一部分成年男性的调查来了解该地区的全体成年男性的身高与体重的分布情况.

为便于研究,以下先给出总体与个体的概念.

被研究对象的某一个或多个指标的全体元素所构成的集合称为总体.依元素个数是否有限又分为有限总体和无限总体.总体中的每一个元素称为个体.

上面提到的一批产品的寿命(一个指标)是一个有限总体,而其中一个产品的寿命是一个个体;某地区全体成年男性的身高与体重(两个指标)是一个有限总体,而其中一个成年男性的身高与体重是一个个体.

由于总体中的每一个个体都是随机试验中的一个观察值,因此总体也是某个随机变量 X 的可能取值的全体.例如,若以 X 表示那批产品的使用寿命,则全部产品的使用寿命所构成的总体就是随机变量 X 的所有可能取值.这样,一个总体对应一个随机变量 X,因此对总体的研究就是对相应随机变量 X 的研究,从而今后将不再区分总体与相应的随机变量,统称为总体 X,并且随机变量 X 的分布就成了总体的分布.

数理统计的任务就是通过对个体的研究来推测总体的分布规律.

由于作为统计研究对象的总体的分布一般是未知的,为了获得对总体分布的认识,通常的做法是从总体中随机地抽取一些个体来研究.这些个体称为样本,即样本是从总体 X 中随机抽取的部分个体.样本中所含个体的数目称为样本容量.取得样本的过程称为抽样,依抽样有无放回又可分为重复抽样和不重复抽样.

重复抽样中,在相同的条件下对总体 X 随机进行 n 次重复的、独立的观察,并将 n 次观察结果按试验的次序记为 $X_1,X_2,\cdots,X_n$.由于 $X_1,X_2,\cdots,X_n$ 是对总体 X 观察的结果,且各次观察是在相同条件下独立进行的,因此有理由认为 $X_1,X_2,\cdots,X_n$ 是相互独立且与 X 具有相同分布的样本,这样的样本称为简单随机样本.

不重复抽样中,同样对总体 X 随机进行 n 次独立观察,并将 n 次观察结果按试验的次序记为 $X_1,X_2,\cdots,X_n$.由于 $X_1,X_2,\cdots,X_n$ 是从总体 X 中随机抽取出来的,且通常样本容量相对于总体来说都是很小的,因此在取了一个个体后,可以认为总体的分布没有发生任何变化,且每个个体的取值不受其他任何个体的影响,即它们之间是相互独立的.故样本 $X_1,X_2,\cdots,X_n$ 也可看成简单随机样本.

今后如无特殊说明,所说样本均指简单随机样本.

从总体中抽取容量为 n 的样本,一般记为 $(X_1,X_2,\cdots,X_n)$,而把一次具体观察到的结果记为 $(x_1,x_2,\cdots,x_n)$,它是 $(X_1,X_2,\cdots,X_n)$ 的一次具体的观察值,称为样本值.

2. 统计量

样本是进行统计推断的依据,但当获取样本后,往往不是直接利用样本进行推断,而是针对不同的问题,利用由样本计算出来的某些不含其他未知参数的量,来对总体的特征进行分析与推断,并由此得出所需要的结论.

定义 1   设 $X_1,X_2,\cdots,X_n$ 是来自总体 X 的一个样本,$f(X_1,X_2,\cdots,X_n)$ 是 $X_1,X_2,\cdots,X_n$ 的 n 元连续函数.若 $f(X_1,X_2,\cdots,X_n)$ 中不包含总体 X 的其他任何未知参数,则称 $f(X_1,X_2,\cdots,X_n)$ 是样本 $X_1,X_2,\cdots,X_n$ 的一个统计量.

当 $X_1,X_2,\cdots,X_n$ 取定一组观察值 $x_1,x_2,\cdots,x_n$ 时,则称函数值 $f(x_1,x_2,\cdots,x_n)$ 为统计量 $f(X_1,X_2,\cdots,X_n)$ 的一个观察值.

例如,若 $X_1,X_2,\cdots,X_n$ 是来自正态总体 $N(\mu,\sigma^2)$ 的一个样本,其中 μ,σ 是未知参数,则 $\sum\limits_{i=1}^{n}\dfrac{X_i}{n}-\mu$ 与 $\sum\limits_{i=1}^{n}\dfrac{X_i}{\sigma}$ 都不是统计量,因为它们包含总体的未知参数;而 $\sum\limits_{i=1}^{n}\dfrac{X_i}{n}$ 与 $\sum\limits_{i=1}^{n}\dfrac{X_i^2}{n}$ 都是统计量,因为它们不包含总体的未知参数.

因 $X_1,X_2,\cdots,X_n$ 都是随机变量,而统计量 $f(X_1,X_2,\cdots,X_n)$ 是随机变量 $X_1,X_2,\cdots,X_n$ 的函数,故统计量 $f(X_1,X_2,\cdots,X_n)$ 也是一个随机变量,且观察值 $f(x_1,x_2,\cdots,x_n)$ 是随机变量 $f(X_1,X_2,\cdots,X_n)$ 的函数值.

3. 几个常用的统计量

若 $X_1,X_2,\cdots,X_n$ 是来自总体 X 的一个样本,$x_1,x_2,\cdots,x_n$ 是该样本的一组观察值,则定义:

(1) 样本均值:$\overline{X}=\dfrac{1}{n}\sum\limits_{i=1}^{n}X_i$,

样本均值观察值:$\overline{x}=\dfrac{1}{n}\sum\limits_{i=1}^{n}x_i$;

(2) 样本方差:$S^2 = \dfrac{1}{n-1}\sum_{i=1}^{n}(X_i - \overline{X})^2 = \dfrac{1}{n-1}\left(\sum_{i=1}^{n}X_i^2 - n\overline{X}^2\right)$,

样本方差观察值:$s^2 = \dfrac{1}{n-1}\sum_{i=1}^{n}(x_i - \overline{x})^2$;

(3) 样本标准差:$S = \sqrt{S^2} = \sqrt{\dfrac{1}{n-1}\sum_{i=1}^{n}(X_i - \overline{X})^2}$,

样本标准差观察值:$s = \sqrt{s^2} = \sqrt{\dfrac{1}{n-1}\sum_{i=1}^{n}(x_i - \overline{x})^2}$.

例 1 某学院在统计学期末考试中,随机地抽出 11 份卷子,卷面成绩(单位:分)分别为 79,62,84,90,91,71,76,83,98,77,78. 试求样本均值观察值 $\overline{x}$.

解 $\overline{x} = \dfrac{79 + 62 + 84 + 90 + 91 + 71 + 76 + 83 + 98 + 77 + 78}{11} = \dfrac{889}{11} \approx 80.8$(分).

例 2 从某仓库随机抽取 5 包食品,测得其重量(单位:g)分别为 1 250,1 265,1 245, 1 260,1 275,求:

(1) 样本方差观察值;

(2) 样本标准差观察值.

解 (1) 因样本均值观察值为

$$\overline{x} = \dfrac{1\,250 + 1\,265 + 1\,245 + 1\,260 + 1\,275}{5} = \dfrac{6\,295}{5} = 1\,259(\text{g}),$$

故样本方差观察值为

$$
\begin{aligned}
s^2 &= \dfrac{1}{5-1}\sum_{i=1}^{5}(x_i - \overline{x})^2 = \dfrac{1}{4}\sum_{i=1}^{5}(x_i - 1\,259)^2 \\
&= \dfrac{1}{4}\big[(1\,250 - 1\,259)^2 + (1\,265 - 1\,259)^2 + (1\,245 - 1\,259)^2 + (1\,260 - 1\,259)^2 \\
&\quad + (1\,275 - 1\,259)^2\big] \\
&= 142.5(\text{g})^2.
\end{aligned}
$$

(2) 样本标准差观察值为

$$s = \sqrt{\dfrac{1}{5-1}\sum_{i=1}^{5}(x_i - \overline{x})^2} = \sqrt{142.5} \approx 11.94(\text{g}).$$

若 $X_1, X_2, \cdots, X_n$ 是来自正态总体 $N(\mu, \sigma^2)$ 的一个样本,则当 μ, σ 为已知参数时,以下几个样本函数为常用统计量.

(1) U 统计量:$U = \dfrac{\overline{X} - \mu}{\sqrt{\dfrac{\sigma^2}{n}}} \sim N(0,1)$;

(2) T 统计量:$T = \dfrac{\overline{X} - \mu}{\sqrt{\dfrac{S^2}{n}}} \sim t(n-1)$;

(3) χ^2 统计量:$\chi^2 = \dfrac{(n-1)S^2}{\sigma^2} \sim \chi^2(n-1)$.

13.1.2　抽样分布

当取得总体的样本后,通常是借助样本的统计量对未知的总体分布进行推断.为了实现推断的目的,必须进一步确定相应的统计量所服从的分布.下面介绍几个常用统计量的分布(称为抽样分布).

1. χ^2 分布

定义 2　若总体 $X \sim N(0,1)$,$X_1,X_2,\cdots,X_n$ 是来自总体 X 的一个容量为 n 的样本,则称统计量

$$\chi^2 = X_1^2 + X_2^2 + \cdots + X_n^2$$

服从自由度为 n 的 χ^2 分布,记作 $\chi^2 \sim \chi^2(n)$.

χ^2 仍为随机变量,且自由度 n 表示 $\chi^2 = X_1^2 + X_2^2 + \cdots + X_n^2$ 中独立随机变量 $X_1,X_2,\cdots,X_n$ 的个数.

$\chi^2(n)$ 分布的概率密度为

$$f(x) = \begin{cases} \dfrac{1}{2^{\frac{n}{2}} \Gamma\left(\dfrac{n}{2}\right)} x^{\frac{n}{2}-1} \mathrm{e}^{-\frac{x}{2}}, & x > 0, \\ 0, & \text{其他}, \end{cases}$$

其中函数 $\Gamma(t)$(称为 Γ 函数)为

$$\Gamma(t) = \int_0^{+\infty} x^{t-1} \mathrm{e}^{-x} \mathrm{d}x \quad (t > 0).$$

概率密度 $f(x)$ 的图形如图 $13-1$ 所示.

χ^2 分布具有以下性质:

(1) 可加性　如果 $\chi_1^2 \sim \chi^2(n_1)$,$\chi_2^2 \sim \chi^2(n_2)$,则

$$\chi_1^2 + \chi_2^2 \sim \chi^2(n_1 + n_2).$$

χ^2 分布计算器

(2) 如果 $\chi^2 \sim \chi^2(n)$,则

$$E(\chi^2) = n, \quad D(\chi^2) = 2n.$$

对于给定的正数 $\alpha(0 < \alpha < 1)$,称满足条件

$$P\{\chi^2 > \chi_\alpha^2(n)\} = \int_{\chi_\alpha^2(n)}^{+\infty} f(x)\mathrm{d}x = \alpha$$

的点 $\chi_\alpha^2(n)$ 为 $\chi^2(n)$ 分布的上 α 分位点(见图 $13-2$).

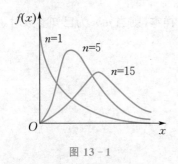

图 $13-1$

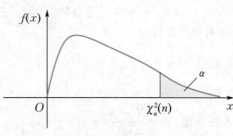

图 $13-2$

2. t 分布

定义 3 若 $X \sim N(0,1), Y \sim \chi^2(n)$，且 X 与 Y 相互独立，则称统计量

$$T = \frac{X}{\sqrt{\dfrac{Y}{n}}}$$

服从自由度为 n 的 t 分布，记作 $T \sim t(n)$.

$t(n)$ 分布的概率密度为

$$f(x) = \frac{\Gamma\left(\dfrac{n+1}{2}\right)}{\sqrt{n\pi}\,\Gamma\left(\dfrac{n}{2}\right)}\left(1 + \frac{x^2}{n}\right)^{-\frac{n+1}{2}} \quad (-\infty < x < +\infty).$$

概率密度函数 $f(x)$ 的图形关于纵轴对称，且形状类似于标准正态分布的概率密度的图形（见图 13-3）.

当 $n > 45$ 时，$t(n)$ 分布近似标准正态分布 $N(0,1)$；但对于较小的 n，$t(n)$ 分布与 $N(0,1)$ 的差距则比较大.

对于给定的正数 $\alpha(0 < \alpha < 1)$，称满足条件

$$P\{T > t_\alpha(n)\} = \int_{t_\alpha(n)}^{+\infty} f(x)\mathrm{d}x = \alpha$$

的点 $t_\alpha(n)$ 为 $t(n)$ 分布的上 α 分位点（见图 13-4）.

虚拟仿真实验：t 分布与标准正态分布的关系

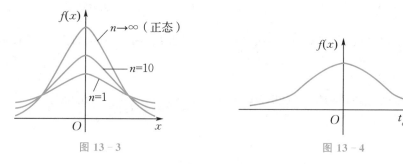

图 13-3   图 13-4

当 $\alpha > 0.5$ 时，观察图 13-4，可通过 $t_\alpha(n) = -t_{1-\alpha}(n)$ 来求 $t_\alpha(n)$. 例如，由 $t_{0.05}(25) = 1.708\ 1$ 可得

$$t_{0.95}(25) = -t_{1-0.95}(25) = -t_{0.05}(25) = -1.708\ 1.$$

3. F 分布

定义 4 若 $X \sim \chi^2(n_1), Y \sim \chi^2(n_2)$，且 X 与 Y 相互独立，则称统计量

$$F = \frac{\dfrac{X}{n_1}}{\dfrac{Y}{n_2}}$$

服从自由度为 (n_1, n_2) 的 F 分布，记作 $F \sim F(n_1, n_2)$，其中 n_1, n_2 均为正整数，且 n_1 称为第一自由度，n_2 称为第二自由度.

$F(n_1, n_2)$ 分布的概率密度为

$$f(x) = \begin{cases} \dfrac{\Gamma\left(\dfrac{n_1+n_2}{2}\right)}{\Gamma\left(\dfrac{n_1}{2}\right)\Gamma\left(\dfrac{n_2}{2}\right)}\left(\dfrac{n_1}{n_2}\right)^{\frac{n_1}{2}}x^{\frac{n_1}{2}-1}\left(1+\dfrac{n_1}{n_2}x\right)^{-\frac{n_1+n_2}{2}}, & x>0, \\ 0, & \text{其他}. \end{cases}$$

概率密度 $f(x)$ 的图形如图 13-5 所示.

注 若 $F \sim F(n_1,n_2)$，则 $\dfrac{1}{F} \sim F(n_2,n_1)$.

对于给定的正数 $\alpha(0<\alpha<1)$，称满足条件

$$P\{F>F_\alpha(n_1,n_2)\} = \int_{F_\alpha(n_1,n_2)}^{+\infty} f(x)\mathrm{d}x = \alpha$$

的点 $F_\alpha(n_1,n_2)$ 为 $F(n_1,n_2)$ 分布的上 α 分位点（见图 13-6）.

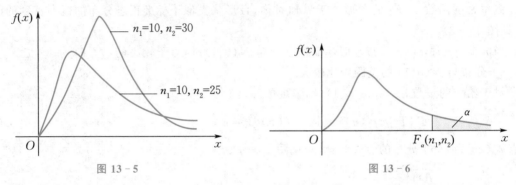

图 13-5   图 13-6

当 $\alpha>0.5$ 时，可通过 $F_{1-\alpha}(n_1,n_2)=\dfrac{1}{F_\alpha(n_2,n_1)}$ 来求 $F_\alpha(n_2,n_1)$. 例如，由 $F_{0.05}(30,25)=1.92$ 可得

$$F_{0.95}(25,30) = F_{1-0.05}(25,30) = \frac{1}{F_{0.05}(30,25)} = \frac{1}{1.92} \approx 0.521.$$

13.2 参 数 估 计

参数估计是数理统计的基本问题之一. 一般地，设总体 X 的分布函数的形式已知，但它有一个或多个参数未知，则可利用样本所提供的信息来对这些参数进行估计，这就是参数估计问题. 参数估计是对总体分布的均值、方差等未知参数进行的估计，包括点估计和区间估计. 另外，还有非参数估计，它是对总体分布进行的估计.

13.2.1 参数的点估计

1. 点估计的概念

设总体 X 的分布函数为 $F(x;\theta)$，其中 θ 是未知参数（可能有多个参数，此处只给了一个），且 $X_1,X_2,\cdots,X_n$ 是来自总体 X 的一个样本. 借助样本 $X_1,X_2,\cdots,X_n$ 来对未知参数 θ 进行估计，这就是参数的点估计.

如果用总体 X 的样本 $X_1,X_2,\cdots,X_n$ 构造一个统计量 $\hat{\theta}=\hat{\theta}(X_1,X_2,\cdots,X_n)$，并用该统计

量来估计(近似表示)未知参数 θ,即

$$\theta \approx \hat{\theta}(X_1, X_2, \cdots, X_n),$$

则 $\hat{\theta}$ 就是未知参数 θ 的一个点估计量.

当样本 $X_1, X_2, \cdots, X_n$ 取得观察值 $x_1, x_2, \cdots, x_n$ 时,由估计量 $\hat{\theta}(X_1, X_2, \cdots, X_n)$ 得到估计值 $\hat{\theta}(x_1, x_2, \cdots, x_n)$,也记作 $\hat{\theta}$,它就是未知参数 θ 的一个点估计值,即

$$\theta \approx \hat{\theta}(x_1, x_2, \cdots, x_n).$$

由以上分析知,点估计的问题归结为如何求一个未知参数 θ 的估计量 $\hat{\theta}(X_1, X_2, \cdots, X_n)$ 的问题.

2. 极大似然估计法

点估计有两种常用方法:矩估计法和极大似然估计法.一般来说,用矩估计法估计参数较为方便,但当样本容量较大时,矩估计量的精确度没有极大似然估计量的高,因此极大似然估计法应用比较普遍.以下介绍极大似然估计法,仅就连续型总体的情形做具体讨论,离散型总体类似.

极大似然估计法的指导思想:在已得到试验结果的情况下,把使试验结果出现的可能性最大的那个 $\hat{\theta}$ 作为参数 θ 的估计值.

(1)似然函数.

如果 $X_1, X_2, \cdots, X_n$ 是来自连续型总体 X 的一个样本,$x_1, x_2, \cdots, x_n$ 是样本 $X_1, X_2, \cdots, X_n$ 的一组观察值,$f(x; \theta_1, \theta_2, \cdots, \theta_m)$ 为总体 X 的概率密度,$\theta_1, \theta_2, \cdots, \theta_m$ 为未知参数,则称函数

$$\prod_{i=1}^{n} f(x_i; \theta_1, \theta_2, \cdots, \theta_m)$$

为样本的似然函数,记作 $L(\theta_1, \theta_2, \cdots, \theta_m)$,简记作 L,即

$$L = L(\theta_1, \theta_2, \cdots, \theta_m) = \prod_{i=1}^{n} f(x_i; \theta_1, \theta_2, \cdots, \theta_m).$$

(2)极大似然估计法及其基本步骤.

将使似然函数 L 达到最大值的 $\hat{\theta}_1, \hat{\theta}_2, \cdots, \hat{\theta}_m$ 分别作为未知参数 $\theta_1, \theta_2, \cdots, \theta_m$ 的估计量,即

$$\theta_1 \approx \hat{\theta}_1, \quad \theta_2 \approx \hat{\theta}_2, \quad \cdots, \quad \theta_m \approx \hat{\theta}_m,$$

这种方法称为极大似然估计法.

因为似然函数 $L(\theta_1, \theta_2, \cdots, \theta_m)$ 是多个函数连乘的形式,所以直接对 L 求导数比较困难.又因为 $\ln x$ 是 x 的增函数,所以 L 与 $\ln L$ 同时达到最大值.因此,可由方程组

$$\begin{cases} \dfrac{\partial \ln L}{\partial \theta_1} = 0, \\ \dfrac{\partial \ln L}{\partial \theta_2} = 0, \\ \cdots\cdots \\ \dfrac{\partial \ln L}{\partial \theta_m} = 0 \end{cases}$$

求出未知参数 $\theta_1, \theta_2, \cdots, \theta_m$ 的极大似然估计量 $\hat{\theta}_1, \hat{\theta}_2, \cdots, \hat{\theta}_m$.

例 **1** 设总体 $X \sim N(\mu, \sigma^2)$，其中 μ, σ 未知，$X_1, X_2, \cdots, X_n$ 是来自总体 X 的一个样本，$x_1, x_2, \cdots, x_n$ 是样本 $X_1, X_2, \cdots, X_n$ 的一组观察值，求参数 μ 和 σ^2 的极大似然估计量.

解 （1）构造似然函数. 因为总体 X 的概率密度为 $f(x; \mu, \sigma^2) = \dfrac{1}{\sqrt{2\pi}\sigma} e^{-\frac{(x-\mu)^2}{2\sigma^2}}$，所以似然函数为

$$L(\mu, \sigma^2) = \prod_{i=1}^{n} f(x_i; \mu, \sigma^2) = \prod_{i=1}^{n} \left[\frac{1}{\sqrt{2\pi}\sigma} e^{-\frac{(x_i-\mu)^2}{2\sigma^2}} \right] = (\sqrt{2\pi}\sigma)^{-n} e^{-\frac{1}{2\sigma^2}\sum_{i=1}^{n}(x_i-\mu)^2}.$$

（2）对似然函数 $L(\mu, \sigma^2)$ 取对数，得

$$\begin{aligned}
\ln L(\mu, \sigma^2) &= \ln \left[(\sqrt{2\pi}\sigma)^{-n} e^{-\frac{1}{2\sigma^2}\sum_{i=1}^{n}(x_i-\mu)^2} \right] \\
&= \ln(\sqrt{2\pi}\sigma)^{-n} + \ln e^{-\frac{1}{2\sigma^2}\sum_{i=1}^{n}(x_i-\mu)^2} \\
&= -n\ln\sqrt{2\pi}\sigma - \frac{1}{2\sigma^2}\sum_{i=1}^{n}(x_i-\mu)^2 \\
&= -n\ln\sqrt{2\pi} - \frac{n}{2}\ln\sigma^2 - \frac{1}{2\sigma^2}\sum_{i=1}^{n}(x_i-\mu)^2.
\end{aligned}$$

上式两边分别对 μ, σ^2 求偏导数并令偏导数为零，得方程组

$$\begin{cases}
\dfrac{\partial \ln L}{\partial \mu} = -\dfrac{1}{2\sigma^2}\sum_{i=1}^{n} 2(x_i-\mu) \cdot (-1) = \dfrac{1}{\sigma^2}\left(\sum_{i=1}^{n} x_i - n\mu\right) = 0, \\
\dfrac{\partial \ln L}{\partial \sigma^2} = -\dfrac{n}{2} \cdot \dfrac{1}{\sigma^2} + \dfrac{1}{2(\sigma^2)^2}\sum_{i=1}^{n}(x_i-\mu)^2 = \dfrac{1}{2\sigma^2}\left[\dfrac{1}{\sigma^2}\sum_{i=1}^{n}(x_i-\mu)^2 - n\right] = 0,
\end{cases}$$

解得

$$\begin{cases}
\hat{\mu} = \dfrac{1}{n}\sum_{i=1}^{n} x_i = \overline{x}, \\
\hat{\sigma}^2 = \dfrac{1}{n}\sum_{i=1}^{n}(x_i - \overline{x})^2.
\end{cases}$$

故 μ 和 σ^2 的极大似然估计量为

$$\begin{cases}
\hat{\mu} = \overline{X}, \\
\hat{\sigma}^2 = \dfrac{1}{n}\sum_{i=1}^{n}(X_i - \overline{X})^2.
\end{cases}$$

3. 点估计的评价标准

从参数估计本身来看，原则上任何统计量都可作为未知参数的估计量，而且对于同一个参数，采用不同的估计方法求出的估计量有可能不同. 那么，究竟哪一个估计量更好？这就涉及评价估计量好坏的标准.

（1）无偏性.

由于估计量也是随机变量，当得到一个估计量时，自然希望它能在未知参数的真值附近，

使它的数学期望等于未知参数的真值.

如果 θ 是某一总体的未知参数,$\hat{\theta}=\hat{\theta}(X_1,X_2,\cdots,X_n)$ 是 θ 的一个估计量,且 $E(\hat{\theta})=\theta$,则称估计量 $\hat{\theta}$ 为未知参数 θ 的无偏估计量.

例 2 证明:如果总体 X 的数学期望 $E(X)$ 存在,$X_1,X_2,\cdots,X_n$ 是来自总体 X 的一个样本,则其样本均值

$$\overline{X}=\frac{1}{n}\sum_{i=1}^{n}X_i$$

是 $E(X)$ 的一个无偏估计量.

证 因为 $X_1,X_2,\cdots,X_n$ 是来自总体 X 的一个样本,所以样本中的每个 X_i 均与总体具有相同的分布,即

$$E(X_i)=E(X)\quad(i=1,2,\cdots,n).$$

根据数学期望的性质可知

$$E(\overline{X})=E\left(\frac{1}{n}\sum_{i=1}^{n}X_i\right)=\frac{1}{n}\sum_{i=1}^{n}E(X_i)=\frac{1}{n}\sum_{i=1}^{n}E(X)$$

$$=\frac{1}{n}nE(X)=E(X),$$

所以 $\overline{X}$ 是 $E(X)$ 的无偏估计量.

易证 $S^2=\dfrac{1}{n-1}\sum_{i=1}^{n}(X_i-\overline{X})^2$ 是方差 $D(X)$ 的无偏估计量. 因此,通常用 S^2 作为方差 $D(X)$ 的估计量,并称 S^2 为修正样本方差(简称样本方差).

(2) 有效性.

由于方差 $D(\hat{\theta})$ 能表示估计量 $\hat{\theta}=\hat{\theta}(X_1,X_2,\cdots,X_n)$ 误差的大小,因此误差越小估计量越好.

设 θ 是某一总体 X 的未知参数,$X_1,X_2,\cdots,X_n$ 是来自总体 X 的一个样本,$\hat{\theta}_1=\hat{\theta}_1(X_1,X_2,\cdots,X_n)$ 和 $\hat{\theta}_2=\hat{\theta}_2(X_1,X_2,\cdots,X_n)$ 是 θ 的两个无偏估计量. 若

$$D(\hat{\theta}_1)<D(\hat{\theta}_2),$$

则称估计量 $\hat{\theta}_1$ 比估计量 $\hat{\theta}_2$ 有效.

有效性是在无偏性已满足的情况下对估计量的进一步评价. 在样本容量 n 相同的情况下,未知参数 θ 的两个无偏估计量 $\hat{\theta}_1$ 和 $\hat{\theta}_2$ 中,如果 $\hat{\theta}_1$ 的观察值比 $\hat{\theta}_2$ 的观察值更靠近真值,则可认为 $\hat{\theta}_1$ 比 $\hat{\theta}_2$ 更好、更有效.因方差是随机变量的取值与其数学期望的偏离程度的度量,故无偏估计量以方差小者为好.

(3) 一致性.

如果 θ 是某一总体 X 的未知参数,$X_1,X_2,\cdots,X_n$ 是来自总体 X 的一个样本,$\hat{\theta}=\hat{\theta}(X_1,X_2,\cdots,X_n)$ 是 θ 的估计量,且 $\forall \varepsilon>0$,有

$$\lim_{n\to\infty}P\{|\hat{\theta}-\theta|<\varepsilon\}=1$$

恒成立,则称估计量 $\hat{\theta}$ 为未知参数 θ 的一致估计量.

估计量的一致性是指,当样本容量越来越大时,估计量 $\hat{\theta}$ 与未知参数的真值越来越接近.

13.2.2 参数的区间估计

点估计给出了待估计参数的近似值,但是无法确定估计误差.例如,一袋食品的重量可以估计为 $600\,g$,这是点估计,但也可以估计重量分布在 $597\,g$ 到 $602\,g$ 之间,这种估计就是区间估计.直观来看,区间估计要比点估计更可靠,因为区间估计考虑了可能出现的误差.

1. 置信区间与置信水平

设 $X_1,X_2,\cdots,X_n$ 是来自总体 X 的一个样本,θ 为未知参数,$\hat{\theta}_1=\hat{\theta}_1(X_1,X_2,\cdots,X_n)$,$\hat{\theta}_2=\hat{\theta}_2(X_1,X_2,\cdots,X_n)$ 为统计量.若对于给定的 $\alpha(0<\alpha<1)$,有

$$P\{\hat{\theta}_1<\theta<\hat{\theta}_2\}=P\{\hat{\theta}_1(X_1,X_2,\cdots,X_n)<\theta<\hat{\theta}_2(X_1,X_2,\cdots,X_n)\}=1-\alpha,$$

则称随机区间 $(\hat{\theta}_1,\hat{\theta}_2)$ 为未知参数 θ 的置信区间,$1-\alpha$ 称为未知参数 θ 的置信水平(或置信度),$\hat{\theta}_1$ 及 $\hat{\theta}_2$ 分别称为置信区间的置信下限和置信上限.

常用的置信水平有 $0.90,0.95,0.99$ 等.

例 3 设 X_1,X_2,X_3,X_4 是来自正态总体 $X\sim N(\mu,0.3^2)$ 的一个样本,其中 μ 为未知参数,求 μ 的置信水平为 0.95 的置信区间.

解 令 $\overline{X}=\dfrac{1}{4}(X_1+X_2+X_3+X_4)$,则统计量

$$U=\frac{\overline{X}-\mu}{\dfrac{\sigma}{\sqrt{n}}}=\frac{\overline{X}-\mu}{0.15}\sim N(0,1).$$

置信水平为 0.95,令 $\alpha=1-0.95=0.05$,根据标准正态分布的上 α 分位点的定义有

$$P\{|U|<z_{\frac{\alpha}{2}}\}=1-\alpha,$$

即

$$P\{|U|<z_{0.025}\}=0.95.$$

由 $z_{0.025}=1.96$,则有

$$\left|\frac{\overline{X}-\mu}{0.15}\right|<1.96,$$

解得

$$\overline{X}-0.294<\mu<\overline{X}+0.294.$$

所以,μ 的置信水平为 0.95 的置信区间为 $(\overline{X}-0.294,\overline{X}+0.294)$.

例 4 设 X_1,X_2,X_3,X_4 是来自正态总体 $X\sim N(\mu,0.3^2)$ 的一个样本,其中 μ 为未知参数,$12.6,13.4,12.8,13.2$ 是样本 X_1,X_2,X_3,X_4 的一组观察值,求 μ 的置信水平为 0.95 的置信区间.

解 因

$$\overline{x}=\frac{1}{4}(12.6+13.4+12.8+13.2)=\frac{52}{4}=13,$$

故根据例 3 可知,μ 的置信水平为 0.95 的置信区间为
$$(\overline{x}-0.294,\overline{x}+0.294)=(12.706,13.294).$$

2.数学期望的区间估计

(1) $X \sim N(\mu,\sigma^2)$,方差 σ^2 已知.

设 $X_1,X_2,\cdots,X_n$ 是来自正态总体 $X \sim N(\mu,\sigma^2)$ 的一个样本,其中参数 σ^2 已知,求 μ 的置信水平为 $1-\alpha$ 的置信区间.

因 σ^2 已知,则取统计量 $U=\dfrac{\overline{X}-\mu}{\dfrac{\sigma}{\sqrt{n}}} \sim N(0,1)$,故对于给定的置信水平 $1-\alpha$,由标准正态

分布的对称性(见图 13-7)有

$$P\{|U|<z_{\frac{\alpha}{2}}\}=P\left\{\left|\frac{\overline{X}-\mu}{\dfrac{\sigma}{\sqrt{n}}}\right|<z_{\frac{\alpha}{2}}\right\}=1-\alpha,$$

即

$$P\left\{\overline{X}-\frac{\sigma}{\sqrt{n}}z_{\frac{\alpha}{2}}<\mu<\overline{X}+\frac{\sigma}{\sqrt{n}}z_{\frac{\alpha}{2}}\right\}=1-\alpha.$$

因此,参数 μ 的置信水平为 $1-\alpha$ 的置信区间为

$$\left(\overline{X}-\frac{\sigma}{\sqrt{n}}z_{\frac{\alpha}{2}},\overline{X}+\frac{\sigma}{\sqrt{n}}z_{\frac{\alpha}{2}}\right).$$

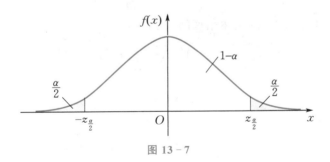

图 13-7

例 5 某厂生产零件的某项技术指标 $X \sim N(\mu,\sigma^2)$,且方差 $\sigma^2=0.05$.现从某批次零件中随机抽取 6 个,测得该项技术指标分别为

$$14.6,\quad 15.1,\quad 14.9,\quad 14.8,\quad 15.2,\quad 15.1.$$

求 μ 的置信水平为 0.95 的置信区间.

解 $\alpha=1-0.95=0.05$,则
$$z_{\frac{\alpha}{2}}=z_{0.025}=1.96.$$

因为

$$\overline{x} = \frac{1}{6}(14.6 + 15.1 + 14.9 + 14.8 + 15.2 + 15.1)$$

$$= \frac{89.7}{6} = 14.95,$$

所以参数 μ 的置信水平为 0.95 的置信区间为

$$\left(\overline{x} - \frac{\sigma}{\sqrt{n}}z_{\frac{\alpha}{2}}, \overline{x} + \frac{\sigma}{\sqrt{n}}z_{\frac{\alpha}{2}}\right) = \left(14.95 - \frac{\sqrt{0.05}}{\sqrt{6}} \times 1.96, 14.95 + \frac{\sqrt{0.05}}{\sqrt{6}} \times 1.96\right)$$

$$\approx (14.771, 15.129).$$

（2）$X \sim N(\mu, \sigma^2)$，方差 σ^2 未知.

设 $X_1, X_2, \cdots, X_n$ 是来自正态总体 $X \sim N(\mu, \sigma^2)$ 的一个样本，其中参数 σ^2 未知，求 μ 的置信水平为 $1 - \alpha$ 的置信区间.

因统计量 $T = \dfrac{\overline{X} - \mu}{\dfrac{S}{\sqrt{n}}} \sim t(n-1)$，故对于给定的置信水平 $1 - \alpha$，由 t 分布的对称性（见图 13-8）有

$$P\{|T| < t_{\frac{\alpha}{2}}(n-1)\} = P\left\{\frac{|\overline{X} - \mu|}{\frac{S}{\sqrt{n}}} < t_{\frac{\alpha}{2}}(n-1)\right\} = 1 - \alpha,$$

即

$$P\left\{\overline{X} - \frac{S}{\sqrt{n}}t_{\frac{\alpha}{2}}(n-1) < \mu < \overline{X} + \frac{S}{\sqrt{n}}t_{\frac{\alpha}{2}}(n-1)\right\} = 1 - \alpha.$$

因此，参数 μ 的置信水平为 $1 - \alpha$ 的置信区间为

$$\left(\overline{X} - \frac{S}{\sqrt{n}}t_{\frac{\alpha}{2}}(n-1), \overline{X} + \frac{S}{\sqrt{n}}t_{\frac{\alpha}{2}}(n-1)\right).$$

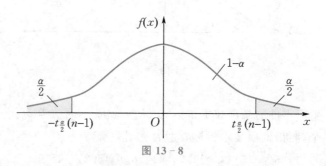

图 13-8

例 6 为估计一批零件的某项技术指标，从中随机抽取 10 个样品做测试，由测试数据算出 $\overline{x} = 6\,720$，$s = 220$. 假定该项指标服从正态分布，求平均指标的置信水平为 0.95 的置信区间.

解 置信水平为 0.95，即 $\alpha = 1 - 0.95 = 0.05$，且自由度为 $n - 1 = 10 - 1 = 9$，故有

$$t_{\frac{\alpha}{2}}(n-1)=t_{0.025}(9)=2.262\,2.$$

因此,所求置信区间为

$$\left(\overline{x}-\frac{s}{\sqrt{n}}t_{\frac{\alpha}{2}}(n-1),\overline{x}+\frac{s}{\sqrt{n}}t_{\frac{\alpha}{2}}(n-1)\right)=\left(6\,720-\frac{220}{\sqrt{10}}\times2.262\,2,6\,720+\frac{220}{\sqrt{10}}\times2.262\,2\right)$$
$$\approx(6\,562.618\,5,6\,877.381\,5).$$

3. 方差的区间估计

设 $X_1,X_2,\cdots,X_n$ 是来自正态总体 $X\sim N(\mu,\sigma^2)$ 的一个样本,其中参数 μ 未知,求 σ^2 的置信水平为 $1-\alpha$ 的置信区间.

由 χ^2 分布的性质知,统计量

$$\chi^2=\frac{(n-1)S^2}{\sigma^2}\sim\chi^2(n-1),$$

则对于给定的置信水平 $1-\alpha$,如图 13-9 所示,有

$$P\left\{\chi^2_{1-\frac{\alpha}{2}}(n-1)<\frac{(n-1)S^2}{\sigma^2}<\chi^2_{\frac{\alpha}{2}}(n-1)\right\}=1-\alpha,$$

即

$$P\left\{\frac{(n-1)S^2}{\chi^2_{\frac{\alpha}{2}}(n-1)}<\sigma^2<\frac{(n-1)S^2}{\chi^2_{1-\frac{\alpha}{2}}(n-1)}\right\}=1-\alpha.$$

因此,参数 σ^2 的置信水平为 $1-\alpha$ 的置信区间为

$$\left(\frac{(n-1)S^2}{\chi^2_{\frac{\alpha}{2}}(n-1)},\frac{(n-1)S^2}{\chi^2_{1-\frac{\alpha}{2}}(n-1)}\right).$$

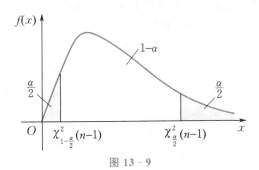

图 13-9

例 7　假设某总体 $X\sim N(\mu,\sigma^2)$,抽样所得数据如下:

12.15,　12.12,　12.01,　12.08,　12.09,　12.16,　12.03,　12.01,

12.06,　12.13,　12.07,　12.11,　12.08,　12.01,　12.03,　12.06.

求 σ^2 的置信水平为 0.95 的置信区间.

解　根据样本数据可求得

$$\overline{x} = \frac{1}{16}(12.15 + 12.12 + 12.01 + 12.08 + 12.09 + 12.16 + 12.03 + 12.01$$

$$+ 12.06 + 12.13 + 12.07 + 12.11 + 12.08 + 12.01 + 12.03 + 12.06)$$

$$= \frac{193.2}{16} = 12.075,$$

$$s^2 = \frac{1}{16-1}\sum_{i=1}^{16}(x_i - \overline{x})^2 = \frac{1}{15}\sum_{i=1}^{16}(x_i - 12.075)^2 = 0.002\,44.$$

因置信水平为 0.95，即 $\alpha = 1 - 0.95 = 0.05$，且自由度为 $n - 1 = 16 - 1 = 15$，故有

$$\chi^2_{1-\frac{\alpha}{2}}(n-1) = \chi^2_{0.975}(15) = 6.262, \quad \chi^2_{\frac{\alpha}{2}}(n-1) = \chi^2_{0.025}(15) = 27.488.$$

因此，参数 σ^2 的置信水平为 0.95 的置信区间为

$$\left(\frac{(n-1)s^2}{\chi^2_{\frac{\alpha}{2}}(n-1)}, \frac{(n-1)s^2}{\chi^2_{1-\frac{\alpha}{2}}(n-1)}\right) = \left(\frac{15 \times 0.002\,44}{27.488}, \frac{15 \times 0.002\,44}{6.262}\right) \approx (0.001\,3, 0.005\,8).$$

13.3 假 设 检 验

统计推断的另一类重要问题是假设检验，即先对总体的未知参数提出一种假设，再根据样本提供的信息，检验这一假设是否正确，从而做出接受还是拒绝原假设的结论.

13.3.1 假设检验

例如，用原料 A 生产某产品时，主要技术指标设为 X，它服从正态分布 $N(\mu_0, \sigma_0^2)$，其中 μ_0, σ_0^2 均已知. 如果改用原料 B 生产该产品，主要技术指标设为 Y，它服从正态分布 $N(\mu, \sigma_0^2)$，其中 μ 未知. 现考察原料改变之后主要技术指标是否发生改变，即要说明两个总体 X 与 Y 的均值是否有差异，亦即说明等式 $\mu = \mu_0$ 是否成立.

1. 统计假设

关于总体（如分布、特征、相互关系等）的论断称为统计假设，简称假设，并用 H 表示，其中不能轻易否定的假设称为原假设或零假设，记作 H_0；与 H_0 互不相容的假设称为备择假设，记作 H_1.

对某一总体 X 的分布提出某种假设，例如，

$$H:X \text{ 服从正态分布} \quad \text{或} \quad H:X \text{ 服从二项分布}.$$

对某一总体 X 的分布参数提出某种假设，例如，

$$H:\mu = \mu_0 \quad \text{或} \quad H:\mu \leqslant \mu_0 \quad \text{或} \quad H:\sigma^2 = \sigma_0^2 \quad \text{或} \quad H:\sigma^2 \leqslant \sigma_0^2,$$

其中 μ_0, σ_0^2 是已知参数，μ, σ^2 是未知参数.

2. 假设检验的基本概念

对总体的分布或未知参数提出一种假设，然后根据样本提供的信息，检验这一假设是否正确，从而做出接受还是拒绝原假设的决策过程，称为假设检验.

3. 假设检验的基本思想

在假设检验中主要依据的原理是小概率原理，即小概率事件在一次随机试验中几乎不可

能发生.记小概率事件$\{\theta \in R_a\}$发生的概率为α,即$P\{\theta \in R_a\}=\alpha$,同时称$\alpha$为**显著性水平**或**检验水平**.一般取$\alpha=0.10,0.01,0.03,0.05$等.

因此,进行假设检验的准则是:

(1)如果在一次观察中发生了小概率事件,则视之为不合理现象,此时有理由认为原假设错误,因而可拒绝原假设而接受备择假设;

(2)如果在一次观察中没有发生小概率事件,则视之为合理现象,此时有理由认为原假设正确,因而接受原假设.

对于一个实际问题,如何合理地提出原假设H_0和备择假设H_1呢?这就要看具体问题的目的和要求而定,两者的划分并不是绝对的.通常把那些要着重考察的假设视为原假设H_0,而备择假设H_1一定是与原假设H_0互不相容或对立的假设.

4.否定域与相容域

假设检验的依据是抽样分布理论.下面以正态分布$N(\mu,\sigma_0^2)$为例来说明检验原假设H_0是否正确的方法.

通常在显著性水平α已确定的条件下,称形如

$$\frac{\sigma_0}{\sqrt{n}}z_{\frac{\alpha}{2}}$$

的量为**检验统计量**或**检验临界值**,其中临界值$z_{\frac{\alpha}{2}}$是根据显著性水平α、统计量$U=\dfrac{\overline{X}-\mu}{\dfrac{\sigma_0}{\sqrt{n}}} \sim$

$N(0,1)$,并通过概率等式

$$P\{|U| \leqslant z_{\frac{\alpha}{2}}\}=1-\alpha$$

而得到的.

检验临界值$-\dfrac{\sigma_0}{\sqrt{n}}z_{\frac{\alpha}{2}}$和$\dfrac{\sigma_0}{\sqrt{n}}z_{\frac{\alpha}{2}}$可把区间$(-\infty,+\infty)$分为两大部分,即

$$\left[\overline{X}-\frac{\sigma_0}{\sqrt{n}}z_{\frac{\alpha}{2}},\overline{X}+\frac{\sigma_0}{\sqrt{n}}z_{\frac{\alpha}{2}}\right] \quad 和 \quad \left(-\infty,\overline{X}-\frac{\sigma_0}{\sqrt{n}}z_{\frac{\alpha}{2}}\right) \cup \left(\overline{X}+\frac{\sigma_0}{\sqrt{n}}z_{\frac{\alpha}{2}},+\infty\right),$$

我们把发生小概率事件的区间

$$\left(-\infty,\overline{X}-\frac{\sigma_0}{\sqrt{n}}z_{\frac{\alpha}{2}}\right) \cup \left(\overline{X}+\frac{\sigma_0}{\sqrt{n}}z_{\frac{\alpha}{2}},+\infty\right)$$

称为**否定域**(或**拒绝域**),而把剩余的区间(发生大概率事件的区间)

$$\left[\overline{X}-\frac{\sigma_0}{\sqrt{n}}z_{\frac{\alpha}{2}},\overline{X}+\frac{\sigma_0}{\sqrt{n}}z_{\frac{\alpha}{2}}\right]$$

称为**相容域**(或**接受域**).

在实际问题中,设$X_1,X_2,\cdots,X_n$是来自正态总体$X \sim N(\mu,\sigma_0^2)$的一个样本,$x_1,x_2,\cdots,x_n$是样本$X_1,X_2,\cdots,X_n$的一组观察值.若由此组观察值计算出的统计量$U=\dfrac{\overline{X}-\mu}{\dfrac{\sigma_0}{\sqrt{n}}}$的观察

值$\hat{U}=\dfrac{\overline{x}-\mu}{\dfrac{\sigma_0}{\sqrt{n}}}$落在相容域中,则接受原假设$H_0$,否则拒绝原假设$H_0$而接受备择假设$H_1$.

5. 两类错误

在进行假设检验时,由于做出判断的依据是一个样本,即由部分来推断整体,因此假设检验不可能绝对正确,可能会犯错误.假设检验犯错误的可能性的大小,也是以统计规律性为依据的,可能犯的错误有以下两类:

第一类错误(弃真错误):原假设 H_0 为真(符合实际情况),而检验结果却把它否定(拒绝)了;

第二类错误(存伪错误):原假设 H_0 不真(不符合实际情况),而检验结果却把它肯定(接受)了.

若记 U 为假设检验所选用的统计量,V 为显著性水平 α 所确定的否定域,则

$$P\{U \in V \mid H_0 \text{为真}\}$$

是犯第一类错误的概率,即

$$P\{U \in V \mid H_0 \text{为真}\} = P\{\text{拒绝 } H_0 \mid H_0 \text{为真}\} = \alpha,$$

它表示事件"原假设 H_0 成立时,统计量 U 落入否定域 V"的概率为 α.α 越小,犯第一类错误的概率就越小.

同理,易知

$$P\{U \in \overline{V} \mid H_0 \text{为假}\} = P\{\text{接受 } H_0 \mid H_1 \text{为真}\} = P\{\text{接受 } H_0 \mid H_0 \text{为假}\} = 1 - \alpha$$

是犯第二类错误的概率,它表示事件"原假设 H_0 不成立时,统计量 U 落入相容域 $\overline{V}$"的概率为 $1-\alpha$.α 越小,否定域 V 的范围就越小,因而否定原假设 H_0 的可能性就越小,从而犯第二类错误的概率越大.

由上面的讨论可知,要使犯第一类错误的概率变小,则犯第二类错误的概率就会增大;要使犯第二类错误的概率变小,则犯第一类错误的概率就会增大.

在实际问题中,当样本容量 n 取定后,犯两类错误的概率不会同时变小.通常在这种情形下,我们主要是控制犯第一类错误的概率尽量小.当然,要使犯两类错误的概率同时变小,只有增加样本容量,而样本容量的增加势必会使检验工作的负担加重,因而只能适量增加样本容量.

6. 否定域与检验统计量

建立统计假设的检验准则本质上是要确定否定域.

若 $X_1, X_2, \cdots, X_n$ 是来自总体 X 的一个样本,$\theta = \theta(X_1, X_2, \cdots, X_n)$ 是相应的统计量,则否定域 V 可表示为

$$V = \{(X_1, X_2, \cdots, X_n) \mid \theta(X_1, X_2, \cdots, X_n) \in R_\alpha\},$$

即 $(X_1, X_2, \cdots, X_n) \in V$ 与 $\theta(X_1, X_2, \cdots, X_n) \in R_\alpha$ 是等价的,这里 R_α 为否定域,$\overline{R}_\alpha$ 为相容域.于是,有

$$P\{\theta \in R_\alpha \mid H_0 \text{为真}\} = P\{(X_1, X_2, \cdots, X_n) \in V \mid H_0 \text{为真}\} = \alpha,$$

$$P\{\theta \in \overline{R}_\alpha \mid H_1 \text{为真}\} = P\{(X_1, X_2, \cdots, X_n) \in \overline{V} \mid H_1 \text{为真}\} = 1 - \alpha.$$

因此,可根据样本值来计算统计量 θ 的取值 $\hat{\theta} = \theta(x_1, x_2, \cdots, x_n)$,并据此做出判断:当 $\hat{\theta} \in R_\alpha$ 时,否定 H_0;当 $\hat{\theta} \in \overline{R}_\alpha$ 时,接受 H_0.

在上面的讨论中,否定域 R_α 常以下面的两种形式给出:

(1) 双边检验形式:$R_\alpha = \{x \mid -\infty < x < \lambda_1 \text{ 或 } \lambda_2 < x < +\infty\}$;

（2）单边检验形式：$R_\alpha = \{x \mid \lambda < x < +\infty\}$ 或 $R_\alpha = \{x \mid -\infty < x < \lambda\}$.

13.3.2　正态总体的假设检验

设 $X_1, X_2, \cdots, X_n$ 是来自正态总体 $X \sim N(\mu, \sigma^2)$ 的一个样本，在显著性水平 α 下，检验数学期望是否与某个指定的值相等.

1. 方差已知的情形（U 检验法）

设 $X_1, X_2, \cdots, X_n$ 是来自正态总体 $X \sim N(\mu, \sigma^2)$ 的一个样本，方差 $\sigma^2 = \sigma_0^2$ 已知，μ_0 也已知，提出假设

$$H_0: \mu = \mu_0; \quad H_1: \mu \neq \mu_0.$$

当 $H_0: \mu = \mu_0$ 成立时，由抽样分布可取统计量

$$U = \frac{\overline{X} - \mu_0}{\dfrac{\sigma_0}{\sqrt{n}}} \sim N(0,1).$$

对于给定的显著性水平 α 及样本 $X_1, X_2, \cdots, X_n$ 的一组观察值 $x_1, x_2, \cdots, x_n$，可以求得临界值 $z_{\frac{\alpha}{2}}$，由标准正态分布上 α 分位点的定义得

$$P\{|U| > z_{\frac{\alpha}{2}}\} = P\{U < -z_{\frac{\alpha}{2}}\} + P\{U > z_{\frac{\alpha}{2}}\} = \frac{\alpha}{2} + \frac{\alpha}{2} = \alpha.$$

上式说明，当显著性水平 α 充分小时，事件 $\{|U| > z_{\frac{\alpha}{2}}\}$ 是小概率事件. 如果在一次随机试验中该小概率事件发生了，则可怀疑原假设 $H_0: \mu = \mu_0$ 的正确性，从而否定该假设. 故

$$(-\infty, -z_{\frac{\alpha}{2}}) \cup (z_{\frac{\alpha}{2}}, +\infty) = R_\alpha$$

即为统计量 $U = \dfrac{\overline{X} - \mu_0}{\dfrac{\sigma_0}{\sqrt{n}}}$ 的否定域.

（1）如果在显著性水平 α 下，由样本 $X_1, X_2, \cdots, X_n$ 的一组观察值 $x_1, x_2, \cdots, x_n$ 计算出来的统计量 $U = \dfrac{\overline{X} - \mu_0}{\dfrac{\sigma_0}{\sqrt{n}}}$ 的观察值 $\hat{U}$ 落入了统计量 U 的否定域

$$R_\alpha = (-\infty, -z_{\frac{\alpha}{2}}) \cup (z_{\frac{\alpha}{2}}, +\infty),$$

即在显著性水平 α 下小概率事件发生了，则认为原假设 $H_0: \mu = \mu_0$ 不成立，因而在显著性水平 α 下否定原假设 H_0，并称检验原假设 H_0 是显著的.

（2）如果在显著性水平 α 下，由样本 $X_1, X_2, \cdots, X_n$ 的一组观察值 $x_1, x_2, \cdots, x_n$ 计算出来的统计量 $U = \dfrac{\overline{X} - \mu_0}{\dfrac{\sigma_0}{\sqrt{n}}}$ 的观察值 $\hat{U}$ 落入了相容域 $\left[-z_{\frac{\alpha}{2}}, z_{\frac{\alpha}{2}}\right]$，即在显著性水平 α 下小概率事件没有发生，则认为原假设 $H_0: \mu = \mu_0$ 成立，因而在显著性水平 α 下接受原假设 H_0，并称检验原假设 H_0 是相容的.

上述检验法称为 U 检验法，且 U 检验法的否定域与相容域分别为

$$R_\alpha = (-\infty, -z_{\frac{\alpha}{2}}) \cup (z_{\frac{\alpha}{2}}, +\infty) \quad \text{和} \quad \left[-z_{\frac{\alpha}{2}}, z_{\frac{\alpha}{2}}\right].$$

通过上述分析,U 检验法的基本步骤如下:

(1) 根据所研究问题的需要提出原假设 H_0 和备择假设 H_1 的具体内容;

(2) 在 H_0 成立的条件下,选取统计量 $U=\dfrac{\overline{X}-\mu_0}{\frac{\sigma_0}{\sqrt{n}}}$,并由样本值计算出相应统计量的观察值 $\hat{U}$;

(3) 根据所给显著性水平 α 求得临界值 $z_{\frac{\alpha}{2}}$;

(4) 做出判断:如果 $|\hat{U}|>z_{\frac{\alpha}{2}}$,此时统计量的观察值落入了否定域,则否定原假设 H_0 而接受备择假设 H_1,这表明检验是显著的;如果 $|\hat{U}|\leqslant z_{\frac{\alpha}{2}}$,此时统计量的观察值落入了相容域,则接受原假设 H_0,这表明检验是相容的.

例 1 已知滚珠直径 X(单位:mm) 服从正态分布 $N(\mu,\sigma^2)$. 现随机地从一批滚珠中抽取 6 个,测得其直径为

$$14.70,\quad 15.21,\quad 14.90,\quad 14.91,\quad 15.32,\quad 15.32.$$

假设 $\sigma^2=\sigma_0^2=0.05$,问:这一批滚珠的平均直径是否为 15.25 mm(取 $\alpha=0.05$)?

解 (1) 因为 $\mu_0=15.25$,所以可提出假设

$$H_0:\mu=15.25;\quad H_1:\mu\neq 15.25.$$

(2) 因为方差 $\sigma_0^2=0.05$,样本容量 $n=6$,可选取统计量

$$U=\frac{\overline{X}-\mu_0}{\frac{\sigma_0}{\sqrt{n}}}=\frac{\overline{X}-15.25}{\frac{\sqrt{0.05}}{\sqrt{6}}}=2\sqrt{30}(\overline{X}-15.25),$$

而由样本值可计算出样本均值观察值为

$$\overline{x}=\frac{1}{6}\sum_{i=1}^{6}x_i=\frac{1}{6}(14.70+15.21+14.90+14.91+15.32+15.32)$$
$$=\frac{90.36}{6}=15.06(\text{mm}),$$

所以统计量 U 的观察值为

$$\hat{U}=2\sqrt{30}(\overline{x}-15.25)=2\sqrt{30}\times(15.06-15.25)\approx-2.08.$$

(3) 对于给定的显著性水平 $\alpha=0.05$,有 $z_{0.025}=1.96$.

(4) 因为 $\hat{U}\approx-2.08<-1.96=-z_{0.025}$,所以由样本观察值计算出来的统计量 U 的观察值 $\hat{U}$ 落入了否定域

$$R_{0.05}=(-\infty,-z_{0.025})\bigcup(z_{0.025},+\infty)=(-\infty,-1.96)\bigcup(1.96,+\infty),$$

因而否定原假设 $H_0:\mu=15.25$ 而接受备择假设 $H_1:\mu\neq 15.25$,即认为这一批滚珠的平均直径不是 15.25 mm.

2. 方差未知的情形（T 检验法）

设 $X_1, X_2, \cdots, X_n$ 是来自正态总体 $X \sim N(\mu, \sigma^2)$ 的一个样本，方差 σ^2 未知，μ_0 已知，提出假设

$$H_0 : \mu = \mu_0; \quad H_1 : \mu \neq \mu_0.$$

当 $H_0 : \mu = \mu_0$ 成立时，由抽样分布可取统计量

$$T = \frac{\overline{X} - \mu_0}{\dfrac{S}{\sqrt{n}}} \sim t(n-1).$$

对于给定的显著性水平 α 及样本 $X_1, X_2, \cdots, X_n$ 的一组观察值 $x_1, x_2, \cdots, x_n$，可以求得临界值 $t_{\frac{\alpha}{2}}(n-1)$，由 t 分布上 α 分位点的定义得

$$P\{|T| > t_{\frac{\alpha}{2}}(n-1)\} = P\{T < -t_{\frac{\alpha}{2}}(n-1)\} + P\{T > t_{\frac{\alpha}{2}}(n-1)\} = \frac{\alpha}{2} + \frac{\alpha}{2} = \alpha.$$

上式说明，当显著性水平 α 充分小时，事件 $\{|T| > t_{\frac{\alpha}{2}}(n-1)\}$ 是小概率事件. 如果在一次随机试验中该小概率事件发生了，则可怀疑原假设 $H_0 : \mu = \mu_0$ 的正确性，从而否定该假设. 故

$$(-\infty, -t_{\frac{\alpha}{2}}(n-1)) \cup (t_{\frac{\alpha}{2}}(n-1), +\infty) = R_\alpha$$

即为统计量 $T = \dfrac{\overline{X} - \mu_0}{\dfrac{S}{\sqrt{n}}}$ 的否定域.

（1）如果在显著性水平 α 下，由样本 $X_1, X_2, \cdots, X_n$ 的一组观察值 $x_1, x_2, \cdots, x_n$ 计算出来的统计量 $T = \dfrac{\overline{X} - \mu_0}{\dfrac{S}{\sqrt{n}}}$ 的观察值 $\hat{T}$ 落入了统计量 T 的否定域

$$R_\alpha = (-\infty, -t_{\frac{\alpha}{2}}(n-1)) \cup (t_{\frac{\alpha}{2}}(n-1), +\infty),$$

即在显著性水平 α 下小概率事件发生了，则认为原假设 $H_0 : \mu = \mu_0$ 不成立，因而在显著性水平 α 下否定原假设 H_0，并称检验原假设 H_0 是显著的.

（2）如果在显著性水平 α 下，由样本 $X_1, X_2, \cdots, X_n$ 的一组观察值 $x_1, x_2, \cdots, x_n$ 计算出来的统计量 $T = \dfrac{\overline{X} - \mu_0}{\dfrac{S}{\sqrt{n}}}$ 的观察值 $\hat{T}$ 落入了相容域 $[-t_{\frac{\alpha}{2}}(n-1), t_{\frac{\alpha}{2}}(n-1)]$，即在显著性水平 α 下小概率事件没有发生，则认为原假设 $H_0 : \mu = \mu_0$ 成立，因而在显著性水平 α 下接受原假设 H_0，并称检验原假设 H_0 是相容的.

上述检验法称为 T 检验法，且 T 检验法的否定域与相容域分别为

$$R_\alpha = (-\infty, -t_{\frac{\alpha}{2}}(n-1)) \cup (t_{\frac{\alpha}{2}}(n-1), +\infty) \quad 和 \quad [-t_{\frac{\alpha}{2}}(n-1), t_{\frac{\alpha}{2}}(n-1)].$$

注　① 方差未知情形的假设检验的基本步骤和方差已知的情形相同，此处不再重复.

② 在大样本情况下，统计量 $T = \dfrac{\overline{X} - \mu_0}{\dfrac{S}{\sqrt{n}}}$ 近似服从正态分布，但是仍然可以用 T 检验法，这

高等数学（第二版）

是由于当自由度 $n-1$ 很大时，t 分布的临界值与标准正态分布的临界值一致.

例 2　设某物体的温度 X（单位：℃）服从正态分布 $N(\mu,\sigma^2)$，其中 σ^2 未知. 用一仪器测量 5 次该物体的温度分别为

$$1\ 250,\quad 1\ 265,\quad 1\ 245,\quad 1\ 260,\quad 1\ 275.$$

假设用别的方法测得该物体的温度为 1 277 ℃（可看作温度的真值），试问：用此仪器测量温度有无系统偏差（取 $\alpha=0.05$）?

解　(1) 因为 $\mu_0=1\ 277$，所以可提出假设

$$H_0:\mu=1\ 277;\quad H_1:\mu\neq 1\ 277.$$

(2) 因为方差 σ^2 未知，样本容量为 $n=5$，可选取统计量

$$T=\frac{\overline{X}-\mu_0}{\dfrac{S}{\sqrt{n}}}=\frac{\overline{X}-1\ 277}{\dfrac{S}{\sqrt{5}}}=\frac{\sqrt{5}(\overline{X}-1\ 277)}{S},$$

而由样本值可计算出样本均值观察值及样本方差观察值分别为

$$\overline{x}=\frac{1}{5}\sum_{i=1}^5 x_i=\frac{1}{5}(1\ 250+1\ 265+1\ 245+1\ 260+1\ 275)=\frac{6\ 295}{5}=1\ 259(℃),$$

$$s^2=\frac{1}{5-1}\sum_{i=1}^5(x_i-1\ 259)^2=\frac{1}{4}\left[(1\ 250-1\ 259)^2+\cdots+(1\ 275-1\ 259)^2\right]$$

$$=\frac{570}{4}=142.5(℃)^2,$$

所以统计量 T 的观察值为

$$\hat{T}=\frac{\sqrt{5}(\overline{x}-1\ 277)}{s}=\sqrt{\frac{5}{142.5}}\times(1\ 259-1\ 277)\approx-3.37.$$

(3) 对于给定的显著性水平 $\alpha=0.05,n=5$，有 $t_{0.025}(4)=2.776\ 4$.

(4) 因为 $\hat{T}\approx-3.37<-2.776\ 4=-t_{0.025}(4)$，所以由样本值计算出来的统计量 T 的观察值 $\hat{T}$ 落入了否定域

$$R_\alpha=(-\infty,-t_{0.025}(4))\bigcup(t_{0.025}(4),+\infty)$$

$$=(-\infty,-2.776\ 4)\bigcup(2.776\ 4,+\infty),$$

因而否定原假设 $H_0:\mu=1\ 277$ 而接受备择假设 $H_1:\mu\neq 1\ 277$，即认为用此仪器测量温度有系统偏差.

13.4　Wolfram 语言在数理统计中的应用

例 1　在某批次零件中随机抽取 10 只，测得重量（单位：g）分别为

2.36，　2.42，　2.38，　2.40，　2.34，　2.42，　2.39，　2.43，　2.39，　2.37.

求样本均值、样本方差、样本标准差.

解 输入

mean{2.36,2.42,2.38,2.40,2.34,2.42,2.39,2.43,2.39,2.37}

求得样本均值为 2.39 g.

输入

sample variance{2.36,2.42,2.38,2.40,2.34,2.42,2.39,2.43,2.39,2.37}

求得样本方差约为 $0.000\ 82(g)^2$.

输入

sample standard deviation{2.36,2.42,2.38,2.40,2.34,2.42,2.39,2.43,
2.39,2.37}

求得样本标准差约为 0.028 67 g.

习题 13

1.设总体 $X \sim N(\mu, \sigma^2)$,其中 σ^2 未知,则关于均值 μ 的检验,应使用( ).

A.U 统计量   B.T 统计量   C.χ^2 统计量   D.F 统计量

2.某厂生产某种零件,在正常生产的情况下,这种零件的轴长 X(单位:cm)服从正态分布 $N(\mu, \sigma^2)$,均值为 0.13 cm.若从某日生产的这种零件中任取 10 件,测量后得 $\overline{x} = 0.146$ cm,$s = 0.016$ cm.问:该日生产零件的平均轴长是否与往日一样(取显著性水平 $\alpha = 0.05$)?

3.某灯泡厂生产的灯泡平均使用寿命是 1 120 h,现从一批新产品中抽取 8 个样本,经测试得样本均值为 1 070 h,样本标准差为 109 h.试分别在显著性水平 $\alpha = 0.05$ 和 $\alpha = 0.01$ 下检验灯泡的平均使用寿命有无变化.

4.正常人的脉搏平均为 72 次 /min,现对 10 名某种疾病患者测得脉搏(单位:次 /min)分别为

54, 68, 65, 77, 70, 64, 69, 72, 62, 71.

设患者的脉搏次数服从正态分布,试在显著性水平 $\alpha = 0.05$ 下检验该种疾病患者与正常人在脉搏指标上是否有显著差异.

5.抛掷一枚骰子 120 次,出现 1 ~ 6 点的次数分别为

21, 28, 19, 24, 16, 12.

试在显著性水平 $\alpha = 0.05$ 下检验这枚骰子是否均匀.

6.按规定,每瓶某品牌果汁中维生素C的含量不得少于 21 mg.现从生产线上随机抽取 17 瓶果汁,测得维生素C的含量(单位:mg)分别为

16, 22, 21, 20, 23, 21, 19, 15,

13, 23, 17, 20, 29, 18, 22, 16, 25.

已知维生素C的含量服从正态分布,试在显著性水平 0.025 下检验该批次果汁的维生素C含量是否合格.

7.某公司试点推出了一项新服务,要求该服务推出半年后,客户的满意率必须超过 80% 才会在全国全面部署该服务.为此,该公司在半年后随机抽取了 150 名使用该服务的客户进行了调查,得到的满意率为 87%.问:能否根据该项数据,认为客户满意率达到了目标?

8.已知样本 $X_1, X_2, \cdots, X_{16}$ 来自正态总体 $N(2, 1^2)$,$\overline{X}$ 为样本均值,且 $P\{\overline{X} \geqslant \lambda\} = 0.5$,则 $\lambda =$

_____.

9.已知某单位职工的月奖金(单位:元)服从正态分布,总体均值为 200 元,总体标准差为 40 元.现从中抽取一个容量为 20 的样本,求该样本均值介于 190 元到 210 元之间的概率.

10. 计算以下样本值的样本均值及样本方差:

$$10,\ 12,\ 15,\ 23,\ 11,\ 12,\ 14,\ 15,\ 11,\ 10,$$
$$15,\ 17,\ 14,\ 12,\ 11,\ 10,\ 12,\ 14,\ 17,\ 15.$$

11. 设 $X_1,X_2,\cdots,X_n$ 是来自正态总体 $N(-1,2^2)$ 的一个样本, 求 $\overline{X}=\dfrac{1}{n}\sum\limits_{i=1}^{n}X_i$ 服从的分布.

12. 某工厂产品的使用寿命 X(单位:h)服从正态分布 $N(2\,250,250^2)$, 在进行质检时, 如果被检测产品的平均使用寿命超过 $2\,200$ h, 就认为该产品质量合格. 如果要使检查通过的概率不小于 0.997, 问: 至少应该检测多少个产品?

13. 某旅行社随机访问了 25 名旅游者, 得知平均消费额为 80 元, 样本标准差为 12 元. 设旅游者消费额服从正态分布, 求旅游者总体平均消费额的置信水平为 0.95 的置信区间.

14. 从正态总体 $X\sim N(\mu,4^2)$ 中抽取容量为 $n=4$ 的样本, 且 $\overline{x}=13.2$, 求 μ 的置信水平为 0.95 的置信区间.

15. 已知某地区农户人均生产蔬菜量 X(单位:kg)服从正态分布 $N(\mu,\sigma^2)$. 现随机抽取 9 个农户, 得生产蔬菜量为

$$75,\ 143,\ 156,\ 340,\ 400,\ 287,\ 256,\ 244,\ 249.$$

设置信水平为 0.95, 问: 该地区农户人均生产蔬菜量最多为多少?

16. 设总体 $X\sim N(\mu,\sigma^2)$, 从中抽取容量为 10 的一个样本, 计算得 $s^2=0.07$, 试求 σ^2 的置信水平为 0.95 的置信区间.

17. 恩格尔(Engel)系数是指居民家庭中食品支出占生活消费支出的比重, 这一统计指标可以反映人民生活水平的高低. 某年在某市郊区调查了 100 户农民家庭, 求得平均恩格尔系数为 49.03%, 求该年度某市郊区农民家庭恩格尔系数的置信水平为 0.95 的置信区间.

18. 某航空公司将它所有的空中乘务员都编了工号, 从 1 到 n. 有一天你看见一位工号为 60 的空中乘务员, 试估计该航空公司总共有多少名空中乘务员?